公共管理硕士（MPA）系列教材

公共管理伦理学（修订版）

张康之　著

中国人民大学出版社
·北京·

图书在版编目（CIP）数据

公共管理伦理学（修订版）/张康之著.
北京：中国人民大学出版社，2009
（公共管理硕士（MPA）系列教材）
ISBN 978-7-300-10407-2

Ⅰ. 公…
Ⅱ. 张…
Ⅲ. 公共管理-伦理学-研究生-教材
Ⅳ. B82-051

中国版本图书馆 CIP 数据核字（2009）第 031082 号

公共管理硕士（MPA）系列教材
公共管理伦理学（修订版）
张康之 著

出版发行	中国人民大学出版社		
社　　址	北京中关村大街 31 号	**邮政编码**	100080
电　　话	010－62511242（总编室）		010－62511770（质管部）
	010－82501766（邮购部）		010－62514148（门市部）
	010－62515195（发行公司）		010－62515275（盗版举报）
网　　址	http：//www.crup.com.cn		
经　　销	新华书店		
印　　刷	固安县铭成印刷有限公司	**版　　次**	2003 年 9 月第 1 版
开　　本	720 mm×1000 mm　1/16		2009 年 10 月第 2 版
印　　张	23.75	**印　　次**	2024 年 9 月第 16 次印刷
字　　数	429 000	**定　　价**	59.00 元

《公共管理硕士（MPA）系列教材》
编审委员会

出版说明

公共管理硕士（Master of Public Administration，MPA）专业学位研究生教育是以公共管理学科及其他相关学科为基础的研究生教育项目，其目的是为政府部门及非政府公共机构培养高层次的应用型专门人才。

我国的MPA教育始于1999年。1999年5月，国务院学位委员会第17次会议审议通过了《公共管理硕士（MPA）专业学位设置方案》；2001年10月，我国进行首次MPA招生考试；2002年3月，首批MPA研究生正式入学。经过十多年的发展，我国的MPA培养院校从最初的24所发展到2014年的200余所；截至2015年7月，全国MPA培养院校累计招收MPA研究生15万余人，授予MPA学位8万余人，MPA教育成为我国公共部门人才培养的重要渠道。

为了满足国内MPA教育对教材和教学参考资料的需要，不断探索和回应公共管理实践中的各种问题，同时反映国内外公共管理研究的最新成果，自2001年起，中国人民大学出版社组织有关专家编写“公共管理硕士（MPA）系列教材”。本套教材涵盖国务院学位办确定的《公共管理硕士专业学位培养方案（试行稿）》（2000年发布）和《公共管理硕士专业学位研究生指导性培养方案》（2012年发布）中规定的各门MPA核心课程教材，也包括公共管理各领域的专业方向必修课程教材及部分选修课程教材。本套教材不仅适合MPA学生使用，同时也可供公共管理学科的研究生及各级行政管理人员作为参考和培训资料使用。

“公共管理硕士（MPA）系列教材”力求体现如下特色：第一，系统完整，基本涵盖公共管理专业教育的主要知识领域；第二，反映国内外公共管理研究领域的最新成果，为公共管理领域的教育者、学生、实际工作者提供该领域的最新信息、资料及多视角思考空间；第三，反映 MPA 专业教育的特点，重视应用性，注重能力的培养，教材中除讲授一般理论知识外，还提供丰富的案例分析素材；第四，将中国传统的行政管理思想、国外先进的公共管理理论与中国政府的管理实践紧密地结合起来，理论联系实际。

在“公共管理硕士（MPA）系列教材”策划出版之初，中国人民大学出版社邀请国内公共管理领域有关专家成立了阵容强大的教材编审委员会。同时，本着将国内公共管理领域有影响的学校和有影响的学者都吸收进来以博采众家之长的原则，我们广邀全国各地公共管理知名学者，使得本套教材的作者突破了一个学校和一个区域的界限。参与本套教材编写工作的有中国人民大学、北京大学、清华大学、复旦大学、中山大学、厦门大学、南开大学、上海交通大学、北京师范大学、华中科技大学、国防科学技术大学、国家行政学院、中国社会科学院等国内知名高校及科研院所的学者，他们都是公共管理教育领域的专家，具有丰富的教学经验，同时又注重公共管理实践，能够较好地将理论和实践结合起来。

自2001年首本教材出版以来，“公共管理硕士（MPA）系列教材”受到了国内公共管理学界的广泛好评，被誉为“与中国 MPA 共同成长”的一套高质量的 MPA 教材。国内众多高校将本套教材选为 MPA 相关课程教材，“十二五”初期，本套教材的累计销量突破百万册，成为广受读者欢迎的 MPA 教材品牌。

随着公共管理教育和实践的不断发展，公共管理学科的研究和教育也在不断发展与完善，这就要求 MPA 教材也要不断修订和更新。在国内公共管理学界的热情支持下，我们编写的这套教材取得了一定的成绩。今后，还请广大读者，特别是在教学一线的 MPA 任课教师继续给我们反馈意见，对这套教材提出批评和建议，以帮助我们不断对相关教材进行修订和完善，实现这套教材“服务中国 MPA 教育事业，与中国 MPA 共同成长”的目标。

中国人民大学出版社

修订版前言

在我已经出版的著作中，我最为偏爱的是这本《公共管理伦理学》，因为这本书是在很短的时间内一口气写下来的，也就是人们常说的“一气呵成”。当然是不能在褒奖的意义上使用“一气呵成”之词的了。

也许人们会批评这本书过于粗糙，但我自己却愿意安慰自己说，它是一部朴实无华的作品。在我自己看来，这本书没有雕琢的痕迹，完全是自己思想的自然流露，它准确地反映了我个人做人的粗笨朴拙，人们常说文如其人，如果这样赞扬这本书的粗笨朴拙，我是乐意接受的。

我偏爱这本书，并不是因为我再也写不出更好的作品了，而是因为我在完成这本书之后所写的东西基本上都是这本书的展开，相信今后也是这样。也就是说，在这本书中，我基本上已经确立了其后所要探讨的一切主题。然而，由于这本书是以教材的形式出版的，所以，在学术界没有什么影响，学界同仁见到我的时候，往往会提起我的《寻找公共行政的伦理视角》，其实，我更希望朋友们能够提起这本书。不过，作为一部教材，能够得到更多的年轻学子的阅读，可能会拥有更为长远的影响。这也不失为一件乐事。

出版社以教材的常规提出让我修订这本书，开始时我觉得很为难，后来想想，能够借此机会改改错别字，顺顺不通的句子，也不失为良策。所以，这一版主要是在文字上作出一些修缮，对于朴拙的思想表述，尽力不去改变，也就是保留它的粗糙原貌吧。

近些年来，很多学界朋友批评我具有乌托邦情结，我自己也搞不清楚我是不是真的具有这种情结。本来，我的博士学位论文是一篇批评乌托邦的文章，我自己怎么在批评乌托邦的过程中感染上了乌托邦这一疾病呢？对于这本书，如果学界的朋友读了的话，也可能会更激烈地批评我是乌托邦。但是，如果这样的话，我认为，这本书的乌托邦价值就在于它使现实中以制度形式出现的那些丑陋的、荒诞的、邪恶的东西无所遁形，这就是马尔库塞所说的："寻求正确的定义，寻求善、正义、忠孝和知识的'概念'，于是就变成一项颠覆性的事业，因为所要寻求的概念意指一种新的城邦。"① 反过来说，为什么那么多的文章受到世人的冷落和文人的仇视，根子也在于这些文章让那些不道德的人感受到了恐惧。在邪恶的世界里，善是最不能被容忍的东西，我们看一个社会或一个时代，不需要去证明它在何种意义上是进步的，只要看善良的人们在这个社会中的待遇就足够了，如果善良的人在这个社会中处于被排挤、受压制的地位，那么这个社会肯定就是邪恶的。改造这个社会的方案只能采取一种向前看的态度。而我们所处的时代恰恰是一个变动的时代，是一个需要像 18 世纪那样对社会进行重新设计和重新建构的时代，在这样一个时代，用伦理精神去替代法的精神，用道德制度去替代法律制度不正是一个可以尝试一下的设想吗？

这是一本从现实经验入手去揭示人类未来发展趋势的作品。自从 20 世纪七八十年代开始，预示着人类未来发展趋势的现实经验正在迅速地积累起来，我们不能无视这些现实，而是应当从这些现实中去思索其所预示的未来。这本书就是这样做的，所以，我不能同意任何对我的乌托邦指责，我从现实的经验出发去描绘未来社会建构的方案，是根本不同于乌托邦虚构的。

在以修订的名义自己读完这本书的时候，我还想补充一点要说的话：钟情于法律制度的人也会对道德的功能给予肯定，这是基于对法律制度缺陷的认识，即法律制度并不是一种能够让法律规范覆盖到社会生活的方方面面、角角落落的制度，它需要道德来加以弥补。但是，实践对这种合乎逻辑的理论思考往往不提供加以支持的证据，往往用法律规范排斥道德规范。从实践的情况看，一旦法的精神生成，就会有着驱动法制完善的无尽要求，就会谋求通过健全法制的方式去解决一切社会问题，从而轻视甚至排斥道德。存在于实践中的这种情况说明，关于道德对法制具有补充功能的主张在逻辑上是不具有彻底性的，即没有看到法的精神与道德理性间的冲突，没有看到法制的自洽性要求必然会排斥道德的社会功

① ［德］马尔库塞：《单向度的人》，上海，上海译文出版社，1989。

能。与此不同，关于德制的构想是建立在伦理精神的开放性前提下的，伦理精神是一种能够对法的精神加以改造并将其整合到自身之中的精神形态，基于伦理精神而建构起来的德制也因而包含着法制的内容甚至形式。所以，法制在逻辑上是排斥道德的，而德制不仅不排斥法律，而且是包含着法律和倚仗着法律的支持的，这正如法制中包含着权力并倚仗着权力的支持一样。

最后，我想借这个机会发表一点感言：好学生愿意接受学习忠告，探索者希望得到向导的指引。我愿意当好学生，想做探索者，在学术追求的道路上，希望得到诚意的批评。但是，我也拒绝两类批评：第一，对于来自常识的批评，我无言以对。因为，我正在揭示的是常识背后的历史趋势，是在未来完全应当成为常识而今天却无法为常识所容纳的因素。所谓常识，其实是历史的产物，是来源于历史的，它在其形式上是不具有未来性的，甚至会与现代性处于经常的冲突中，当人们根据常识（即使是系统化、理论化的常识）来批评我时，我往往不知说什么好。第二，我不接受激烈的捍卫认识论、独断论和决定论分析框架的批评，因为，这些批评的前提往往是宗奉某一近代西方理论，并将其宗奉看做是神圣不可侵犯的，从而失去理性，义愤填膺地指责我。对于这类批评，我也不愿争论。那么，我希望迎接什么样的批评呢？我欢迎一切负有社会责任感的立足于人类从工业社会向后工业社会转型的现实去自觉探寻后工业社会制度安排方案的人的批评，我把这些人视为伟大的同志，他们是关注人类命运、有责任感的、勇敢面向未来和执著前行的人，而不是躺在“先人”遗产中自足自乐的人，他们的批评所表明的是关于走向后工业社会的道路以及后工业社会建构方案上的分歧，这种批评肯定是积极的、建设性的。

张康之

2009 年 3 月

第一版前言

在2001年"五一"期间我回国探亲时，中国人民大学出版社的刘晶同志约我为MPA写一本关于伦理学方面的教材，我迟迟没有动笔。因为，这门学科尚未成熟到可以编写教材的程度，直到2002年5月，我才在出版社的一再催促下开始这本书的写作。由于时间非常紧迫，未能广泛搜集和参阅资料。必须承认，这本书是在仓促之间写成的，各方面都缺乏斟酌，交付出版，心中惴惴不安，唯恐怠慢了读者。但是，再一想，能够为读者提供一个批判的靶的，也是值得的。在这里需要感谢刘晶同志的一再催促，我之所以能够动笔写这本书，也是为刘晶同志的敬业精神所感动。

大概在1997年春，中国人民大学行政学系准备创办中国的MPA，我参与了论证工作，参加了后来提交给国家教委的关于创办中国MPA方案的起草工作。从那时起，我一直在思考公共管理的问题，而且就相关问题写了一些文章。由于这个缘故，虽然这本书是在中国人民大学出版社的催促下写成的，却也是我乐意为之。

在设计MPA方案之初曾有人提出关于伦理学这门课程叫"公共伦理学"，我认为不妥。因为在社会生活的各个领域，有着属于各该领域的特殊的伦理。但是，一切伦理都是公共的，没有公共伦理与私人伦理的区别。虽然在道德方面，我们可以指出"公德"和"私德"的差异，但在伦理的问题上，我们无法说哪些伦理是公共的或哪些伦理是私人的。私人生活中有伦理，但决不是私人伦理。同样道理，公共生活和公共领域中的伦理如果被直呼为公共伦理也会让人摸不着头脑。基于这种看法，我认为可以暂时把这门课程的名称叫做“行政伦理学”，待时机成熟之后，我们再改为“公共管理伦理学”。

现在看来，公共管理学这个学科已经成为一门显学，而且在各个方面的研究也已经取得了可喜的成绩。在这种条件下，我们已经可以不再沿用“行政伦理学”这个学科名称。而且，我们对公共管理伦理学的认识也确已超出了行政伦理学的范畴。所以，我把这本书名之为“公共管理伦理学”。

在本书中，我将会时时提出公共管理伦理学与行政伦理学的联系与区别，相信读者通过阅读本书，不难发现，即使在应用伦理的意义上，公共管理伦理学也已经是行政伦理学这门职业伦理学所无法容纳的了，更不用说公共管理伦理学是把自身与一种全新的社会治理模式联系在一起来进行学科建设的。从MPA这个学位教育的发展趋势来看，它已经不再是仅仅定位在为政府提供合格的公务员方面，而是在更为广泛的公共管理的意义上来培养人才。正如传统的行政管理学已经无法容纳公共管理学的全部内容一样，行政伦理学也无法容纳公共管理伦理学的全部内容了。从这一点来看，提出公共管理伦理学的概念，开拓出这样一个研究领域，已是势所必然。

公共管理伦理学对行政伦理学有着替代性的意义。在传统的行政学学科体系构成中，行政伦理学在本质上与学科整体有着不相容性，但是，由于实践的需要，逻辑上的不相容性向实践中的现实要求作出了妥协，才会出现行政伦理学这门学科。但是，由于逻辑上的不相容性严重地约束和限制了这门学科的发展，使它永远处于边缘地位，而且在学科内容上，能够展开研究的也主要是关于行政责任的伦理规定，这对于一门学科来说，是远远不够的。所以，严格说来，行政伦理学很难称为一门学科。公共管理伦理学把行政伦理学研究的论题和成果都纳入到自身的学科体系建设中来了，它基本上能够以一门完整的相对独立的学科而存在。

公共管理伦理学是一门新兴的交叉学科，在经典科学的时代，一门学科往往是与某个人或某些人的名字联系在一起的。在当代，一门新学科的出现需要一大批人持久不懈地努力求索。因而，作为科学的公共管理伦理学的建立，没有学术界许多年的研究和讨论，是不可能的。近些年来，提出建立相关学科的人已经不少了，但是，我认为，这在很大程度上还属于科学灵感的体现。如果说艺术的发展已达到了这样的时代：那就是某些人在一张白纸上写出一个标题，便成为一幅构思奇特的绘画作品的话，那么科学还距离这个时代相当遥远，与拥有一门新学科相比，提出一个新概念要容易得多。在科学的领域中，需要辛勤的耕耘，仅仅提出一些新概念，不仅会给人留下沽名钓誉的印象，而且实质上是一种对社会责任的逃避和对个人义务的亵渎。

这本书既是一本教材，也是一项研究成果，它是教育部人文社会科学重点研究基地——中山大学行政管理研究中心资助项目成果之一，也是全国优秀博士学位论文专项资助项目成果之一。在写作过程中，我自始至终从现实出发，可以说本书的每一章每一节每一个问题都不是通过阅读文献资料获得的启发，它几乎没有从书本上获得可资借鉴的材料，而是直接思考现实的结果。写这本书的直接素材就是现实的行政实践和公共管理运动。在写作的过程中，我每思考一个问题的时候，都是以一个具体的机构、部门或人作为思考对象的，在我肯定的和否定的所有东西中，都可以在现实中找到它的“蓝本”。所以，在一定程度上，这本书就是一个“写真集”，是一个穿插着评论的“写真集”。希望读者在阅读的过程中，也能够结合身边的人和事来阅读。这样，我们之间就会达致心灵的沟通和契合。

这本书主要定位于公共管理专业研究生层次的阅读教材，书中许多观点属于作者的个人看法，希望读者在阅读的过程中能够批判地看，而不是无保留地接受。

作　者

2003年3月

目　录

第1章

绪　论

伦理学是一门有着悠久历史的古老学科。但是，人类社会的真正伦理时代从来也未出现过。尽管在人类的一般社会生活中伦理及其道德发挥着重要作用，但在社会治理中它们却一直未能像人们所期望的那样发挥作用。当人类进入农业文明的历史阶段时，所生成的是一种依靠权力去进行治理的社会治理模式，在制度上，人类所发明的是一种“权力制度”；随着工业文明的出现，人们依靠法律进行社会治理，与法治的社会治理模式相适应的也是一种法律制度；只是到了后工业社会，人类才可能致力于“德治”的社会治理模式建设，因而，也把道德制度的构想推向了理论探索的前沿。也就是说，人类社会向后工业社会的转型，把伦理学研究推到了人文社会科学研究的前沿，催生了伦理学的一种新的形态——公共管理伦理学。公共管理伦理学首先是关于后工业社会治理的基础性科学，但它不仅仅满足于在社会治理的领域中提出意见，它通过对后工业社会治理模式和治理方式特征的把握，通过对后工业社会制度体系设计的构想，提出整个后工业社会的生活原则和理念。当然，在社会治理职业活动的意义上，公共管理伦理学又是一门关于后工业社会公共管理的职业伦理学，探讨公共管理职业活动中的服务精神和合作机制。或者说，后工业社会的治理模式及其制度，都需要通过伦理学的研究去发现加以设计的原则和方案。

重点问题

- 公共管理伦理学产生的历史背景
- 公共管理伦理学的研究对象
- 公共管理伦理学与公共管理学的关系
- 公共管理伦理学的性质
- 公共管理伦理学研究的任务
- 公共管理伦理学的研究方法

1.1 公共管理伦理学的产生

在某种意义上，有文字记载的社会就已经出现了伦理问题。所以，在历史文献中，我们看到，对人的伦理关系的思考是极早的。从这一点判断，可以说伦理学是一门有着悠久历史的古老学科。

在中国，整个“子学”时期的历史文献，都把对人的伦理关系的思考作为核心内容，并制定出了作为中国传统文化基本内核的一系列规范。在其后的发展过程中，历代思想家们都对伦理关系的生成和个人道德修养的实现途径作了非常深入的探讨，不仅形成了一整套个人道德修养的程式，而且在社会制度建设方面他们也努力演义伦理精神，创造了独特的具有浓重中国特色的社会伦理思想体系。虽然中国社会的治理体系从来也未真正实现过伦理化，但其社会运行机制却包含和充满了伦理精神。

同样，在西方国家，早在古希腊就出现了被称作为“伦理学”（Ethika）的学科体系，对伦理关系和道德规范作了系统的研究。在古希腊思想家们的著作中，可以说，以自然为研究对象代表了西方哲学的特色。但是，早期思想家们对自然的思考不同于近代哲学家们对自然的研究。近代哲学家们对自然的研究贯穿着一种科学精神，从属于认识论的解释框架；而古希腊思想家们对自然的思考则包含着人文思索。或者可以说，是从属于一种伦理比附的，对自然的理解往往附丽于人的伦理和谐之要求。所以，在古希腊的历史文献中，对自然的思考，在起点上是对人与人的关系的思考，然后，才在人与自然的关系中去寻找关于人与人的关系的理解。根据这种理解模式，只是在极其表层的文字表述中，才是对自然的直接解释，在文字表述的深层，则是纯粹的人与人的关系，而且主要是人与人之间的伦理关系。

古希腊思想家们关于自然的伦理比附，最后凝结在亚里士多德的伦理学专门著作中，从而出现了伦理学这样一门学科。

西方的科学发展史与中国的科学发展史不同。在西方，亚里士多德开辟了这样一个传统，那就是，把古希腊早期的以伦理精神为内核的世界观分解开来，建立起分门别类的专门学科。而中国历史上的科学探索，一直是在伦理观的框架下进行的。所以，在某种意义上，可以说，在中国历史上只存在着一门学科，那就是伦理学，一切学问都可以最终归结为伦理道德的学问。也就是说，西方国家的伦理学与政治学分化之后，伦理主要是一种生活伦理，近代社会的伦理尤其具有明显的生活伦理特征，主要存在于日常生活领域之中。在中国传统社会，没有伦理与政治的区分，因而，伦理更多地服务于社会治理的需要。在一定程度上，可以说，中国的伦理就是一种“治理伦理”，尽管中国古代的社会治理实践从来也未能真正地实现伦理化。公共管理伦理学思考的正是公共管理这种新型社会治理模式中的伦理问题，在形式上，它与中国古代的治理伦理有着相似的特征，但是，在本质上，它们又是根本不同的。公共管理伦理学对社会治理一切方面的思考，都从公共管理的需要出发，所追求的是社会治理的伦理化。

从公共管理伦理学产生的历史背景来看，人类进入 21 世纪，公共管理研究成为社会科学体系中的一个新的领域，探讨公共管理关系和行为，并对这些关系和行为加以规范，已经成为公共管理学这门新兴学科的紧迫任务。对公共管理关系和行为的规范，可以有三条途径：一是科学的规范。通过认识公共管理关系和行为发生发展的规律，实现对公共管理体制和运行机制的合理化设计，促使公共管理关系和行为的科学化和技术化。二是法治的规范。根据法的精神，通过立法和执法活动，对公共管理关系和行为加以规范，实现依法治理。三是伦理的规范。通过揭示公共管理中的伦理关系，实现公共管理治理方式和制度的伦理化，同时，唤醒公共管理者的伦理精神，使他们怀着道德信念投入到公共管理活动中来。公共管理的伦理规范，是建立在对公共管理的科学认识的基础上的，公共管理体系是包含着德治、法治和权治的完整的社会治理体系。对于公共管理而言，伦理规范与科学管理和依法管理是互为前提的，在具体的公共管理过程中，三者相互渗透，完整地体现在公共管理的制度和行为体系中。对任何一个方面的忽视，都是错误的，也必将导致公共管理的畸形化。

虽然伦理学有着悠久的历史，但公共管理伦理学的研究却是一个全新的课题，它是在公共管理社会化的过程中凸显出来的时代课题。公共管理伦理学的前身是行政伦理学，是在行政伦理学研究中发展起来的。但是，公共管理伦理学又不同于行政伦理学。因为，行政伦理学完全属于应用伦理学的范畴，主要集中在公共行政人员的职业道德研究方面。公共管理伦理学既是公共管理的职业伦理学，又是伦理学的一种新的形态。一方面，公共管理伦理学在社会治理的普遍意义上思考伦理社会到来的历史必然性，试图发现伦理社会所应拥有的全新的社会伦理结构，探讨社会治理及其制度伦理化的基础和基本原则。另一方面，公共管理伦理学又把重心放在公共管理者的职业道德研究上，研究公共管理者职业道德生成的基础和前提，试图为公共管理者提出系统的职业道德规范体系，因而又是一门对行政伦理学有着继承关系的新型的职业伦理学。

公共管理是一种特殊的和新型的社会治理活动。公共管理伦理学的研究服务于公共管理这一新型社会治理模式的建立和完善，同时，也担负着对公共管理这一特殊领域加以理论认识的任务。在微观的层面上，公共管理伦理学通过研究公共管理与一般管理、行政管理的联系与区别，把握公共管理活动中的伦理关系，思考公共管理制度伦理化的可能性；在宏观的层面上，公共管理伦理学揭示从统治型社会治理模式到管理型社会治理模式再到服务型社会治理模式的客观历史必然性，把公共管理这种新型的社会治理模式放在人类社会治理结构发展的总的历史进程中加以考察，揭示公共管理作为服务型社会治理模式的基本特征、性质和内容。当然，在当前，最具现实意义的，无疑是对公共管理活动道德化的前提和基础加以探讨，尽可能地去寻找公共管理活动道德化的现实保障机制。在进一步的理论追求中，将着力于探讨社会治理模式及其制度伦理化的可能性。

从行政伦理学向公共管理伦理学发展的逻辑和历史进程看，公共管理伦理学的研究，首先是定位在职业伦理学研究的学科归属上的，属于应用伦理学。在把公共管理伦理学与一般伦理学进行比较时，可以发现：如果说一般伦理学以道德为研究对象，力求认识“道”而内得于己，然后外施于人以“德”，那么，公共管理伦理学则主要是研究公共管理者在公共管理的过程中自觉地接受道德规范，使公共管理活动贯穿着伦理精神等问题。公共管理学是一门新兴学科，公共管理伦理学是公共管理学学科体系中的一个重要组成部分。学习和研究公共管理伦理学是为了获得迎接现代公共管理必备的理论素质和道德素养。因为，公共管理是一种特殊的职业，公共管理的目的是为了公共利益的实现。在一切社会职业活动中，公共管理最直接地服务于公共利益实现的目的。所以，公共管理主体的道德素养，也是一切职业活动中最具现实意义的因素，无论直接地针对着公共利益的实现，还是针对着社会生活的示范性影响，都能够发挥极其重要的作用。

公共管理作为一种职业活动是市场经济发展到一定阶段的产物。对于社会发展而言，市场经济以其特有的人与人的交换关系创造出无限的生产力，推动了社会进步。然而，市场经济创造出的一切人间奇迹，都是以人的个人利益意识的觉醒为前提的。正是个人利益追求的充分张扬，才赋予了社会以巨大的发展动力；也正是由于个人利益的伸张，才凸显了公共利益的重要性。

在公共利益与个人利益之间，存在着既对立又统一的关系，它们相互矛盾和相互依存。在人类历史上的一个相当长的时期内，个人利益与公共利益处于一种混沌的状态。近代市场经济的发展，在促进社会各个方面迅速分化的同时，出现了公共利益与个人利益的分化。特别是发展到20世纪后期，这种分化已经表现得非常明显了，以至于20世纪前期所形成的由政府代表公共利益的观念受到了公共管理社会化的冲击，单纯以政府为主体的公共管理观念渐渐失去了现实基础。20世纪后期以来所展现出来的公共管理景象是：政府与社会中的各种自治的和半自治的力量合作承担公共管理。这样一来，政府权力结构体系的严密性对于公共管理的混合主体而言，有着约束力式微的趋势。因而，原先那种通过谋求政府权力结构的合理性去达到行政管理优化的做法，很难适应公共管理社会化的新形势。这就是建立在伦理关系基础上的德治正在逐渐取代近代以来的那种片面“科学追求”的基本原因。如果说政府广义的行政管理可以通过权力结构的科学化、合理化而达到优质高效的目标，那么，新兴的公共管理将更凸显出法律、权力与道德相统一的意义。

从人类社会发展史的角度看，如果说早期的人类社会处于一种自然和谐的状态和从属于美的原则的话，那么，随着人类的迁徙和杂居，社会出现了等级化，人们之间的等级化关系所要接受的是权力的直接控制，同时，在权力的边缘地带，要求道德的广泛介入。进入近代社会，工业化造就的社会治理模式，把人与人的社会关系纳入到了科学结构之中，在这种科学结构的基础上，整个社会以法制的形式出现。公共管理的出现，预示着人类社会正在建立一种新型的社会治理模式，这种社会治理模式是建立在伦理关系的基础上的，是一种以道德为轴心的治理模式，公共管理的职业活动必须接受道德的规范，公共管理的特殊性也要求担负着这种管理活动职责的社会治理者必须具有较高的道德素养。所以，在公共管理学的学科建设中，公共管理伦理学的研究有着特别重要的意义。

当然，如果囿于既有的思维框架，必然会得出这样的结论：伦理的作用是有限的。正如马克斯·韦伯所说：“这个世界上没有哪种伦理能回避一个事实：在无数的情况下，获得‘善的’结果，是同一个人付出的代价的决心联系在一起的——他为此不得不采用道德上令人怀疑的或至少是有风险的手段，还要面对可能出现、甚至是极可能出现的罪恶的副效应。当什么时候、在多大程度上，道德上为善的目的可以使道德上有害的手段和副产品圣洁化，对于这个问题，世界上的任何伦理都无法得出结论。”[①] 在强调社会治理结构科学性的时代，在突出法制建设的意义的过程中，无限夸大道德的作用显然不是科学的态度。但是，公共管理伦理学致力于从历史发展的必然性中去寻求社会治理结构的伦理化，通过对伦理关系的研究去探讨伦理的制度化，进而，在对伦理制度化建设的思考中去认识道德的功能。这就是时代赋予我们的历史使命，我们的研究将始于公共管理者及其行为的道德化，而终于社会治理及其制度的伦理化。

1.2 公共管理伦理学的研究对象

人的社会生活无非是人们之间各种各样社会关系的发散和溢射，正是人们之间的社会关系，构成了人们社会生活的内容，人们之间社会关系的复杂性决定了人们社会生活内容的丰富性和形式的多样性。人类社会的发展，是人们之间社会关系复杂化的过程，社会每前进一步，都意味着社会关系复杂性程度的增加，或者是一些新型社会关系的介入，或者是原有社会关系的格局发生了变化。人类社会中一切新型制度体系的出现，都可以从社会关系复杂性程度的增加中得到理解。当社会关系的复杂性出现量的增长的时候，社会发展也处于量变的状态。一旦社会关系的复杂性发生了质的变化，社会也就必然会相应地出现结构性调整。对于公共管理的出现，我们也同样可以从社会关系的复杂化已经发生了质的变化之中得到理解。与传统的行政管理相比，公共管理意味着社会治理模式的转型，它必然是一种以新型社会关系为基础的社会治理模式。具体地说，这种新型社会关系是由原先的政府与社会之间的行政管理关系和作为市场经济发展必然结果的新型社会自治关系相互交织、缠结而成的公共管理关系。

人们之间社会关系的状况决定着社会秩序的状况，只要人们之间的某种社会关系是混乱的和无序的，那么社会在这个方面的秩序就无法得到保证。人类的管理活动就是为了调整各种各样的社会关系，从而谋求秩序，或者，进一步地优化秩序。只有有了秩序，其他目标才有可能达成。公共管理的出现是由于有了一种新型的社会秩序要求。因为，随着社会关系的进一步复杂化，农业社会较为简单的自上而下的单线型统治秩序已经失去了现实意义，近代出现的以政府为主体的

---

① ［德］马克斯·韦伯：《学术与政治》，108页，北京，三联书店，1998。

行政管理秩序在更为复杂的新型社会关系中再也无法得到充分实现。从而需要在政府行政管理之外得到社会自治型公共管理来作出补充，在政府行政管理和社会自治型公共管理的互动中来获得完全的社会秩序。

当然，从概念辨析中，人们将政府自身的内部管理称作为行政管理，而把政府对社会的管理称作为公共管理。这是广义公共管理的范畴，是泛指政府通过法律、公共政策和直接的行政行为对社会的管理，以及非政府组织对社会的自我管理。但是，政府对社会的管理又可以看做是广义的行政管理，是与狭义的政府内部行政管理相对而言的。相应地，狭义的公共管理又是专指非政府组织对社会的管理。无论是广义的公共管理还是狭义的公共管理，都是对行政管理模式的突破，它们都意味着新型管理关系的出现。即使是在那些依然由政府承担的公共管理领域，原先那种政府把内部行政管理的方式、方法直接施加于社会管理的做法也不再适用。政府需要实现根本性的观念变革，以一种全新的角色出现，才能有效地担负起公共管理的职责。同样，社会中的公共管理组织由于主要是在社会中自然生成的，它们在从事公共管理活动的时候，更不可能运用行政的或“类行政”的管理方式和方法。总之，公共管理中的管理关系已经与以往的一切管理关系不同了。

以往的所有管理关系都是属于管理主体对客体的控制，是以强制性的权力体系和法律体系为根据的。当然，为了使控制更为有效，需要在方式方法上尽力淡化控制的色彩，特别是当管理主体与管理客体之间直接接触性管理造成双方的直接冲突时，而且在这种冲突经常化的情况下，人类发明了制度化的管理，创造了制度化的规范体系，把人对人的直接管理转化成制度对人的管理，把人与人的矛盾转化为人与制度的矛盾，并进一步通过制度的神圣化来达到对人进行控制的目的，强制人服从制度。这时，虽然也还在一定程度上存在着管理主体与管理客体的直接接触，但由于这种接触是以制度为依据的，因而在任何出现了人与人的矛盾的时候，都能够从制度化的设置中找到解决问题的方案。

这样一来，我们看到，有两种以控制为目的的管理类型：一种是直接以权力和权力体系为根据的控制，是由管理主体直接作用于管理客体的控制；另一种是以管理制度为根据的控制，是通过健全和完善制度来实现对管理客体的控制。因而，从管理或者社会治理的角度来看，人类大致创立了两种制度：一种是“权制”；另一种是“法制”。就制度发展史而言，一般说来，农业社会的制度属于权力的制度，可以简称为“权制”；工业社会的制度主要是法律的制度，习惯上称为“法制”。公共管理将会拥有一种全新的制度，它的制度模式可以称为“德制”，这种道德的制度在管理关系中的表现就是：改变了以往管理关系中的那种控制与被控制的关系。或者说，在公共管理中，控制关系日渐式微，代之而起的是一种日益生成的服务关系，管理主体是服务者，而管理客体是服务的接受者。所以，这是一种完全新型的管理关系，在这种管理关系的基础上必然造就出一种新型的社会治理模式，是一种服务型的社会治理模式。在当前，我们也用公共管理来指称这种社会治理模式。

权制条件下的管理，是直接以权力为根据而进行的管理控制，在管理方式、方法上，往往需要有较强的技巧性，权术和权谋是这种管理的必要手段。当然，权制条件下的管理人格也会在一定程度上发挥着重要作用，但是，这种管理人格的制度保障却是极其脆弱的。所以，在一切必要的时候，总是权力的强制力出来解决问题。法制条件下的管理，总是不懈地追求制度设计的科学性和合理性，对于任何问题的解决，都寄希望于管理制度的完善。所以，对任何具有一定程度普遍性的问题，都是通过制定规章和完善制度的方式来加以解决的。公共管理不同，它不是一种控制定位的管理，而是一种服务定位的管理，对于管理主体来说，权力因素和法律因素虽然在一定程度上是必要的，但更为重要的因素是如何发挥主观能动性来有效地进行服务。因而，管理主体的服务精神会作为公共管理的主观支持力量而发挥着优化管理的作用。

可是，公共管理者的服务精神从哪里来？是天生的吗？不是。是从以往的社会治理者那里继承而来的吗？不是。公共管理者服务精神的获得只能从人类社会治理发展的历史必然性中来理解。公共管理的伦理制度即“德制”的建设，是服务精神物化的过程；同时，又为服务精神稳固地发挥作用提供了客观保障。正是有了伦理化的制度，有了服务型的社会治理模式，公共管理者才会在公共管理活动中始终不渝地贯彻服务精神，他自身才会在自我完善中为服务精神所同化。公共管理伦理学的研究，正是要揭示服务精神产生的历史必然性，发现服务精神如何转化为现实的伦理制度，探讨公共管理者拥有道德规范的客观机制。

公共管理伦理学是一门关于公共管理体系伦理化的学问，它研究公共管理的制度如何奠立在伦理关系的基础上，公共管理的主体如何实践道德规范，公共管理的过程中为什么需要道德规范，公共管理主体的管理行为应当合乎什么样的道德规范，这些道德规范是怎样生成的和怎样发挥作用的，公共管理主体怎样才能把道德规范作为一种内在于他的力量，如此等等。在解决这些问题时，都必然取决于对一个更为基本问题的回答：公共管理的道德因素是基于人的哪些社会关系而建立起来的。

我们知道，在人们的社会关系中，最为基本的关系是人们之间的利益关系。在公共管理中，也不例外。尽管人类的社会关系呈现了复杂化的发展趋势，但是，迄今为止，人们之间的利益关系依然是最为基本的社会关系。所以，公共管理伦理学也需要以研究公共管理这一特殊领域中的利益关系为出发点。

人们之间的利益关系是对立统一的关系，思想史上的悲观主义者往往看到人们之间利益关系中矛盾的方面；相反，乐观主义者看到的则是人们之间利益关系中一致的方面。它们都不能较好地解决问题。所以，在伦理学史上，有的思想家根据人们的利益矛盾性而突出强调义务，另一些思想家则根据人们的利益一致性而更为强调个人的社会责任。20 世纪 80 年代，在西方国家的新公共行政运动中成长起来的所谓"行政伦理学"就是根据行政体系的特殊地位而突出地强调了行政责任问题。实际上，这也是把行政伦理学当做关于行政责任的伦理学了。上述做法都是片面的。只有在人们的利益关系既对立又统一的认识基础上，才能在伦理学研究中持有科学的见解。公共管理伦理学的研究也是这样，在思考公共管理中的伦理关系时，只能从公共管理活动中利益关系的对立统一出发，才能建立起科学的公共管理伦理学。

总的说来，所有关于制度的设计方案，在终极的意义上，都是出于解决利益矛盾和利益冲突的目的。虽然各种理论之间的龃龉给人以势如冰炭之印象，其实，在根本目标上是一致的。近代以来，绝大多数理论分析，无论在表现上有着多么大的差异，一旦走近制度设计时，就只有强权和法律两种出路。然而，在公共管理的现实运动面前，所有理论和学说，可能都会变得羞愧难当。记得儿时，我们常常憧憬着苏联作家们关于人类未来印刷材料的预言：文字是印刷在一种可以食用的材料上的，书籍和报纸可看也可吃……现在，我们看到的却是电子出版物和网络媒体。近代以来的理论和学说就是这样，在解决个人利益和公共利益的冲突中，一直是沿着强权或法制的思路对未来作出预测的，特别是现代，越来越多的人寄望于民主和法制。而公共管理向我们展示的却是：依据服务精神来实施社会治理，从而使以往世代的伦理清谈转化为公共管理制度设计的启示篇章。

公共管理是服务于公共利益的，公共管理主体是公共利益的代表。但是，在公共管理中存在着公共利益与私人利益、整体利益与个人利益的既对立又统一的关系。公共管理主体代表着公共利益，而公共管理客体则是分散的私人利益的个体。公共利益基本上是一种抽象形态，虽然公共管理主体代表公共利益，而公共利益只有在极少的情况下才以实体的形式存在，在较多的情况下，公共利益是包蕴在私人利益之中的。如果说私人利益是具体的、特殊的利益形态，那么，公共利益更多的是寓于私人利益之中的普遍和一般。这样一来，公共管理主体与客体之间的利益关系就应当以促进私人利益的实现为手段，只有在私人利益得到实现的前提下，公共利益才能具有最大限度实现的可能性。

可是，公共利益与私人利益又是矛盾的，分散着的私人利益主体在追求自我利益最大化的活动中，存在着侵犯公共利益的倾向。在这种情况下，私人利益不仅不包含公共利益，反而会成为公共利益的对立形态而存在。因此，由分散着的私人利益主体来促进公共利益的实现是不可能的，只有公共管理的主体通过对私人利益的限制才能促进公共利益的实现。传统的限制私人利益的做法是具有强制性的，这种强制性决定了它的限制不仅不能解决公共利益与私人利益的矛盾，反而会经常性地激化这种矛盾。这就要求现代公共管理在对私人利益加以限制时实现方式方法的创新，创新的方向可以是“引导”，即通过把私人利益的实现引导到一个正确的方向上去，从而达到对私人利益加以限制的目的。这可以从大禹治水的故事中得到理解。私人利益追求就像洪水一样，传统的限制私人利益的做法就像大禹的父亲鲧治水那样，是采取堵塞的方法。公共管理主体在限制私人利益时，不能采取传统的方法，而应当像禹疏导洪水那样，对私人利益加以引导。

引导也是限制，只不过是限制了私人利益的“流向”，目的是减少私人利益与公共利益相冲突的一面，使私人利益之中最大可能地包含着公共利益。传统的限制私人利益的做法是强制性的，会经常性地激化公共利益与私人利益的矛盾，这种做法是一种极其僵化的做法。而且，它往往是在公共利益与私人利益的矛盾激化到一定程度的时候，才会有所反应，才通过某些变革措施来重新缓解矛盾。对私人利益的引导，要求公共管理主体在引导的过程中有着更大的方式方法上的灵活性，即最大限度地发挥把私人利益导向正确方向的主观能动性。

传统的管理体制在实现对管理客体的限制时，同时也限制了管理主体，使管理主体在制度规范下开展管理活动。公共管理在要求管理主体拥有更大更多灵活性的同时，必然会出现一个问题，那就是管理主体的这种灵活性怎样才能成为正确引导私人利益实现的灵活性，需要什么因素为这种灵活性的正确行使提供保障？答案只有一个，那就是公共管理主体的道德化，只有道德规范才能够既实现对公共管理主体的限制，同时又不减损其灵活性。在大禹治水的故事中，我们看到，鲧与禹是完全不同的形象，鲧自负、专断，禹在治水过程中，不仅实现了方式方法上的创新，成为治水英雄，而且树立起了一个道德形象的典范。《史记》中是这样描述这一传说的：“禹为人敏而克勤；其德不违，其亲可仁，其言可信；声为律，身为度，称以出，伟伟穆穆，为纪为纲。”所以，后人传颂的，恰恰是他作为道德圣人的一面。在对私人利益的限制方面，传统的强制性限制与公共管理寓于灵活性的引导这两种不同形式之间的区别，也恰恰可以用鲧和禹两种完全不同的形象来作比喻。

在公共管理中，除了公共利益与私人利益的关系，还有另一重利益关系，那就是存在于公共管理主体之中的个人利益与整体利益的关系。当然，个人利益与整体利益的关系问题是伦理学的基本问题，对这个问题的解决，一般说来有两种方案。一种方案是要求对个人利益加以节制，让个人为了整体利益的实现作出牺牲，认为整体利益的实现是建立在个人利益或多或少地作出牺牲的前提下的。这个方案其实是建立在整体利益与个人利益天然对立的假设基础上的。另一种方案是由近代早期思想家们提出来的，强调个人利益的神圣性，认为每个人追求个人利益都是出于人的本性。但是，人是生活在社会中的，在每一个人追求个人利益的过程中，必然会受到某些客观因素的制约。也就是说，在个人对自我利益的追求中，会在社会整体的意义上形成一种客观的制约机制，这种客观的制约机制，可以把个人追求自我利益的非道德甚至不道德的利己行为转化为合道德的利他结果，即在结果上转变成有利于整体利益实现的行为。

应当说，这两种方案都具有一定的合理性，但又都是片面的。说它们具有合理性，是指这些方案如果不是在一般伦理学的层面上来解决问题，而是根据公共领域与私人领域的不同而作出的，那么它们就是分别适用于公共领域和私人领域的。但是，恰恰由于它们都是在一般伦理学的意义上对个人利益与整体利益之间关系所作出的思考，所以，它们都是片面的。其实，上述两种方案并不是对立的。让个人利益服从整体利益的要求，对于公共领域来说是唯一的选择；强调个人利益追求具有天赋的神圣性则是私人领域的必然要求。所以，在不同的领域中，它们都是合理的伦理规定。根据公共领域与私人领域的区分，公共管理作为公共利益的实现途径，无疑属于公共领域的范畴。在这个领域中活动的个人，由于职业的性质决定了他必须把整体利益放在第一位，而不是像私人领域中活动的人那样，把个人的利益追求放在第一位。当然，我们并不否认个人利益存在的合理性，即使是从业于公共管理的个人，也有着自己的个人生活，在职业活动之外，也有着自己的私人生活和个人利益追求。但是，他的职业行为必须与个人利益追求分离开来。虽然他在职业活动中可以得到相应的报酬，但他不能把履行职责的行为作为追求个人利益的手段。或者说，从业于公共管理活动的人有着二重生活：一方面，他作为公共管理者，他的职业活动是从属于公共利益的，他的全部职业活动都必须以促进公共利益的实现为旨归；另一方面，他又是有着私人生活的个人，有着个人的利益要求。他的这种二重生活，决定了他应当把个人的利益要求与职业行为的目标区分开来。

当然，关于职业行为与个人利益追求之间的道德规定问题属于一般伦理学所要研究的问题，公共管理伦理学所要关注的是公共管理者的职业行为的道德规范问题。所以，公共管理伦理学视野中的公共管理者，在职业活动中是不应有个人利益追求因素介入的。在现实的层面上，公共管理伦理学也超出自己的研究范围去建议公共管理者让个人利益服从整体利益，借助于整体利益的实现来达到个人利益相应实现的结果。这实际上是公共管理伦理学在重申一般伦理学的道德规定。在理想的层面上，公共管理伦理学从公共利益的至高无上性出发，要求公共管理者必须把公共利益作为他的全部职业活动的出发点。这是基于公共领域与私人领域分化的现实而对公共管理者提出的具有时代特征的伦理要求。

总的说来，公共管理伦理学所要认识的是公共管理过程中管理主体与管理对象之间、管理者之间、管理者与国家或政府权力结构之间的伦理关系，并在这种认识的基础上，为公共管理行为提供伦理观念和道德规范，进而实现整个公共管理制度和体系的伦理化。人的社会关系是多维度的，公共管理中的人的关系也是复杂的。当然，在公共管理系统中，利益关系也是最为基本的关系，其他一切关系都是在利益关系的基础上生成的。但是，与利益关系比较起来，公共管理系统中的其他关系更为具体，以至于公共管理关系在现实中的表现也是极其复杂的。

在思考公共管理伦理学的研究对象时，也应当看到，关于利益关系的分析框架是现代社会科学领域中几乎一切科学门类所共有的基本解释框架，但是，它并不能取代具体的研究。公共管理作为人类社会活动的一个特殊领域，存在于其中的公共管理关系有着更多的具体性。在公共管理的领域中，人们的利益关系虽然在许多情况下也是以直接的利益实现方式和利益实现的可能性状况表现出来的，但人们在这里却会更多地遇到日常的、具体的、丰富多彩的公共管理问题，以至于管理者在公共管理活动中无法时时处处地计算公共利益与私人利益的比例关系，无法根据科学的观念来确定无论是公共的还是私人的短期利益和长期利益的关系，公共管理中的制度措施对于处理这些关系也仅仅是一种框架和原则性规范。所以，公共管理者处理公共管理活动中的各种各样的利益关系时，应当以伦理精神作引领，以道德意识作指导，只有这样，他所作出的管理行为选择才是最符合公共利益要求的。

而且，也应该看到，虽然利益关系是公共管理中的基本关系，却不是全部关系。在公共管理过程中，当利益关系以丰富多彩的具体的管理关系形式出现的时候，会更多地直接表现为人们之间的伦理关系。或者说，在公共管理的领域中，人们之间的社会关系，在直接现实的意义上，首先表现为伦理关系。处理人们之间的这些伦理关系，最有效的途径无疑是能够使人的行为选择建立在道德规范的基础上。也就是说，在直接的现实意义上，往往是道德规范在处理人的关系上发挥着主要作用，只是在道德规范失去了作用的时候，才会诉诸其他形式和以其他途径来获得救济。

1.3 公共管理伦理学的学科位置

公共管理中管理关系的复杂性，决定了公共管理学也必然是一个由多学科构成的学科体系。当然，公共管理作为一种新型的社会治理模式，是从行政管理模式发展而来的，行政管理学学科体系的结构和内容，在许多方面是可以直接应用于公共管理学的学科体系建设的。但是，也必须注意，公共管理与行政管理毕竟不是一回事，公共管理在运行方式、行为机制和管理体制上，都与传统的行政管理有着很大的不同，甚至已经初步显示出了质的差异。这就决定了公共管理的学科体系也应有新的面目和新的内容。

公共管理的学科体系大致应当包括这样几个方面的内容：

1. 公共管理的一般性研究。公共管理是一种新型的社会治理模式，它必然具有时代推展出的并赋予它去解决的问题群落，因而，公共管理学也应有着属于自己的概念群落，在学科多样化的今天，还需要进行学科间的划界工作。所以，需要进行公共管理的一般性研究，去根据公共管理的需要，建构起一般性的公共管理学，对公共管理的范围和内容作出原则性的界定，对公共管理的性质和特征进行理论概括，对公共管理的制度和行为模式作出总体的科学把握。在这种一般性研究中，中心内容是，既要从理论上把握公共管理不同于传统行政管理的特点，又要弄清公共管理的一般性规律，提出公共管理具体学科建设的理论框架和一般性原则。最为关键的还是确立公共管理的基本精神。

如果说传统的行政管理在效率追求中体现出来的是单向度的科学精神的话，那么公共管理决不是这种科学精神的重新演练，它应当有着自己的学科立足点和学科建构的指导原则。概括地说，公共管理学不同于传统行政学的学科精神，贯穿于公共管理学中的是一种服务精神。从行政管理向公共管理的转变，实际上是社会治理方式从管理向服务的转变。所以，公共管理所体现出来的是超越了科学管理模式的服务模式。虽然公共管理还是以管理命名的，但这里所讲的管理是具有公共性的行为模式的形式方面，在实质性的内容方面，则是服务精神。

2. 公共管理的主体研究。公共管理的特殊性决定了公共管理主体的新的形式和内容。与私人部门的管理不同，公共管理主体的行为不是利润导向的，它的活动是因应公共事务的需要而提供的服务。尽管近些年来私人部门的发展也表现出了一些新的趋势，由于公司的巨型化和跨国经营的需要，对环境因素的考量开始多了起来，在经营的过程中有着自觉营造有利于自身的环境等方面的活动内容，从而表现出在利润追求的同时也主动承担一些社会责任的特征，但是，它作为私人部门利润追求的根本性质并未发生变化，它与公共管理部门之间存在着根本性质上的不同。这也就决定了公共管理主体在性质、结构、指导思想和行为模式等各个方面都不同于私人部门的管理主体。

传统的行政管理主体是单一的，政府基本上构成了行政管理主体的全部，而公共管理主体则是多元化的，至少也是由两个部分构成的。政府大部分外部职能的实现在公共管理这种新型社会治理模式出现之后，也会发生性质上的转变，即从传统的行政管理转变成服务导向的公共管理。所以，政府部门中存在着公共管理的主体，在一定情况下，政府部门中的公共管理主体会成为整个公共管理主体中的主要部分。除了政府部门之外，还有着一支来自于社会的力量，它们是社会中的公共管理组织，在当前，人们把它们称作为“非政府组织”。这类组织虽然在存在形式上可以追溯到较早的历史时期，但就其整体而言，则属于20世纪七八十年代以来才迅速成长起来的新型的公共管理组织，有着新的性质和特征。由于这类组织是应社会公共管理化的需要而产生于社会的，所以当它们介入社会管理活动之后，改变了传统的政府与社会的关系，并迫使政府的社会管理发生改变，从而使政府部门中的公共管理组织在重塑的过程中与它趋同化。相信在不久的将来，由这两个部分构成的公共管理主体的同一性和互动性会更加增强，并在合作和互动中形成一种新型的组织类型。发现这种新型组织类型的可能性趋势并作出前瞻性的研究，对于公共管理主体的自觉完善来说，是学科建设必须承担起来的责任。

3. 公共管理的制度研究。在整个20世纪中，几乎在一切管理领域中，都选择了官僚制的制度模式。官僚制作为一种理想的管理制度是由马克斯·韦伯作出理论论证的，但在实践中之所以能够得到广泛的响应，则是历史发展的必然结果。从韦伯的历史考察中，我们可以看到这一点，在很早以前的世界各大文明古国中，都存在过官僚制的管理制度。韦伯的贡献是从近代资本主义大工业生产和社会化管理的需要中总结出了合理—合法的理想型官僚制，并从理论上证明了这种管理制度的工具理性效用。由于韦伯在这一领域中的理论证明非常充分，也是由于社会化管理的客观需要，这一管理制度在公私部门的管理中都得到了广泛的应用，而且取得了极大的成功。但是，进入20世纪后期，官僚制的管理制度在公私部门中都开始日益显露出弊端。较早发现这一点的是私人部门的管理。管理学家们对日本和亚洲管理模式的推崇实际上包含着对官僚制的否定。紧接着是政府部门的行政改革，直接地提出了告别官僚制的要求。然而，真正告别官僚制的希望是寄托在公共管理的兴起上的。应当说，官僚制理论本来就是传统管理模式的总结和提升，官僚制作为一种管理制度是属于传统管理模式的制度，告别官僚制本身，就意味着管理模式的变革。公共管理作为一种新型的管理模式是传统管理模式变革的必然出路。所以，公共管理也意味着制度创新。

当然，由于公共管理刚刚兴起，它的制度模型尚未显露出来。不过，公共管理应当具有的一些基本特征实际上已经显露了出来，相信能够在公共管理的制度安排中被突出出来。比如，传统的行政管理中拥有依法行政的理念，但在官僚制的命令—服务关系中，依法行政与行政命令之间无法在制度层面上得到调适，而公共管理则可以在制度层面上解决这一问题。因为，行政命令的手段无非是权力关系的体现，而依法管理则是法律关系的要求，公共管理将探寻一种新型的制度模式，把行政命令的手段和依法管理的手段都整合到其制度体系之中。再如，传统的政府与社会以及公私部门之间处于二元分立的状态，基本上是一种管理与被管理、命令与服从的关系，公共管理消解了这种二元分立，把管理、命令转化为服务和合作互动等。这说明公共管理必然有着属于自己的制度模型，根据我们的设想，单一管理主体是适应于官僚制的，而多元管理主体的出现将需要一种“合作制”的管理制度与其相伴随。

4. 公共管理的工具研究。一种新型的社会治理模式必然有着一系列新型的治理工具与之相伴随。人类经历过统治型的社会治理方式和管理型的社会治理方式，这两种治理方式所运用的基本治理工具是不同的。统治型社会治理方式所使用的主要是暴力、权力的强制力等，并辅以权术和权谋；管理型社会治理方式发展到它的典型形态的时候，主要是依靠法律和公共政策的约束力，并辅之以行政命令和行政指导等。公共管理作为一种新型的社会治理方式，也会在一定程度上继承管理型的甚至统治型的治理工具。但是，由于公共管理的服务性质决定了它不同于统治型的和管理型的社会治理方式，因而，在工具选择上也必然有着自己的特性。也就是说，公共管理不满足于继承行政管理所运用的诸如行政命令、行政指导、公共政策等工具，而是需要发明能够适应和反映公共管理这一新型社会治理方式的工具。

到目前为止，从公共管理视角出发对治理工具进行专门研究的学术成果尚不多见，而这一问题的研究又是非常迫切的。古人说，“工欲善其事，必先利其器”，在治理工具尚不清楚的条件下，如何推动公共管理的发展？方向也必然是不清楚的。不过，在20世纪后期的管理新趋势中，对民主参与模式的憧憬，可能对公共管理的工具选择会有启发意义。当然，这还只是一种臆测，科学的研究可望在“公共管理工具学”这样的学科中实现，即通过建立一门专门的学科，就像从传统的行政管理学中发展出公共政策科学一样，也对公共管理的工具系统进行专门的研究。应当强调的是，这种研究必须摆脱行政管理学的传统思维惯性，同时，也不应受到公共选择学派、交易理论、委托—代理理论等极端“市场主义”理论的误导。

5. 公共管理的行为模式研究。传统的公私部门管理所代表的是两种完全不同的行为模式，政府的行政管理属于控制导向的行为模式，企业等私人部门的管理属于趋利导向的行为模式。所以，这两个部门的管理是不可能由统一的专门的行为模式研究学科来承担的。当然，在20世纪中出现过一种行为科学理论，而且这种理论被广泛地采用到公私部门的管理学科之中。其实，行为科学理论是一种哲学心理学理论，它研究的是一种抽象的纯粹形式化的行为模式，虽然它被引用到公私部门的管理学之中，但在这两种管理学科的成熟形态中，都是把它作为一种特定的理论加以介绍的，无论在公私部门管理学中的任何一种中，它作为一种理论，都是学科边缘形态的填充物，对于管理学科的体系建构来说，并不具有根本的和主导的性质，或者说，它也构成不了管理学科的基本内容。

对于公共管理学来说，需要根据其服务导向的行为模式，建立起一门“公共管理行为模式学”，对公共管理的行为模式进行专门的研究。作为一门学科，它必然要超越行为科学的理论解释框架，它的出发点不应当是单个人的“动机—心理”机制，而应当是社会的整体文化机制，通过社会的文化驱动力而不是心理驱动力来解释公共管理行为，设计出完整的公共管理行为模式系统。当然，一旦人的行为不是抽象的而是具体的、不是形式化的而是有着具体内容的，就会具有无限的复杂性，甚至会达到难以把握的程度。但是，公共管理主体服务导向的统一性，决定了对其行为的科学研究是可能的。所以，建立一门关于公共管理的行为模式学，也是能够达到的。

6. 公共管理伦理学研究。公共管理中的伦理关系是具有普遍性的关系，公共管理中的伦理精神是一种普遍精神，在整个公共管理学的学科体系中，都贯穿着伦理精神。公共管理的服务定位决定了公共管理的制度、程序和行为体系都必然是伦理精神的实现。公共管理作为一种新型的社会治理模式，新就新在它是对传统科学管理模式的扬弃，是处处体现着伦理价值的新型模式。所以，公共管理伦理学研究是公共管理学学科体系中最主要和最基本的内容之一。对于整个公共管理学的研究来说，虽然伦理价值视角是基本的研究取向，但这并不意味着独立的公共管理伦理学研究失去意义。相反，恰恰由于伦理价值取向在公共管理学中的普遍性，更突出了专门的公共管理伦理学研究的重要性。因为，公共管理的服务定位如何可能？公共管理关系的伦理性质如何得以认识？管理制度和程序的设计如何实现道德化？管理主体在结构上如何体现道德原则？管理者的行为如何获得有效的道德规范？等等。所有这些问题，都需要由专门的公共管理伦理学来做出回答。

公共管理伦理学研究不仅从属于公共管理的规范需要，而且具有功能性的意义。既然公共管理已经作为一种服务定位的新型社会治理模式出现了，那么它对社会的影响也迟早会展现出来。当前，在公共管理的领域中进行公共管理伦理研究，其意义也会不限于公共管理本身。这种研究应当包含着社会目标，即通过公共管理去实现社会改造。当然，这是一个宏伟的目标，它的实现可能性还非常遥远，以至于这个目标的提出在今天会给人留下空想的印象。

公共管理学研究才刚刚起步，这个学科体系应当包含哪些内容，还有待公共管理的发展需要来作出证明。但是，以上所述的几个方面，应当是公共管理学研究的主干部分。其中，公共管理伦理学的研究内容又是贯穿整个学科体系的基本线索。当然，公共管理并不是凭空产生的，它是历史发展的结果，它必然会要求那些依然有着现实意义的传统学科的支持。比如，人力资源管理、财务管理等，它们都是公共管理赖以实现的根据。应当说，理论是暂时的，科学是永恒的，虽然科学总是由理论编织而成的，但科学作为学科而存在的时候，已经超越了理论，而是需要在对理论不断扬弃的过程中把那些有着积极意义的因素传递给新兴的人类活动领域。公共管理也必然在确立自己的学科体系的同时，继续受惠于传统的管理学科。但是，传统的管理学科为我们留下的只是加以继承的遗产，而不是自我创造的成果。公共管理研究必须实现观念的根本性转变，必须建构起自己的阐释框架，只有这样，历史遗产才能成为鲜活的财富。

关于公共管理伦理学，我们可以形成这样的认识：

公共管理伦理学作为职业伦理学，是一般伦理学的一门分支学科。同时，公共管理伦理学作为伦理学发展的一种新的形态，是一门具有普遍意义的伦理学，它把整个后工业社会的社会生活都纳入自己的视野中来，从而成为后工业社会人文社会科学体系中的一门基础性学科。

伦理学有着继承与创新的问题，一门职业伦理学必然要研究其特殊的职业伦理关系，并反映着其职业的特殊伦理需要。但是，任何一门职业伦理学都必然"分有"着一般伦理学的基本原则和理念。同样，每一个时代的伦理学也是这样，不是对人类文明史中的伦理学成就的推翻重建，而是继承中的再造。在20世纪的历史中，我们常常看到一代又一代"造反派"声言新的伦理开端，一群又一群"新人类""新新人类"突出强调自己这一代已经把旧的 切道德规范一脚踢开，声言自己创立了全新的划时代思想体系。其实，在所有这些标新立异的面目背后，掩藏着的是人类社会发展过程中早已扬弃了的那些"陈旧糟粕"的再一次复活。公共管理是人类社会治理历史发展的一个新的阶段，它所预示着的和代表着的是一种新型的社会治理方式。公共管理作为一种职业，它的职业伦理学将在职业道德要求中创造性地弘扬一般伦理学的现代理念，遵循一般伦理学中的一切有益于现代社会生活的基本原则。

公共管理作为一种新型的社会治理方式，是人类历史上第一个在伦理精神、理念和原则基础上建立起来的社会治理模式，这就要求，作为公共管理学科体系中最基础性的学科——公共管理伦理学需要敏锐地捕捉时代伦理关系的新内容，积极地发现时代进步中呈现出来的新的道德观念和要求，自觉地加强和巩固公共管理赖以确立的伦理基础。与此同时，继承人类伦理道德文明中一切积极的成就，特别是直接地把那些有着现代价值的伦理理念和道德原则纳入公共管理体系建设之中，作为必要的构成要素，也是公共管理走向未来这一发展之维的前提。伦理和道德是历史性的，在后工业社会的历史阶段，它必然有着全新的形态。当我们谈论它的社会治理价值时，人们往往囿于既有的认识而表示怀疑。其实，如果能够改变观念的话，这种怀疑就显得没有必要了。

总之，公共管理伦理学虽然是一门职业伦理学，却不应在传统的职业伦理学的意义上来理解它。以往的职业活动都或多或少地与个体意义上的私人生活相分离，做人有做人的道德，从业有从业的道德，虽然伦理学希望把它们统一起来，但是，一旦需要对具体的职业道德作出专门表述的时候，就不得不突出职业道德的特殊性，以至于职业道德成为特殊的道德规范系统，职业伦理学也因而有着具体的研究对象和内容。公共管理伦理学要求公共管理者把做人与从业统一起来，把个人生活与职业活动统一起来。这样一来，公共管理伦理学作为一门职业伦理学，就有着不同于以往职业伦理学的特定内涵。

具体地说，公共管理伦理学既是关于公共管理职业的伦理学，也是关于公共管理者职业群体的伦理学。就这一点而言，它不再是传统意义上的职业伦理学。传统的职业伦理学实际上就是关于职业的伦理学，是要颁布关于职业的道德规定，至于职业活动之外的因素，是不在其研究对象之中的。公共管理伦理学所关注的恰恰是作为从业者整体的人，而不是抽象掉了它的生活内容的职业活动者。即使公共管理伦理学谈论的是公共管理者个体，也是把他作为一个整体的人来看待的，即把他看做为他的职业活动与他的全部社会生活和个人生活统一在一起的整体。在公共管理者整体的意义上，是把他们作为一个特殊的职业群体来认识的，即把他们看做为从事公共管理职业的人群，在他们之间，由于公共管理这一职业的原因而生成了伦理关系，关于他们行为的规范，无非是由这些伦理关系决定的。传统的职业伦理学并不真正地去考察职业群体，它即使看到了同一职业活动中的人群，也是把他们看做是由于职业分工的原因而联系在一起的人群，他们之间是否存在着客观的伦理关系，并不是考虑的内容；这些原则和规范并不是从这个人群的伦理关系中产生出来的，往往并不真正适应于其职业的伦理要求，因此只满足于把一些伦理原则和道德规范加予这个人群显然是不合适的。由于存在着这些不同，公共管理伦理学显然是一门全新的职业伦理学。由于把公共管理的职业活动者在多层面上作为整体来认识，公共管理伦理学也就成了伦理学的一种新形态。

1.4 公共管理伦理学的性质

科学的任务在于提高人的能力，但在提高人的群体能力和个体能力方面，不同的学科之间是有分工的。有的学科旨在提高人的个体能力，或者说，是通过提高人的个体能力而最终达到提高群体乃至人类社会的整体能力；有的学科在直接的意义上并不考虑人的能力的问题，而是关注人类社会中的群体秩序的和谐，结果，会更积极更有效地提高群体的能力。伦理学等学科属于后一类型，虽然它们没有教会我们处理自然和社会问题的技巧，却为我们提供了关于人类中的群体乃至整个社会整合的依据，给予我们的是有益的原则和精神，如果这些原则和精神能够转化为制度安排，就会成为一种更加直接的现实力量。

探讨职业伦理关系和认识职业道德规范，一直是伦理学家们的重要研究内容之一。但是，以往的历史主要是分工的历史，或者说，是可以从分工的角度来加以认识和理解的历史。这种分工的历史，决定了职业伦理关系基本上是包含在分工之中的，是人们在分工的基础上所形成的全部职业关系的一个方面。同样，职业道德规范也主要是指那些不同于一般性社会道德规范的专属于规范职业行为的准则，或者说，是一般性社会道德规范的具体化。公共管理是以社会分群作为自己的直接历史前提的，建立在社会分群基础上的职业活动与以往以分工为基础的职业活动有着根本性的不同。所以，对于这种职业活动中包含着的职业伦理关系以及这些职业活动中的行为准则，需要有着新的观察视角。公共管理伦理学所面对的就是研究这种新型职业伦理关系和职业道德规范的任务，它在继承以往所有伦理学的积极成就的基础上，需要实现研究视角的创新。所以，公共管理伦理学是一种新型的职业伦理学。

一般说来，职业伦理学主要属于研究职业道德的科学，即研究从事某种职业的个人在其职业活动中应当具有的品德修养以及这种修养如何转化为道德行为的机制。但是，关于公共管理的职业伦理学研究更主要的是要探讨公共管理的制度伦理基础和制度伦理化的可能性，探讨作为公共管理主体的群体如何实现道德化等问题。当然，个人是伦理关系的承载者，制度的伦理化和公共管理主体的道德化，都需要通过具体的个人来加以实现。所以，公共管理伦理学需要着力于研究公共管理者的行为道德化的问题，即探讨公共管理者如何才能够自觉地以道德规范为其行为的准则。

公共管理作为一种新型的社会治理模式，是在政府行政管理社会化的过程中产生的。所以，公共管理学对传统的行政管理学有着继承性，行政管理学的学科建设经验、理论研究成就和管理方法和技术等，都可以在公共管理学的学科发展中发挥作用。但是，在公共管理伦理学的研究中，可资借鉴的因素并不多。虽然在新公共行政运动的启发下，国外也提出了行政伦理学研究的愿望，但传统的行政管理在本质上排斥着伦理的思维向度，即使客观上存在着能够融入行政管理学科体系中的行政伦理学研究，也一直未能确立起自己应有的学科地位。20 世纪 80 年代以来的一些在行政伦理学名义下作出的探讨，也仅仅停留在对行政责任的实现方式方面提出道德化建议，这就决定了，公共管理伦理学研究必须具有开创性研究的思想准备。任何一门科学从提出到成熟，都有一个艰难的探索历程。公共管理伦理学也是这样，它在公共管理迅速成长的这个历史时刻开始萌芽，在这棵幼苗长成参天大树的过程中，是需要更多的人来加以培植的。所以，公共管理伦理学呼唤更多的人投入到这一领域的研究工作中来。即便是这一愿望，在实现起来也是极其艰难的，旧的思维方式和框架，总是束缚着研究者。

公共管理伦理学是关于公共管理职业活动中的伦理关系和道德规范的科学。公共管理作为现代职业活动，蕴涵于其中的社会关系是复杂的，对公共管理行为体系的规范也是多样的，伦理关系和道德规范是其中的一个方面，然而，却是基本的和主要的方面。公共管理中的伦理关系是贯穿于公共管理个人之间、个人与公共管理主体之间、公共管理主体与客体之间的关系，而公共管理活动的道德规范，则主要是关于公共管理者个人的行为规范。但是，当公共管理及其制度实现伦理化的时候，制度也会以一个总体框架的形式去规范公共管理活动。这也是广义的道德规范的范畴。

公共管理中的道德规范是伦理关系的体现。伦理关系是通过道德规范来加以维持和不断矫正的。也就是说，伦理关系中的那些有利于公共管理活动顺利开展的积极方面，能够通过公共管理者的道德觉识而转化为道德规范，从而作为一种行为准则而存在。所以，公共管理中的道德规范在公共管理这一特定的职业活动领域之内，是对这种特殊的具体的伦理关系认识的结果。当然，公共管理活动也是社会活动的一种类型，它也会从社会的一般道德规范中汲取那些对该领域有价值的行为准则。即便如此，那些移植进来的道德规范，也与公共管理伦理关系之间有着极大的亲和性，是适应和反映了公共管理伦理关系的要求的。这样一来，在公共管理的领域中，就有着一个伦理关系如何向道德规范转化的问题。社会运行的客观性证明：只要一个合乎历史发展必然性的领域生成了，这个领域就会有着强大的“自然”成长的力量，并推动着它走向成熟。因而，公共管理中的伦理关系向道德规范的转化，是有着客观必然性的。但是，科学的功能就在于努力把社会发展中的自然进程转化为自觉的过程。公共管理伦理学的研究正是出于这样的目的，希望通过自觉地认识公共管理中的伦理关系以及伦理关系向道德规范转化的机制，去推动公共管理道德规范体系的健全。

从职业伦理学的角度来看，作为职业伦理学的公共管理伦理学在研究伦理关系时不同于一般伦理学，它把自己的研究范围严格限制在公共管理活动及其直接相关联的要素之中。应当承认，公共管理中的人并不专属于这个领域，与一切职业领域一样，完整的人并不是纯粹职业意义上的人，人除了有着职业活动和职业生活之外，还有其他的社会生活和活动。人的关系也是这样，人在公共管理职业活动和生活之中的关系是多维的，伦理关系只是其中的一维；在这一职业活动之外，还有着其他社会关系及其伦理关系。公共管理伦理学既不觊觎公共管理中的全部管理和服务关系，也不对公共管理者作为人的所有伦理关系加以探讨。公共管理视域中的伦理关系时，仅仅属于公共管理者以及与公共管理活动直接关联着的伦理关系。但是，公共管理伦理学又是伦理学的新形态，它要求按照伦理精神和伦理原则重建社会治理体系和道德的制度模式。因而，它所追求的又是通过治理体系及其制度的伦理化去规范作为完整的人的公共管理者及其行为，并在这种规范中促进社会的和谐。

公共管理伦理学作为一门科学，并不准备为公共管理活动确立具体的道德规范。因为，任何道德规范的确立都是实践中的具体过程。公共管理伦理学在观照道德规范的时候，所要探讨的是道德规范生成的机制，即从伦理关系向道德规范转化的机制。这也是公共管理伦理学不同于职业道德教育的方面。作为一门关于公共管理这一特定职业的科学之一，它的目的在于揭示这一职业中的人伦之理。当然，科学是有着教育功能的，但科学的教育功能并不是科学自身所追求的目标，科学所追求的是真理和达到真理的过程，科学的教育功能是在科学研究已经取得了一定成绩并被传播的时候才出现的一种效应。所以，公共管理伦理学的研究，并不是出于公共管理职业道德教育的目的。不过，一俟公共管理伦理学的研究取得进展，是可以满足这一职业道德教育需要的。

公共管理伦理学并不肩负公共管理方法的创新和技术的发明，而是努力追寻公共管理者所应拥有的那些伦理精神和原则。它与传统管理学科用科学化、技术化的外衣包裹起来的能力本位主义精神有着根本不同，它并不执着于提高公共管理者的社会治理技能，而是把塑造公共管理者的伦理精神放在第一位。做到了这一点，不仅有益于公共管理者的职业群体整合，而且也有益于整个公共管理体系的社会整合。但是，公共管理的时代特征决定了公共管理伦理学研究也必须站在时代的前沿。从工业社会向后工业社会的过渡，生产方式的变革等，必然会给人的社会关系带来重大变化，人们之间的伦理关系也必然会有着新的内容和新的特征，并且会反映到公共管理中来。其实，公共管理本身，就是适应社会从工业社会向后工业社会转型的需要而产生的，这决定了它必然会成为人类各种社会关系中的新质内容最为集中的领域，公共管理中的伦理关系亦然。伦理关系中任何新质内容的增加都会在人的行为中反映出来，从而要求相应的道德规范与之相伴。所以，公共管理中伦理关系的时代性，决定了公共管理伦理学必将是一门全新的学科，这门学科的全部研究工作，都需要有着全新的视角，需要通过科学创新的方法去提出新的观点和建构新的理论体系。

总之，当公共管理伦理学思考公共管理者的职业和行为时，是作为一门职业伦理学而存在的；当公共管理伦理学致力于公共管理制度设计和制度安排的基本原则探讨时，它又是伦理学的一种新的形态。事实上，公共管理伦理学把这两个方面的思索和探讨结合在一起了，所以，它既是一门职业伦理学，同时又是伦理学的新形态。

1.5 公共管理伦理学研究的任务

作为一种新型的社会治理模式，公共管理实际上才刚刚登上历史舞台，关于公共管理的行为系统、制度模型、工具特性和规范体系的研究，还仅仅存在于人们的希冀之中。相信公共管理学的研究会很快取得积极进展，因为公共管理的实践有着殷切的期望。在这种情况下，公共管理伦理学的研究就成了公共管理学整体探索中的一个必要的组成部分。而且，这项研究如果能够确立起一些基本的原则和建立起一些主导性的理念的话，也必将有益于公共管理学整个学科体系的建设，有益于公共管理实践的进步。

公共管理伦理学研究的动力主要来自两个方面：（1）公共管理实践的需要；（2）公共管理学学科建设和发展的需要。因而，公共管理伦理学研究的基本任务也可以从这两个方面的需要中得到理解，那就是：(1) 从公共管理实践的需要出发，认识公共管理中的伦理关系，促进公共管理在伦理向度上走向自觉、自为。其中，最为根本的目标就是提出伦理制度设计的构想。(2) 根据公共管理学这一新兴学科的科学探索和学科建设的需要，在伦理学的研究范围内汲取相关学科的积极成果，正确确立公共管理学学科体系内部各具体学科之间的科际关系，为公共管理学在整体上实现学科整合提供准备。(3) 由于公共管理是人类历史上前所未有的新型社会治理模式，以公共管理为研究对象的公共管理伦理学还负有提出新理论的任务。

公共管理伦理学研究是为公共管理服务的，它通过对公共管理伦理关系的研究去探讨这一职业活动的道德规范生成机制。虽然它并不准备提出道德规范，但科学的研究结果可以使公共管理者获得公共管理伦理的武装。对于公共管理者来说，他将从公共管理伦理学的科学体系中认识自我，认识公共管理的职能，认识他同公共管理对象之间的关系，他是在公共管理伦理学的思想体系的逻辑中领悟出自己的行为准则，这与对他实施的职业道德强化教育有着根本性质的不同。公共管理伦理学研究公共管理伦理关系时，把设计合乎这种关系客观需要的公共管理伦理制度作为自己的最高追求。公共管理伦理学会在其叙述展开时作出道德规范的举例，但仅仅是举例，而不是对公共管理道德规范的完整编纂。

对于公共管理学的学科体系建设来说，公共管理伦理学研究是一项基础性的工作。正如我们一再申述的，公共管理的服务性质决定了公共管理伦理学与以往那些从属于统治和管理秩序的学问不同，公共管理伦理学的首要任务是阐述公共管理的服务精神和活动原则，是在服务宗旨下探讨其得以实现的制度保障手段的可行性等问题的。服务精神是公共管理的精髓，而对这一精髓的解读恰恰是由公共管理伦理学来承担的。其实，公共管理伦理学的基本任务就在于揭示公共管理这种新型社会治理模式的服务精神，思考这种服务精神转化为制度设计和制度安排的可能性，发现公共管理者在公共管理活动中贯彻和落实这种服务精神的现实途径。也就是说，对于公共管理学的学科体系建设，公共管理伦理学的研究担负着为整个学科体系确立基本原则和指导思想的任务。如上所述，公共管理学的研究还处在刚刚起步的阶段，从已有的成果来看，包含着强烈的创新意识。但这种创新意识在表现上只是偶然性的、随机性的冲动，传统的管理学科的影响似乎成了无法冲破的茧壳。从前面对公共管理学学科构成的叙述中，我们可以看到，最有能力为这个新兴学科提供创新思路的，是公共管理伦理学。所以，公共管理伦理学的研究，是把整个公共管理的研究引领出传统管理学科阴影的必由之路。公共管理伦理学并不着意于对传统管理学科的批判，然而，当它准确地把握了公共管理的特征，深入地探讨了公共管理中的伦理关系时，就可以实现对人类以往的知识体系的扬弃。

公共管理伦理学是作为一门科学而存在的，但这门科学并不能建立在伦理学的既有理论之上，它既不皈依于古典的功利主义或义务论伦理思想，也不信奉当代的权利至上论或自由主义等各种思潮。或者说，公共管理伦理学决不从任何一种“普世”原则出发来建构自己，而是踏踏实实地研究公共管理这一特定领域中的伦理关系及其道德生成机制。恰恰是由于公共管理伦理学不愿宗奉任何一种已有理论的愿望，决定了它必须有自己的理论，即努力建构真正属于现代公共管理的理论。这条道路可能是漫长的，但一切参与到公共管理伦理学研究工作中来的人，都应有建构新理论的求索精神，走一条属于自己、属于时代和属于未来的路。

一个社会不能满足于圣贤辈出，而应当作出能使“六亿神州尽舜尧”的制度安排。如果说以往的社会治理方式都受到了难以超越的历史性局限的话，那么公共管理的出现已经在历史长河中行舟到了这样一个地方，那就是，能够通过确立普遍合作互动的社会治理体系，把一切人都纳入道德化的社会治理过程中来，实现整个社会生活与道德生活的重合。在历史上，我们所看到的圣贤都只属于他所处的那个时代。人类的文明和进步并不是圣贤的一手安排，所以，道德建设并不能停留在对圣贤似的榜样的利用上，更不应寄托于圣贤出世而实现对社会的教化和改造。道德建设的着眼点恰恰在于尊重伦理关系的客观实际，并根据这种关系作出制度安排。只有这样，才是迎接人类进步新起点的作为。

伦理主张和道德规范只有被作为制度设计和制度安排的原则才能切实地发挥作用，这一点“原儒”早有觉识。如果说孔子更多地从个人的角度强调“非礼勿视，非礼勿听，非礼勿言，非礼勿动”（《论语·颜渊》），那么荀子的思考则直接出于立国的需要，他指出：“人无礼则不生，事无礼则不成，国家无礼则不宁。”（《荀子·礼论》）沿着荀子的这个思路，是可以走向道德制度建设的方向的。但是，在整个农业社会，制度安排只能在权力的轴心中展开，因而无法建立起真正的道德制度，所谓道德，只是那种依据权力的治理的伪装。同样，在管理型社会治理模式中，行政伦理的实现条件是有限的，形式化的制度体系决定了行政伦理生长空间极其有限，但行政伦理研究是必要的，作为制度缺陷的补充也是必需的。只是行政伦理作为行政人员及其行为的伦理规定，在很大程度上，属于精英伦理的范畴，是关于行政人员这一社会精英群体的伦理关系及其道德规范的学说。公共管理伦理作为公共管理者这一职业群体的伦理，在一开始也具有精英伦理的特征。但是，由于公共管理是一种广泛参与的普遍合作的社会治理模式，由于公共管理超出了政府边界的限制而日益社会化，由于公共管理在目标和性质上以社会自治为旨归，这就决定了公共管理伦理的精英伦理色彩会日益褪色。

从法的演进中，我们大致看到相似的历程：在统治型的社会治理模式中，也存在过法，但法不是社会制度的基本精神，不具有普遍性，也不是开展社会治理的基本依据。比如，在中国古代，法基本上可以等同于刑；在古罗马，法只适用于一部分人中的某些类型的私有财产。进入近代社会，法的精神却成了一种普遍精神，成了制度以及整个社会生活的基本准则。伦理也是这样，当管理型社会治理模式中的行政伦理被改造为公共管理伦理之后，也会很快地朝着社会普遍精神的方向迅速演化。所以，公共管理伦理学是不能被看做为精英伦理学的，至少在我们的研究工作中，不是把它作为一种精英伦理学去加以建设的，而是主要从制度设计、制度安排的需要出发去研究它的。

其实，一切人文社会科学的学术研究和理论建构，都直接或间接地服务于制度设计和制度安排。一种理论、一项学术研究活动，如果不能最终指向制度设计和制度安排的目标，那只能是无果之花。同时，一切对人类进步有价值的理论和学说又都有着批判的热情，它们往往是在批判中进行新制度的设计工作的。理论上的设计如果要在实践中来验证的话，往往表现为这种情形：一种好的制度总会把人的批判热情导向对制度的批评；相反，一种坏的制度则会把人的批判热情导向对具体的人的攻击。不过，总的说来，人类社会发展的一切成就都直接间接地与制度联系在一起，人类社会生活的每一个领域，甚至一个民族、一个国家所达到的文明程度，都证明着它们制度上的优劣。如果某一社会生活领域中有着超前的特征的话，那么这一领域必然有着优越的制度。所以，公共管理伦理学把自己的研究放在制度设计和制度安排的目标取向上。

1.6 公共管理伦理学的研究方法

历史主义的理论视角在伦理学中的具体表现是集体主义的原则，要求个人服从集体，认为集体利益高于个人利益。因为，根据这种观点，个人在动态的历史发展之中，无论是存在和发展以及利益实现的状况，都取决于他所属的集体或整体。在历史主义的设定中：离开了集体，就无法理解个人，个人利益只有在集体利益的实现中才能得到实现，集体是个人获得发展和全面发展的前提，是获得个人自由的空间。与历史主义相反，现实主义的理论视角把个人与集体放置在一个静态的历史截面中来把握它们的关系，因而，总是以个人为原点进行理论思考，以个人为中心来进行制度设计，从个人理想的存在和发展假设出发来进行社会利益分配方案的制定。结果，历史主义往往导向伦理化的乌托邦，现实主义则导向个人至上的利己主义。

历史主义的伦理化乌托邦无论是公开表述出来的还是以思想体系中的潜台词而存在的，都会为了理想而残酷地否定现实。具体表现就是，在理论分析中首先突出集体与个人之间的一切区别和对立的方面，然后再寻求解决的途径。而历史主义所能够提供的解决途径往往都寄托于冲突和斗争。现实主义的利己主义所突出的是个人功利原则，要求用确定的、可靠的社会秩序和制度设置来保证个人利益的预期实现。因而，历史主义在制度安排上比较困难，而现实主义在制度安排方面则要容易得多。

历史主义的理论是诱人的，有着激励人心的永恒魅力，可是，它在现实制度安排中的无能又使其不能成为可以实践的理论。现实主义的理论是呆板的甚至丑陋的，而在实践中却成了理性的代名词，受到推崇。历史主义的缺陷成了现实主义的优点。但是，现实主义的理论缺乏想象力，它对于稳定发展的时代是有益的，而对于那些在伟大的历史转型时期进行制度原则建构的工作来说，是无能为力的。相反，历史主义的理论总是能够在人类社会的转折点上提出有创见的社会改造方案，尽管更多的历史主义理论玄思是脱离实际的空想。

如果对理论上的历史主义和现实主义进行历史分析的话，我们发现，历史主义在本质上并不属于工业社会，毋宁说它是作为工业社会的对立物而存在的，它只有在对工业社会的批判中才能找到自己的立足点。相反，讲究实际的现实主义才是工业社会的宠儿。因为，在工业社会，社会所遵从的是合理性，只有在个人这里，才会有合道德性的问题。工业社会只能是一个“道德的人与不道德的社会”并存的社会历史阶段，在这个历史阶段中，一切关于社会道德水平提升的愿望，都只会以臆语和妄行出现。对于社会来说，老老实实地致力于法制建设是最明智的策略。然而，从工业社会向后工业社会的发展，使那些在工业社会不可能的东西成为可能。工业社会伦理化的不可能性在后工业社会恰恰成为社会健全的目标。作为后工业社会治理模式的公共管理，就是把社会伦理化作为全部社会治理活动的最高目标。走向这一目标的具体步骤可以分为两个逻辑阶段：其一，是公共管理自身的伦理化；其二，是通过公共管理自身的伦理化而促使整个社会的伦理化。说它是两个逻辑阶段，也就是说，作为具体的历史进程，公共管理自身的伦理化与社会整体的伦理化是共时态的。

因而，在走向后工业社会的过程中，历史的发展提出了把历史主义和现实主义结合起来的要求。而且，历史主义与现实主义的对立需要得到扬弃，它们的结合意味着造就出新型的真正属于后工业时代的科学。历史主义与现实主义的结合会以“历史的现实主义”或“现实的历史主义”的方法论形式出现，它是马克思主义唯物辩证法的具体体现和现代形式。现实的历史主义把分析对象放置在历史发展的动态过程中，进行比较和分析，努力去发现每一个时期、每一个时代的社会存在及其存在方式和结构，准确地确定它们的真实基础和这个基础的构成方式。在进一步的目标追求中，则是发现自觉地进行制度设计的出发点和突破口。当我们思考社会治理方式的问题时，也需要遵循这一方法，去分析人类社会治理方式存在和演进的基础，去发现这一基础的结构和构成要素，并根据所获得的认识和社会发展的客观要求，进行社会治理模式的改造和重建。总之，这种方法可以保证我们在科学研究中既摒弃历史主义的虚情矫饰，又不堕入现实主义的卑微琐屑。

在以往的理论和学说中，人们形成这样的印象：历史主义是批判的，现实主义则是建设的。把历史主义与现实主义统一起来的公共管理伦理学将会既是批判的又是建设的。应当说，公共管理伦理学研究的本意并不是出于批判的目的，而是出于探寻适应后工业社会的社会治理模式的愿望。但是，科学是具有批判功能的，对真理的揭示本身就是对虚妄的祛除，发现历史的真实也就意味着摧毁一切关于历史的虚构。公共管理伦理学是一门科学，至少它的研究者是用科学态度对待它的，在它为制度设计和制度安排提供理论准备的过程中，需要拨开以往各种资产阶级学说的意识形态雾障。所以，建设就是批判；反过来，一切批判也只有蕴于建设之中，才是积极的。当公共管理伦理学为整个社会及其治理确立起伦理精神的时候，法的精神在社会治理模式建构中的价值也就成了历史。

本章小结

公共管理伦理学是一门关于公共管理这种新型社会治理模式的科学。公共管理关系的出现提出了公共管理伦理研究的要求。公共管理伦理学不同于行政伦理学，但与行政伦理学之间又有着继承关系。公共管理关系是非常复杂的社会关系系统，其中，利益关系依然是最为基本的关系。公共管理在调整利益关系方面，与以往的社会治理模式不同，它不是以权力的强制力或法律的外在性规范来解决利益矛盾和利益冲突，而是通过服务关系的确立和培育来实现利益关系的有机整合的。服务关系的制度形式就是德制，公共管理伦理学正是通过对公共管理关系的研究去发现德制建设的可行途径。

公共管理学是一个由多学科构成的学科体系，在这个学科体系中，大致包括：(1) 公共管理的一般性研究；(2) 公共管理的主体研究；(3) 公共管理的制度研究；(4) 公共管理的工具研究；(5) 公共管理的行为模式研究；(6) 公共管理伦理学研究。其中，公共管理伦理学研究具有基础性的地位。与以往的人文社会科学不同，公共管理伦理学不是以社会分工为研究的出发点，而是以社会分群为叙述的前提。所以，它的着眼点首先不是职业活动中的个人，而是职业活动中的群体，它从群体出发去研究道德制度和伦理机制的问题。只是在这一前提下，才去研究个人的行为道德化的问题。公共管理伦理学的重心放在伦理关系的研究上，揭示伦理关系的发展对于人类社会治理模式变革的意义。

公共管理伦理学研究的任务在于：描述公共管理作为一种新型社会治理模式的基本特征；揭示公共管理的实质；为公共管理学学科体系建设提供基本原则；在服务理念下提出制度设计的构想。公共管理伦理学的研究方法是“历史现实主义”或“现实历史主义”的方法，它是马克思主义唯物辩证法的具体应用。

复习思考题

1. 中西方伦理学研究有什么不同？

2. 公共管理伦理学产生的历史前提是什么？

3. 公共管理伦理学与行政伦理学之间有着什么样的关系？

4. 如何理解“公共管理意味着社会治理模式的变革”？

5. 公共管理关系的内容有哪些？它们为什么会成为公共管理伦理学的研究对象？

6. 公共管理学应当包括哪些分支学科？公共管理伦理学在公共管理学中的学科位置是怎样的？

7. 如何理解“公共管理伦理学既是一门职业伦理学又是伦理学的新形态”？

8. 公共管理伦理学的任务包括哪些内容？

9. 什么是“历史现实主义”或“现实历史主义”的方法？

第 2 章

公共管理伦理学的提出

公共管理伦理学作为一门新兴学科，是近代社会发展的必然结果，反映了由于市场经济内在要求的不断外显而提出的变革人类社会治理方式的要求。对人类社会治理方式发展的历史进行考察，可以发现，从早期的统治型社会治理模式向管理型社会治理模式的转型，一直是市场经济的发展在起着推动作用。当管理型社会治理模式确立之后，理论的探讨和实践的发展又逻辑地走向了公共管理。公共管理这一服务型社会治理模式的出现，是近代以来全部历史发展的结果。公共管理的出现，意味着人类社会治理模式的根本性变革，公共管理所具有的那些不同于以往人类社会治理模式的根本性质，决定了它需要以公共管理伦理学的研究作为它进一步发展和完善的理论保证。在更加直接的意义上，人类社会治理模式的每一次变革过程，都会伴随着社会治理行为的严重失范，从管理型社会治理模式向公共管理的变革也是这样，这个过程决定了在一切关于人类社会的科学探索中都会更加突出伦理学研究的意义。公共管理伦理学的提出，正是适应了这一要求。

重点问题

- 市场经济对近代社会发展的推动作用

- 公共管理主体二元化的意义
- 从统治型社会治理模式向管理型社会治理模式转变的历史必然性
- 行政学发展的逻辑
- 公共管理伦理学的提出是历史发展的客观结果

2.1 市场经济与近代社会

近代以来，对一切社会现象的理解都需要从市场经济出发，市场经济是近代社会全部社会发展的动力源，社会结构、生产方式、生活方式、科学技术、文化构成等所有方面的演进和发展，都应当归结为市场经济的驱动。但是，近代早期的思想家们在政治制度的设计中，依然未能摆脱传统的统治观念，在他们确定政府的社会职能时，只能提出用一种新的政治模式来改善统治，而不是完全根据市场经济的要求，用政府对社会的行政管理来取代传统的统治。然而，市场经济经历了几百年的发展，逐渐地将其内在要求充分地推展出来，政府在自身的发展中，也不知不觉地在市场经济的引导下，从统治型政府蜕变成管理型政府，开始把对社会的管理作为政府职能的基本内容。因而，政府通过自身的行政管理而管理社会的模式出现了。

说市场经济是社会发展的动力源，并不是从唯物主义原则中推导出来的理论判断，而是实实在在的历史过程。因为，在市场经济的内在要求中，可以看到近代以来一切社会变革的根据。市场经济向国家提出的是经济活动自由化和经济活动主体平等化的要求。这一要求的满足，是不可能在传统的统治模式中获得的。因为，统治型社会治理模式要求整个社会根据统治的目标而以金字塔的等级结构组织起来，这种社会结构排斥着人与人之间的平等要求，视平等为社会秩序的危害因素。同样，统治型社会治理模式以社会的等级控制为特征，它依照控制结构的层级自下而上地赋予更大范围的自由。越是处于等级结构控制体系底层的人，越是承受着自由的匮乏。然而，直接地和大量地从事经济活动的人恰恰是那些处于等级控制体系底层的人们，越是在这个控制体系高层的拥有自由的人，就越不从事经济活动，即使有着经济活动的行为的话，也只意味着这些行为的政治内涵是包容在“经济”的名义下的。

在社会的整体运行中，市场经济主体对于制度、体制（它运行发展的环境）方面只能提出要求，这些要求的实现还是要由国家以及代表国家意志的政府来提供的。虽然国家和政府长期以来并没有意识到它们的统治行为体系与市场经济是格格不入的，但在直接的表象层面，它们却能够做到尽力或努力满足市场经济的要求。市场经济要求平等和自由，同时又要求这种平等和自由是稳定的和有保障的。那么，国家和政府就在这种要求之中领悟出了法制。所以，法制建设成为市场经济健康发展的必要前提。由于这个原因，人们总是把市场经济与法制联系在一起，把它们看做是一体二元的同一构成体。或者说，法制是市场经济的政治表述，而市场经济是法制的现实目标。对政府而言，法制在行动的意义上被转化为法治，即政府依法律去治理社会。同时，这也是近代行政管理进化的高级形态。“类人猿”是猿的进化的高级形态，但是，从类人猿到“类猿人”的转变毕竟有一个关键性的转折点。法治是行政管理的高级形态，但是，这一形态所面临的是向以公共管理为特征的德治的转变。而这一点，也同样需要从市场经济的发展中来加以认识。

从近代社会的发展史看，虽然市场经济对国家的基本要求是法制，即要求在法制环境中获得一切必要的经济和社会自由，但是，法制的结果却促进了社会成员身份的二重化，在经济活动中和一般社会生活中，社会成员是以市民的身份存在的，过着利益追逐与实现的经济生活和以经济生活为基础的各种各样的社会生活。另外，在宪政的意义上，国家把社会成员转化为国家公民，在他们的利益追求之中寻求一个平衡的支点，使他们的利益追求除了具有个体层面的意义之外，也包含着社会价值。

许多学者都看到了近代社会国家与社会分离的事实，在某种意义上，“市民社会”概念的提出，就是从属于理解国家与市民社会分离的需要。当然，在这种理解中，也包含着要求正视和认可国家与社会分离这种事实的理论追求，并进一步在承认这种事实的基础上进行制度设计和对市民社会加以规范。与这种理论追求不同的观点也有，主要以黑格尔和马克思为代表，黑格尔和马克思在谈论市民社会的时候，是出于否定市民社会独立化的愿望，但否定的方式不同。黑格尔的方案是在绝对理念统一性的原则下，通过强化国家观念来消弭国家与社会的分离。马克思所倡导的是通过社会革命，废除旧制度，彻底铲除造成国家与社会分离的社会条件和制度根源。在这一点上，马克思是深刻的，因为他在提出解决国家与社会分离的方案的时候，包含着对这种分离之根源的深刻认识。资产阶级学者并不理解这一点，他们仅仅看到国家与社会分离的事实，却没有深究国家与社会分离的原因。一些附庸资产阶级学者的人，还试图生造出所谓“公民社会”的概念去掩盖国家与社会的分离，从而否认社会正在发生的变革的合理性。但是，国家与社会相分离的原因却变得越来越清楚了，那就是，由于市场经济的产生和发展，市场经济作为孕育近代社会的经济基础，在本质上是与执行着统治职能的国家类型不相容的。只要国家以及代表着国家意志的政府还不能告别统治型社会治理模式，市场经济就只有在与国家的离异倾向中才能获得发展的动力。

对市场经济与国家相离异的准确表述应当是市场经济对统治型国家的离异，统治型国家是市场经济发展的阻力所在。这决不意味着市场经济不需要国家和政府。如果不是抽象地谈论市场经济，一旦涉及市场经济中的具体问题，我们立即就会发现市场经济对国家、对政府的依赖性。如果可以对国家和政府的职能进行分析、分解的话，就会比较容易地发现，市场经济在对国家和政府统治职能以及因应这种职能需要而建立起来的组织结构、运行机制和秩序体制的排斥中，渴望着国家和政府提供公平、公正、高效率的管理。

管理如果不是偶然的政府行为，就必然要求政府根据管理的需要而做出制度安排。这样一来，就必然会提出这样的问题：一个政府能否有两套制度？从属于统治目标的制度和从属于管理目标的制度能否同时存在于一个政府之中？答案显然应当是否定的。如果从市场经济发展的客观要求出发，政府应当做出的选择就是：用从属于管理目标的制度代替从属于统治目标的制度。当然，对于实践中的制度安排而言，这应当是一个渐进的而不是突变的过程，而且，这个过程可能会延续很长一段时间。过渡期的渐进性决不能成为维护传统的统治型社会治理模式的借口，积极的做法应当是，自觉地通过一系列的制度安排来促进政府统治职能与管理职能的此消彼长，并尽可能地把管理职能实现过程中出现的一切积极进展再加以制度化。这个过程的终点，就是政府管理模式的确立，使政府成为主要从事管理活动的主体。

近代政府发展的历史正是遵循着这样的逻辑：从统治型社会治理模式向管理型社会治理模式的发展。在 20 世纪，一些国家差不多建立起了较为成熟的管理型社会治理模式，有着相对健全的管理制度和运行机制。但是，管理型社会治理模式并不是社会治理的终极形态，在管理型社会治理模式中，政府毕竟也是作为一个凌驾于社会之上的独立实体而存在的，它并没有融入市场经济之中，而是在市场经济之外对市场经济的运行施以控制，它的控制行为常常与市场经济的要求发生冲突，进而对整个社会的发展造成极大的消极影响。所以，政府与市场的二元分立并没有终止，社会反而因为这种分立而分化得更加剧烈。一方面，政府把对市场经济的控制扩展到整个社会，实现了对整个社会生活的一切方面的控制，而且不断地强化着这种控制。另一方面，社会对政府的控制越来越麻木，以自身的极端庸俗化来消极地回应政府对它的控制。到了 20 世纪后期，这种情况已经达到了政府与社会都不能再忍受下去的地步了，所以，行政改革发生了。

也就是说，现实的表现总是这样一种情况，对于市场经济的运行来说，政府的控制经常性地导致矛盾和冲突；对于社会生活而言，政府的控制与社会的麻木回应之间，表现出互不相干的局面。管理型政府属于管理型社会治理模式中的主要社会治理主体，从管理型社会治理模式的整体来看，它的法制安排与政府体制之间也存在着悖理，法制要求满足市场经济自由平等的要求，而政府体制则以层级化的设置去把法制付诸实施，而且在法制变成现实的过程中，时时处处都能看到行政命令在发挥着主导作用。所以，管理型政府及其管理在 20 世纪后期出现了全面危机，进而导致了整个管理型社会治理模式的危机，公共管理的问题也就在这一时期被提了出来。

公共管理作为一种新型的社会治理模式，它所担负的是从根本上告别国家与社会分离的历史，在理论期望中，当政府建立健全了公共管理制度的时候，国家与社会的分离也就终止了，国家重新回归社会，成为社会之中的公共机构，在相互矛盾和相互冲突着的具体利益之间，代表着普遍的公共利益。通过政府公共管理化而回归社会的国家，不再是凌驾于社会之上的组织实体，也不再是以强制性的力量为依托而去谋求整个社会总体性的实现，而是作为根源于市场经济需要的公共领域存在着。只有作为这样的公共领域而存在，才会像哈贝马斯所说的那样，“将经济市民变为国家公民，均衡了他们的利益，使他们的利益获得普遍有效性，于是，国家消解成为社会自我组织的媒介”①。

从上述分析中可以看出，从市场经济出发来认识近代社会，可以看到一个清晰的图式：(1) 市场经济是社会运行和发展的最终的决定因素；(2) 市场经济关于平等和自由的要求造成了社会的法制化，法制与市场经济是一而二、二而一的统一体；(3) 可是，市场经济与法制又是对社会结构和运行方式有着不同追求的，市场倾向于把一个社会连成整体，而法制却造成了社会的分化，造成了市民与公民的分化，由于这种分化，又导致了国家与社会的分立甚至对立；(4) 法制对社会的孤立化倾向总是被市场经济的总体化倾向所冲破，从而表现出国家与社会的分离也是与传统的统治型社会治理模式的分离，是一种对建立管理型的国家、政府及其行政的渴望。从社会治理的发展来看，这个过程也就是统治型社会治理模式的解体和管理型社会治理模式的生成。

---

① ［德］哈贝马斯：《公共领域的结构转型》，1990 年版序言，11 页，上海，学林出版社，1999。

2.2 社会自治的曙光

从国家与社会的关系来看，社会需要的是自由，而社会成员所渴望的则是平等。如果这种自由和平等的要求是社会针对国家而提出的要求，那么又如何理解公共管理的出现呢？一个显而易见的事实是：一方面，近代社会变成了孕育管理行为模式的温床；另一方面，来自于社会的自由和平等主张又潜在地包含着宣布国家干预社会的不合理性，即使这种干预是以社会管理而不是政治统治的面目出现的。这的确是一个矛盾，哈贝马斯也注意到了这个矛盾。哈贝马斯认为，从理论证明所表明的理想来看，"自由竞争制度可以自我调节；但前提是'没有任何经济之外的权威干预市场交易'，也就是说，应当保证所有人都得到福利和每个人都能公平地按劳取得报酬。完全受自由市场规律支配的社会不仅是一个不受控制的领域，而且是一个不受任何强制干涉的领域；每一个商品所有者的经济力量都进入一个庞大的制度当中，对价格机制没有任何影响，因而绝不会对其他商品拥有者产生直接的影响"①。这无疑是建立在市场经济条件下的社会所应有的理想特征，甚至近代早期的自由主义已经把这种理想诠释得非常清楚明白了。对于这种社会特征，哈贝马斯的总结性概括就是："这样一个社会始终屈从于市场的非强制性决定，它本身是自主的，或者说，在某种程度上是交换过程的自发产物。"②但是，20 世纪的社会治理实践却完全背弃了这种理想。

我们知道，在近代社会早期，关于市场是自由的、仅仅接受契约精神的调节而不受权力因素的支配等观点是极其普遍的共识。古典经济学派的观点、自然法学派的社会制度设计原则，都是建立在这样一种理论认识的基础上的。经济学家们相信，存在着一种"自然秩序"，而法学家们和政治学家们则断言：充分尊重市场"自主性"的法律制度能够"保障私人领域沿着中立和自由的方向向前发展"，能够为"'自由市场'制度提供保护"③。但是，上述理论证明中所包含着的理想，却并没有在现实的发展中展示出任何可能实现的迹象。而且，通向现代社会的发展进程，恰恰是时刻准备着把这种理想作为讽刺的对象。如果说在纯粹思想的领域中，关于自由市场自主性的理想产生了无政府主义的变种的话，那么在实践的进程中，没有任何一个政府愿意主动地放弃对社会的统治性治理，即使是在从统治走向管理的行程中，政府也是被动的，表现出政府不得已而在统治方

---

①②③ ［德］哈贝马斯：《公共领域的结构转型》，89 页。

面的退缩和向社会做出的妥协。

管理型社会治理模式的出现，只不过是社会自由、自主程度的增强，而不是自由和自主的充分实现。因此，哈贝马斯看到，与理想不同，现实的社会进程恰恰证明了马克斯·韦伯所揭示的现象："资产阶级法治国家的范畴是能力和法律；'合理的'行政管理体系和'独立的'司法体系，是资产阶级法治国家的组织条件。"[①] 这种理论和现实的矛盾为什么会在社会运行中得到协调？哈贝马斯的解释是，存在着法律和市场规律的一致性。哈贝马斯说："行政当局和司法当局必须遵守的法律本身适用于每一个人；原则上不允许有豁免权和特权存在。在这方面，国家法律和市场规律是一致的：二者都不允许任何公民和私人有例外；二者都是客观的，也就是说，都不受个人操纵；二者也不是具体针对某个人的。"[②]

如果说市场经济需要法制，即需要法律的规范和保障的话，那是一个基本事实。但是，当哈贝马斯用市场规律的客观性和法律规范必须得到遵从的客观性来证明市场原则与国家机构存在的可协调性时，不免给人以主观臆断的感觉。因为，在这样一个论断之中，其实是否认了法律制度框架下政府作用于市场和社会等管理活动形式上的多样性、内容上的丰富性和质量上的多种可能性。对于任何一个社会来说，制度规范都是最为基本的方面，在制度的前提下，具体行为有着巨大的弹性空间，甚至许多在结果上会导致与制度直接冲突的行为，也是制度所容许的。而且，在人类社会治理发展的历史上，法制不是唯一的制度规范形式，它仅仅属于一种特定的制度规范体系，除了法制之外，也还有着其他形式的制度规范。所以说，法制并不是一个不可怀疑的神话，它对于社会和市场的意义在于：它所提供的是一种特定形式的制度规范。

因此，关于近代以来国家与社会之间关系上的理想与现实的冲突问题，是可以有另一种解决方案的，那就是，在政府的管理中使政府及其行政人员的行为包含伦理合理性。当然，这只是一个初步的要求，更高的要求则是，在制度安排中也体现出伦理合理性，即从根本上改变近代以来制度安排上的片面法律化。通过法律建设走向法制，这条道路是正确的，但法制赖以展开的制度，则不应简单地是法律的总汇，以公共管理为内容的政府社会治理，仅仅依靠单向度的法律制度是不够的，能够适应这种社会治理需要的完善的制度，应当既是一个法律制度又是一个伦理制度。有了这样的制度，不仅政府的管理有了法治和德治的双重依据，而且社会中的自治组织在承担管理职能时，也会有着完善的制度基础。当然，法律制度化的成熟形态能够赋予社会以较强的自我控制能力，从而在社会之

---

①② ［德］哈贝马斯：《公共领域的结构转型》，90 页。

中产生出自我管理的组织和行为。这就是来自社会自身的公共管理。

公共管理是近代社会以来的整个社会发展的必然结果，是现代社会存在与发展的积极的实现方式。走向公共管理的全部历史演进都是根源于市场经济的要求，但是，对于社会存在和发展而言，公共管理作为一种新型的实现方式，在现实表现上却以管理主体的二元化为前提。一方面，市场经济在重塑政府的过程中，把政府从社会控制的主体转变为公共管理的主体，让政府担负起公共管理的职能；另一方面，市场经济的发展又在社会自身之中呼唤出各种各样的自治型组织，这些组织也担负着公共管理的职能，成为产生于社会之中的、以非营利为宗旨的公共管理组织，它“以自由组织起来的社会成员间的公共交往为渠道”[①]。

公共管理主体二元化的意义并不仅仅在于政府与社会之间以提供公共服务为内容的竞争关系的确立，而且，在后工业社会中，从事公共管理的组织会迅速膨胀起来，即组织种类和每一单一组织的规模都会迅速膨胀起来。有些组织或组织联盟在规模上也许会成长到拥有同政府进行竞争的实力。结果，政府极有可能成为众多公共管理组织中的一个组织，政府与其他组织之间在同一的法律制度框架下展开竞争，整个社会在公共管理方面形成多中心的局面。在政府与社会公共管理组织之间的“竞争伙伴”关系中，原先国家与社会的分离开始重新走上一体化的进程。

来自社会自身的公共管理所包含的社会自治内容，向我们展示了这样一种前景：社会不是通过自己的代议机构实施对政府及其行政人员的监督，而是通过健全伦理标准和行为准则来实现对政府和行政人员的制约。当政府在特定的公共管理领域与社会的公共管理组织进行竞争的时候，这种竞争中所突出的合作主义的服务精神必然会辐射到依然需要政府垄断的公共事务中去，从而使掌握公共权力的人不再实施霸权式的管理，而是谨慎地、负责任地运用手中的权力去达致服务的目的。因为，公共管理的社会自治内容包含着改变亘古以来就已存在的自上而下的权力结构类型的社会运动，并以一种新型的自下而上的权力结构类型取而代之。

也就是说，公共管理的社会自治内容向政府提出这样一种要求：政府必须下放权力，给地方政府特别是基层政府更多的权力，方便它们为社会自治性组织提供更多的公共服务机会和自由度。这样一来，社会治理的垂直结构转变成水平的横向结构，从而使管理组织间的平等和宽容开始取代传统管理组织的那种严格的排他性，传统组织中的纪律在很大程度上也为组织自身自觉的自律所取代。所以

---

① ［德］哈贝马斯：《公共领域的结构转型》，1990年版序言，11页。

说，公共管理中所包含的社会自治内容，可以孕育出强大的按照伦理精神重新形塑政府的力量。

社会自治型的公共管理组织所追求的也是公共目标，它们属于国家和政府机构之外的专门担负公共管理职能的组织，它们存在于社会之中，但在本质上不同于私人组织，它们不是致力于追求利润和获得利润，而是属于非营利性质的，现在人们通常称其为非政府组织或非营利组织。由于这类组织的出现，造成了社会结构的变化，扭转了近代以来公共领域与私人领域分化的历史趋势。从历史发展的过程来看，社会自治型的公共组织是公共领域与私人领域分化的结果。一方面，社会中存在着公共领域与私人领域分化的事实；另一方面，社会又有着根深蒂固的整体性渴求。为了在这两个方面之间作调和，人们一直追求有效的解决方案。起初，是在政治方面作出努力，通过改善政治制度和刷新政治行为，来抑制公共领域分化的负效应。19 世纪后期开始，在政治努力效果不佳的情况下，演化出一种通过管理途径解决公共领域与私人领域分化问题的方案，以求借此增强社会的整体性。就精神现象而言，社会自治型公共管理也可以看做 20 世纪管理主义崛起的必然结果。然而，它确实表现出了积极意义，成为一种连接国家、政府与社会的纽带，成为抑制公共领域集权行为和集权话语的因素，开辟了打破政府社会管理垄断性的突破口。

社会自治型公共管理组织的兴盛虽然是 20 世纪管理主义发展的必然，但是，对这种管理组织，我们并不能仅仅持有管理主义的视角，它作为公共管理组织也必然包含着或潜在地包含着政治功能，甚至有一些公共管理组织有着明显的政治性特征。而且，从西方国家的情况来看，许多人是把参与这类组织作为自己政治生涯的起点的，一些想成为政治家的人物，往往把在公共管理组织中的活动作为未来政治活动的“热身”。所以，不仅由政府承担的而且由社会自治型组织承担的公共管理，都具有政治内容，至于政治影响，更不待言。

总的说来，积极的公共管理既是社会的自治方式，也是政府与社会沟通的途径。它使原先必须依赖于代议机构的单线式的反映民众意志和要求的途径，扩展成了在公共管理中源源不断地传输民意和表达公众利益要求的广阔通道。对于政府来说，它是替代性的公共管理机构，是第三部门；而对于民众以及所有的私人部门而言，它是新开辟的民意表达空间。如果社会自身中的公共管理组织具有充分的多样性，那么就会有着政府与社会之间的多元通道。政府从单纯地接受代议机构的压力而转向多方位地满足要求，从而形成一种客观的运行机制，以保证政府的代表性具有普遍的公共性内涵。

公共管理中的社会自治部分，也是促进市民社会理性化的积极力量。一方面，这种管理可以在全社会中培养起一种主体意识，从而彻底走出对国家、政府的依附心理。在这个基础上，进一步地激发出社会成员直接参与公共事务的热情，有效地监督公共权力的行使过程。另一方面，这种管理倾向于生成一种新型的制度模式，它不同于以往的国家、政府中的自上而下的发号施令模式，改变了那些代表公意的政治家和政府官员出于特殊利益要求的目的而在华丽辞藻掩饰下玩弄权术的做法。这种新型的制度模式以来自社会自身的力量为主导，为公意的执行提供了一种客观的制度保障。概括这两个方面的内容，从中可以发现，公共管理中的社会自治包含着对国家和政府所持有的公共权力的回馈型压力，而且，这种回馈型压力会固化为一种客观的管理机制，这种机制中的政治理念和管理理念都会为服务社会整体的伦理精神所感染。进一步地说，这种政治理念和管理理念的伦理化不是来自于刻意追求的教育和教化，而是来自于公共管理机制的客观必然性。从这一点来看，公共管理包含着生成一种导致伦理关系和道德行为的运行机制，进而包含着首先是管理然后是政府和国家的制度伦理化趋势。

2.3 统治的与管理的社会治理模式

在农业社会中，国家、政府及其行政，都属于统治型社会治理模式的范畴，担负着国家、政府自身管理和社会管理使命的行政体系，可以看做统治行政的体系。理解统治行政，需要把它与它所处的社会总体结构联系在一起。在统治行政赖以生成的社会中，我们所看到的暴政并不仅仅来自于国家和政府，在人们的血亲关系中，甚至存在着更普遍更经常的“暴政”，家庭中、宗族中，都存在着普遍的“暴政”，人们之间的血缘亲情可能会经常地在实现善的愿望中以“暴政”的形式出现，并屡屡致人以死命。在中国历史上，就存在着这种情况的典型形态，我们甚至可以做出这样的推测：存在于血亲关系中的“暴政”所致人死命的总和，比来自于国家和政府的暴政致人死命的总和还要多。一个出于善良愿望的父亲，可能会在对子女婚姻的干涉中使他们丧失生命，他可以把他的干涉行为说成是爱，但却是彻头彻尾的“暴政”。

从根本上说，统治型社会治理模式倾向于强化人的侵犯性品质。实际上，这种社会治理方式本身就是利用了人的侵犯性品质，把这种品质培养成统治和压迫的能力。所以，我们说，不仅统治行政的伦理特征是虚假的，而且统治行政赖以存在的整个社会也从未达到过伦理化的目标。在这个社会中，伦理关系仅仅是思想家的设定，在实际的社会生活中，存在着道德动机和伦理目标，却并不具有真正的伦理制度和完全的伦理关系。正是由于这个原因，直到今天，人们还不断地对以前的传统社会做出不懈的批评。除非少数患有狂想症的人，才会津津乐道所谓传统文化及其“德治”，因为他们有意识地回避了统治的残暴。

近代以来，国家、政府实现了从统治型社会治理模式向管理型社会治理模式的转型，相应地，作为政府活动基本内容的行政，也从统治类型转变为管理类型。统治行政和管理行政虽然在根本性质上是不同的，但是，在社会治理方式上有着一些共同的特征。比如，它们都是把治理对象进行隔离，然后分而治之。统治行政是以地域、种族、家族等因素为基本依据而把治理对象隔离成不同的部分，在他们之间制造出矛盾和冲突，使他们之间不至于结成反对统治者的共同力量。所以，统治行政在外在表现上有着国土扩张的特征，试图不断地扩大治理对象的规模，但在内在本性上，它从来也不谋求把治理对象整合为一个整体，相反，它总是极其熟练地运用“分而治之”的技巧。如果统治者不善于使用隔离的技巧，他就会面对集结起来的力量向他提出的挑战，甚至只是一时的疏忽或一场连续的降雨，就会造就出一个“陈涉王”。像修建长城这样一种巨大工程把人集结起来而又没有隔离他们的良策，这显然是秦朝统治者统治技巧不成熟的表现。

如果说统治行政是依据地域、种族、家族等因素而对治理对象实施隔离的话，那么管理行政则是依据财产和生产资料的占有方式而对治理对象进行隔离的。也就是说，管理行政是通过阶级界限的确认而把治理对象隔离开来的。在这里，我们看到的是阶级、阶层和利益集团。所以，在管理行政取代统治行政的历史转变中，必然存在着大规模的人口迁移、种族同化和巨型家族的消解等历史运动。在管理行政所从属的治理体系中，对个体的人的隔离最集中地体现在依据法律对罪犯的惩罚。在农业社会中，处理罪犯的方式更多采用消灭生命的手段，流放、发配、监禁等对人身的隔离主要是一种补充手段，实际上也是一些消灭人的社会生命的措施。在工业社会中，对罪犯的处理则以人身隔离为主，消灭生命的手段往往尽可能少地被提起使用。工业社会是一个普遍隔离的社会，除了人身受到隔离，人的心灵的隔离更是达到了无以复加的地步。管理型的社会治理方式，顺应了工业社会的普遍隔离特征，在一切需要采取隔离的地方，都对隔离措施作出了科学设计。就管理的控制手段来看，只有在对成员实施了有效的隔离时，才会使控制有效。就这一点而言，20 世纪后期发展出来的参与管理实际上是包含着对隔离的挑战的。

当然，管理行政已经属于公共行政的范畴，它在名义上追求社会公正，突出公共精神。但是，我们也必须看到，在财产私有的前提下，管理行政所确立的效率目标只是少数人利益实现的有效途径。在本质上，它依然是对社会整体加以分解，然后进行治理。而且，管理行政隔离社会成员的特征比统治行政更加突出。整个社会是以利益要求的差异而被隔离成支离破碎的不同阶级、阶层、利益集团。表面上，管理行政是做着协调利益矛盾和冲突的工作，实际上，是通过利用这种矛盾和冲突而使整个社会分化；表面上，它总是把利益矛盾和冲突控制在某个平衡点上，实际上，它是用制度化的方式让某一部分社会成员的利益反对其他部分社会成员的利益。管理行政以效率的名义造成了超越于阶级、阶层和利益集团之上的现象，而在实际上却包含着服务于特定阶级、阶层和利益集团的实质。

如果说统治行政还拥有虚假的伦理表现，那么管理行政连这一层面纱也撕破了。对于管理行政来说，完全封闭了伦理化的通路。在这里，不存在确立普世伦理的可能性，它的单向度的法律制度化在根本性质上是反伦理精神的。所以，我们无法对它做出道德评价和伦理价值判断。善良的人们试图在管理行政的制度架构下呼唤道德的显现，然而，那总是谋求行政人员个人的道德化。在个体的层面上呼唤道德化，实际上，在这里，道德只能是偶然的，而不是必然的；只能是随机的，而不是恒定的。所以，管理行政在实质上并无道德化的可能性。但是，随着管理行政转化为公共管理，这一情况却出现了新的转机。

在管理行政生成的历史背景中，我们首先看到的是契约精神的泛化，整个社会或社会生活的基本方面是按照契约精神而加以重建的。契约在表面上把人们联结起来，而实际上，契约恰恰是一堵分隔人们的高墙，契约联结起来的是人们的利益，隔离开来的是人们的心灵。当然，人们可以说契约是人们之间信任危机的结果，但反过来我们也应看到，契约把人们之间的偶然的信任危机制度化为必然的信任危机，在整个社会的一切方面排斥着人们之间的信任，强化着人们之间的信任危机。管理行政产生在这样的历史背景中，所以，它可资利用的基本社会治理途径就是强化社会的契约秩序，在任何契约关系受到破坏的地方，政府都及时地介入。

尽管启蒙思想家们根据契约精神来诠释整个社会，而在管理行政出现的初期，政府并没有实现契约化，政府在强化社会契约秩序的同时，是超然于契约关系之外的。但是，在其后的发展中，政府与社会之间的关系也根据契约精神而不断地得到改造和重塑。对于契约精神泛化的历史而言，管理行政发展的顶点，也就是政府与社会之间关系契约化的最充分状态。

但是，在社会契约化的顶点，会出现新的转机，即向着自身反面的转化。具体地说，在契约关系发展到顶点的情况下，政府强化社会契约秩序的强制性力量开始弱化，政府也开始进入一个与社会之间平等地制定契约和遵守契约的阶段，契约从一种强制性遵守的状态转化为一种自我约束的力量，契约得以实施的依据也开始从国家的成文法转向人们自我觉识的信念。因而，契约从一种外在于人的“法”转化为内在于人的“法”，成为人们唤醒自我道德觉识的“引信”。到了这个时候，人们的契约关系就会真正地具有契约所追求的目标，即促使人们之间的合作，契约精神从而转化为人们相互之间主动的和自觉的合作精神。这是契约精神的自我否定，也是伦理精神替代契约精神而在社会治理中发挥作用的过程。

可见，公共管理所意味着的是这样一种社会治理方式，在它的初期发展阶段中，虽然是以政府这一治理主体为核心的，但是，由于产生于社会自身的治理主体的出现，并已经开始向人们展示社会自治的曙光，使管理行政赖以隔离社会的根据开始动摇，社会可以通过自治这一方式积累和逐渐塑造出一种普遍的合作精神。热心鼓吹社会美德的早期启蒙思想家卢梭曾对社会受到隔离而造成的道德失落感到痛心，并希望通过对原始的自然状态中的“自我”的恢复来解决这一问题。可是，历史已经造成了恢复自然状态中自我的不可能性，从而使卢梭的思想成为富有诗意的憧憬。今天，以公共管理为内容的社会治理模式的出现，使卢梭提出的问题有了不同于他所规划的解决方案。公共管理中包含着走向社会自治的趋势，这是社会凝聚力重现的契机。通过这个途径，公共行政包含着走向制度伦理化的可能性，整个社会也会因此重新获得伦理关怀。

总之，统治行政和管理行政所在的社会都是异质社会，它们是建立在社会的异质性的基础上的。反之，统治行政和管理行政又都是通过强化社会的异质性而实现它们的社会治理目标的，属于对统一社会的分而治之。在这些社会中，隔离仅仅是异质社会的表现形式，或者是与异质社会相一致的治理手段。因而，迄今为止，我们在社会发展中的每一个时代，所看到的都是形式上统一了的社会的内部严重分裂。然而，从管理行政走向公共管理的历史时刻，却向我们展示了社会和谐化的希望，虽然社会的异质性会进一步加强，但所有异质因素都会共处于一个合作体系之中，实现着异质互动和优势互补，共同营建一个合作又和谐的社会。在社会治理的意义上，这个社会突出了政府中的公共管理主体与社会自治组织在公共管理上的共在和共营，并把这种公共管理活动作为呼唤社会自治意识觉醒的途径。此时，社会自治机制正在生成。只要社会有了自治的机制，人类社会道德建构的主观过程就有了客观依据，就会在制度设计与制度安排中注入以合作精神为内核的社会共同体。

2.4 管理与行政管理

公共管理伦理学是与公共管理联系在一起的，正是公共管理这种新型社会治理模式，提出了建立公共管理伦理学的要求。就公共管理自身而言，它的出现绝非历史的偶然，更不是一些标新立异的学者们的杜撰。公共管理作为一种新型的社会治理模式，是历史发展的必然结果。

从逻辑上讲，管理的历史与人类的历史一样久远，有了人也就有了管理。因为，人在今天已经被公认地称为社会的动物。从人类历史的形成来看，单个的人是不能被称为人的。我们无法设想一个单个的人可以从猿进化为人，从猿到人的转变，必然是一个整体进化的过程。人只有在社会的整体中才能成为人和被看做是人，离开了社会的整体，就无法理解人与动物还有什么本质性的差别。而人作为社会的人，其最基本的存在形式就是他们之间的集体活动和协同作业。这之中，必然包含着管理关系。也许在人类社会的早期，这种管理关系是极其简单的，可是，无论它多么简单，毕竟是作为一种管理关系而存在的。所以，我们说，即使在最为原始的人类社会中，也必然存在着管理关系，有着管理活动。

行政管理是随着国家的出现而出现的。当然，在一些类国家的原始部落中，就已经开始出现了行政管理的问题。如果我们把这些原始部落称作类国家的话，那么我们也同样可以把这种初级形式的行政管理称作类行政管理。因为，我们谈论行政管理的时候，实际上是把包含着这样几项内容的管理形式称作行政管理的：(1) 有着相对固定的行政等级序列；(2) 有着相对固定的行政管理人员；(3) 有着相对稳定的自上而下的行政授权；(4) 最为根本的还是出于社会秩序的需要而从事管理，这一点是它区别于其他形式的管理的根本。用现代观念来看，行政管理在本质上是一种非营利目的的管理，它所服务的是社会的长远利益或根本利益。在迄今为止的社会历史过程中，这种所谓社会的长远利益和根本利益也可以被直观地理解为社会中占统治地位或主导地位的那部分社会群体的利益。

行政管理的出现，标志着管理领域和管理类型的分化。或者说，行政管理的出现是社会分化的结果。当社会分化为不同的领域，社会成员生活内容的多元化以及扮演的社会角色的多样化，都提出了多重管理形式的要求。在国家形成后的相当长一段时期内，行政管理都是服务于特定集团统治的要求，服务于阶级利益的实现。这种行政管理的范围也主要表现为把对官吏的管理作为基本内容，它的外部功能主要是维持社会秩序。在国家政权的运作体系之外，还存在着相对自主的经济生活、家族式的社会团体生活、宗教团体生活等方面的管理。这些方面的管理都不是与行政管理紧密地联系在一起的，在许多方面是与行政管理有着很大差异的。当然，从历史的现实中，我们看到，在这些历史条件下，只有行政管理发展得比较充分，而其他形式的管理对于管理史的研究来说，都鲜有加以专门考察的价值。

从抽象的意义上说，行政的历史大致经历了两个阶段，在近代社会出现以前的漫长社会历史时期内，行政管理是作为阶级统治的工具而存在的，一切行政管理的活动都是从属于统治的目的。所以，我们把这一历史时期中的行政管理称作统治行政。这一行政管理类型的主要特征是它的职位继承制和强烈的排外性，虽然在中国发明了科举考试，对于矫正行政管理的排外性起到了一定的作用，但它并不意味着在本质上改变了统治行政的排外性特征。近代社会以来，随着服务于统治目的的行政管理日益式微，出于管理社会公共事务要求的行政管理开始迅速成长。我们把这种历史趋势所导向的行政管理成熟形态称作管理行政。在管理行政服务于社会公共事务管理的这一目的之中，包含着行政管理更多地接受公众的参与，更多地接受社会的监督，甚至行政管理社会化的可能性。

在某种意义上，管理行政已经可以称得上是公共行政了。因此，近些年来，人们已经习惯于把近代成长起来的管理行政称作公共行政。但是，根据我们的理论预测，管理行政并不是人类行政管理的终极形态，更高级的行政管理模式应当是服务行政，对于这种全新类型的行政模式来说，国家的行政体系对于社会的作用不仅远远告别了统治的功能，而且，国家和政府本身也不再凌驾于社会之上而对社会实施管理，它是一种根据服务的目的而建立起来的，不仅在客观制度或体制的设置上，体现了为公众为社会服务的目的，而且在行政人员的主观动机中，深深地蕴涵着时时处处从公共利益出发为公众为社会服务的强烈愿望。服务行政是完成了的公共行政，只有这种行政模式，才能充分体现出自身的公共性质。服务行政并不是空想，在20世纪后期的行政改革中，我们已经可以时常看到这种理论渴求和呼吁，而且行政体制的重塑，在许多方面反映出了这种趋势。

服务行政是公共行政发展的一个新的历史阶段，是公共行政的全新模式，它从管理行政发展而来，又实现了对管理行政的全面超越。服务行政是公共管理的一个重要组成部分，是公共管理的基本内容之一。如果说管理型社会治理体系内部的管理和政府对社会的管理都被称作行政的话，那么，在公共管理体系中，行政已经可以被清晰地确定为包括政府在内的公共管理组织内部的管理。作为公共管理组织内部的管理，它更多地保留了权力因素，但是，权力因素是被统驭在服务精神之下的。公共管理组织内部的权力因素从属于服务精神，是这些组织实现社会治理的必要保障。在公共管理这一社会治理活动中，权力因素越来越丧失其存在的合理性。

2.5 行政学的演进逻辑

大约在18世纪，近代行政管理的发展开始有了自己的理论陈述，而系统的理论和实践原则的制定，则是在19世纪末和20世纪初做出的。1887年，威尔逊发表了著名的《行政之研究》的论文，对行政管理的特征做出了论述，提出了建立专门的行政管理科学的构想。威尔逊关于建立行政管理学的构想，实际上是对近代以来行政管理专业化的总结性意见，是作为我们称作管理行政模式的理论表述。然而，行政管理学的提出，本身就意味着行政管理从自然发展走上了自觉建构的进程。也就是说，自威尔逊开始，行政管理的组织、体制、程序以及行政人员的作用，都进入了学者们的研究视界，成为专门性研究的对象。这样一来，行政管理的经验可以得到及时的总结和概括，而行政管理学的研究，又反过来极大地促进了行政管理实践的发展。所以，关于20世纪行政管理的研究，往往可以通过研究它的理论形态就能得到一个完整的概观。

我们说威尔逊的论文《行政之研究》提出了建立专门的行政管理学的构想，这决不意味着它的贡献仅仅在于提出了这样一项建设性的意见，而应当理解成整个人类行政管理历史的继往开来。因为，威尔逊之所以能够提出这样的建议，是基于对人类行政管理的历史特别是近代以来的行政管理历史的深刻认识的，该建议反映了行政管理实践的客观要求以及人们希望对行政管理的规律和技术进行专门探讨的要求。比如，行政管理与其生态环境的关系、行政管理专门化中的法律制度建设、行政管理中特殊的技术性要求、行政管理自身的特殊目标等，都被涵盖在威尔逊的建议之中了。正是由于这个原因，威尔逊关于建立专门的行政管理科学的建议才得到了热烈的响应。

行政学作为一门独立的科学出现以后，为热衷于标新立异的学者们开辟了一个巨大的科学畅想空间，使学者们积极地投身到行政学理论模型的建构中来，大大地推动了行政学的发展。近些年来，人们开始觉得是该对行政（管理）学100多年来的发展历史进行回顾和反思的时候了，开始研究这段历史，提出了所谓行政学的范式转型的历史勾画。其实，近100多年来，行政学的发展是一个渐进的过程，就其根本来说，行政学的理论一直还停留在对管理行政模式的描述和理解上，许多建设性的意见也更多地属于技术性的建言，就它对行政管理实践的价值来看，所推动的行政改革在很大程度上还属于技术性的修缮。今天，行政管理的概念已经泛化，行政管理的形式已经社会化，人们不再满足于沿用行政管理这个称谓来对这种管理形式加以描述，而是发明了公共管理这个概念。就目前的公共管理研究来看，它在很大程度上只能被看做是行政管理内容的扩展。只有当服务行政的观念和科学体系建立起来之后，我们才能说，行政管理学实现了真正的革命，公共管理的时代才真正到来。尽管如此，在行政学以及行政管理实践近百年的发展中，包含着走向服务行政模式的轨迹，认识这一点并加以自觉地建构，是可以把这一进程中所包含着的可能性转化为现实性的，可以自觉地推动行政管理尽快地走向服务行政的历史阶段。我们关于公共管理伦理学的建构，就是出于这样的目的。

对 100 多年来行政学发展的历史作简单回顾，就可以使我们认识到走向服务行政的进程是一个必然的历史趋势。

思考 100 多年来行政学的发展历史，可以发现，它大致经历了三个主要阶段：它们分别是由威尔逊、韦伯所代表的行政学基本理论框架制定的阶段；西蒙所代表的管理主义完善化的阶段；新公共行政和新公共管理运动所代表的反思和重建阶段。它们一起构成了行政学的发展从宏观建构到微观思考、从制度安排到个人的价值张扬、从管理的效率目标到管理质量评估、从管理者的自我中心主义到管理对象中心化等这样一个发展进程。

威尔逊、韦伯对行政学的贡献是开创性的，他们为行政学确立了基本的研究框架和规范、原则。威尔逊提出了建立专门的行政管理学的构想，并提出了政治与行政二分的理论原则。威尔逊认为：行政与政治不同，“行政管理的领域是一种事务性的领域，它与政治的领域的那种混乱和冲突相距甚远。在大多数问题上，它甚至与宪法研究方面那种争议甚多的场面也迥然不同”①。“行政管理是置身于‘政治’所特有的范围之外的。行政管理的问题并不是政治问题。虽然行政管理的任务是由政治加以确定的，但政治却无须自我找麻烦地去操纵行政管理机构。”② “政治是‘在重大而且带普遍性的’方面的国家活动，而‘在另一方面’，‘行政管理’则是‘国家在个别和细微事项方面的活动。因此，政治是政治家的特殊活动范围，而行政管理则是技术性职员的事情’、‘政策如果没有行政管理的帮助就将一事无成’，但行政管理并不因此就是政治。”③ 正是基于这一认识，他提出了要把政治与行政区分开来的构想。

---

①② 《国外公共行政理论精选》，14 页，北京，中共中央党校出版社，1997。

③ 同上书，15 页。

威尔逊的“政治与行政二分”原则是在古德诺那里得到了系统的理论阐发的。古德诺在他1990年出版的《政治与行政》一书中，进一步对行政与政治的不同作用加以区分，极力论证政治与行政是可以区分开来的。他认为，政治是国家意志的表达，而行政则是这种意志的执行。他说：“在所有的政府体制中都存在着两种主要的或基本的政府功能，即国家意志的表达功能和国家意志的执行功能。在所有的国家中也都存在着分立的机关，每个分立的机关都用它们的大部分时间行使着两种功能中的一种。这两种功能分别就是：政治与行政。”① 而行政的职能无疑就是由专门的行政机关来执行的。在威尔逊所提出的政治与行政二分的原则下，关于行政体系的专门研究才能够成为可能，正是在政治与行政二分的前提下，韦伯的官僚制组织理论才能够成为行政管理组织模式的典型形态。因为，在政治与行政二分的原则下，行政管理可以被作为专门的技术化领域来看待。

虽然威尔逊、古德诺等人把行政管理的领域作为一个专门的领域提了出来，但这个领域的组织体系、结构、运行机制是什么样子？行政程序应当从属于什么样的具体原则？行政人员之间应当是什么样的关系？这一系列问题都是由韦伯加以解决的。韦伯的官僚制理论是首先被作为行政组织理论看待的。韦伯是以社会史比较研究的方式而提出了他的官僚制理论的，作为一个社会学家，韦伯特别关注的是古代那些伟大的文明国家中所存在过的组织方式，以及在那些组织形式中所存在着的具有共同性的行为类型。通过对古代埃及、罗马、中国、拜占庭帝国以及近代欧洲资本主义化过程中的官僚制进行历史考察，韦伯找出了理想的官僚制模型：它在组织形式上，从属于科学性的原则；在体制设置上，从属于形式合理性的原则；在运作程序上，从属于合理—合法的原则；在组织成员的行为方式上，则是建立在权威基础上的集权类型；在组织成员的关系上，属于命令与服从的关系模式……

学术界一般把韦伯的理想官僚制模型的特征概括为以下几点：(1) 在职能专业化的基础上进行劳动分工，按权力关系自上而下地排列成严格规定的等级层次结构体系。每一个下级机关在上一级机关的控制和监督之下，同时，由下到上又有着申诉和表示不满的权利。(2) 有明确划分责权的规章制度。按系统的劳动分工确定机构和人员的职责领域。为了履行这些职责，提供必要的权力，需要有明确规定的必要的强制性手段，其应用的条件也予以详细规定。(3) 指导一个机关行为的规则，包括技术性规则和行为准则两个方面。为了合理地应用这些规则，

① ［美］古德诺：《政治与行政》，12～13页，北京，华夏出版社，1987。

必须对有关人员进行专门训练和培训。(4) 系统化的工作程序与公私分明的界限。管理行为都依据一套严格、系统而明确的规则，管理当局的成员与组织的财产要明确分离，办公场所与居住场所也要分开。(5) 严格的公事公办。非个性化的机构被赋予特殊的权利与义务，它们是组织而不是职位占有者的财产，任何任职者都不能滥用其正式的职权，只受有关准则的指导，但合法权利能以各种不同的方式来行使。(6) 注重官员的知识和能力。每个机构都通过竞争性选择来招聘人员，根据技术以及非个性的标准确定职位候选人，基于资历、成就或综合两者进行晋升。正是由于韦伯对官僚制作出了如此具体的描述，才使威尔逊关于行政管理是一个专门化的领域的设想得到了系统的理论证明，才使行政管理体系的完善成为一个自觉的进程。

但是，我们也看到，威尔逊、韦伯的思想是建立在两个理论假设之上的：第一，政治与行政是两个不同的领域，政治的领域是国家意志的表达领域。国家意志的表达，无疑是通过公共政策进行的，也就是说，政治的领域是制定公共政策的领域，或者说是决策的领域。而行政管理则属于对国家意志的执行，也就是说，是属于对政治的决策加以执行的领域。这样一来，决策与执行是分属于不同的领域的，被看做是可以分割开来的一个总的过程中的两个不同的阶段。第二，在得到充分发展的威尔逊—韦伯理论中，我们看到，行政管理的体制功能、组织结构等实质性的要素得到了强化。围绕着行政管理的效率目标，服务于科学化、技术化的形式合理性被突出到了一个极端的地步，一切个人的主观判断和价值因素，都被作为一种“巫魅”而加以祛除了。根据这种理论所提供的原则去推动公共行政实践的发展，只能有一种结果，就是追求公共行政体系的科学化、技术化。否定伦理的、政治的等一切价值因素在公共行政运行中的作用。作为主流的社会意识形态，近代社会的发展是张扬人的人性并不断突出人的发展的进程。在公共行政的领域中，则突出了法律制度的因素，用科学化、技术化的工具理性追求去排斥人的价值和意义。这是与整个近代社会的历史进步趋势不相协调的。所以，威尔逊—韦伯理论在20世纪后期受到怀疑甚至挑战都是合乎情理的。

西蒙的管理思想中包含着一些可能会从根本上提出要求变革威尔逊-韦伯理论的内容，这些内容的核心表述就是所谓“管理就是决策”的论断。从行政学的角度看，西蒙关于“管理就是决策”的论断的革命意义就在于，逻辑地提出了公共政策的制定与执行、科学与价值的统合问题，从而使管理主义原则不是以分部门的形式存在，而是贯彻到每一个方面。尽管在微观的管理活动中，管理学家们强调确定目标的科学依据问题，但是，认真地考虑起来，任何目标的指向都只能从价值的意义上来加以把握。而且，我们可以说，目标本身就是一定的价值体现。管理活动愈是在宏观范围内展开，其价值特征也就愈益突出。所以，任何决策都是以突出价值因素为特征的，无论怎样强调决策的科学化，都无可否认决策的价值考量和决策的价值旨归。对于公共政策的制定来说，价值考量和价值旨归无论何时都是首要的和第一位的。可见，在公共政策的制定中持有价值的视角是毋庸置疑的。问题是政治与行政二分的原则是把公共政策的制定与公共政策的执行孤立开来了，在理论上逻辑地导出了公共行政排斥一切价值考量的结论，认为只有在公共行政之外，即为公共行政的行为体系提供动力的源头，才会考虑价值的问题。西蒙的论断打破了这种二元分立的神话，虽然他并没有对政治与行政之间的关系发表更多的意见，只是在《管理行为》等著作中对政治与行政二分这一经典原则作了一些象征性的批判。但是，当西蒙的理论认为决策与执行是一个统一的过程时，实际上是逻辑地包含着公共政策的制定与执行是一个统一过程的内涵的。而进一步的逻辑推论就是，对于整个公共行政的体系而言，科学与价值是相统一的。

属于西蒙管理思想的意见也包含着政治学家们的看法，当罗伯特·达尔从政治学的视角来考察行政管理问题时，也提出了相似的观点。他在《经典公共行政科学的三个问题》中，对行政学研究排除价值的考量表示了极大的怀疑，认为在公共行政的实践中片面追求效率目标而不考虑价值因素是不可能的。当然，作为一个政治学家，他对管理的认识是片面的，他以为纯粹的管理是可以不考虑价值因素的，而公共行政不是纯粹的管理，它必须考虑价值的问题。其实，作为科学抽象“蓝本”的现实社会实践，是一个综合为一的总体，何尝存在过纯粹的管理，即使对于管理而言，价值因素也是必须加以考虑的。当然，达尔关于公共行政要比私人管理更多地考虑价值因素的意见是对的。[①] 因为，在公共行政的领域中，人的社会行为更多地从属于公共目标，要求行为的主体尽可能地提供更多的公共支付，以适应公共行政在历史的承袭过程中所拥有的文化环境等方面的要求。

西蒙管理理论中要求突出管理以及公共行政中的价值因素的思想之所以能够产生广泛的社会影响，得力于一批年轻的行政学家们，那就是曾经轰动一时的所谓“新公共行政运动”。“新公共行政运动”把西蒙理论中要求突出价值因素的愿望具体化为公共行政能否维护社会公正和促进社会公平的问题。从这个角度来思考问题和考察现实，他们发现，在行政管理的过程中，行政人员的“价值中立”只是一个神话，回避社会公平的问题，不仅不能使公共行政在效率方面做得更

① 参见陈振明主编：《公共管理学》，9～10页，北京，中国人民大学出版社，1999。

好，反而是只能做得更坏。根据“新公共行政运动”的看法，与其回避这个问题不如正视这个问题，那就是，在提出公共行政效率目标的同时，也要提出公共行政的社会公平目标。

虽然学术界把“新公共行政运动”看做行政学发展史上的一个独立阶段，但是，我们认为，“新公共行政运动”的上述立场可以看做是西蒙管理理论的典型化，它把西蒙等人在公共行政中考虑价值因素的要求明确化为公共行政价值目标的提出。对于一切行为体系来说，目标的转变也就意味着行为方式、方法的重大转变。“新公共行政运动”在确立公共行政的价值目标的时候也是这样，所以，它提出了一系列从属于这一目标的公共行政体系的改造方案。对于行政学这门学科的发展来说，“新公共行政运动”的出现给人们留下的最为深刻的印象是“行政伦理学”的研究一下子成了时尚。从这一点也可以看出，“新公共行政运动”实际上已经可以看做是西蒙管理理论的完成形态，一切完成了的理论都包含着对自身的超越，西蒙管理理论的完成形态也就意味着它的管理主义价值原则被突破。

继“新公共行政运动”之后出现的“新公共管理运动”，不仅是一场行政改革运动，而且也是与实践中的行政改革相伴的理论探索，也可以看做是一种新的行政学探索。在某种意义上，这一理论实现了对20世纪行政学发展成就的整合。它之所以不同于西蒙的管理理论以及“新公共行政运动”，是因为它不想在理论上对既有的行政学理论做出全面的批判性反思，不是希望通过提出新的理论“原点”来实现对已有理论的突破，而是着力于解决现实所提出的问题，根据解决现实问题的需要来对已有的理论做出评价。所以说，“新公共管理运动”更加突出了美国传统的实用主义精神，是美国文化开始在公共行政领域中张扬的典型表现。由于“新公共管理运动”不注重理论建设，只着力于解决现实问题，所以，总体看来，它实际上是一个缺乏理论的思想运动。正是这一点，决定了它有着自己的特点，即模糊了不同领域和不同学科的边界。从学科的角度看，当“新公共管理运动”把视线放在解决现实问题上的时候，它是不考虑学科之间的区别的，无论是经济学的、政治学的、社会学的和管理学的，任何理论、观点，只要是对解释和解决公共行政实践中的现实问题有所启发，它就毫不犹豫地加以吸收和利用，从而模糊了专门研究政府管理的行政学与其他学科之间的界限。

从实践的角度看，当“新公共管理运动”解决现实问题时，并不考虑这些问题的性质，不考虑这些问题是属于哪个领域和哪个部门的，它只考虑解决这些问题的可行性方案。这样一来，政府中存在的问题并不被看做是与政府的性质联系在一起的，而是与其他部门的问题一样的。所以，解决其他部门中所存在的问题的方式、方法，也可以应用到政府部门中来解决政府中的问题。这实际上是在观念上模糊了政府与其他部门之间的界限。结果，在“新公共管理运动”的视野中，政府只有被放在与私人部门的区别中才有着自己的特点。在公共领域中，它也被作为一个公共部门来加以看待，其他公共部门的运行方式、处理与私人部门之间关系的经验，也可以被吸收到政府中来。政府在管理方面的经验以及任何一个方面的创新，都可以推广到其他的公共部门中去。以至于行政管理这个概念已经不再适应于描述行政人员的行为体系，只有使用公共管理的概念才能反映出这种泛化了的行政管理的特征。

可见，“新公共管理运动”所意味着的是一种新的管理模式，是对传统的行政管理的突破。不管现在还是将来，也不管人们对“新公共管理运动”做出什么样的评价，它泛化行政管理的成就将会作为一种历史趋势而被保留下来，并提供一定的启发。所以，我们今天在探讨与政府相关的问题的时候，在从事相关学科建设的时候，必须立足于这样的学科发展现实：从公共管理的大视野中来考虑问题。

通过上述的考察，我们看到了行政学的发展和从行政学到公共管理学的演进历程。西蒙管理理论的积极意义在于根据管理主义的原则提出了公共行政中的价值问题，提出了对政府进行伦理考察和定位的可能性。而“新公共管理运动”则进一步把政府公共部门化，在模糊政府与其他公共部门的边界的同时，也突出了公共管理的公共性特征。所以，“新公共管理运动”是悄悄地把价值问题放在了现实问题的解决过程之中了。如果对这个过程进行理论思考的话，那么，建立公共管理伦理学的现实根据就变得非常充分了。

2.6 公共管理伦理学的提出

在科学分类中，作为科学研究对象的伦理关系历来都被看做一种普遍的社会关系，在一些有着相似文化类型的社会中，大致有着相类似的伦理关系以及由这种伦理关系构成的社会结构类型。即使同一文化类型的社会分属于不同的国家，它们之间的差别也往往主要是表现在政治上的和意识形态上的差异。这些差异对于社会的存在来说往往还是相对表层的现象，在更深的层次上，社会的伦理关系、伦理结构及其伦理观念，有着不可怀疑的一致性。所以说，伦理学的话题往往是一些永恒性的话题，在一定的同一文化类型的社会中，每一个时代的人们往往都在重复地谈论着同一话题。这表明，在历史的纵向维度上和在现实的横向维度上，伦理话题都是最具普遍性的话题。

但是，伦理话题所表现出来的这种普遍性其实只是一种历史现象。在20世纪，一个明显的社会发展趋势就是社会生活领域的分化和科学的分化，社会生活在以往历史发展的前提下进入了加速分化的阶段。同样，科学的学科分化也令人目不暇接。在这种情况下，伦理话题的普遍性与特殊性的辩证法开始得到证实，存在着一般性的伦理研究和特殊的伦理研究并存的科学事实。一方面，接着或重复着以往时代的伦理话题继续加以研究依然是伦理学的主流，甚至出现了更为系统、更为深入的伦理哲学省思。另一方面，关于具体的社会生活领域的伦理考察也吸引了大量学者的兴趣，人们深入地分析一些具体的社会生活领域中的特殊的伦理关系类型，提出职业道德规范体系的建议，这就是在20世纪后半期开始成为伦理学研究热点的职业道德研究。公共管理伦理学就是在这种科学和社会发展条件下所形成的一门科学，它是作为对公共管理领域中的伦理关系做出专门研究的科学，同时，根据这一专门研究而对公共管理的价值取向和公共管理者的职业道德规范做出规定。

在前一个时期中，人们曾经试图通过对行政体系做出伦理思考去建立行政伦理学，但这个尝试并没有引起广泛的关注。因为，根据韦伯等人经典的官僚制理论，行政体系是建立在工具理性的基础上的，它的基本特征表现为对科学性的追求。所以，以谈论价值问题为宗旨的行政伦理学一时很难得到人们的认同。近年来，行政管理的问题开始出现了社会化的趋势，它不再仅仅是属于政府专有的管理形式，而是成为一种扩展到许多非政府的社会公共部门的管理形式。在行政管理的方式被推广到非政府部门的时候，传统的行政管理方式表现出了许多不适应的情况，因而发生了许多改革和调整。这种改革和调整出现了两个方面的效应：一方面，传统的行政管理方式被改造为适应非政府公共部门管理的管理方式；另一方面，这种管理方式在非政府部门的成功又对政府部门的行政管理提出了改革的要求，要求政府部门的管理也接受和采纳非政府部门的管理经验。这样一来，就出现了公共管理这种特殊的管理形式。可见，公共管理是从传统的行政管理中发展而来的，但又不能根据传统的行政管理的理论和观念来认识它，它是一种新型的管理形式，是人类社会治理的新模式。

在人类历史上，20世纪是一个非常特殊的世纪，人的私欲被空前地激发出来，可以说，所有的人都想成为百万富翁，所有的士兵都想成为杀敌英雄……科学发现最突出的成就体现为大规模杀伤性武器的制造，由于有了这种武器，一些思想家创立的煽动人类相互仇恨的学说可以转化为现实的屠杀。20世纪的人不信天、不信神、不信道德、不怕鬼、不怕死、不怕地狱，欲望在无限地膨胀，享乐总嫌不足，唯一值得哀叹的是纵情纵欲的光阴飞逝得太快了。20 世纪是人类工业文明走向顶点的世纪，人类在以往所创造出的全部成就在这个世纪中凸显出积极意义的同时也暴露出了极端的缺陷。走到了这样一个顶点的人类，沿着以往的方向已经无路可走了，所以它需要经历一次转折才能继续前行。这个转折发生了，在社会治理的领域，就是公共管理这一新型社会治理模式的出现。发生在 20 世纪末的这一伟大事件，为 21 世纪黎明的曙光涂上希望的色彩。

总之，公共管理已经作为一种现实的社会治理模式呈现在我们面前，我们需要的只是认识它和揭示它的深层底蕴。对于公共管理，我们没有理由认为自己是在“等待戈多”，也无须怀疑自己是在寻找“灵山”。新的社会现象需要有新的科学认识，因为，社会治理模式的转型，必然会对人的心理造成极大的冲击，特别是对社会治理者来说，心理上会出现严重的普遍失衡。无论是从统治型社会治理模式向管理型社会治理模式的转型，还是从管理型社会治理模式向公共管理所代表的服务型社会治理模式的转型，都必然出现官吏或官员的权欲、物欲超限泛滥的情况，社会治理者普遍地以一种“末日心态”来开展社会治理活动也是不难想象的。反过来，如果一个社会并不处于战乱和严重失序的状态，官吏、官员等社会治理者却普遍地受“末日心态”所驱使，肆无忌惮地放纵权欲、物欲，那么在此背后必然包含着一场深刻的社会治理模式的变革。也许，处在这个变革的时期，我们看到的只是官吏、官员的腐败，无理性地追逐权力和聚敛钱财。实际上，如果把视点拉远一些，就会清晰地看到，官吏、官员大失所常的腐败行为是心理失衡的结果，是一种末日心态的反映，而这种末日心态恰恰是由原有的社会治理模式被一种新型的社会治理模式所取代的过程造成的。所以，公共管理伦理学就是一门直接认识公共管理本质特征的科学，它需要在社会治理模式转型的历史过程中，反映来自社会中的客观要求，认识公共管理的现实实践，并为其制定行为规范，以求促进公共管理这种新型的社会治理模式朝着健全和完善的方向迈进。当公共管理伦理学承担起自己的学科使命的时候，就可以大大地缓解历史转型期官吏、官员穷奢极欲的末日心态，就会使自在的历史转型过程获得明确的方向，并转化成自觉的行动。所以说，是客观的历史进程提出了建构公共管理伦理学的要求，反过来，这一学科又能积极地作用于现实的人类历史转型运动。

本章小结

市场经济是理解近代以来全部社会发展的钥匙，近代社会从统治型政府向管理型政府的转变、法制的安排，都是基于市场经济关于自由和平等这一内在要求而作出的。但是，管理型政府和法制并不能充分满足市场经济的要求，反而使社会的分化、国家与社会的分离愈演愈烈。所以，在市场经济的推动下，人类开始走向探索公共管理这一新型社会治理模式的阶段。

社会自治是公共管理这种新型社会治理模式出现的契机。由于社会自治，原来那种由国家和政府垄断的社会治理局面被打破，国家和政府开始被置于同社会自身的公共管理组织之间进行竞争的关系之中，出现了公共管理主体的二元化局面。社会治理关系的这一新的内容的出现，必然会带来整个社会治理模式的变革。

在农业社会，人类所拥有的是一种统治型社会治理模式，它以暴政为特征；凸显出来的是一种压迫性能力，在个人身上则表现为一种侵犯性品质和依附心理；在治理技巧上则表现为“分而治之”。近代社会，一种管理型社会治理模式逐渐地确立了起来，它在表面上追求社会公正，而实质上则是服务于少数人的利益的，它对社会的治理也依然是沿用了“分而治之”的做法。管理型的社会治理突出了契约精神和原则，但仅仅从属于法制的安排，而不是作为一种伦理精神而存在的。由于社会自治的出现，契约精神开始改变了自己的性质，从而呈现出转化为一种伦理精神的可能性，在未来的发展过程中，有可能造就出公共管理的合作主义制度体系。

在管理的历史演进中，可以看到，存在着从原始的混沌的管理到分化出行政管理这一专门的领域的历史进程，从统治行政向管理行政的发展是管理科学化的运动，是公共行政生成的历史。虽然管理行政已经属于公共行政，但它并非完全服务于公共利益的实现。公共利益的实现只能寄托于公共行政的新形式——服务行政。服务行政中也还存在着权力因素，但权力因素的作用范围将被严格地限制在行政过程的意义上。

作为一门学科的行政学是由威尔逊提出的，韦伯为这个学科确立了基本的研究框架和原则，在100多年的历史发展中，行政学的发展大致经历了三个阶段，即威尔逊—韦伯的奠基阶段，西蒙的完善阶段和新公共管理的变革阶段。在“新公共管理运动”的实践中，包含着走向公共管理的历史性变革的可能性，“新公共管理运动”在实践中所包含的思想，为公共管理学作了理论和实践上的准备，可以为公共管理的自觉建构提供一定的启示。但是，公共管理是一种新型的社会治理模式，它需要在对“新公共管理运动”以及20世纪的全部行政学理论的否定中成长。

公共管理这种新型社会治理模式的发展和完善对公共管理伦理学的研究提出

了客观要求，行政学的发展历史在以公共管理学的形式出现时，突出了关于社会治理科学的伦理内核。历史发展的必然性和科学发展的逻辑，都突出了公共管理伦理学研究的意义。同时，20世纪的现实状况，社会转型期的历史特征也突出了公共管理伦理学研究的意义。

复习思考题

1. 为什么说对近代一切社会现象的理解都需要从市场经济出发？
2. 法制能否充分满足市场经济对自由和平等的要求？
3. 管理型政府及其管理出现危机的原因是什么？
4. 社会自治对于社会治理模式变革的意义是什么？
5. 如何认识从统治型社会治理模式向管理型社会治理模式转变的历史进程？
6. 契约精神在管理行政中的作用是什么？
7. 管理与行政管理的含义有什么不同？
8. 如何理解服务行政的概念？
9. 在行政学的历史发展中包含着什么样的逻辑结果？
10. 为什么说公共管理伦理学反映了20世纪的现实要求？

第3章

公共管理中的伦理关系

伦理关系是人类社会生活中的一种普遍存在的关系，但是，在人类社会治理体系的历史发展过程中，并不总是包含着伦理关系的内容。在农业社会的统治型社会治理模式中，起主导作用的是权力关系。在近代以来的管理型社会治理模式中，发挥作用的是权力关系与法律关系的二元结构。只有在公共管理中，伦理关系才有望作为一种重要的治理关系出现在治理体系之中。公共管理伦理关系是公共管理制度设计和制度安排的客观基础，作为服务型社会治理模式的公共管理在何种程度上能够得到完善，主要取决于对公共管理伦理关系的认识，取决于根据公共管理伦理关系的特性所进行的制度安排。公共管理伦理学在社会治理模式的动态发展中，把公共管理伦理关系置于与权力关系、法律关系的互动体系中来认识它们之间的联系与区别，进而，考察不同社会治理模式中权力关系、法律关系、伦理关系发挥作用的途径和特征，把握不同社会治理模式是如何在其所拥有的关系模式的基础上来进行制度设计和制度安排的。

重点问题

- 伦理关系是一种具有普遍性的社会关系

- 公共管理中的关系模式
- 公共管理中伦理关系生成的根据
- 权力关系、法律关系和伦理关系发挥作用的途径和特征
- 公共管理伦理关系的特性

3.1 伦理关系的普遍性

伦理关系的普遍性是指它普遍存在于人们的社会生活之中，并普遍地在人的社会活动中发挥着对其他关系的调节作用。只要有人群的地方，就会有伦理关系，只要一个人的行为对他人有影响，就有是否道德的问题。在人类社会中的一切社会关系中，伦理关系是最为古老而稳定的关系，它对于人类社会的群体生活来说，是最为基本的和重要的关系之一。伦理关系是人的社会关系的一种特殊形式，是在人们的社会联系中形成的。

梁漱溟对伦理关系作出了这样的解释，他说，人从出生到老死，要与别人发生各种关系，最初有父母，再则有兄弟，大一点就有妻子，再大一点又有子女，出外读书有师友，经商有伙伴，这些都是与他有关系的人。"在相互关系中就有了情，有情就发生了义"，"因情生义，大家都在情义中；大家从情分各尽其义，这便是伦理"，"必须彼此有情，彼此有义，有情有义，方合伦理，方算尽了伦理的关系"。伦理关系"就是互以对方为重，彼此互相负责任，彼此互相有义务之意"[①]。虽然梁漱溟用情来诠释伦理关系错失了对伦理关系理性实质的把握，而且把伦理关系简单地理解成责任义务也有肤浅之嫌，但他把伦理关系作为社会联系的产物，这一点却是正确的。由此也可以看到，即使从自然主义的角度，也能看到伦理关系在人们的社会关系中的地位。人们之间之所以能够产生伦理关系，是由于他们之间存在着某种社会联系。人们之间的职业伦理关系，也是在他们的职业联系中产生出来的。

反过来，伦理关系之于人群，又像一根无形的纽带，紧紧地把人们联结在一起。人类社会的种系繁衍，在很大程度上得力于伦理关系所构成的作用力的推动。同样，在人的所有行为规范中，道德规范是终极的标准。在人类社会的发展过程中，由于社会分化为不同的群体，每一个群体都会根据自身的特殊需

① 《梁漱溟全集》，第1卷，659～660页，济南，山东人民出版社，1989。

要制定或确立特定的行为规范体系。但是，它所拥有的所有行为规范，都必然包含着道德的内涵。或者说，必须把道德规范作为最根本的依据。近代以来，由于社会生活领域的分化，出现了多种多样为了适应不同领域中社会生活需要的组织。每一类组织，都有着存在的具体合理性，有着特殊的活动内容。这就决定了它们都有着自己特殊的行为规范。但是，无论组织中以及组织间的行为规范有着多大的差别，在它们的行为规范背后，都隐藏着道德的同一性。所以，伦理关系是人类社会中的一种普遍性的关系，道德规范则属于人类一切社会活动中都需要遵循的基本的行为准则。

具有普遍性的东西在涉及具体问题的时候，必然会在这里或那里遇到其普遍性无法包容或无法完全包容的“异例”。伦理关系和道德规范的普遍性就是这样。在涉及具体事件时，经常会有一些合理性的存在在进行道德判断时显得非常困难，甚至会有着反道德的特性。但是，这种“异例”，并不能成为否定伦理关系和怀疑道德规范的根据。相反，人们会根据既有的道德规范标准，对那些无法作出道德判断的事件进行解释，希望找出它合乎道德性的一面，甚至在对一件事进行法律判断的时候，也会有意无意地作出是否合乎道德性的解释。

伦理关系和道德规范的普遍性，总是与它们对社会共同体生活的重要性联系在一起的。人们之所以对某一类行为进行道德判断，是因为这类行为对社会共同体生活有着重大影响。也就是说，凡是对人类共同体生活构成危害的行为和事件，都适用于作出道德判断，无论危害程度大小，只要存在着破坏伦理关系健全的可能性，就会受到道德批评。我们可以设想，某一位家长偶尔偷看了上三年级孩子的日记，也许人们对这一行为会表明应当不应当的立场，但很少有人会作出道德或不道德的判断。同样，随地吐痰的行为会受到不文明的指责，但也还不能上升到道德判断的级位。如果吐痰不是随地的，而是对着一位陌生人的脸上吐的，则必然会被判定为不道德。因为，这样做会导致对他人精神上的伤害，特别是对人们之间伦理关系的挑战。

对人的伤害，无论是肉体上的还是精神上的，都是对社会共同体中的共存原则的破坏。所以，有着社会意义的重要性。关于这一点，可以从人类社会的所有共同体中都存在着的性限制而得到证明。在性限制方面，不论一个国家或民族限制的极其严格还是比较和缓，作为一种限制，都是普遍存在的，非婚性行为总会被看做是非道德的甚至不道德的，有些国家甚至制定法律限制某些类型的非婚性行为。这种限制之所以必要，是因为非婚性行为如果成为一种普遍行为，就会对婚姻制度造成冲击。然而，在长期的历史演化中形成的婚姻制度，一直是社会稳定的重要因素。当然，婚姻制度在历史演进中会发生变化，也许会经历一个从一妻多夫制到一夫多妻制，再到一夫一妻制，直至无夫无妻制。但是，就无夫无妻制还未取代一夫一妻制的历史条件而言，显然人们依然会对非婚性行为作出道德判断。

伦理关系和道德规范是社会生活及其方式的根本依据和终极标准。即使是对法律制度和政治结构，人们也往往认为需要作出道德判断。“当我们发现法律和政治结构的道德缺陷和道德上的不完善时，我们就修改、订正或推翻法律和政治结构；在重新制定某些法律之前，我们常指责旧的法律是‘不公正的’、‘道德上贫乏的’。”① 在一定程度上，人类社会的规则体系都是直接或间接地建立在伦理关系和道德规范的基础上的，人类在组织自己的社会生活、确立社会制度、构建政治体系的时候，都需要充分考虑伦理关系和道德规范。一个国家或民族，在社会制度、政治结构等方面的演变，可能需要一个相当长的时间才能完成一个特定的阶段。与此相比，伦理关系和道德规范会有着更强的稳定性。一种新型的社会制度建立了起来，但原有的伦理关系和道德规范所发生的变化，可能还只在外围的部分，核心内容会在一个相当长的时期内被保留下来。伦理关系和道德规范的这种稳定性，使一个国家、一个民族的生活方式具有连续性，也构成了一个国家或民族拥有自己的“民族特色”的基本要素。

在人类社会的各个历史时期中，都可以看到社会治理者对伦理关系的重视，公然无视伦理关系的社会治理者，是极少的。自古至今，即使是昏庸无道的社会治理者，也不会抛弃伦理的外衣，有时也会大谈道德人伦之类的问题。这说明，伦理或道德在社会治理中是能够发挥巨大作用的。近代以来的社会治理方式在科学化的过程中丧失了道德之维，但客观的伦理关系是不可能被祛除掉的，即使是在官僚制的典型形态中，伦理关系的实存，也是无疑的。一切社会治理模式中，都会不同程度地存在着伦理关系，区别只在于这种伦理关系处于什么样的地位以及它是否得到了充分的认识和自觉的利用。我们经常批评近代以来的社会治理的非道德性，是因为近代以来的社会治理体系在形式化方面用功过多，对实质性内容考虑太少，而在实际上，伦理关系则是排挤不掉的。

3.2 公共管理中的关系模式

与其他社会生活领域一样，公共管理中的社会关系也是极其复杂的，在公共

① ［美］汤姆·L·彼彻姆：《哲学的伦理学》，18页，北京，中国社会科学出版社，1990。

管理活动中，几乎人类社会中的所有社会关系都会有所映射。但是，有三种关系构成了公共管理活动中最为基本的关系，它们分别是权力关系、法律关系和伦理关系。公共管理的伦理关系是不同于权力关系、法律关系的。公共管理中的权力关系是由公共管理组织结构所决定的领导与被领导、命令与服从的结构性联系。公共管理中的法律关系则是由国家法令和公共管理中的内部章程、规定、条例等所确立的制度性关系。与这些关系不同，公共管理中的伦理关系则是建立在一个社会所拥有的普遍人际关系和行为准则基础上的，是体现在公共管理活动中的价值关系。

公共管理的主体具有二元性的结构，所以，在政府部门中的公共管理主体与社会中的公共管理主体之间，公共管理伦理关系的具体表现也会有所不同。

对于社会中的公共管理主体而言，公共管理伦理关系是一种正在生成的伦理关系，与公共管理这种新型的社会治理模式一样，它也是人类历史上的一个新生事物。所以，它既不同于社会公众之间的一般性社会伦理关系，也不同于传统的政府部门中以行政权力为轴心的职业联系，而是以伦理精神为主导和以权力、法律为支持力量的新型的伦理关系。

对于政府部门中的公共管理主体来说，这种伦理关系基本上是作为行政伦理关系而存在的，可以在对行政组织的伦理思考中得到把握。但是，随着政府外部职能的公共管理化，伦理关系也会相应地发生某些变化，开始由单纯的行政伦理关系向公共管理伦理关系转化，并与社会公共管理组织所拥有的伦理关系趋同化。

管理型社会治理模式中的行政体系是以行政权力关系为轴心的，存在于这个体系中的一切行政关系都是在权力关系的轴心上生成和展开的。在某种意义上，行政关系本身就是权力关系，是以权力关系为基本内容的，行政法律关系和伦理关系只是作为行政权力关系的调节因素而存在的。在行政体系中，行政权力关系是轴心，行政法律关系则属于较为边缘性的关系，而行政伦理关系则比行政法律关系还要具有边缘性。这也就是为什么行政伦理学始终难以得到充分生长空间的原因。对于公共管理来说，权力作为一种必要的支持力量依然存在，公共管理的组织结构依然会依据权力关系的需要来加以设置。但就整个公共管理体系而言，权力关系不再处于轴心地位，同样，法律关系和伦理关系也都不再属于边缘性的关系。在公共管理体系中，公共管理活动是以伦理精神和服务原则为主导的，在服务原则之下，权力关系、法律关系和伦理关系之间，是一种相互支持的平行关系。

现代社会的分群化，必然造就出群体以及群体间的社会关系。其中，伦理关系就是它们的社会关系的一个重要方面。可是，社会群体是不稳定的，只有当社会群体与某一项特殊的职业活动联系在一起或者以组织的形式存在时，才是稳定的群体，才会在群体中以及群体间建立起稳定的社会联系，群体中或群体间的伦理关系，也才会有着更加确定的内容和形式。

组织化的群体从属于一定的目标，受着某种特定的存在理念制约。这种目标和理念，决定着群体的性质和群体活动的内容，因而，也决定着群体内外的各种社会关系。当群体追求效率目标时，就会突出群体中社会关系的工具合理性的一面。同样，当群体所追求的是社会公平和正义的目标时，就会倾向于突出社会关系的实质合理性的一面。与此相对应，就表现为：是突出群体中的权力关系的结构合理性，还是突出法律关系、伦理关系的内在有机性？

在群体间，也是这样。一个群体既可以把他群体当做自我目标实现的工具，也可以当做自我目标的内容和实质。一般说来，私人领域中的组织群体，都是把他群体的存在作为自我目标实现的工具，而公共领域中的组织群体，则是把他群体的存在当做自我目标的内容和实质。当然，关于公共领域中组织群体的这一判断仅仅是理论上的，在现实中，则会有着非常复杂的表现。从权力关系、法律关系和伦理关系三个方面来认识，无论是私人领域中的组织群体，还是公共领域中的组织群体，都包含着这三重关系。但是，不同的组织群体由于目标和存在理念上有着很大的不同，因而，在组织群体的内部会突出哪一种关系，也会有很大的不同，有的组织群体会较多地突出权力关系，有的群体则会更注重突出法律关系。

就组织群体间的关系而言，会表现出更为复杂的情况。

在政府组织与社会的关系中，长期以来，权力关系是一种主导性的关系，只是到了现代社会，由于法的完善，才使法律关系突出了出来。然而，伦理关系始终未获显性化。在理论上，政府的存在是从属于公共意志的，是以公共利益维护者的身份出现的，在公共行政活动中，应当贯彻公正、平等和人道的原则。可是，实际表现总是与理论上的要求相去甚远，以至于在政府与社会的现实关系上，很难发现伦理关系的存在。

在私人领域中的组织群体之间，不存在任何权力关系，它们之间的关系基本上是属于法律关系的范畴。当然，私人性组织群体的活动也需要从属于一定的道德规范，包含着诸如经济伦理的内容。但是，伦理关系总是外在于私人组织群体的直接目标的，只是由于市场机制的客观性才在它们之间确立起一种不得不予以接受的伦理关系，在一切市场机制不能充分发挥作用的情况下，则是通过法律的手段来确立这种伦理关系。实际上，一旦通过法律的手段，伦理关系就已经发生了质的转变，即转变成一种特殊的法律关系。

可见，传统的政府与社会间的关系，私人组织群体间的关系，都由于片面地突出了某一种关系而成为不健全的关系模式。比较而言，公共管理实现了群体间关系模式的变革，使权力关系、法律关系和伦理关系有机地统一了起来。所以，公共管理在公共组织群体之间、公共组织群体与私人组织群体之间，第一次确立了健全的关系模式，使权力关系、法律关系和伦理关系成为相互支持而不是相互排斥的整体。

社会治理结构的演进，走过了这样一个历程：在农业社会，统治型社会治理结构以权力关系为基础；在工业社会，管理型社会治理结构以权力关系和法律关系的二元统合为基础；到了后工业社会，服务型社会治理结构以权力关系、法律关系和伦理关系的统一互动为基础。在这个演进的过程中，我们看到的是人类社会治理结构运动的必然规律。历史的必然性是不可改变的，更不会去满足对任何主观臆测的证明，不管人们是否认识到它，也不管人们在主观上是遵从它还是违背它，它都会沿着自己的方向运动。现实的治理活动正是这样。在今天，乃至一个较长的时期内，我们可以按照既有的理论去解释治理活动中的一切异例，我们也可以沿着已有的思维定势去修补现行的制度体系，甚至调整治理结构。也就是说，并不去思考治理结构基础上的单一的权力关系、权力关系与法律关系的二元统合以及这两种关系与伦理关系的统一互动之间有着什么样的质的差别。但是，历史的客观性必然会把伦理关系导入社会治理结构的基础之中去。科学所代表的人类认识活动的自觉性，正是表现在对客观必然性的认识，然后根据这种认识作出行为选择。社会治理结构发展的客观必然性告诉我们，既然伦理关系脱离了社会自为的状态，进入了社会治理结构的基础之中，成为一个重要的和基本的构成部分，我们就没有理由不去主动地、自觉地认识它，并根据它的客观要求去进行制度设计和安排。

3.3　一种新型的职业关系

公共管理中的伦理关系是指在公共管理活动中所形成的那些可以根据道德原则来加以判断的职业关系。公共管理中的伦理关系具有多重向度，在整体层面上，主要是指公共管理主体与客体之间的伦理关系；在个体层面上，主要是指公共管理者与被管理者以及公共管理者之间的伦理关系；在整体与个体的联结处，则是指公共管理组织与公共管理者个人之间的伦理关系。但是在一般情况下，伦理关系的主体主要是指生活在特定条件下和从事某类特定活动的个人。这样一来，公共管理伦理学在考察公共管理中的伦理关系时，也需要更多地去思考以公共管理者个人为核心的那些由公共管理职责和行为所引发的伦理关系。

但是，公共管理活动是以组织的形式展开的，在政府公共管理组织与社会中的公共管理组织之间、公共管理主体与客体之间，也存在着群体性的伦理关系。可是，这种群体间的伦理关系与权力关系和法律关系，在实现方式上是不同的。权力关系在群体间是以层级节制的方式而成为现实的关系，法律关系则是通过群体间的不同职能、职责的定位而确立起来的。群体间的权力关系和法律关系，都会要求群体中的代表来承担关系链中联结纽带的作用，但这些代表并不是作为个体的人即作为群体成员的个人而存在的，而是直接代表着整个群体的。所以，权力关系、法律关系在群体间就直接地是群体性的关系，并不直接地涉及作为群体成员的个人。只有进入到群体内部，作为群体成员的个人才会成为权力关系、法律关系的承担者。公共管理中的伦理关系则有所不同，它首先是公共管理组织群体成员个人的伦理关系，其次才是组织群体间的伦理关系，即使以组织群体间的关系的形式出现，也是经由个人和通过个人才成为具有现实性的关系的。这就要求，对公共管理中组织群体间的伦理关系的认识，也需要以个人为基点。

可见，公共管理中的伦理关系与权力关系、法律关系有着正好相反的路线。在作用方式上，它们也是沿着上述路线展开的。权力关系、法律关系的确立，首先是在组织群体的层面上，但其目标，是要深入群体的内部。也就是说，在群体的层面上，为群体的性质、职能、职责进行定位，然后进入到群体的内部，使群体中的每一个成员的职能、职责都明确化。只有在群体和个体两个层面上都实现了职能、职责的明确化，管理组织才拥有了由权力关系、法律关系编织起来的合理性结构。如果公共管理组织仅仅拥有了这种合理性结构的话，那么，与传统的官僚制组织结构并没有根本性的区别。公共管理的组织结构之所以不同于传统的官僚制组织，是由于公共管理组织中伦理关系的显性化。伦理关系在公共管理组织中的作用路线是以个人为起点的，通过个人而实现组织成员间的积极合作和有效协调，然后上升到群体的层面。在群体之间，也是通过个人来促进群体间的积极合作和有效协调的。所以，权力关系、法律关系在公共管理中的作用路线是，从群体到个体、从集体到个人，而伦理关系的作用路线则是，从个体到群体、从个人到集体。

公共管理伦理关系是由个人承载的，是作为公共管理者的个人之间的一种特殊关系而存在的，是通过公共管理者个人而进一步上升为公共管理主体间以及公共管理主体与客体间的关系。然而，这种存在于公共管理中的伦理关系，却是一种客观的关系，道德规范是这种关系的反映。可是，对于具体的个人来说，公共管理中的伦理关系又是与道德规范不同的，是作为一种与他共在的关系而不是先在的关系而存在着的。也就是说，道德规范往往是先在于具体的个人而存在的，是个人应当遵守的行为规范，是判断个人公共管理行为善恶的标准。对在公共管理体系中活动着的人来说，伦理关系虽然是一种客观的关系，而在具体的个人这里，则是后天的和与公共管理者个人共生的关系。只是当一个人选择了公共管理活动作为自己的职业的时候，他才成为公共管理伦理关系的主体，在他退出公共管理活动的时候，他也就自然而然地退出了公共管理的伦理关系。我们说公共管理的道德规范是建立在其伦理关系的基础上的，所指的是公共管理这种社会治理模式中的客观的伦理关系，是抽象意义的伦理关系。如果对于具体的公共管理者个人来说，是在他成为公共管理者的那一刻，这种伦理关系才会成为属于他的关系，他在选择了公共管理这一职业的时候，也同时选择了这一关系。

公共管理伦理关系是公共管理体系中的基本关系，不仅道德规范是建立在这种关系的基础上的，而且法律规范也在很大程度上反映了这种关系和适应这种关系。在某种意义上，公共管理活动中的法律关系也可以看做是通过法律形式确立起来的伦理关系，或者说，是伦理关系的法律制度化。在公共管理活动中，如果能够按照法律关系的理智来作出公共管理行为的选择，也就在一定程度上达到了维护和遵守伦理关系的客观要求。但是，法律关系毕竟不能等同于伦理关系，因而，公共管理的制度设置也不能仅仅建立在法律的原则和精神之上，还需要在遵循法律关系的同时，更深入地考量伦理关系独特的客观要求，并朝着构建道德制度的方向努力。

应当说，人的一切社会关系都是作为人的客观联系而存在的，伦理关系也是这样。公共管理中的伦理关系根源于公共管理这种新型的社会治理模式，是这种新型治理模式中的人际间的客观联系。如果说公共管理中的权力关系是在组织结构确立之后产生的，法律关系是基于组织机构与个人职能、职责明确化的要求，那么伦理关系则直接根源于这种新型社会治理模式的目标体系。随着公共管理服务理念的确立，公共管理的伦理关系也就开始生成，在公共管理的行为体系和制度模式完善化的过程中，这种关系也会得到迅速的成长，会最终成为公共管理中主导性的基本关系。

在社会一般的意义上，有些社会关系属于临时性的关系，随着某种特定行为意向的消解，相应的社会关系也就不复存在了。公共管理中的伦理关系不是一种临时性的关系，而是一种持续性的关系，是公共管理主体与客体、公共管理主体之间及其公共管理者之间稳定的联系。公共管理伦理关系的稳定性是公共管理行为道德规范体系稳定地、持续地在公共管理活动中发挥作用的前提。公共管理活动是具体性的活动，每一项属于公共管理范畴的活动，都会有着新的形式和内容，从而决定了体现在公共管理者个人那里的行为意向是极为丰富的和具体的。但是，在所有公共管理的行为意向中，都贯穿着服务原则以及这种原则所具有的伦理精神，是公共管理整体上的服务原则的分殊。所以，公共管理者个人的公共管理行为不仅不会演化出破坏公共管理伦理关系的结果，反而会成为增强公共管理伦理关系的因子。

公共管理中的伦理关系是在公共管理活动中生成的和体现在公共管理活动中的，随着公共管理活动的制度化和公共管理这种新型的社会治理模式走向成熟形态，公共管理的伦理关系也必将实现制度化，而且会贯穿于公共管理活动的各项程序之中。

3.4 伦理关系生成的根据

人的社会关系是在人们稳定的共同活动中和明确的行为意向引导下生成的，每一类活动和每一种行为意向都必然会有着相对应的特殊社会关系。有了某种职业活动，也就必然会出现相应的职业关系。所以，公共管理也有着属于这一职业的特殊关系，即公共管理职业关系。当然，在同一类活动中和同一行为意向领域，会有着复杂的多重关系，任何一个职业中的属于这个职业的关系，都是多重的。但是，哪些关系属于这类活动、行为意向领域中或职业活动中最为基本的关系则是由其性质所决定的。在公共管理活动中生成的公共管理关系，主要以权力关系、法律关系和伦理关系为内容，权力关系、法律关系和伦理关系是公共管理中最为基本的关系。在抽象的意义上，可以这样看，权力关系根源于管理的行为意向，伦理关系适应了服务的行为意向，而法律关系则是作为权力关系和伦理关系的调节性因素和保障性因素而存在的，属于维护权力关系和伦理关系健全以及权力关系和伦理关系协调统一的公共管理关系。

公共管理在总体上的行为意向是服务的，在服务原则下结成的人际关系必然首先是伦理关系。政府部门中的公共管理活动如何才能从传统行政管理的片面权力关系中解脱出来，并取得与社会中的公共管理组织行为模式的趋同？首先在于服务观念的一致性，只是有了这种观念，它才能在自身的公共管理活动中获得伦理关系或突出伦理关系。社会公共管理组织之所以能够生成伦理关系，也是由于这些组织一经产生就把公共管理活动看做是服务的，正是公共管理为自己作出了服务定位，才使伦理关系成为公共管理中的基本关系，并进一步决定着公共管理的具体行为选择的道德化。

公共管理的服务定位并不是根源于其主体的善良意志的，它的服务定位和行为意向的生成，是来自于公共管理客体的客观要求，也是人类社会治理模式演进的必然。在政府与社会两极之间，社会的直接期望是希望政府提供有效的和高质量的公共服务。但是，在早期的人类社会中，社会秩序的要求被抽象掉了社会期望的服务内容，成为形式化的秩序要求，或者成为满足统治利益的秩序要求，统治者总是直接地从自身的统治利益出发去强化社会秩序。在这个过程中，权力关系以及在这种权力关系基础上生成的强制性力量，被彰显到极为醒目的位置。由于这种强制性的秩序与社会的服务期望相去甚远，所以，时常会受到来自于社会中的期望力量的挑战。虽然，这种来自于社会的期望力量时强时弱，却一直是推动社会治理方式变革的基本力量。从统治型社会治理模式向管理型社会治理模式的转型，可以看做是对社会中的服务期望的妥协，但却是有限的妥协。从根本上看，管理型社会治理模式依然承袭了以往的以权力关系为轴心的结构，因而，管理型社会治理模式依然不能满足社会的服务期望。尽管当代政府在增强回应性方面不断作出努力，然而其总是陷入回应性不足的局面，这充分证明，它并没有找到满足社会服务期望的路径，而是以政府自身为中心，总是把社会的服务期望转化为自身的科学化、技术化追求。所以，管理型社会治理模式向以公共管理为特征的服务型社会治理模式转型因社会中所存在的服务期望而具有历史必然性。作为一种历史的进步，向公共管理这种社会治理模式的历史性转型，就在于朝着满足社会的服务期望方向迈出一步。

社会治理模式二次转型的整个过程，展示出来的是这样一个历史图式：

在统治型社会治理模式中，治理活动主要是建立在权力关系的基础上的，治理工具或者维护权力关系的工具选择，主要是暴力和以暴力为后盾的强制力。这种治理模式中也存在着道德规范体系，但是，出于维护权力关系的需要，道德规范只是一种补充因素。在本质上，统治型治理模式中不存在生成完整的、系统的伦理关系的客观基础。即使在社会治理活动中存在着大量的伦理因素发挥作用的现象，也是社会一般伦理在治理活动中的映射。所以，在这种治理模式存在的历史条件下，并不能生成严整的伦理学知识体系，至多，也只能建立起汇集道德规范的典纂。

学术界往往把中国古代的治理体系视为一种伦理政治体系，这是一个很大的误解。因为，这一治理体系中如果说有着丰富的道德规范和行为典则的话，那也是由于它受到了这个社会中以家庭为核心的一般伦理关系的影响，是一般社会道德规范的移植和借用，就这种治理模式而言，不具有生成伦理关系的基础，它的权力关系决定了它只能有选择地接受一般社会伦理中的某些合用的规范。同时，它所拥有的作为社会治理的权力关系，则对伦理关系进行着强烈的排斥。如果把建立在权力基础上的以及运用权术加以掩饰的君臣关系视为伦理关系，肯定是一种错误的见解，因为，它无非是家庭伦理关系扩大化的结果。

对于管理型社会治理模式而言，由于采纳了统治与管理形式分立的做法，能够在权力关系之外生成法律关系。但是，权力关系是轴心关系，法律关系针对权力关系来说，是一种调节因素；针对权力关系的作用方向和途径来说，则是作为工具而存在的，在起初是出于限权的需要，只是到了晚近，才作为直接的治理关系出现，特别是在法律关系的成熟形态中，公共政策得以迅速膨胀，从而使法律关系更加巩固。应当说，管理型社会治理模式会时刻感受到来自于社会的服务期望所造成的压力，会在这种压力下生成伦理关系。事实情况则恰恰相反，在管理型社会治理模式中，管理的形式化和工具理性化追求，排斥着伦理关系，以至于伦理关系如果存在的话，也是处于边缘的、潜在的地位。但是，管理型社会治理模式与统治型社会治理模式比较起来的历史进步就在于，前者是建立在权力关系和法律关系这一双重关系的基础上的，而后者则基本上是建立在权力关系的基础上的。这也就是管理型社会治理模式为什么会比统治型社会治理模式表现出更高稳定性的原因。因为，人的一切行为体系都是这样，建立在二元关系结构上的行为体系必然要比建立在一元关系结构上的行为体系稳定得多。

就其实质而言，公共管理是一种服务型社会治理模式。作为人类社会治理活动趋近于满足社会服务期望的历史进步的结果，公共管理能够在对权力关系和法律关系的历史承袭中生成一种全新的伦理关系。公共管理这一服务型社会治理模式不是把社会的和公共管理客体的服务期望当做压力，而是当做动力。公共管理客体的服务期望愈是强烈，愈能促进公共管理伦理关系的增强，并通过伦理关系的增强来影响权力关系和法律关系，促进权力关系和法律关系伦理化。由此看来，公共管理作为一种新型的社会治理模式，与统治型的和管理型的社会治理模式的根本区别就在于，它包含着权力关系、法律关系和伦理关系构成的稳定结构。而且，这种稳定的结构能够保证公共管理的目标体系有着明确的指向，保证公共管理的行为意向总是定位在为管理客体提供优质高效的服务上来，保证公共管理的主体之间、主体与客体之间在公共管理的活动中总能够处于协调互动的状态。

来自于社会的或公共管理客体的服务期望，是公共管理伦理关系生成的根本动因。但是，服务期望并不必然生成这种伦理关系。因为，统治型和管理型的社会治理模式也直接面对着来自社会的服务期望，却没有生成这种伦理关系。公共管理伦理关系的生成，有着一条从服务期望到公共管理主体道德自觉再到伦理关系生成这样一条逻辑通道，而公共管理主体及其这一主体的群体成员的道德自觉，又是由公共管理体系的整体服务定位所决定的。因此，在公共管理伦理关系生成的机制中，我们可以看到公共管理体系在逻辑上的系统“回路”。

公共管理伦理关系不是在某种承诺中生成的。无疑，公共管理主体在具体的公共管理活动中向管理客体作出服务承诺并履行这种承诺是有利于伦理关系的健全的，但是，这类承诺本身不是伦理关系生成的前提；相反，恰恰是伦理关系在公共管理活动中的反映。承诺本身只是为了达到公共管理活动适应伦理关系客观要求的目的。进一步地说，服务承诺并不造就服务型的社会治理模式，反而是服务型的社会治理模式可能会选择服务承诺的途径作为自我约束和接受监督的方式之一。

就服务承诺这种现象来说，它是公共管理主客体之间的协议关系，在交换关系占主导地位的社会历史时期中，它反映出来的是一种契约原则，是法的精神的显现，因而，是属于法律关系的一种构成方式，或者说，是法律关系的行为表现。至于它对伦理关系的影响，属于法律关系与伦理关系互动的范畴。当然，承诺得到履行，除了需要得到法律的支持之外，也需要道德规范发挥作用。但是，一项承诺一旦被公开地宣示出来，就已经包含着向法的精神“求亲”的倾向，这实际上也是整个近代社会用法的精神诠释人类伦理关系的影响所致。所以，在服务承诺被宣示出来之后，履行承诺的行为意向是属于遵守协议的法律要求，是法的精神中所包含的义务原则和责任意识。

3.5 伦理关系的作用特征

从权力关系、法律关系和伦理关系的外在特征上看，权力关系造就个体性的权威，在官是官的权威，在君主是至高无上的终极权威。这种权威包裹着的权力，总是居高临下地俯视和施恩，而被俯视和接受恩泽者又总会感恩戴德，顶礼膜拜。法律关系极力淡化个体性权威，它通过制度和体制的强化塑造出治理体系整体的权威。法制在整体上是神圣的，法制体系中的治理者个人则是处处受到监视并时时准备接受批评的人。如果说管理型社会治理模式中也有着个人权威的话，那么这种权威也是权力关系造成的，法律关系从不制造个人的权威，法律关系只能造就出制度的、体制的权威。伦理关系用内在的信念取代一切外在的权威，当伦理关系以制度和体制的形式存在于现实的社会治理模式中时，也不会生成个体的或整体的权威，即使存在着一些类似权威的东西，在实质上，也并不是权威，而是公共管理者的尊严。正是伦理关系的非权威化倾向，决定了它在制度化的时候能够驾驭和制约权威。在公共管理体系中，由伦理关系转化而来的制度体系，把它从以往社会治理模式中继承而来的权力权威、法制权威都纳入到伦理精神的控制和制约之中，使这些权威成为伦理精神和道德原则实现的工具，成为社会治理中的合作机制运作的动力。

权力关系产生于农业社会的等级次序，又是这种等级次序的支柱。整个农业社会的一切社会治理原则和措施，都从属于权力关系的稳定有序，道德规范也是服务于这种权力关系的稳定有序的。比如，“父母在，不远游”的伦理规定，在客观上就是要把人束缚在既定的人群中，甚至束缚在农业社会的基本生产资料——土地之上。因为，一旦出现频繁的人口流动和迁徙，权力关系的稳定有序就会受到破坏。到了隋唐时期，由于自然灾害等原因，人口的流动和迁徙越来越经常化，伦理规定的约束力日益式微。在这种情况下，不得不用户籍制度强化对人的约束。归结到一点，都是为了维护权力关系的稳定性。

等级的自然基础就是家庭中的长幼，家庭中的长幼社会化就演变成了社会等级。诚如张东荪所指出，中国的社会组织是一个大家庭而套着多层的无数小家庭，可以说是一个“家庭的层系”。所谓君就是一国之父，臣就是国君之子。在这样层系组织之社会中，没有“个人”观念，所有的人，不是父，就是子；不是君，就是臣；不是夫，就是妇；不是兄，就是弟。总之，这就是一个以家庭或类家庭形式出现的权力关系体系。如果说中国农业社会是一个发展的最完备、最典型的农业社会的话，那么中国农业社会中的权力关系也是一种最典型的权力关系模式。权力关系的伦理显现是以孝为核心的长幼有序，上下有别。也就是说，在亲情关系上以孝为核心，扩展到更大的范围，即扩展到社会，孝演化为忠义，建立了以权力关系为基础的等级次序，要求这个次序中的下一等级依次对上一等级恭敬顺从。

法律关系是在权力关系的衰弱中产生出来的。权力关系的衰弱首先表现为社会动员能力的下降。尽管建立在权力关系基础上的组织形式并未发生变化，但这种组织在按照以往的方式运行时，自上而下的动员行动不仅不会逐级地被加强，反而会衰减，直至基层，可能变成冷漠和无动于衷。法律关系只是社会生活和行为的规范，从法律关系中产生不出社会动员的需要，法律关系的健全以及对法律关系的维护，也无须通过社会动员来实现。在一定程度上，通过社会动员去健全和维护法律关系，不仅是无效的，反而是有害的。健全和维护法律关系的唯一路径就是遵从这种关系的制度安排。实践经验证明，通过社会动员去维护和健全法律关系，只能造成为罪犯提供开脱罪行的借口的事实。我们经常从新闻媒体上看到罪犯们谎托自己不懂法而犯法，这些报道的目的是要证明普及法律知识的社会动员是必要的和迫切的。实际上，罪犯们的谎托，恰恰是对普及法律知识这一社会动员运动的讽刺，证明了这种社会动员运动是无意义的。

在传统社会，由于伦理关系与权力关系的一体性，从而造成了一种假象：伦理关系也与权力关系一样，包含着社会动员的动因，或者，伦理关系的健全和维护，需要通过社会动员来实现。其实并不是这样，社会动员仅仅是根源于权力关系的要求，是与权力关系联系在一起的，现实生活中的每一次社会动员运动，都是对权力关系的确证。伦理关系作为一种客观的社会联系，是根源于人的生活方式和行为方式的，如果说人们对于伦理关系的健全和维护能够发挥作用的话，在个体层面上，是合理性示范；在整体的层面上，是制度安排，即作出维护健康的社会生活方式和善的行为方式的制度安排。

在一个社会处于权力关系占主导地位的情况下，必然会不断地出现广泛的社会动员运动，即使社会治理者的决策阶层鉴于以往社会动员的惨痛教训而不愿这么做，也无法避免以其他形式出现的社会动员。当权力关系与法律关系的互动格局形成之后，即使社会治理者的决策阶层努力追求和发动社会动员运动，也会表现出力不从心的情况。如果一个社会处于权力关系、法律关系和伦理关系的三重结构中的话，除非在一些特殊的危机状态下，广泛的社会动员不仅不可能，而且根本没有必要，甚至在社会治理者的决策阶层中生成社会动员的动机，都是不可能的。

当然，在以往的历史发展中，社会动员对于推动历史进步有着毋庸置疑的积极意义；另外，社会动员的消极影响也总是在每一场社会动员运动结束不久之后就暴露了出来。在某种意义上，在社会整体运行的层面上，法律关系的生成恰恰是出于限制和矫正社会动员的随意性的要求。事实上，法律关系也基本实现了这一并未被人明确提出的社会客观目的。但是，法律关系与权力关系的互动结构的不健全性在于，为社会治理者的社会动员行为留下了缝隙。从西方社会的选举活动中，我们就可以看到政治家们往往极其不道德地发动社会动员运动，而这些，却是法律允许甚至鼓励的。

随着人类社会的进步，当伦理关系出现于社会关系的结构体系中，社会动员运动得以发生的结构性缝隙就会消失。因而，社会治理者以及希望成为社会治理者的人们，就无法通过社会动员活动来实现其意志。因为，他不被允许把他的意志强加于公众，相反，他恰恰被要求去实现公众的意志。人类在权力关系之中浸淫的时日过久，因而人们习惯于集体行动，甚至向往集体行动。所以，当人们受习惯所支配的时候，就在主观上有了社会动员的渴望。这时，当社会治理者的决策阶层发动社会动员的时候，就能够得到广泛的响应。但是，这种依据权力而结成的集体行动，总会具有非理性的内容和性质，所以，总是进步性与消极性参半。如果根据集体行动的理性与有机性相统一的标准来判断，在权力关系基础上产生的依据权力作用而结成的集体行动，就是一种虚假的集体行动，仅仅是形式上的集体行动。与此相反，社会依据法律和基于法律关系而开展的行动，虽然在形式上是分散的个人行动，却能够在法治的机制上形成大于以往集体行动的合力，从而在推动社会发展方面，表现得更为积极有效。

伦理关系在社会治理关系结构体系中的出现，将会带来一种全新的社会面貌，一方面，它将祛除以往集体行动的虚假形式，用真实的集体行动取而代之；另一方面，在赋予个体行动充分自由的同时，消除个体行动的分散性，从而在个体行动中整合出具有总体性的社会集体行动，属于依据规范的、合理的制度和体制而开展的集体行动，而不是随机性的社会动员下的集体行动。

总之，通过对伦理关系的分析，就找到了道德规范的现实根据。一切规范都是对人们之间的某种关系的规范，即使风俗习惯作为一种社会规范，也是对人们的实际社会生活关系的规范。如果说组织体系、权力结构形式是对权力关系的规范，而法律制度是对法律关系的规范，那么，道德制度则在于对伦理关系作出规范。明确了这一点，就可以改变以往世代道德规范缺乏可操作性的弊端，从而找到道德规范切实发挥作用的途径。道德规范发挥作用的根本途径是制度和体制的伦理化，而在实际操作层面上，则可以融入组织体系和法律建设之中，让组织的体系和法律的形式中蕴涵着道德规范的内容，使组织体系的运行和法律的作用过程中包含着伦理机制。

3.6 伦理关系的开放性

公共领域的本质特征就在于它的开放性，是广泛地向私人领域和一切社会成员开放的领域。公共管理是公共领域的这一本质特征的充分展现。为什么在近代社会出现以前，没有形成一个公共领域？是由于担负社会治理功能的领域缺乏开放的特征。为什么近代以来的公共领域总是存在着结构性缺陷？也是由于公共领域的开放性不足所造成的。只有当公共领域拥有充分的开放性，公共性才不仅是一个理论追求，而是体现在社会治理实践中的现实。在历史考察中所揭示出的事实是：缺乏开放性或开放性不足，都是由于社会治理模式中伦理关系的缺位造成的。一旦社会治理模式中拥有了健全的伦理关系，这种社会治理模式就会获得实质性的开放。公共管理伦理关系的开放性决定了公共管理这一新型的社会治理模式的开放性。

开放性是指系统与环境之间交流和互动的外在特征。统治型的社会治理模式是一种单向度的作用方式，强制性的秩序是通过权力关系单向运动而获得的，治理者与其对象之间在常态的治理活动中根本不存在交流与互动。严格说来，统治型的社会治理是一个封闭的体系，治理主体基本上是来自于某一或某些确定的阶层，治理方式千年一系，治理体系僵化，这些都证明了它是封闭的。

统治型社会治理模式的封闭性是根源于权力关系的封闭性。权力关系是一种层级的或等级的关系，权力关系所代表的利益矛盾是一道永远无法求解的方程。因为，权力主体的利益要求是通过权力而得以实现的，丧失权力也就意味着一切利益要求都会成为泡影。所以，维护权力关系的稳定性就成了全部治理活动的基本宗旨。然而，这种权力关系的稳定性并不是动态的稳定性，而是一种僵化了的稳定性，是通过权力体系的封闭才得以实现的权力占有。从表面看来，中国的科举取士使权力关系获得了开放性，但其实质并非如此。因为，科举取士对于已有的权力关系结构并不发生任何影响，从未使权力关系结构获得开放的性质。

其实，权力关系在本质上就是一种封闭性的关系，是一种通过谋求内在平衡而实现外在功能的关系，任何时候，权力关系的这种本性都不会改变。即使推广到对整个社会的考察，也可以证明这一点：只要一个社会从属于权力关系的支配，是由权力关系的层级或等级结构组织起来的，那么，这个社会就必然是封闭型的社会。在权力关系走向衰落的社会，就会表现出开放性日益增强的趋势。权力关系的状况是衡量一个社会开放性的尺度，在一切权力关系薄弱的地方，都可以看到社会的开放性特征；当一个社会自觉地谋求开放时，也需要首先对权力关系作出调整，尽可能地使权力关系的结构变得较为松动。

与统治型的社会治理方式相比，近代社会的管理型社会治理方式表现出了开放性的特征，这是由于法律关系在治理体系中成长起来的结果。法律关系在调整和平衡权力关系的过程中，恰恰是通过社会治理体系的开放而获得了支持的力量。法律如果不能保证社会治理体系的开放，就必然会使自己成为权力的附属品，法律关系自身就无法得以健全和完善。在这种条件下，法律就会成为权力关系的遮羞布，就会成为权力关系谋求合法性的谎言，这时，一旦法律对权力关系的放任有所束缚，就会被毫不犹豫地一脚踢开。所以，社会治理体系中法律关系的确立，恰恰成了权力关系任性的克星。

正是法律关系，赋予了社会治理体系以开放性。因为，法律关系的确立正是出于制约权力关系层级化或等级化不平等的目的。法律关系在本质上是一种平等的关系，它确认社会治理中的主体与客体、主体自身以及治理者之间的平等地位，而这种平等恰恰是开放性的基础。所以，在法律关系得到充分发展的任何地方，社会治理体系都会表现出开放性的特征，都会有治理对象的积极参与，权力关系都能够受到较为有效的约束。

但是，法律关系的开放性也是有限的开放性。因为，法律对社会治理中的主体、客体、治理者及其对象的身份地位，都有着明确的规定，对社会治理的方式和工具选择，都作出了原则性的规定，法律仅仅承认有限的开放通道。这就决定了法律关系的开放性，也只是在极其有限的范围内才是现实的，超出这个范围，开放性就转向了自己的反面。即使是在有限的范围内，开放性也总是一种形式化的开放性，在涉及许多实质性的问题时，它就会表现出冷冰冰的封闭性和僵化。

公共管理伦理关系的开放性是全面的开放性，它接受法律关系的平等理念又超越这种平等，它所表现出来的是公共管理主体之间、主体与客体之间、公共管理者与其对象之间实质性的平等。这就决定了它们之间能够处于良性的交流与互动状态。公共管理伦理关系中的每一个方面、每一个因素，都全方位地向其他方面、其他因素开放。正是通过开放，才达到了积极合作的目的。公共管理伦理关系应当是开放的，因为，公共管理主体秉承的是服务理念，把公共利益的实现作为至高无上的追求，时刻准备倾听来自公共管理客体以及社会所有方面的意见和要求。公共管理伦理关系能够开放，是因为这种伦理关系随时准备把一切社会成员纳入这种伦理关系之中来，决不轻视任何准备进入这种伦理关系的愿望，决不排斥任何准备进入这种伦理关系的要求，对于一切有利于伦理关系成长的因素，都表现出无限的热切。公共管理伦理关系必然是开放的，因为，公共管理是建立在平等参与的基础上的，反对甚至杜绝一切垄断，冲击一切因垄断而造成封闭的领域。

公共管理伦理关系的开放性是与开放的历史条件联系在一起的。由于市场经济的发展，交换关系作为社会的主导性关系日益走向成熟和普遍化，市场竞争的社会化造就了社会成员机会平等化的历史趋势，社会生产和生活的绝大多数领域都积极地向愿意投身其中和适宜于投身其中的人开放。但是，公共管理伦理关系并不从属于交换的原则，它是对交换原则的超越。交换关系为它提供了平等的基础，这种基础不是它按照交换原则行事的舞台，而是互助合作的前提。所以说，公共管理的伦理关系是一种新型的关系，它的开放性不是为了进行交换，而是生成服务和合作。公共管理伦理关系赖以生成的社会是一个开放的社会，它把传统的权力关系视做“敌人”，把法律关系看做唠唠叨叨的“同路人”，只有这个时代中的新型伦理关系，才是和谐的“舞伴”。公共管理中的伦理关系就是这种新型伦理关系的代表，它反映了这个开放社会的开放性特征。正是公共管理伦理关系的这种开放性特征，成为公共管理这一服务型社会治理模式开放性的基础。公共管理就是开放性的社会治理模式，而公共管理伦理关系则是它的动力源。

3.7　伦理关系的平等性

在公共管理活动中，权力关系是由组织结构的层级体系所确立起来的关系，因而是一种不平等的等级关系。虽然公共管理组织与传统的官僚制组织有着根本性的不同，但这种不同并不意味着权力关系具有新的内容和特征，而是由于权力关系的轴心地位的改变，即权力关系与法律关系、伦理关系的结构方式的改变，造成了公共管理组织与传统官僚制组织的不同。也就是说，就权力关系本身而言，依然是以层级甚至等级的差别为基础的。

法律关系和伦理关系则不同，它们是作为平等的关系而存在的。法律关系天生就是一种平等的关系，如果说在历史上存在过由法律规定的人与人的不平等的话，那并不是法的精神本身所具有的特征，而是包含在法律规定中的与法的精神相悖的其他因素造成的，是属于确认权力意志的法，在法的精神成为一种普世精神的时候，这种法往往被视为“恶法”。所以，由法来确认人们之间的不平等并不能证明法律关系曾经不平等过。但是，法律关系的平等是一种形式平等，在这种形式平等的背后，可能会有着严重的不平等，人与人的关系的实质平等只能存在于人的伦理关系中。

当然，伦理关系有着不平等的历史，在经济生活的分配关系占主导地位的社会中，与分配活动相适应的伦理关系也是不平等的。在中国社会一个很长的时期内，是把社会治理活动中的关系比附为家庭式的长幼尊卑关系的，属于一种在等级系列中展开的关系。同样，在西方国家也存在过这种情况。从思想史上可以看出，柏拉图对城邦中人进行了类型区分，认为不同类型的人是用不同的材料做成的。这之中，必然包含着他们之间的关系是一种等级关系的含义。而且，柏拉图明确宣布，城邦中的人在他们的德行中结成的关系也是等级化了的关系。当然，东西方在对这种关系的理解上是有着许多重大差异的，但在等级性原则上，却是一致的。如果说中国古代的伦理关系与西方国家的伦理关系有所区别的话，也仅仅是身份等级制的关系和道德等级制的关系之间的区别，在本质上都属于等级化了的伦理关系。事实上，所谓道德等级制也仅仅是柏拉图的构想，直到资产阶级革命取得成功的时候，西方社会也一直处于身份等级状态。正是由于这个原因，梅因才把走向近代社会的历程称作“从身份向契约的转变”。其实，等级化的伦理关系并不是真实的伦理关系，尽管几千年来人们一直把这种关系看做是伦理关系，严格说来，这样的看法属于一种误解。实际上，等级性的伦理关系的真实内涵则是权力关系，只不过是披上了伦理外衣的权力关系而已。

真实的伦理关系是建立在人的平等的基础上的。人的平等观念是在交换关系占主导地位的社会中得到普及的。也就是说，在人类从分配关系占主导地位的社会过渡到以交换关系占主导地位的社会之后，人的社会关系中的不平等性发生了基础性的动摇，虽然在一切权力关系占支配地位的领域中还存在着不平等。但是，在一般社会领域中，平等的观念得到了广泛的认同。不过，与市场经济及其交换关系联系在一起的是法律及其制度，法律在顺应交换关系的需要时所确认和规定的平等还只是形式的平等。比如，法律关于产权平等的规定，实际上恰恰是对不平等的维护。毕竟，法律关于人们之间平等的规定是一项历史进步，正是有了这一进步，一般社会伦理关系也开始转变为一种平等性的关系。或者说，平等成了伦理关系中的一项基本内容，并且得到了法律的确认而成为法律关系的基本内容。但是，并不能以此判断近代以来的伦理关系是一种彻底的平等关系，法律确认的平等是一种形式的平等，而不是实质平等，更何况在管理型的社会治理模式中，伦理关系被排挤到极其边缘的位置上了。

只是在公共管理的社会治理模式中，伦理关系的平等性才凸显了出来，而且是具有充分实质平等内容的关系。公共管理是在交换关系占主导地位的社会进入成熟形态时出现的一种新型的社会治理模式，因而，人与人之间的平等已经不仅是一种观念，而且是社会现实。特别是在社会治理过程中，以合作的形式出现的治理活动必须建立在人们之间的平等的基础上。没有平等，也就没有真正意义上的合作。所以，包含在公共管理中的伦理关系能够成为一种较高形态的实质性平等关系。在这种意义上，我们说，公共管理伦理关系是人类长期追求的平等关系的实现。

3.8 伦理关系的具体性

公共管理伦理关系的实质平等是由这种关系的具体性决定的。公共管理伦理关系的具体性是指它的性质和内容的方面，这种具体性是与伦理关系的普遍存在性联系在一起的。伦理关系是普遍存在于一切社会生活领域的，而在每一个社会生活领域及其一切方面，都会有着不同的性质和内容。所以，在性质和内容上会有着极强的具体性。公共管理伦理关系与社会中的一般伦理关系相比，它是公共管理领域中特殊的职业伦理关系和社会治理关系，有着属于自己的内容和性质。

其实，公共管理中的权力关系和法律关系也是具体性的关系。因为，一切权力关系都是发生在具体的权力主体和权力客体之间的关系，每一个权力的持有者都有着相对确定的权力相对人存在。但是，权力关系的这种具体性往往由于受到权力主体的非理性因素的干扰而会具有不稳定性的特征。不稳定的具体性不是合理的具体性，或者说是具体性的变异。在管理型社会治理模式中，公共行政解决这一问题的方案是通过增强组织结构的合理性来矫正权力关系的不稳定性的，也就是用组织结构的科学普遍性来抑制权力关系的具体性。可见，在价值判断中，权力关系的具体性是有着善恶、好坏、优劣的双重性的。

与权力关系的具体性比较起来，法律关系是相对普遍性的关系。但是，就法律对组织群体及其成员的职能、职责的明确确定而言，建立在这个基础上的法律关系也是非常具体的，但这种具体性也主要是停留在形式上，而不是实质上的具体性。与权力关系的具体性相比，伦理关系的具体性是稳定的具体性，一旦伦理关系的任何一个方面得以确立，就会具有相对稳定的存在形态，任何存在着伦理关系的公共管理活动过程和领域，也都会稳定地包含着这种伦理关系。

与法律关系相比，伦理关系的具体性属于实质具体性。严格地说来，形式具体性不是具体性，只有实质具体性才是真正的具体性。公共管理中的伦理关系就属于这种真正的具体性，它不仅存在于作为个体的人的公共管理者之间，而且通过他们的具体活动来加以确立，并体现在公共管理者的每一项行为选择之中。因此，公共管理伦理关系也就成为公共管理者的内在关系，是内在于他的存在和全部职业活动之中的，是他的公共管理行为的灵魂。也就是说，公共管理伦理关系的具体性体现在从事公共管理活动的人们会因时、因地、因势而调整他们之间的关系；反映在治理活动中，他们会因事、因情景的不同而作出不同的行为选择；反映在行为特征上，他们会有着充分的积极性和强烈的自主性，而不是推诿塞责，更不会以制度规定为借口而逃避责任。

就人的一般伦理关系而言，在人的一切社会关系中，唯有伦理关系是完全内在于人的关系，其他关系或多或少地属于外在于人的异己性的关系，会或多或少地作为压迫力量作用于人。所以，我们往往把这些既排斥又统一的社会关系称为矛盾。公共管理者在权力关系和法律关系中，感受到的都是压迫性的力量。在伦理关系中，感受到的则是自我的自由和与他人的融洽。当他与他人的伦理关系反映在他的公共管理活动和行为之中时，是他的自由和职业目标、做人的本质和生存意义的展现。通过这种关系，公共管理者与他的职业以及与他人的生产和生活融为一体，在他人的成功中看到了自己的职业活动的价值，在他人的需求及其满足中实现了对自我的确认。所以，公共管理中的伦理关系不是在抽象的意义上属于人，而是属于每一个具体的公共管理者，每一个公共管理者都把这种关系内化为具体的道德规范和行为准则。

3.9 伦理关系的整体性

公共管理伦理关系赋予了公共管理主体和公共管理活动以整体性。虽然当前社会的分群化与早先那种分工前提下的群体间利益冲突有所不同，但人群的分化与分隔总是矛盾和冲突的根源，特别是公共管理主体的二元性和社会自治型公共管理组织的多样化，都是造成公共管理差异、矛盾甚至冲突的根源。由于公共领域、私人领域和日常生活领域分立的事实，人们的职业角色的扮演使人们在不同的领域穿行，而职业活动者在不同领域中的生活是碎片化的。但是，由于公共管理拥有完整的伦理关系，从而使公共管理主体的二元性和公共管理活动的多样化成为相互补充、通力合作的必要前提。也是由于公共管理伦理关系而使公共管理者突破了领域限制，以一个完整的人的形式出现。公共管理作为一种新型的社会治理模式能够成立，公共管理主体能够在社会治理过程中发挥整体性的功能，公共管理活动能够不成为相互冲突的行为，公共管理者能够成为完整的人，在很大程度上都取决于伦理关系的协调功能。

公共管理伦理关系作为人的整体性关系有着更为深刻的内涵，因为它不仅包含着人的平等，而且更多地包含着人对人的尊重。人是用自己完整地属于人的一切来认识他人和对待他人，人对人的判断也包含着对他外显出来的一切方面的完整判断。这在权力关系和法律关系中是没有的。因为，权力关系并不介意人的完整性，权力关系要求的只是人对人的服从、依附；而法律关系则抽象掉了人的价值方面的一切内容，仅仅根据形式化了的权利、义务、责任来对人作出规定，人的思想情感都是不予考虑的因素。

伦理关系对于公共管理的协调功能，在每一个公共管理者那里都是自觉的，但在整体上是自然的，能够取得一种自然和谐的效果。这一点是与权力关系和法律关系构成的强制性秩序有着根本性区别的。自然和谐是人类执着追求的一种境界，几乎在人类历史上的每一个阶段，都有人表达出对自然和谐境界的憧憬。但是，自然和谐历来都属于一种理论构想，甚至是一种诗意的乌托邦。而公共管理中的伦理关系则把这种自然和谐转化为现实，伦理关系的和谐赋予了公共管理主体整体上的和谐。

在公共管理活动中，伦理关系通过与它同构的道德规范而作用于公共管理客体，从而获得整个社会治理的和谐。进而，公共管理客体在公共管理活动中所感受到的公共管理伦理关系的魅力，会唤醒和强化着他的道德自觉和道德意识，从而，促进一切社会关系的道德化，并在此基础性的意义上重构人类社会，使人类的社会生活方式充满伦理精神。如果说近代社会出现以前的时期是权力的时代，在社会治理中最为显性的存在是权力关系的话，那么近代社会则呼唤出了法的精神；而公共管理的出现，则预示着人类将获得伦理精神，正是公共管理中的伦理关系，成为用伦理精神建构未来社会的现实基础，公共管理伦理学的一项任务，就是呼唤伦理精神，一部关于公共管理伦理学的著作，也可以称作“论伦理精神”。

公共管理伦理关系的具体性和整体性是统一的，而且，恰恰是在这种统一中赋予了伦理关系稳定性的特征。毫无疑问，在人们的社会关系中，伦理关系是较为稳定的和相对恒定的因素。这并不意味着伦理关系是不变的。历史的演进，促使人们之间的社会结构发生改变，而社会结构的每一次改变，也都会投射到伦理关系中来，从而使伦理关系发生改变。伦理关系的改变大致可以从这样两个方面来把握：(1) 伦理关系的主体、主体间的地位发生改变，新的主体因素介入；(2) 伦理关系中的某些内容凸显出来，某些内容潜伏了下来，某些新的内容产生了。一个社会是否实现了革命性的变革，就要看它的伦理关系是否发生了重大改变，没有伦理关系的改变，政治上和经济上的变革成果并不能被巩固下来。在此意义上，正是伦理关系赋予了社会以总体性。

对于一个社会来说，如果说政治关系和经济关系是活跃的、推动社会进步的因素的话，那么伦理关系则是作为一个稳定器而存在的。这个稳定器不发生改变，任何变革都会因这个稳定器而回复原状。在人类社会的总的历史发展过程中，伦理关系也处于一种渐变的过程中，如果对史距较大的两个历史截面中的伦理关系进行比较，我们会发现它们有着巨大的差异。所以，伦理关系的稳定性是相对的，或者说，是与政治和经济关系相比较而言的。

伦理关系的整体性不仅表现在这些外显的功能上，而且它自身就具有整体性的特征。权力关系是在区隔中生成的，法律关系是在区隔中得以维持的，而伦理关系则突破一切区隔，打破熟人与陌生人的界限。我们知道，人类已经进入一个陌生人社会，发生在熟人间的伦理关系在陌生人中也有着同样的表现，而且，如果说法律关系在陌生人之间仅仅实现了形式上的整合，仅仅确认和调节了陌生人的分工—协作关系的话，那么伦理关系则能够实现对陌生人的实质性整合，促进他们之间合作关系的生成。或者说，伦理关系在实质上就是合作关系，合作互动的整体性也证明了伦理关系的整体性。

3.10　伦理关系的非交换性

作为一种职业关系，公共管理伦理关系是在稳定的群体和稳定的联系中生成的，这就决定了它与市场经济条件下的经济伦理关系不同。因为，经济伦理关系主要是存在于交换行为之中的，是作为交换关系的具体内容而存在的。交换对于市场经济条件下的社会整体来说是必然的，对于每一个人的整体性的生活来说也是必然的，而具体的交换行为却并不总是稳定地发生在某一固定的群体之中。交换行为更多地突出了人的选择性，交换行为本身就是发生在市场竞争的条件下的，竞争赋予具体的交换行为以偶然性的特征，每一次交换行为都可能会根据利益实现的可能性作出重新判断。这样一来，就存在着这样的可能性，每一次交换都可能在新的交换主体之间进行。交换主体之所以意识到经济伦理关系的意义，无非是谋求交换关系稳定性的要求，即通过经济伦理关系的确立来保证交换能够重复地在稳定的交换主体间进行。这更证明了经济伦理关系虽然来自于利益实现的客观要求，但就这种伦理关系的确立而言，则是根源于主观动机。

公共管理伦理关系作为一种职业关系和社会治理关系是发生在稳定的群体之中的，它的生成虽然包含着服务性的行为意向，但稳定的群体和职业联系则为它提供了客观基础。而且，作为公共管理伦理关系生成的直接前提的服务意向，也是由公共管理这一职业性质以及公共管理者的职业联系所决定的。服务意向决定了伦理关系不以交换为前提，至于这种关系中所包含的交换效应，则是结果。

如上所述，人们之间稳定的联系是伦理关系的基础，这是公共管理伦理关系与社会一般伦理关系的共同性质。比如，社会一般伦理关系就是建立在家庭以及以家庭为核心的社会联系的基础上的，是在一个同心圆中结成的伦理关系。两个陌生人之间，是不存在伦理关系的，虽然他们的举止行为可能是合乎道德规范的。可是，在两个陌生人之间，却是可以进行交易的，只要这种交易中不包含着欺诈，是在自愿原则下进行的，就是合乎道德的。交易中有着是否遵守道德规范的问题，却不一定有着稳定的伦理关系基础。权力关系不支持交换关系，或者说，权力关系所支持的是分配关系，能够支持交换关系的是法律关系，事实上，法律关系就是因交换的需要而产生的，是为了维护交换关系的健全而建立起来的。总之，法律关系是交换的空间。

中国人讲："有心为善善则不赏，无心作恶恶则不罚。"虽然这是就人的行为而言的，然而在考察人们间的伦理关系时，也是相同的。其实，不仅伦理关系，而且整个伦理精神，都不包含交换的内容，这也就是伦理精神不从属于工具理性的把握的原因。就这一点来看，义务论伦理学要求不要把他人当做工具是正确的。实际上，在人们的伦理关系中，不仅不能把他人当做工具，而且即使是与他人做交易，比如，我做一件善事而希望得到相同回报，也立即使伦理关系发生了异化。

伦理关系在较多的情况下是作为非交换关系存在的，只是当它发生在一个相对确定的交换共同体中的时候，才作为一种交换关系而存在。或者说，只有在一些特定情况下或在一些特定行为中，人们之间的交换关系才会与伦理关系相重叠，交换行为才有可能是有道德的行为。在更多的情况下，伦理关系与交换关系是不重合的，甚至有可能是矛盾的。一般说来，如果伦理关系与交换关系相一致相重合的话，那么这种伦理关系必然是存在于私人领域中的，在公共领域中，伦理关系必然是非交换的。在公共管理的领域中，有着类似于交换的行为，但从总体上看，公共管理是一个不鼓励不推广交换的领域，甚至是一个拒绝交换的领域。因而，公共管理伦理关系也是非交换的。

3.11 伦理关系的非赠与性

公共管理伦理关系是非交换的，同时，也是非赠与的。

在道德教育的过程中，人们常常会用到"奉献"一词，奉献这个词语所表征的是某一个具体的人对一个并不明确的对象进行付出的愿望或行为，这种实际的或想象中的付出并不以任何回报作为补偿。也就是说，奉献从属于某些朦胧的理想和冲动，所以，它是一种非交换的行为。在中国历史上，特别是宋明以来，非常注重倡导人的奉献；同样，在西方国家，由于基督教文化的熏染，也突出强调人的奉献。"奉献"一词的使用，更多地用于教育，用在人的道德理想的树立上，用在道德意志的生成中。在实际生活中，奉献往往会造成许多无益于社会的牺牲。从根本性质上说，它与宗教的以身殉道有着很大的共同性，是道德实践中的非理性行为。尽管如此，出于社会的整体性需要，在现实的道德教育中，还是更多地提倡了奉献精神，目的是为了更广泛地培养人们富有理想色彩的道德意志。在对人的伦理关系的考察中，"奉献"一词找不到自己确切的位置。因为，虽然在人们的共同体生活中经常存在着无私者的奉献行为，但这种行为无论多么普遍，也不可能生成一种确定的和持续的关系。或者说，在人们的社会关系中，根本就不存在这样一种理想型的关系。所以说，奉献只是一种理想，一种理念，而不是一种关系。或者说，在人与人之间的社会关系中，不存在奉献这样一些内容，即使在现实生活中存在着奉献行为，那么，这种行为所反映出来的也只是一种主观追求，而不是客观关系。但是，在人的社会关系中，却有着一种极其类似于奉献的赠与关系，在一般的社会生活领域中，这种赠与关系还是极其普遍的，甚至以家庭为核心的伦理关系在很大程度上包含着赠与关系，甚至可以归结为赠与关系。

在现实生活中，人们总是能够看到赠与行为的存在。而且，赠与不只是一种行为，在更为根本的意义上，也是一种关系，是人类社会关系的一种形式。但是，赠与关系普遍存在于等级化的社会之中，是作为一种等级关系而存在的，是在人的具体关系中占优势地位的一方对处于较低势一方的赠与。比如，一个健康的人对与他相关的体弱者的同情，父母对初生子女的精心哺育，子女对老人无微不至的照料，君臣之间、领导与部属之间的共生关系，等等，都属于赠与关系或包含着赠与关系。

赠与关系不是交换关系，同时，交换关系也不能被理解为赠与关系。因为，赠与关系的形成，或者是基于人们之间的亲缘关系，或者是基于人们之间的情感或友谊，或者是基于等级的共存关系。赠与关系中劣势的一方，往往是属于被动的和相对稳定的接受赠与的一方，他们之间是无可交换的，即使有着类似于交换的回报，也不会是等值的。比如，子女对病危老母亲的照料，换回老母亲临终满意的一笑，这无论如何是不能理解为一种交换的，即使是在这些子女早年得到的哺育和他们对老母亲的照料之间，也不是一种交换关系。它们都分别属于赠与关系。

由于赠与关系主要是建立在亲缘、情感和友谊的基础上的，所以，在公共领域是不存在着赠与关系的。因为，公共领域是理性的领域，不存在赠与关系发生的基础。尽管在社会治理体系的历史形态中，存在着各种各样的赠与关系，但那些赠与关系不属于伦理关系的范畴，而是权力关系的一种表现方式，是由于权力关系中占支配地位的一方对另一方的地位、情感和生活保障的恩赐而确立起来的一种关系。在公共管理中，也还存在着权力关系，这种权力关系也有可能包含着派生赠与关系的可能性。但是，就公共管理的伦理关系而言，不属于赠与关系，也不包含产生赠与行为的倾向。公共管理者所开展的治理活动，既不是奉献也不是恩赐。

不平等的关系在积极表现上会以赠与的形式出现，在一切存在不平等的地方，人们都会把赠与的行为理解为行善，赠与是赠与者仁爱与慈悲的“语言”，是可以理解为赠与者仁爱或慈悲的善行的。赠与行为本身也包含着和倾向于产生不平等的关系，每一赠与行为的背后都必然包含着不平等，哪怕仅仅是心灵上的不平等。在一定程度上，人们之间不平等的关系只要是属于道德范畴的，总是与赠与关系相重合的。同样道理，人们之间的关系只要是平等的，就不存在严格意义上的赠与，即使这时人的行为拥有赠与的特征，在实质上也是交换。在私人领域和一般社会生活中，平等关系倾向于生成交换关系而不能生成赠与关系。在公共领域和社会治理中，一旦职业关系和社会治理关系以平等的形式出现，所生成的就只能是一种非赠与性的伦理关系。

公共管理伦理关系的服务前提所造就的是一种职业关系和职业活动的总和，公共管理所提供的服务是不能够被理解为赠与的。公共管理中的服务是一种职业活动，公共管理者在行为上的服务定位根源于职业的客观要求，他任何时候都没有资格把服务当做恩赐和赠品。所以，公共管理中的服务不是赠与，服务理念下的伦理关系也不是赠与关系。公共管理体系中的领导与下属、管理者与被管理者，在权力关系的意义上，有着支配和赠与两种表现，而在伦理关系的意义上，则以协商和合作的形式出现。

3.12 伦理关系的客观性

赠与关系，在本质上属于一种主观联系，而公共管理的伦理关系则是一种客观联系。公共管理中的伦理关系是人们在职业活动中建立起来的一种客观联系，公共管理的特征和公共管理组织的群体性特征，决定了这种伦理关系的客观内容。正如我们已经看到的，伦理关系是一种特殊的社会关系，或者说，是社会关系中的一种具体类型和一项具体内容。在公共管理的行为系统中，公共管理伦理关系也就是公共管理关系的一个重要组成部分。所以，公共管理伦理关系的客观性是根源于公共管理关系乃至整个社会关系的客观性的。

公共管理作为一种新型的社会治理模式，是历史发展的必然结果，随着这种治理模式的出现，也就同时历史地生成了公共管理关系。公共管理在继承了以往社会治理模式中的权力关系、法律关系的同时，也把在人类社会关系中早已存在的伦理关系纳入公共管理系统中来，使它成为公共管理关系的基本内容。社会关系中的一般性伦理关系进入公共管理系统中的过程，并不是由于人们的主观意识造成的，而是改造人类社会治理模式的社会运动所造成的客观结果，属于历史选择的范畴。

但是，社会关系中的一般性伦理关系并不是原封不动地进入公共管理的系统中来的，而是加以改造、被选择性地接受的关系。公共管理这种社会治理模式的确立，公共管理活动的展开，都必然要求在社会关系中的一般性伦理关系之中去选择那些适应于公共管理行为的道德因素和伦理内容。所以，在公共管理伦理关系生成的逻辑进程中，包含着历史选择的辩证法。一方面，公共管理伦理关系以及生成这种关系的过程是客观的；另一方面，这种关系又是来源于一般性的社会伦理关系，是在一般性社会伦理关系中作出的选择。

一般性社会伦理关系为公共管理提供的仅仅是一些基本原则，而不是具体内容。公共管理伦理关系是把那些基本原则与公共管理活动相结合而生成的特殊的职业伦理关系。公共管理系统中的管理者、被管理者以及一切被纳入公共管理系统中的人，都在个体的意义上成为公共管理伦理关系的承载者。公共管理在制度上的道德化，也恰恰是以这种伦理关系为客观依据的。这里，就包含了公共管理伦理关系生成的历史选择性的全部秘密。也就是说，公共管理的伦理关系虽然不是由某个人规划和建立起来的，但在根本上，又是经由个人而形成的。因为，公共管理活动是一种职业活动，这一职业活动所涉及的所有人又都同时具有一般的社会人的身份。一般性的社会伦理关系经由他们被带入公共管理系统中来，经过加工、改造和创新，形塑出公共管理伦理关系。

公共管理伦理关系的历史选择性与客观性是一致的，它的历史选择性丝毫也不改变它的客观性。相反，公共管理之所以选择了这种伦理关系，恰恰是为了适应公共管理的客观需要。公共管理伦理学突出强调伦理关系的客观性非常必要，这牵涉到对一种哲学原则的维护。在伦理学中，长期以来存在着否认伦理关系客观性和原生性的错误倾向，即把伦理关系看做人们根据某种“应然”的道德理想，通过道德规范的工具制造出来的一种特殊的社会关系，而道德规范又是在道德意识基础上形成的。其实，伦理关系是根源于社会生活的需要，是一种原生性的客观社会联系，不是道德规范造就了伦理关系，恰恰是伦理关系以道德规范的形式表现出来，道德规范无非是对伦理关系的反映。当然，道德规范一俟生成，也能够对伦理关系的健全发挥作用，但这种作用属于矫正和修补的作用，不具有本源的意义。在对社会治理模式演进历史的考察中，可以充分证明伦理关系相对于道德规范的本源意义。在以往的社会治理模式中，没有系统的伦理关系，因而，也就无法确立起相应的规范体系。在统治型的社会治理模式中，有着许多道德训诫，却始终无法以道德规范体系的面目出现，只有在公共管理这种新型的社会治理模式中，随着系统的公共管理伦理关系的出现，才可能在“全心全意为人民服务”的道德原则的基础上，建立起公共管理道德规范体系。

伦理关系之于人类社会群体生活的原生性关系还将证明，只有把道德作为人类社会生活的本质而不是手段，才是合乎人的社会本性的。由此看来，统治型的社会治理模式把道德作为社会生活的手段和工具来加以倡导，所制造出来的只是“德治”的假象。管理型社会治理模式把法制作为目的，也是违背人的社会本性的。在成熟的、健康的人类社会生活中，人的伦理关系在社会生活中的复位，使权力关系和法律关系等所有次生形态的社会关系都显得远离人的社会本性，只有伦理关系才直接地表现和支持着人的社会本性。所以，一切基于权力关系和法律关系的制度设计和制度安排，都显得那样不适应人类社会生活的真实需要，只有切实地以伦理关系为基础，辅之以权力关系和法律关系的考量，才能设计出合乎人的社会生活本性的制度，才能在制度安排中消除各种各样实质性的体制矛盾和原生性的体制缺陷。总之，在对权力关系、法律关系和伦理关系的考察中，我们形成这样的认识：道德虽然是个体的人进行社会生活的手段，但却是人类社会生活的目的，这一目的的实现，只有寄望于公共管理所预示和代表的这种新型社会治理模式。

在此，还有一点需要加以说明，那就是我们对伦理关系的研究是为了考察公共管理制度道德化的客观根据。如果说在以往的世代里，伦理学研究一直是人文社会科学中的显学，那么所有的研究都有着一个明显的共同缺陷：那就是无不把伦理学的研究放在道德功能主义的要求之下。所以，很少见到伦理学家们对伦理关系作出认真的研究。结果，在对道德的功能主义追求中，不仅不能造就出道德化的社会治理方式，反而使一切社会治理活动都越来越远离伦理原则和道德标准。这在某种意义上也证明：公共管理伦理学的研究必须对道德功能主义持谨慎的态度。当然，我们承认道德的功用，却不意味着我们必须采取道德功能主义的立场。同样，在我们提出告别道德功能主义立场的时候，也不希望堕入道德本体论的一极。我们要求研究伦理关系，并不意味着我们把公共管理完全建立在对伦理关系的认识之上。在公共管理的关系体系中，伦理关系是与权力关系、法律关系共存的，尽管伦理关系是基本的和主要的公共管理关系。把伦理关系作为一种客观存在着的研究对象，是从属于科学认识的原则的。但是，任何时候，我们都不把这种关系看做是社会关系的全部，我们所探讨的权力关系、法律关系和伦理关系，是就社会治理结构而言的。我们认为，正是这些关系构成了社会治理结构的基础。

本章小结

伦理关系是人类社会中的一种普遍性的社会关系，在一定程度上，人类社会的所有规则体系都是直接或间接地建立在伦理关系及其道德规范的基础上的，人类社会在组织自己的社会生活、确立社会制度和构建政治体系的时候，都需要充分考虑伦理关系和道德规范。

在公共管理这种新型社会治理模式中，存在着权力关系、法律关系和伦理关系。权力关系和法律关系是公共管理从以往的社会治理模式中继承而来的社会治理关系，而伦理关系则是公共管理所特有的社会治理关系，是一种正在生成中的社会治理关系。统治型的社会治理模式主要是建立在权力关系的基础上的，管理型社会治理模式基本上是建立在权力关系与法律关系二元统合的基础上的，只有公共管理才是建立在权力关系、法律关系和伦理关系的统一互动的基础上的。

公共管理中的伦理关系，作为一种新型社会治理关系和职业关系，有着不同于权力关系和法律关系的作用路线。权力关系在群体间以层级节制的方式而成为现实，法律关系则是通过群体间的不同职能、职责定位而确立起来的。公共管理中的伦理关系恰恰相反，它首先是公共管理组织群体成员个人的伦理关系，其次才是组织群体间的伦理关系，即使以组织群体间关系的形式存在，也只有经由个人和通过个人，才是具有现实性的关系。权力关系、法律关系的确立，首先是在组织群体的层面上，但其目标是要深入群体的内部。伦理关系在公共管理组织中的作用路线是以个人为起点的，通过个人实现组织成员间的积极合作和有效协调，然后上升到群体的层面。

公共管理伦理关系的生成根据是公共管理的服务意向，正是由于公共管理为自己作出了服务定位，才使伦理关系成为公共管理中的基本关系，并进一步决定着公共管理具体行为选择的道德化。公共管理伦理关系的生成，有着一条从服务期望到公共管理主体道德自觉再到伦理关系生成这样一条逻辑通道，而公共管理主体及其这一主体的群体成员的道德自觉，又是由公共管理体系的整体服务定位所决定的。

权力关系倾向于造就个体性的权威，法律关系则造就出制度的、体制的权威，伦理关系用内在的信念取代一切外在的权威，当伦理关系以制度和体制的形式存在于现实的社会治理模式中时，也不会生成个体的或整体的权威，正是伦理关系的非权威化倾向，决定了它在制度化的时候能够驾驭和制约权威。在公共管理体系中，由伦理关系转化而来的制度体系，把它从以往社会治理模式中继承而来的权力权威、法制权威都纳入伦理精神的控制和制约之中，使这些权威成为伦理精神、道德原则实现的工具，成为社会治理中的合作机制运作的动力。从社会运行的角度看，权力关系有着很强的社会动员能力，法律关系不具有社会动员能力，但为社会动员留下了缝隙。然而，一切由社会动员而造成的集体行动都是虚假的集体行动。只有基于伦理关系之上的社会行动，才是真实的集体行动。

伦理关系具有开放性、平等性、具体性、整体性、非交换性、非赠与性和客观性等特征。

复习思考题

1. 如何理解伦理关系的普遍性？

2. 公共管理关系主要是由哪些关系构成的？

3. 在社会治理体系中，权力关系、法律关系与伦理关系之间有什么样的区别和联系？

4. 如何理解公共管理中的伦理关系是一种新型的职业关系？

5. 与权力关系和法律关系相比，公共管理中伦理关系发挥作用的路线有什么不同？

6. 公共管理伦理关系产生的现实依据是什么？

7. 公共管理伦理关系发挥作用的特征在哪些方面不同于权力关系和法律关系？

8. 如何理解公共管理伦理关系的开放性？

9. 为什么说公共管理伦理关系是实质性的平等关系？

10. 如何理解公共管理伦理关系的具体性？

11. 如何理解公共管理伦理关系的整体性？

12. 为什么说公共管理伦理关系具有非交换性？

13. 为什么说公共管理伦理关系具有非赠与性？

14. 强调公共管理伦理关系的客观性有什么意义？

第4章

公共管理中的德制

在社会治理的意义上，可以有三种选择，它们分别是权治、法治和德治。权治、法治和德治代表了三种不同的社会治理方式。在统治型社会治理模式中，以权治为主，法治和德治只是辅助手段；在管理型社会治理模式中，由于法制的确立，是以法治为主的，在法制的规范下也有着权治的内容，而德治是受排斥的；公共管理所要确立的是道德的制度体系，它把法治与德治统一起来。当然，在公共管理之中，也会包含权治的内容，但权治是受到严格限制的，仅仅存在于一些特定的领域，是作为一种极其边缘化的治理手段而存在的。从制度的层面上来看，人类社会治理模式的历史演进，是三种不同的制度体系依次更替的历史进程。从统治型社会治理模式向管理型社会治理模式的发展，是法制取代权制的过程，服务型社会治理模式的出现，又是一个德制取代法制的过程。今天，人类社会对德制的选择是历史的必然，公共管理伦理学正是要揭示这一历史必然性，为在公共管理实践中自觉地进行德制建设提供明确的方向。

重点问题

- 法治的历史前提和社会功能

- 从法治走向德治的历史进程
- 统治型社会治理模式中的权治
- 管理型社会治理模式中的法治
- 服务型社会治理模式中的德治
- 公共管理中德制建设的历史必然性

4.1 现代社会是法治社会

现代社会是法治的社会，几乎社会生活的一切领域，都是根据法治的原则来建构的。社会秩序的获得、生产与生活的正常化、交换与交往的可持续性等，都来源于法治。法治就是我们生活于其中的这个社会的基本特征。法治是法制的实现方式，是法制的目标，法制的建立无非是要实现充分的法治。同时，法治也以法制为前提，而法制则以法治为基本手段。法治既是社会治理的手段，也是社会治理的目标。从制度的角度看，近代社会的全部社会运动，都可以看做是法制建设的进程。通过法制建设，建构起理想的社会结构，然后，根据这个社会结构，把一切社会生活的要素安排在合适的位置上，使其各安其序。结果，就实现了法治。

所谓法治就是依法治理，是指法律制度在社会治理中发挥基础性调节作用的过程。从人类社会治理模式的发展来看，法制前提下的法治是一种较高形态的社会治理模式。与那种以权力为基础的权治相比，法治在社会秩序的获得方面更为有效。因为，法治的社会秩序是一种较为稳定的秩序，它不是把社会矛盾积累起来，而是把各种各样的社会矛盾和冲突化解为具体的和日常的矛盾与冲突。法治甚至基于人类社会矛盾的客观必然性而把矛盾冲突法制化，设定了许许多多法律允许的矛盾冲突途径，通过合法化的矛盾冲突途径来暴露社会矛盾和化解社会矛盾，以避免任何社会矛盾被积聚成为导致大规模冲突的因素。

法制的目标追求是：把社会生活的一切层面都纳入依法规范的轨道上来，用法律意志的确定性取代权力意志和个人情感因素的不确定性。所以，就法制的本意来看，它限制社会治理模式中的权力因素，法制的本质就在于限权，对国家的、政府的以及社会中的各种各样的权力加以限制。但是，法制又深深地陷入一种悖论之中，法律的贯彻，又必须借助于权力因素，正是权力因素使法治成为现实，离开了权力，有法也不能得治。所以，在法治的社会治理中，权力与法律又是相互依存的。法制是法治的框架，是包含在法治之中的。反过来，法制又是法治的保障，是法治赖以展开的基础和前提。

基于法制的法治，是历史发展的产物。当社会分群化达到一定程度时，出现了多元利益并存的状况，为了满足多元利益的要求，在多元利益要求中谋求建立起统一的秩序，才在历史演进中客观地形成了法制。

在历史发展的实际进程中，很早就出现了法治，有了法律，也就在一定程度上有了法治。在中国的春秋战国时期，就有了以“刑”为据的法治；在古希腊的雅典，也已出现了法治；古罗马甚至被现代学者认作是法治的典范。但是，在一个相当长的时期内，制度化的法治并没有生成，古代社会的法治，只是权制条件下的法治，是权治的补充和从属于权治的。只是到了近代社会，人类才开启了谋求制度化法治的进程。特别是当启蒙思想家提出法制的理念之后，并随着这种理念迅速演化成人们的普遍信念，它才成为法治得以广泛地遵守和进一步完善的基础。

就法治的自然生成过程而言，它是一个客观性的社会运动。但是，在现代社会中的一些后发展国家那里，在确立法律秩序的过程中，却有着更多的主观选择的特征，往往是以一种政治运动的形式出现的，是在最高权力阶层的积极推动下而出现的一种政治运动。然而，如果这个社会还没有明显的社会分群的话，那么即使是由最高权力阶层的积极推动，法制也是不可能被最终确立起来的，无论权力阶层在推行法治方面表现得多么积极，所建立起来的法律秩序也是一种并不稳定的秩序。而且，往往会出现这样的情况，即那些积极推动法治的权力阶层，最终会成为一群专事破坏法制的人，他们从倡导法治开始，却走向了建立与法治正好相反的权力关系秩序的结局。

所以说，法治的客观前提是社会的分群化，这种分群化越是充分，能够确立起来的法律秩序也就越稳定。相反，在社会分群化不甚充分的条件下，任何确立法治的愿望都带有空想的性质，而在现实中的表现也就必然会是走向用超强化的集权秩序取代法治秩序。因为，在社会分群不甚充分的条件下，人们之间的权力关系是最为基本的关系，人们之间的法律关系处于极其弱势的地位，而法治在根本上是法律关系在法制模式上的反映。

也正是由于这个原因，人们往往把法治与市场经济看做为一体的。因为，法治即使作为一种主观选择，也需要通过市场经济所促进的社会分群来为它提供社会基础。谋求法治的努力，必须通过市场经济的发展来为它提供支持。所以，自觉地确立法治如果能够成为稳定的、良好的法治，是需要通过社会的合理分群来为其提供基础的，市场经济正是这种合理分群的有效途径。如果市场经济是畸形的，在其中存在着许多权力因素的话，那么这个社会就会迅速地两极分化，导致社会在整体上的两极对立，而不是平等多元的社会群体的出现。结果，社会整体上的两极对立必然会重新提出集权统治的要求。两极对立的状况显然是不适宜于确立法治的，这就是为什么一些后发展国家在起初有着强烈的法治要求，而在法治过程中却走向了军政府上台的结果的原因。也就是说，在这些国家中，在最初选择了法治之后并没有建立起健全的市场经济，而是任由权力因素过多地介入到市场活动之中而破坏了市场经济的健全。因而，在这个社会中并没有出现多元的社会群体，反而出现了贫富两极对立。这样一来，就只能是一个结局，那就是暴力冲突的出现并迅速加剧，进而必然呼唤出军政府。

由此可见，法治是以社会分群为前提的，而市场经济则是社会分群的有效途径。如果市场经济能够得到健康的发展，就能够有效地实现社会分群，从而为法治奠定基础。如果市场经济受到了权力因素的破坏而变成了畸形的市场经济，不仅不能实现有效的社会分群，反而会导致社会贫富的两极分化。结果，法治就会失去其存在的基础，代之而起的就只能是集权统治。

法治具有客观性的特征，至少在形式上表现为不是根据某些人的意志而作出的秩序选择。正如马克思所说："立法者应该把自己看做一个自然科学家。他不是在**制造**法律，不是在发明法律，而仅仅是在表述法律，他把精神关系的内在规律表现在有意识的现行法律之中。"[①]"无论是政治的立法或市民的立法，都只是表明和记载经济关系的要求而已。"[②] 这种客观性恰恰是权力行使中的主观性的调节因素。所以，法律能够起到矫正权力的种种恶的表现的作用。

从还原论的角度看，法律出现在人类社会，可以理解为对自然法则的模仿，是关于人类社会生活普遍法则的制定。一切法律规则都是针对人的社会生活中那些具有普遍性的问题而提出的。然而，根据法的精神，针对个人或只对个人有影响的法律，是不具有存在的合理性的。法治具有形式化的特征。一切形式化了的因素都具有普遍性和普适性的特征，形式化程度越高，普遍性越强，普适范围也越广。法治的形式化特征，决定了它在规范和处理一般性社会问题时，是有效的治理工具。但是，对于特殊的具体的社会问题，法治可能会成为社会治理的障碍。作为法律精神的平等、正义是一般性的原则，可是，遇到特殊的具体的问题，这种一般性的原则可能恰恰会以不平等、不公正的形式出现。因而，法治及其精神的普遍性和一般性在遇到一些特殊的具体的问题时，往往会违背自身的目的，从而使合理性的法治造成不合目的性的结果。

---

① 《马克思恩格斯全集》，中文 1 版，第 1 卷，183 页，北京，人民出版社，1956。
② 《马克思恩格斯全集》，中文 1 版，第 4 卷，121～122 页，北京，人民出版社，1965。

法律是由人制定的，法治则是法律规范的作用机制的总和。人创造的任何事物都不具有自然的完满性，虽然人可以在社会发展的进程中不断地修订法律和完善法治，但它永远都不可能达到完全周延的地步，法律及其制度总会留下控制和规范能力不及的“死角”。特别是社会自身的发展，总会推展出许许多多法律制度尚未来得及把握和规范的领域及问题，从而使法治滞后于社会治理的实际需求。

法治的普遍性与个人的具体性之间并不必然是统一和重合的，在很大程度上，法治仅仅规定了个人行为的起点，作为个人行为规范的法律规定只是一个社会一般的水平线，个人行为在这个水平线的上下，有着上下波动的巨大空间。就个人而言，他的行为必须接受法律的规范，而事实上，接受法律规范的仅仅是他全部行为中的一个极小的部分。因此，基于法制的法治，在治理的意义上具有不充分性，那些低于法律规范水平线的行为，总会表现出极大的腐蚀作用，破坏着法治的有效性。当这些行为得不到有效制止的时候，就会显现出腐蚀作用迅速蔓延之势，从而对法治造成冲击，甚至会导致法治的崩盘。

法治的普遍性和法律的不周延性决定了法律表述上的不明确性，在许多情况下，法律的适用问题总是建立在二次解释和多次解释的前提下的。经过解释的法律，尽管是根据法的精神作出的，却必然会反映解释者的认识能力、理解能力和道德素养。所以，人们总是渴求司法公正。而这种渴求的持续存在，恰恰证明了司法是无法公正的。其实，法律解释本身就是违背法的精神的行为，是对法的科学性、准确性和神圣性的否定。由此看来，法律及其制度是存在着局限性的，这种局限性决定了它在社会治理活动中并不是充分的手段。也就是说，法治并不属于充分的、万能的社会治理，它必然会在人类的进步中被证明是具有历史局限性的治理方式。

4.2 从法治走向德治

从法治生成的历史来看，它是在权力关系体系松动了的条件下出现的。在权力关系极其严密的条件下，法治是很难生成的。西方国家之所以能够在近代走进法治的社会，是因为西方国家在其历史发展中一直也没有建立起严密的权力关系体系，它的权力关系总是存在着各种各样的缝隙。特别是在近代社会早期，农村与城市的分离，使城市成为权力关系的空场，这就为法治在这一空场中的出现提供了历史性机遇。中国的古代社会则不同，它在极早的时期就建立起了以宗法关系为特征的严密的权力关系体系，这个权力关系体系几乎是没有任何缝隙的，它没有为法律关系的出现提供一块空间。可见，法治的确立，首先意味着权力关系的调整，只有权力关系变得弱化了，变得不那么严整缜密了，法治才有可能成为现实。

在以往的历史进程中，法治的确立是一个政治发展过程，“法治”一词，主要是作为一个政治概念而被人们广泛接受的。但是，在现代社会，法的精神已经深入到社会生活的各个领域。在政治领域之外，人们也努力按照法治的原则去铸造人们的生活方式。特别是在公共管理这一社会治理模式中，法治概念的政治内涵会变得更加弱化，甚至会在政治显现出终结的可能性时，法治却被不断地加强。

法律的本性在于规范。从逻辑上讲，在现实生活中，法律规范如果能够有更好的替代形式的话，法律自身是不会加以排斥的。但是，在法治的社会实践中，人们往往把法制神圣化和绝对化，在法律规范的简单可操作性的诱惑下放弃了更高的追求，甚至开始蔑视道德规范的功能。当一个社会普遍地蔑视道德的时候，这个社会实际上也已经开始在潜意识中包含着敌视法律的倾向了，并会在一些人身上表现出对法律的挑战。这时，法治也就会表现出变得越来越远离其理想的状况。因此，法治与德治是互助的，法治是德治的可操作化，德治是法治的升华。法治只有包含着对德治的追求时，才是健全的法治；德治只有以法治为前提和手段时，才能得以实现。

法治可以被理解为社会治理的一种特定秩序，而且，这种秩序并不是一种僵化了的秩序。法治决不是要把一切被纳入治理体系中的人变成纯粹的守法机器，它在要求人们遵守法律的同时要求人们理性地对待法律，而不是把他们训练成唯法是从的奴隶。法律在对权利、义务的规定中所包含的更深层的意蕴是：鼓励人们对权利的尊重，对责任的承当。这也就是人作为人的良知和正义感，因而，是对道德生活的追求。这样一来，法治的目标就应当是德治了，法治是通向德治的桥梁，在人类社会较为高级的治理方式中，它们之间是有机统一的，任何试图把法治与德治区分开来的做法，都是错误的。

法治就是依靠法律的治理，同样，德治则是依靠道德的治理。在国家，就是“依法治国”或“以德治国”；而在社会，则是依法或以德治事和管理。但是，法律与道德这两个概念，在哲学的层面上是有着统一性的，是有着许多共同内涵的两个概念。这一点从黑格尔高度抽象的思维习惯中可以得到证实。比如，黑格尔就认为，道德在中国人看来，是一种很高的修养。他又说，但在我们这里，法律的制定以及公民法律的体系即包含有道德的本质的规定，所以道德即表现并发挥在法律的领域里，道德并不是单纯地独立自存的东西，但在中国人那里，道德义务的本身就是法律、规律、命令的规定。然而，当我们去思考现实的社会治理模式的时候，我们是不能满足于黑格尔对这两个概念在哲学层面上的统一性的论证的，我们需要根据现实的社会治理模式来为法律和道德定位，即通过法律和道德在不同的社会治理模式中的作用而把社会治理模式判定为法治的或德治的社会治理模式。在这样的意义上，法治与德治是相分离的甚至是相对立的。也就是说，就法治和德治作为两种社会治理方式而言，它们是统一的，是相互补充和相互支持的，但是，就它们作为两种社会治理模式而言，它们又从属于两种历史形态。随着人类历史的发展，德治的社会治理模式必将取代法治的社会治理模式。

道德是人们“内心的法”，拥有道德的人们就能够自觉地遵守法律和纪律。无论是在何种社会治理模式中，法律都是一种外在性的规范，它通过权利与义务的合理配置及对不遵守法律的人的处罚去促使社会主体遵守法律，从而达到其预定的目标。所以，法律不能调整所有的社会关系，以法律为基础的社会治理模式也因此具有了治理不周延的性质。因而，需要有一种更高的社会治理模式来取代它。这种新型社会治理模式，就是法治与德治有机统一起来的服务型社会治理模式，公共管理就属于这种新型的社会治理模式。

不过，无论是法治还是德治，都通过解决和预防冲突的方式而在一个社会内部形成秩序和提高效率。在价值层面上，法律和道德之间是相容的，它们都为了秩序和效率而发挥各自的功能。正因为如此，人们才着力于从理论上证明法治与德治的统一性。但是，法治与德治能够成为现实却不是理论证明所能解决的，它是历史发展的结果，不同的社会治理模式会在法治与德治之间作出选择。

人们往往试图发现德治与法治的人文基础，从人性的善恶出发来理解德治与法治的问题，认为，人性善的思想文化导致德治实践；而人性恶的思想文化则导致法治实践。其实，问题并不是这么简单，关于这个问题，需要从不同的社会治理模式中来加以理解。对于统治型社会治理模式而言，不存在统一的和稳定的法治，如果说它也拥有法律的话，那只不过是“治民之器”，是统治的工具。对于统治者来说，什么样的工具能够实现更为有效的社会治理，他就会认为这个工具就是好的，他就会选择这一工具。而在本意上，他并没有追求法治还是德治的特别动力。显然，对于被统治者来说，德治无疑是好于法治的，因为德治在于治“治者”，对“治者”有着特殊的要求和约束；而法治则完全是针对被治者的，“治者”则超越于法之外，不受法的约束。历代文人都憧憬于德治，那是因为这些文人是被统治者，一旦他们成了统治者的一员，也就不在乎德治的问题了。

可见，在统治型社会治理模式中，关于法治与德治的问题，统治者与被统治者有着不同的要求。来自于被统治者的要求决定了选择德治是较为明智的统治方式，如果不是选择德治而是选择法治的话，仅仅针对被治者的法治必然会经常性地激化统治者与被统治者之间的矛盾，从而使统治显得缺乏稳定性的基础。在这种情况下，如果统治者愿意在统治的过程中向被统治者作出妥协的话，也会走向德治的道路。所以说，统治型社会治理模式在理想的追求中只有一条路可走，那就是德治。但是，由于统治型社会治理是建立在权力关系的基础上的，权力关系要求以权力的支配形式作为社会治理的基本手段，无论统治者有着什么样的主观愿望，都既不可能确立起真正的德治，也不可能建立起健全的法治，权力关系决定了这种社会治理模式只能属于权力的治理。同样，在管理型社会治理模式中，德治也是一条走不通的路。由于管理型社会治理是建立在权力关系与法律关系互动的基础上的，法律在限制权力的同时，也从根本上排斥了道德，在法律治理的明确性和可操作性追求中，道德被看做为无关紧要的东西。

长期以来，也存在着一种错误认识：把法律精神与伦理精神对立起来。其实，人类的伦理精神并不必然与法律精神形成对抗；相反，恰恰是伦理精神可以构成对法律的有力支持。特别是法在维护社会公平、正义等方面表现出了积极作用之后，人们就会根据伦理精神来理解法，并形成关于法的信念。必须指出，人文精神并不是作出法治或德治的制度选择的决定性因素。一个社会选择了法治还是德治，主要是由于它的社会治理模式类型决定的。统治型社会治理模式和管理型社会治理模式都无法实现法治与德治的统合。在服务型社会治理模式中，把法治与德治结合起来，却是一项合乎历史进步潮流的事业。

现代哲学对人性的分析基本取得了这样的共同认识：人既有理性的成分，又有非理性的成分。在现实中，纯粹的经济人和纯粹的道德人都是不存在的。一般说来，正常地生活在社会中的人，既不是绝对利己的人，也不是绝对大公无私的人。因为，社会不允许绝对利己而从不利他的人存在，也不可能为绝对利他而从不利己的人提供生存的空间。在现实社会生活中，人总是表现为经济人和道德人的混合物，是善和恶、理性和非理性、利己和利他的矛盾统一体。至于哪一种因素在人身上成为主导性的因素，是因人而异的。而且，在不同的社会关系领域中，人的经济人因素和道德人因素也有着主次的区别。比如，在市场经济的领域中，人的利己特性会占主导地位，只是由于市场机制的作用，才会把人的行为纳入道德的范畴；而在公共领域中，则要求人突出其利他的特性。社会治理的模式选择，需要考虑人的这种状况，即通过法治禁恶，通过德治扬善。或者说，借助于法律的手段抑制人的损人利己行为和抑制人的非理性，而借助于道德的规范激励人的利他行为和激扬人的理性。这是法律与道德最基本的和最为一般性的功能，也是法治或德治的根据。

其实，人类社会治理模式的演进是社会治理活动的目标定位实现根本性变迁的历史过程。统治型社会治理在秩序的追求上属于统治定位，统治是最根本、最实质性的治理目标。由于统治具有压迫的性质，所以时时处处都需要以强化权力的强制性来为统治提供保障。管理型社会治理方式在追求秩序的同时也表现出对效率的推崇，而且是寄希望于效率能够为秩序提供支持。所以，在它的管理定位中包含着把一切科学化、技术化手段纳入社会治理活动中来的要求和动力。公共管理是一种服务定位的社会治理方式，它把统治型和管理型社会治理活动中的对象性限制转化成社会治理主体的自我限制。也就是说，公共管理这种社会治理活动在根本性质上不同于以往的社会治理活动，它不是殚精竭虑地控制治理对象，而是通过治理主体的自我约束、自我限制来保证提供优质高效的服务。所以，公共管理必然会选择德治作为自己的社会治理标记。

4.3 关于法治与德治的思想遗产

社会治理应当是法治的还是德治的？这是社会制度设计师们长期思考的问题。但是，在此之前，设计师们总是把法治与德治对立起来，而不是把它们看做一个统一的相互补充和协调的体系。

我们知道，柏拉图属于推崇德治的治国论者。但是，就他的一生来看，对德治的推崇只是他早期的思想，而到了晚期，他则推翻了自己的德治思想，代之以法治的思想。所以，即使在柏拉图那里，早期与晚期的不同，实际上也是法治与德治的对立。在早期，当柏拉图持德治论立场的时候，他把城邦中的人分成三个等级，认为这三个等级身上具有三种不同的美德，即智慧、勇敢和节制。智慧是治国的才能，是统治者必备的品质。如果治国者是有智慧的，整个国家便会有智慧，如果治国者无智慧，整个国家就会陷入愚昧；勇敢是军人必备的品质，是国家安全的保证；节制是农民和工匠的品质，是控制自己欲望和用高尚的品质抑制低劣品质的美德。统治者是最高的、决定性的等级，他们是智慧的化身，因而只有哲学家才能担当。他说："研究政治艺术的事情天然属于爱智者的哲学家兼政治家。"[①] 但是，柏拉图也强调了法律的意义，只不过他是针对一般人的，而不是针对哲学王的。因为，他理想中的统治者——哲学家具有超人的智慧和真实的知识，又具有杜绝偏私和拒绝腐蚀的品性。与智慧相比，法律显得蹩脚。因此，

① ［古希腊］柏拉图：《理想国》，173页，北京，商务印书馆，1986。

在柏拉图看来，让哲学家的智慧受制于死板和教条的法律，就等于使真实的知识服从于大家的“意见”，使人类的智慧屈从于习惯和偏见。法律不是为智者创设的，而是针对一般人固有的缺陷而设立的，哲学家没有一般人的缺陷。所以，哲学家的统治就是知识或智慧的统治，是理想的治国方式。

到了晚年，柏拉图转而变成了激进的法治论者，他在一封书信中说：“不要让西西里或任何其他城市服从人类的主子（虽然这样的服从是我的学说），而要服从法律。服从对主子和臣民都是不利的，对他们本身、对他们子孙后代统统是不利的。”[①] 在《法律篇》中，柏拉图不仅主张恢复法律具有头等重要的地位，而且又重新构想一个“第二等好的理想国”，即法治国家的蓝图。他认为，法律是上帝借以传达其命令的声音，任何城邦都应受法律的支配，而不应受某一统治者或特殊利益集团的支配。如果有超越法律的绝对权力存在，无论是对权力的拥有者还是权力的服从者，都只能带来祸患。这时，他不再依据人的德性，而是从人性出发，认为没有法律，人类就和“野蛮的动物”没有什么区别。因此，法律应当凌驾于国家的一切官吏和公民之上，一切政治和社会活动都应当遵从法律。他强调，“在一切科学中，最能使人完善并且使他们感兴趣的就是法律科学”[②]。而统治者和公民都服从法律的国家，必将得到神的拯救和赐福。

柏拉图后期的法治思想为亚里士多德所继承，从而为西方国家的法治文化奠定了思想基础。亚里士多德认为，统治者也和常人一样，有意志和情欲。所以，对于统治者来说，“法律恰恰正是免除一切情欲影响的神祇和理智的体现”[③]。在亚里士多德看来，法治的优越性在于：法律是多数人制定的，体现了多数人的智慧。一般说来，多数人的智慧要高于少数人或一个人，而且多数人还不易腐败。加之法律是不带情感因素、合乎正义的“中道权衡”，它能够杜绝常人的偏私和抑制常人的情欲。因此，他认为，“谁都承认法律是优良的统治者”，法治应当优于一人之治。因而，他提出，“公民们都应遵守城邦所定的生活规则，让各人的行为有所约束，法律不应该看做（和自由相对的）奴役，法律毋宁是拯救”[④]。结果，在西方世界的历史发展中，德治理论由于法治理念的弘扬而失去了被加以认真思考的机会。这种把法治与德治对立起来的代价，是牺牲了德治这一社会治理方式的重要向度。

从学术史的角度来看，西方早期的思想明显地具有伦理学与政治学一体化的

---

① ［美］乔治·霍兰·萨拜因：《政治学说史》，97 页，北京，商务印书馆，1986。
② ［苏］涅尔谢相茨：《古希腊政治学说》，151 页，北京，商务印书馆，1991。
③ ［古希腊］亚里士多德：《政治学》，169 页，北京，商务印书馆，1965。
④ 同上书，276 页。

特征，伦理学说同时也就是政治学说。或者说，政治学实际上就是关于权力的存在和行使的伦理学。这种学科的一体性，在一定程度上证明了：在柏拉图、亚里士多德所代表的早期思想中，德治与法治的思想尚未完全分化，只是在不同的人那里，或在同一个人那里的不同时期，有着不同的侧重点而已。近代以来的情况就有所不同了。在伦理学研究方面，西方国家迄今为止从来也未中断过，思想家们也提出了许多非常有价值的伦理学说和道德规范。可以说，在西方，从古希腊以来，统治者的道德品质一直是思想家们共同关心的问题，思想家们总是谋求把自己的伦理道德学说和政治法律思想结合起来。但是，就总体而言，西方国家近代的整个思想体系则是属于法治的理论和学说。

在中国古代，大致从周朝开始，“德”的概念和思想作为一个重要论题被提了出来。周朝因消灭商纣暴政而兴起，商纣王作为商朝的末世之君，暴虐无道，“商王帝辛，大恶于民。庶民不忍”（《国语·周语上》），激化了实行统治的社会治理者与被治理者之间的矛盾，导致社会治理秩序的丧失。周武王利用商朝内乱发动了伐纣战争，灭商并建立了周朝。商朝之亡和周朝之兴引发了人们对于社会治理问题的思考。商朝统治者自称是“天”、“上帝”在人间的代表，他们是受天保佑的，他们的统治也是万世不变的，并把自己的意志说成是天的授意。然而，结果却是，“天命改降在周”。商纣王的力量本来比周武王强大得多，然而他最终却落为孤家寡人，而周武王却得到各方“欣戴”。正如周武王在伐纣宣言中所说：“受有亿兆夷人，离心离德。予有乱臣十人，同心同德。”（《尚书·泰誓中》）原因皆在于民心的向背。

周武王死后，接替武王执政的周公旦更为明确地提出：“皇天无亲，惟德是辅。民心无常，惟惠之怀。”（《尚书·蔡仲之命》）这就是说，“天”只辅助那些有道德的人，商朝所受的“天命”之所以改降在周，是因为商已经没有道德而只有周才是有德的。“德”在周公旦那里首次被看做社会治理的基础，对担负社会治理使命的人提出了“以德配天”“敬德保民”的要求。这就是中国古代最早可考的德治思想。

孔子是中国古代最早系统全面阐发德治思想的思想家，他提出的“为政以德，譬如北辰，居其所而众星共之”，“道之以政，齐之以刑，民免而无耻；道之以德，齐之以礼，有耻且格”，以及“君子之德风，小人之德草，草上之风，必偃”。这些格言成了历代必学的德治教育范本。孔子说：“其身正，不令而行；其身不正，虽令不从。”就是说，担负社会治理职责的人们，只要拥有道德，行为端正，不发命令，事情也行得通。若是本身的行为不端正，纵是三令五申，被治理者也不会信从。所以，在中国古代的各种论著和官箴书中，都反复告诫作为统治型治理体系中的各级官吏，应如何正己、修身、爱民、待人、清廉、勤政、秉公、尽职等等。他们认为，只要“正百官”，“以民为先”，就能施行德治，施教化，美风俗，甚至直接影响着民德、民风。所谓“君子之德风，小人之德草。草上之风，必偃”，就是对治理者的道德功能非常形象的描述，即把治理者的道德作风比作风，把被治理者比作草，风往哪边吹，草就向哪边倒。

可见，在中国古代，在社会治理的意义上，德与政总是联系在一起的。在孔子这里，“德治”已经被作为一种政治方略而被提了出来。所以说，中西方，都有过这样一个时代，那就是把政治看做是德治，或者说要求政治是德治的。

当然，在较为仔细的考察中，也可以发现，中国古代的思想家们一直保留着把德治与法治结合起来的理想。比如，孔子就主张“宽以济猛，猛以济宽，政是以和”。这里的“宽”显然可以理解成德治，而“猛”则可以看做是法治，这实际上已经可以被作为德治和法治相结合的思想原型。孟子也说：“徒善不足以为政，徒法不足以自行”。意思是说，只有道德，不能借此治理好国政；只有法律，也不能自动施行。他的理想是要把德治与法治结合起来。但是，就思想实质来说，应当把中国古代的思想，特别是儒家的思想，看做为一种德治学说，它在谈论法的时候，是把法放在德的从属地位的，是一种“德主刑辅”的思想。当然，法家针对儒家，反其道而行之，虽然法家的思想在实践上可能有着较为积极的意义，而在理论上，除了提出一些与儒家学说针锋相对的论断之外，没有什么独自的发明。所以，法家学说无非是一种寄生在儒家学说之上的轻浮理论。

4.4 统治型社会治理模式中的权治

在中国古代，儒家的德治思想之所以能够长期居于独尊的地位，归根到底，是统治型社会治理模式决定的。这种依靠权力的直接作用力量进行统治的社会治理方式，只能属于权治型的社会治理。依据权力的社会治理必然会有着很大的随意性，治理者的德行决定了治理的质量，对良性社会治理的渴求，就会以德治思想的形式出现。当然，在社会治理实践中，秦王朝重法轻德二世而亡的历史教训使执行社会治理功能的统治者们体会到了民心向背的意义，认识到“水能载舟，水亦能覆舟”的道理，“民之所欲，天必从之”（《国语·周语中》）。所以，统治者在理性地思考社会治理的问题时，为了权治能够稳固而希望辅以德治，即通过顺从民意而建立起稳固的统治。这在一定程度上，是认识了统治型社会治理模式的本质，即这种社会治理模式是与法治格格不入的，它在本质上是权治的，而权治的理想状态，又应当得到德治的修饰、补充和支持。如果说以权力为根据的社会治理中也可以包含着法治的话，那么这种法治应当被严格地限制在工具的意义上，而且是一种极其边缘化的工具，是可有可无的。

从思想史的角度来看，与统治型社会治理模式相联系的道德是与政治同构的，道德条目及其内涵的价值准则具有极高的政治权威性，中国儒家所推崇的道德理想就是作为政治理想而存在的。但是，在统治型社会治理模式之中，德治思想只能是一种理想，甚至是一种空想。就制度设计和制度安排而言，一种社会理想是可以转变为制度安排的，有了德治的理想，也就会要求全部社会政治生活建立在伦理关系的基础上和贯穿着道德原则，"以德为本"。宋儒曾经按照德治理想进行了艰苦的制度设计，但是，实际社会治理过程中的表现则是另一回事。在社会治理的实践中，按照德治理想而作出的制度设计并未真正地落到实处。

一些学者把中国传统社会的统治型社会治理模式归类为德治的社会治理模式。其实，它并不真正是德治的，准确地说，它仅仅是一种权治，在这里，德治只不过是权治的补充或辅助。在中国古代整个统治型社会治理模式存在的历史条件下，德治从未真正成为治理实践的选择，至多只是有过德治的形式，在较多的情况下，德治本身并不是一项根本性的制度，而是作为手段存在的，甚至常常会沦落为一种欺骗社会的幌子。也就是说，中国古代的所谓德治，实际上是权制中的德治，即在权制这种制度框架下作为手段而提出的德治。在权制的制度框架下，权治才是根本性的制度化行为模式，德治无论被提到多高的位置上，也是缺乏制度前提的。

所以，对于中国古代社会的统治型社会治理模式，我们至多也只能作出这样的判断：有德治无德制。没有德制的保障，德治是不稳定的，往往是与贤明君主联系在一起的。即使是与贤明君主联系在一起的德治，由于社会治理的统治性质所决定，也是属于手段的德治，即工具性德治，而不是作为目标的目的性德治。也就是说，从社会治理的根本目的来看，中国古代的德治在很大程度上是虚假的、偶然的和随意的。虽然现代学者们把统治型社会治理模式看做是德治模式，其实，这种德治并不是真正的有着实质性意义的德治，它在本质上是一种"权治"，是依靠权力的治理，而且是一种单纯依靠权力进行治理的治理方式。权治是这种社会治理模式的本质，所谓德治，只不过是这种权治的表现形式，是这种社会治理模式的外在显现。在一定程度上，这种外在显现还属于不甚真实的假象。因为，在这种治理模式中，在许多情况下，人有无能为力之感，甚至权力的最高主宰也不能自由放任地行使这种权力。是道德约束了权力的主宰者吗？不是。因为这种治理模式中同样充斥着权谋、权术和权宜计策。

对于统治型社会治理来说，德治至多从属于一种较高的合法性要求。因为，统治本身是一种人对人的压迫，在本质上是缺少合法性的。然而，统治者又必须为其统治谋求合法性。当然，谋求合法性的途径可以有多种。比如，采用欺骗性的宣传等等，但是，较为根本的或有着实质性意义的合法性，则需要通过德治来获得。在中国古代，"德"与"得"是相通的，是可以互假的两个字。这说明，当时的人们普遍认为，德的结果是得，德治在上可以得国家，在下可以得利益，有了德，一切应当得到和能够得到的就都可以得到。这无疑是对德治作了工具主义的理解，并不是把它作为一种根本性的制度来加以建设的。这也就是为什么在统治型社会治理方式中，德治并不是必然的，往往是与少数开明的最高统治者（君主）联系在一起的，一旦君主昏庸，也就没有什么德治可言了。

由此可见，统治型社会治理模式的根本性质，决定了德治理想只能是一种善良愿望，不具有实施的基础。在统治型社会治理实践中，德治往往沦落为工具和手段，成为治理者对被治理者的要求，是通过强化宣传和教育来达成的目标。而治理者自身，往往并不受德治的约束。在一定程度上，德治还成了谋求政治统治合法性的权谋，成了一种欺骗性的工具。

总之，在统治型社会治理模式中，德治只是一个理想，在实际的治理过程中，至多只能实现部分的德治，即使是部分的德治，也徒具形式，而不能够在实质上达到形式与内容的统一。当然，在个别的社会治理者那里，会有着身体力行德治的愿望，而这种愿望一旦在与其他治理者之间进行协调治理的时候，就会受到抑制和抵消。同样，对于统治型社会治理模式来说，确立法治体系也是不可能的，典型的统治型社会治理模式只能是权治的模式。只有有了健全的权制，统治型的社会治理才能实现有限的法治，如果统治型社会治理模式中的治理者去确立法治体系的话，不仅无法实现法治，反而会陷入无尽的社会冲突之中。

4.5 管理型社会治理模式中的法治

对近代以来社会治理模式的考察，只能归类为以法治为特征的管理型社会治理模式，它包含着权治的治理方式，但在根本上是与德治的治理方式不相容的。

与统治型社会治理模式一样，在管理型社会治理模式中，权力依然是社会治理的基础，是一切管理活动赖以展开的基础，政府以及接受政府授权的公共组织正是依靠权力来实现对整个社会的强制性管理的。但是，权力的公共性与它谋取私利的可能性总是相伴随着的，会经常性地出现掌握权力的人们利用权力攫取个人的或小集团的利益以及渎权、滥权等行为。这不仅违背了权力的公共性质，而且也破坏了管理型社会治理模式的科学合理性设计原则，致使管理效率下降。所以，需要对权力进行制约。法治正是可以在一定程度上满足限权要求的治理方式，它对权力实施制约，保证权力按照设计原则来行使，保证权力能够发挥维护公民权利和保障公民权利的作用。

在统治型社会治理模式中，普遍存在着对权力的崇拜，权力崇拜妨碍了对权力进行任何制度化的约束。只有在管理型社会治理模式中，人们对权力的消极影响取得了充分认识，才会要求通过法制的健全来对权力进行约束。管理型社会治理模式是法治的，法律在这种治理模式中被赋予了最高权威。管理型社会治理模式中的权治是从统治型社会治理模式中传承而来的，支持权治的权力具有无法祛除的人格化色彩，有着产生非理性行为的倾向，并有可能成为权力掌握者恶的特性的实现工具。因而，必须依靠法律的理性权威来加以抑制和矫正。为了保证法律能够起到这个作用，就必须赋予法律以高于权力的权威。确立起了法律的权威，显然不能像权制条件下那样通过强化最高社会治理者的权力来对一切权力作出终极裁判，只能通过法律制度的神圣化来实现对权力的限制。正是法制的出现，才赋予了法律权威地位，进而为法治的社会治理模式的生成提供制度基础。

统治型社会治理模式之所以不能产生法制，是因为它没有这个需要。因为，统治型社会治理模式中的法，只是出于治民的需要，而不是出于权力制约和权利保障的需要。对于管理型社会治理模式来说，虽然社会治理结构也在一定程度上建立在权力之上，但是，由于权力的公共性质，决定了它在个人掌握和行使的过程中需要得到制约。用权力制约权力，永远只是一种随意性的制约，只有用制度来制约权力，或者说在制度设计中所安排了的权力对权力的制约才是相对稳定的制约。所以，法制正是出于权力制约的需要。首先是出于权力制约的需要，其次才是出于权利保障的需要，只有权力得到有效的制约，公民的权利才能得到切实的保障。所以，权力制约和权利保障是法制的目标和精髓。有了法制，法治才会成为社会治理中的基本行为模式。

在管理型社会治理模式中，法律与道德的作用范围开始分离。一般说来，在需要权力制约的领域和需要用法来为公民权利的实现提供保障的领域，突出了法治；在其他的领域中，则突出了道德。这些突出了道德的领域，是人类社会生活中被保留下来的一些传统、习惯和风俗得以彰显的领域，是有着自然和谐特性的日常生活领域。所以，在这些领域中，道德不是出于社会治理的需要，而是作为社会生活的内容出现的。

总之，在管理型社会治理模式中，法治在很大程度上出于对权力的控制与调节的需要。因为，其一，管理型社会治理模式从统治型社会治理模式中承袭了权力，而且权力在社会治理活动中依然是必要的，发挥着重要的作用；其二，这种权力已经转变为公共权力，它不像近代社会出现以前的那些权力那样属于特定的社会阶层，它更不属于个人；其三，这些权力由具体的人掌握并行使，在权力的掌握者行使权力的时候，由于这些权力并不属于他个人，所以，他并不十分爱护这种权力，他有可能用这些权力谋取个人的私利，也有可能滥用权力。为了防止权力被用来谋取个人私利或被滥用，从理论上讲，可以有两条途径：一种是将权力高度集中，并希望和相信执掌权力的人通过内在道德的培养为权力的正确行使提供保障；另一种则是分散权力，追求制度上的有效防范。对于管理型社会治理模式来说，只能够选择后一条道路。

如上所述，在权力的基础上来建构社会治理模式，不可能获得真正的德治，至多只是德治名义下的权治。权治在压制社会冲突的过程中只是掩盖了社会矛盾，只会导致更严重的社会冲突。法治的客观必然性也是出于防止这样的社会冲突发生的要求。即使对于管理型社会治理模式来说，在早期转向法治的过程中，也面对着层出不穷的社会矛盾和冲突。近代社会的早期，当西方国家致力于法制建设时，它的历史背景就是，每个国家的政府和法律体制都源于周期性的以非法暴力形式来推翻既定秩序的革命。正是“从英国和法国革命，以及早期遍及欧洲各地的市民起义，产生了我们今日生活于其中的法律体制”①。

与权力相比，法律具有确定性、普遍性的特点。所以，从统治型社会治理模式的单纯权力支配向法治的转换，是人类历史上的一个伟大的进步。在整个近代社会，人类致力于维护法治秩序，正是属于巩固这一伟大进步成果的努力，是应当给予极高评价的。但是，法治所代表的这种社会治理模式由于法律本身存在着的僵化性和滞后性等缺陷而有着一些根本性的缺陷。因为，这种治理模式还表现出了强烈的对权力的依赖。不仅法律的实施需要国家强制力来保证，而且在法律实施的过程中，社会为此要付出高昂的物质成本和效率成本。更为主要的是，作为法律实施的结果，还属于依赖法律的惩罚性强制力来维持社会的应得秩序的范畴。而且，所获得的秩序也仅仅是一种极其有限的秩序。所以，法治所代表的社会治理模式还是一种人类较低级文明状态下的治理，它需要由更高级的社会治理模式来加以取代。这也就是公共管理所代表的服务型社会治理模式出现的必然。公共管理则是一种实现了法治与德治统一的社会治理模式。

---

① ［美］泰格·利维：《法律与资本主义的兴起》，263页，上海，学林出版社，1996。

人们往往把法治与法制联系在一起，认为法制就是法治，或者意味着法治。其实，法制并不等同于法治，即使有着健全的法制，也不意味着必然有着理想的法治。现实中经常存在这样的情况，即在法制建设已经达到相当发达的水平时，法治的状况却不尽如人意。结果，法制也受到了破坏，甚至趋于瓦解。当然，更多的情况是，人们按照法的精神建立法制体系，而在现实中却不得不向各种势力作出妥协，以至于从来也没有实现理想的法治。为什么在现实中造就不出理想的法治呢？这是因为：作为管理型社会治理模式制度形式的法制在从统治型社会治理模式的权力体制中脱胎而来时，并未实现对后者的彻底否定。比如，法制要求人的平等，权制则恰恰是不平等的制度和体制，权制是包含着造就歧视性倾向的制度。只要权制的因素还存在，法治就达不到自己的理想状态。实际上，在现实的法治历史的演进中，权制的不平等、歧视性文化或心理特性永远无法消除，只有当法治与德治相结合、相统一的时候，才会实现对法治的超越，才有可能把权制的遗迹清除掉。

4.6 服务型社会治理模式中的德治

从制度层面看，统治型社会治理模式属于权制的模式，管理型社会治理模式则属于法制的模式，而公共管理应当是一个德制的社会治理模式。在直接的社会治理意义上，统治型社会治理模式属于权治的社会治理，管理型社会治理模式包含着权治与法治的社会治理内容，而公共管理则是德治、法治与权治的统一，属于以德治为主的社会治理。公共管理致力于公共服务，对于公共管理来说，法律是体现了伦理精神的法律，道德是具有法律效力和约束力量的道德，它们之间的统一，以服务精神的形式贯穿在全部公共管理活动之中。也就是说，人类的社会治理模式发展到公共管理的阶段，将是一个多元混合模式，在公共管理中，以往的德治与法治的不相容性将会得到彻底解决，公共管理应当是德治与法治相统一的社会治理模式。

在统治型社会治理模式中，权力被神化了，出现了权力拜物教。在管理型社会治理模式中，法律转化成合乎工具理性的制度安排，它能够有效地杜绝权力行使中的非理性。但是，在法制条件下，法律也有着被神化的倾向，特别是在人们已经把法律作为一种普遍原则、作为一种至上的权威和转化成普遍信念的时候，法律拜物教也开始生成。与统治型社会治理模式中的权力拜物教相比，对法律的神化有过之而无不及。在一些积极倡导和推行法治的人那里，对法律的赞赏达到了想象之中的完善地步，几乎赋予了法律神的地位。

当公共管理这种新型社会治理模式超越了管理型社会治理模式的时候，实质上是超越了管理型社会治理模式中的社会关系格局，它的客观结构不是以权力关系为中心，它的行为体系也不是以权力为中心来展开，它是一个权力关系、法律关系和伦理关系同构的体系，公共管理的行为体系也同时具有权治、法治和德治三重属性，不再需要制造对权力或法律之间的某一个方面的神话来保证社会治理活动的顺利开展。

在统治型社会治理模式中，无疑是可以有法律的，并可能存在着对法治的呼吁。但是，如上所说，那只能是空想，如果强制性地推行法治，无异于自取灭亡。中国历史上的秦王朝一十五年而终，就是最好的例证。所以，统治型社会治理模式的典型形态必然是以权治的形式出现的。同样，管理型社会治理模式也只能实行法治，如果无法建立起完善的法制并实施普遍的法治，也就根本建立不起健全的管理型社会治理模式。虽然在几乎所有建立起了管理型社会治理模式的国家中，都存在着关于所谓道德水平下降、价值失落的讨论和呼唤人文精神的倡议。但是，总是无法找到把这种人文追求变为现实的路径，更不可能把人文追求直接转化为社会治理的操作性方案。所以说，统治型社会治理模式可以包含着法律，但却必然是一个权治模式；管理型社会治理模式需要道德，却只能建立起法治模式。只有在以公共管理为形式的服务型社会治理模式中，法律与道德才不只是一般意义上的存在物，而是作为治理方式而存在的。

服务型社会治理模式属于德治与法治相统一的模式。其中，权力也还存在，并在一些领域一定程度上包含着权治的内容。但在总体上，服务型社会治理模式属于德治的社会治理模式，它主要是德治与法治的统一。也就是说，在统治型社会治理模式中，法治是服务于权治的；在管理型社会治理模式中，权治是服务于法治的。从根本上说，统治型社会治理模式中的权治倾向于否定法治，尽管在一些特定的时期内也发展出法律工具，也有着法治的内容，但法律工具和法治如果能够满足权治的要求，就会成为被选择的工具，如果与权治相冲突，就会立即受到取缔。管理型社会治理模式中的法治并不完全否定权治，却对权治作出严格的限制，限制权治的领域、规模和发挥作用的途径。不过，管理型社会治理模式中的法治是与德治不相容的，尽管法治也需要道德的补充，但道德对于这种治理模式而言，始终无法成为治理手段，更不用说作为完整的治理方式而接纳了。管理型社会治理模式在制度安排中，不仅不能考虑道德的因素，反而处处表现出对道德的排斥。只有在服务型社会治理模式中，德治与法治才获得了统一的基础。

如果从社会治理模式的社会关系基础来看德治的问题，就会发现，在权力关系中，权威的一方提倡道德，也会在行为上表现出道德的特征。但是，在权力关系作用过程中，道德是服从于权力的权威的，在权力的权威的作用力与道德选择发生冲突的时候，人们往往选择了对权力的权威的服从，而不是坚守道德和拒绝权力的权威。所以说，在建立于权力关系之上的统治型社会治理模式中，道德或者是权力执掌者自上而下的倡导，或者是权力权威的补充，在本质上，这种治理方式所突出的是权力权威的不可移易性。在管理型社会治理方式中，由于权力关系与法律关系的并存，权力权威会受到法律权威的遏制，因而在人们的行为中会出现拒绝权力权威的情况。实际上，这种对权力权威的拒绝或冷漠，只不过是在权力权威和法律权威之间作出的选择，并不意味着道德的介入。公共管理也会遇到权力权威与法律权威相冲突的问题，但在解决这种冲突的时候，不是简单地选择某一方，它需要对这种冲突加以道德反思，根据道德判断来作出行为选择。这样一来，在权力的权威和法律的权威之上，就会出现一个道德权威。道德权威是判断权力权威、法律权威社会价值的标准，也是权力权威、法律权威总体化的整合力量。道德权威在权力权威和法律权威之间作出协调，消弭它们之间的冲突，从而使法治的社会德治化。

我们讲德治，不是说在公共管理所代表的服务型社会治理模式中只有道德而没有法律。我们说统治型社会治理模式是权治的模式，是指它在治理机制上主要是权力发挥作用。也就是说，这种社会治理模式在根本上是建立在权力关系之上的。所以，在统治型社会治理模式中，治理也就是统治，是在权力关系的基础上确立起来的统治。如果说在农业社会中也存在着伦理关系的话，那么伦理关系无非是权力关系的虚假表现形式。当然，统治型社会治理模式也可能会成长起法律，在一些特定国家的一些特定时期，不仅会有法律，而且可能会有着相当发达的法律。然而，无论法律达到了多么发达的程度，对于社会治理机制来说，并不具有实质性的影响。法律在这种治理模式之中，处于从属的地位，而稳定地发挥作用的，唯有权力。尽管服务于统治型社会治理模式的思想家们大都持有德治的理想。但是，从中国的情况来看，自从汉代健全了统治型社会治理模式以来，在长达两千多年的时间里，社会治理主要是依靠权力的力量来实施统治，真正像孔子所倡导的那样“为政以德”，是极为罕见的。近代以来，法律的权威得到了充分的承认，在这同时，道德却遭到了相应的排斥，道德的作用日渐淡化。

权力是强制力的强制推行，是一种不容怀疑、不容违背的力量；法律则是一种规范，是明确宣示的具有公约力的行为准则。针对个人来说，它们都是一种外在力量。我们可以打一个比方，权力之于社会整体的意义在于，用一根绳子把一颗颗珠子串起来，形成一个整体；而法律是用一个袋子把珠子装起来，也组成一个整体。实际上，这两种整体都是不具有总体性的整体，相对于整体来说，每一个人都还是单独的个人，在权力和法律的外在力量的制约之下，每个人既作为个体的人存在，又都丧失了作为人的主体性，成了与每一个他人一样的被抽象了的形式化了的人。这就是以权力来治理社会和以法律来治理社会都不可能实现对社会充分整合的原因所在。与权力和法律相比，道德的优越性在于，能够催化出人们内心的道德意识，使人在外在的道德规范和社会伦理机制的作用下形成内在的道德力量，这种力量促使他把他人融入自己的生命活动之中，把他人的事业，他人的要求看做为促使他行动的命令，同时，又把自我生存的意义放在为他人的服务之中。公共管理在把法治与德治统一起来的时候，正是一种可以在全社会生成道德规范体系和伦理机制的社会治理模式，它通过管理者服务观念的确立，通过切实的服务行为引导社会，从而在整个社会的范围内张扬伦理精神，使整个社会实现充分的伦理化。

总之，基于权力关系的社会治理和基于法律关系的社会治理都无法把德治与法治结合起来，只有在一种社会治理模式中平行地包含着权力关系、法律关系和伦理关系，并实现了这三重关系的互动和整合，才能够把法治与德治结合起来。这种社会治理模式就是服务型的，在现阶段是以公共管理的形式出现的。公共管理在一定程度上也是服务于秩序目的的管理，但是，这种管理是以服务为宗旨的，是管理主体自觉地为管理客体提供服务的活动。它所依靠的不仅仅是权力或者法律，它的动力直接根源于伦理精神，而权力和法律只不过是贯彻伦理精神的必要手段。因而，它可以在管理制度的安排中，把权力、法律和道德规范整合到一起，形成一个在伦理精神统摄下的权力、法律和道德规范相统一的管理体系，所以，它是一种法治与德治相统一的社会治理类型。

对于公共管理这种社会治理模式而言，自把法治与德治统一起来的那一刻起，法律和道德就不再是工具，而是一种社会活动和社会生活的模式，也是社会生活的基本内容，甚至可以看做是人的本质。人生活在这种历史条件下，法律和道德就是他存在的本质，他过着这样的生活：在自己的行动中体现法律和道德，并用这些行动去实现法律和道德；他在接受那种体现着、凝聚着法律和道德的管理的时候，其实是在实现着自我治理；他在公共管理和公共服务中既是主体又是客体，他在接受管理和服务的时候，是为了这种社会治理模式的完善，他在促进这种治理模式完善的过程中，获得了提供管理和服务的机会。

在个人的层面上，公共管理所实现的法治与德治的统一也意味着他律与自律的统一。其实，只要在每一个社会成员那里都实现了这种他律与自律的统一，作为一种社会治理模式，在秩序供给上所实现的就会是巴尔所说的那种秩序："来自人民自身——自觉自愿地遵守从心底里拥护的、大家共同分享的道德价值观念的要求和约束。"① 日本学者川岛武宜说："法不是只靠国家来维持的，没有使法成为作为法主体的个人的法的秩序维持活动，这是不可能的……大凡市民社会的法秩序没有法律主体的个人守法精神是不能维持的。"② 美国学者伯尔曼也指出："正如心理学研究已经证明的那样，确保遵从规则的因素如信任、公正、可靠性的归属感，远较强制力更为重要。法律只有在受到信任，并且因而并不要求强力制裁的时候，才是有效的，依法统治者无须处处都仰赖警察……总之，真正能抑制犯罪的乃是守法的传统，这种传统又植根于一种深切而热烈的信念之中，那就是，法律不仅是世俗政策的工具，而且还是生活终极目的和意义的一部分。"③ 从这些论述中可以看到，关于完善法治模式的建议，倾向于提出这样一种理想，那就是把法律转化为社会成员对法律的信仰。所以说，在法治的社会治理模式中，作为理想而存在的理论追求是：让法律成为社会成员的共同信念，通过法律深入人的内心而实现社会构成的有机化，使人类真正成为一个有着内在联系的共同体，让法律不是作为一种外在于人的力量，而是作为一种内在于人的力量，来保障社会成员个体的安全和其他各个方面的利益。正是在这种对法治的理想追求中，包含着道德的合理性。那种寄希望于把法律规范转化成人的内在的价值和行为准则的构想，其实就是一种要求超越法律的愿望。因为，法律一旦实现了这种转化，它就已经不再是法律，它就已经是作为道德价值而存在于人的内心之中了，是一种来源于法律和由法律转化而来的道德规范。

服务型社会治理模式是从以法治为特征的管理型社会治理模式发展而来的，是可以从法治的理想追求中得到证明的。近代以来的管理型社会治理模式是一个努力根据法治原则来加以建构的体系。公共管理这种新型社会治理模式的出现，适逢法治的原则成为社会生活的基本原则的时代。因而，它也必须根据法治的原则来进行制度安排和行为模式的设计。法治的优越性是不容怀疑的，在服务型社会治理模式中，法治的重要意义会得到进一步的加强，甚至在人类未来的发展进程中，也就是当人类进入更高的社会形态中，法治也应当得到不断发扬。

但是，如上所述，在法治的社会治理模式确立和发展的过程中，一直存在着

① ［美］巴尔：《三种不同竞争的价值观念体系》，载《现代外国哲学社会科学文摘》，1993（9）。

② ［日］川岛武宜：《现代化与法》，19页，北京，中国政法大学出版社，1994。

③ ［美］伯尔曼：《法律与宗教》，43页，北京，三联书店，1991。

一种理想，那就是倡导对法律的普遍信奉，建立起法律权威至上的信念，要把法律的外在规范转化成个人的内在信念，希望通过个人的自觉、自律去达成社会整体上的具有充分理性的秩序。也就是说，在对法治理想形态的追求中，是把法治归结为法治社会中人的自觉和自律的。之所以形成这种观念，是由于德治的理念尚未确立。在这种情况下，只根据法治的逻辑去思考，就不可能发现人的自觉和自律的来源和有效途径。所以，才会有着把完善的法治建立在人的自觉和自律之上的理想。其实，这只是一种主观谵妄。因为，正是法律的理念，怀疑和排斥着人的自觉和自律，如果持有着法律的理念，又要求把法律制度的完善建立在人的自觉和自律之上，无疑是一个悖论。

只有法治与德治相统一的社会治理模式，才能把法律规范转化成道德规范，才能把权力的行使放在道德自律之中，并通过权力的行使来促进社会的普遍道德化。这种社会治理模式既是人类高度文明状态下的社会治理，又能够推动人类社会向更高的文明形态发展。当然，在现阶段，公共管理出现的历史背景是：政府不断地简政放权，国家权力与社会权利的关系逐步得到理顺，非政府组织大量涌现，社会利益日益多元化，社会主体的自主活动权利得到充分尊重、确认和保护，横向的权利和利益关系得到独立、广泛的发展。公共管理正是扎根于这一基础和现实的，它需要反映这一历史条件下复杂多变的利益关系和需要。这一点已经决定了公共管理中的德治与统治型社会治理模式中的德治不同，不是从属于谋求合法性的要求，而是一种有着实质性内涵的德治，它不追求表现形式上的德治，而是把德治落到实处，把德作为全部公共管理活动的灵魂。

法治与德治有着目标的一致性，虽然在抽象的分析中，法治与德治各有其具体目标，但是，在终极目标上则是一致的，都是为了营造一个协调和谐、健康有序、持续发展的氛围。从权治到法治再到德治，是一个逻辑序列和历史进程。法治是高于权治的，因为，法治打破了权治条件下的“刑不上大夫”，用法律面前的人人平等取而代之。同样，德治高于法治，因为，德治不仅包含着法律面前的人人平等，而且打破了法治模式中的治者与被治者的相对确定性，使整个社会治理处于一种治者与被治者的互动之中。治者就是被治者，被治者就是治者。治者要时刻不忘把自己置于被治者的地位，不断地强化自己的道德意识，提高道德素质，给自己造就自觉遵守法律和道德规范的强大动力。被治者在认同和接受社会治理的同时，也会加强自我道德心性修养，以强烈的社会道德责任意识和忧患意识监督治者的遵法守德的行为，帮助完善治者的人格。

4.7 公共管理中的德制建设

在今天，德治是一种理想还是一种现实的行动？如果站在管理型社会治理方式的视角上来思考这个问题，结论只能是把德治作为一种理想来看待，至多也只会把德治看做为法治的补充形式，甚至提不出德治与法治的统一问题。但是，站在公共管理所代表的服务型社会治理模式的视角上来看，德治就不只是一个理想，而是一个现实的行动。因为，随着公共管理这种社会治理模式的生成，德治是一个有着历史必然性的选择。而且，站在公共管理的视角上思考德治的问题，我们会提出更高的要求，那就是，人类的社会治理不能仅仅满足于德治，更不能满足于德治与法治的统一，人类需要在制度的层面上思考“德制”的问题。如果没有德制的话，关于德治与法治相统一的愿望，只是一种空想。在公共管理的制度设计和制度安排中，“德制”建设是一个必须确立的目标。

近代以来，在西方社会，片面地发展了法治。结果，西方社会由于片面地强调法治而陷入了法兰克福学派所称的“单向度的社会”。在中国古代，思想家们非常强调德治，由于整个社会治理属于权力支配的模式，德治得不到制度的保证，以至于在中国历史上人们常常看到的是昏君佞臣而德治不得的情况。但是，在中国传统社会的治理文化中，毕竟保留了“德治”的思想，这些思想是可以加以批判地继承的。

首先，在中国传统文化中，包含着一个值得注意的伦理设定，那就是认为“人皆可为圣人”，即人具有“善”的道德本性，虽然人的气质禀赋有所不同，但“为仁由己”，“圣人与我同类……人皆可以为尧舜”。正是有了这一伦理设定，才能够提出关于“德治”的理论构想，才能够造就出“内圣”与“外王”的治国理念，即以圣人之德施王者之政。儒家所讲的八条目：格物、致知、诚意、正心、修身、齐家、治国、平天下，前五个条目都是讲自身道德的完善，属于内圣的范畴；后三个条目讲的是外在事功的建立，属于外王的范畴。儒家认为，内圣外王是统一的，内圣是外王的基础，是出发点、立足点和本质所在。为了实现德治的目标，儒家要求治理国家的人应当成为圣人。但人如何才能成为圣人呢？在他们看来，如果履行“由内而外，由己而人”、“为仁由己”的修养原则，就可以达到目标。早期儒家的代表孔子认为，“仁人”要修己、克己，不可强调外界的客观条件，而要从主观努力上去修养自己，为仁由己不由人，求仁、成仁是一种自觉的、主动的道德行为。他还说：“克己复礼为仁……为仁由己，而有由人乎哉？”

(《论语·颜渊》)“我欲仁，斯仁至矣。”(《论语·述而》)“仁”是依靠自己主观努力追求所要达到的崇高的精神境界，求仁而得仁，欲仁而仁至，为仁由己不由人，这是一个由内而外的过程，所以要修己以求仁。当然，他们把这种理论极端化了之后，就走向了否定外在规范必要性的歧路上去了，即认为只要具有“内圣”就自然能施行王者之政，就能成为“仁人”，不需要外在行为规范的控制。这就是我们上面所说的，过于注重道德自律的价值，从而轻视法律对人的行为规范的意义，特别是认为，对于“王者”来说，法律没有任何作用。这些显然是不足取的。

其次，在国家治理的问题上，中国传统的治国理论被称作“民本思想”，把国家安危、社稷兴衰看做民心向背的结果，而民心之向背，又取决于仁政、德治，即君以仁施政，臣以德治国。这就要求，施政治国者都要以个人的人格修养来实现仁政和德治。孔子认为，治国应该以道德为主，刑政为辅。他说：“道之以政，齐之以刑，民免而无耻；道之以德，齐之以礼，有耻且格。”(《论语·为政》)这里很清楚地表明，孔子认为德礼高于刑政，把政治的实施过程看做是道德感化过程。他认为，为政者“其身正，不令而行；其身不正，虽令不从”(《论语·子路》)。在孔子看来，君臣之间不是要靠权力制约关系而是要靠礼、忠、信等道德来维系，“君使臣以礼，臣事君以忠”(《论语·八佾》)。孟子重在讲仁政，但对礼也十分重视。他强调：第一，以礼治国。以德治国包括社会治理者自身如何受制于礼。第二，为政以德。这就是“修齐治平”、“内圣外王”，以及普通社会成员如何齐之以礼。第三，道之以德。让普通百姓也讲道德，以保证他所处的农业社会的有序运行。对于这样一种重德礼、行德教和礼教的治理而言，自然需要贤人治国。尽管这些思想对人们很有诱惑力，却是属于圣人治理的范畴，并不是制度化的德治，因而，也就更不是法治与德治的统一。

在理论上，德治和法治的相辅相成现在已成为人们的共识。因为，道德讲自律，法律讲他律，自律和他律是能够相互促进和相互支持的。他律可以促进人们自律，如果法制完善，人们知道某事在任何条件下都不可为，自动就会促进人们自律，加强自我约束，不去做法律所不允许的事；反之，如果加强自律，人们的道德水平就会提高，就会自觉地遵纪守法，使社会稳定和谐地发展，从而促进法制建设的完善。但是，在实际的历史发展过程中，德治与法治从来也没有实现过统一。所以，德治与法治的问题，并不是一个理论问题，而是一个实践问题，是一个需要在历史发展中加以解决的问题。也就是说，只有在人们能够发现一种全新的社会治理模式的时候，才能够真正解决法治与德治相统一的问题。而公共管理所代表的服务型社会治理模式，就是能够使法治与德治统一起来的社会治理模式。

但是，长期以来，存在着对德治的错误认识，而且，对德治的误读还不仅仅是中国古代思想家们所畅想的“圣人之治”，而是那种试图通过教育的方式来实现整个社会道德化的设想。虽然实行德治需要社会治理体系中的全体成员具有清楚明白的道德意识，但是，这种道德意识并不只是教育的产物，毋宁说它在根本上并不是教育的结果，而是制度伦理化的结果。因为，当制度实现了伦理化之后，就会不教而学，无论是担负治理角色的还是被治理角色的人们，都会崇尚道德行为和乐于过着一种道德化的生活。当然，这一点只有在公共管理所代表的社会治理模式中才能实现，在统治型社会治理模式中，道德是被寄托在修身养性的基础上的，是试图通过道德教育去实现德治的。在《大学》中，我们读到的就是这种建立德治之思维路径的典型表述：大学之道，在明明德，在亲民，在止于至善。知止而后有定，定而后能静，静而后能安，安而后能虑，虑而后能得。物有本末，事有终始，知所先后，则近道矣。

如果在一个极其一般的意义上使用“教育”的含义，是可以说德治之中包含着对治理者和被治理者的道德教育的。但是，这种教育与我们通常所讲的那种刻意追求的和所要达到某种直接效果的教育是不同的，它是作为一种次生效应而存在的。也就是说，德治的直接目标是建立起道德制度。在这个制度框架下，人们得到的是一种客观化了的必然教育。在这里，制度即师，由于有了道德制度，人的行为都会自然而然地具有道德特征，人们处理一切事务，都会有着道德判断和评价。总之，通过道德教育并不能实现稳定的德治，对于作为道德载体的个人来说，在教育中树立起来的道德意识可能会因某一偶然事件而顷刻丧失殆尽。这个基础丧失了，德治也就不可能了。所以，建立在个人道德修养基础上的德治是虚幻的德治，只有谋求道德制度，才能建立起稳定的德治。

德治决不可能是一种可以通过道德教化的途径来实现社会治理的方式。德治是通过认识人们之间的伦理关系并在伦理关系的基础上而做出制度设计和制度安排的结果。确立一种道德制度体系，就能够为社会治理的目标、行为体系以及治理活动中的各种程序的合道德性提供保证。德治与法治一样，都是一种制度化的社会治理方式。在这个问题上，西方国家推崇法治而贬低道德同中国古代儒家的“德主刑辅”一样，都是错误的。如果说以往的社会治理模式都或者片面地强调了法治一维，或者片面地强调了德治之维的话，那么公共管理首先需要把德治的理念与法治的理念统一起来，努力去建立一种法治与德治相互包容、相互渗透的社会治理体系。由此看来，管理型社会治理模式中的法制如果有着对德治的包容性的话，就会是一种理想的制度。遗憾的是，它在本质上缺乏对德治的包容性。德制则不同，德制不仅是德治的制度，而且对法治有着充分的包容性。

从历史发展的客观必然性来看，从权制向法制的社会转变，在人的社会角色上体现为“从身份到契约”的转变，人的身份关系所包含的社会差序格局为契约关系的平等自主所取代。但是，身份关系与契约关系都属于人的外在性关系。人与人的关系只要是外在于人的，就必然是矛盾和冲突的渊薮。就人追求类的和谐的本性而言，是不会满足于人的契约关系所代表的历史形态的，人类必然会要求在人与人之间建立起一种更加文明的、内在于人的关系，这种关系在今天所展示出的征候已经能够证明，它是一种合作关系。

人们之间的契约关系包含着的是平等、自由和自主的内涵，而契约关系被确立起来也正是为了人们之间的合作。但是，以契约关系为基础的合作是次一级的合作关系，还不是本原意义上的合作关系模式，能够代表一种新的历史形态的合作关系是本原意义上的合作关系模式。在这种合作关系中会存在着契约，但这时的契约是作为合作关系的保障而存在的，在这里，人与人之间的契约关系是次一级的关系，是由合作关系所派生的。虽然区别仅在于是契约关系派生合作关系还是合作关系派生契约关系这一点上，但在历史的纵向坐标上，却是两种不同历史形态的代表。在这两种不同的历史形态之间所实现的转变，是可以简单地概括为“从契约到合作”的转变。与这种转变相适应，在社会治理问题上是以德制的确立为标志的。

也就是说，在人的身份关系的基础上确立起来的是权制，在契约关系的基础上确立起来的是法制，在合作关系的基础上则必然建构起德制。身份关系、契约关系和合作关系是不同社会历史阶段中的普遍社会关系，它们分别属于农业社会、工业社会和后工业社会。在社会治理体系中，它们分别以权力关系、法律关系和伦理关系的形式出现。在身份关系、契约关系、合作关系与权制、法制、德制之间，权力关系、法律关系和伦理关系是中介。

服务型社会治理模式是一个广泛的社会合作体系，在这种社会治理模式中，德治是按照这样一个逻辑建构的。首先，以道德制度的确立为起点，然后，通过治理者及其行为的道德化影响整个治理体系中的全部成员，实现一切人的道德化。在这里，作为起点的道德制度建设是关键，是整个社会治理体系德治化能够稳定地持续地发展的前提。所以，道德制度建设是服务型社会治理模式的前提，而不是一个终极的目标。在道德制度建设的同时，还需要把这一过程进一步地向前推进，使其延展到个体的层面，实现这种社会治理体系中的社会成员道德意识的普遍生成，使他们的行为合乎道德标准，满足于伦理关系健全的要求。

如果不是把德治看做为一项制度化的治理方式，而是仅仅看做为由人的行为提供支持的话，那就必然会从人的个人修养方面去寻找德治的基础，即把德治的社会治理方式寄托在个人的道德自觉和道德意志之上，并进一步逻辑地推导出个人的修身是德治的前提的结论。这也就是为什么中国古代对德治的期望总是寄托于圣王明君出现的原因。事实上，修身齐家治国平天下一直都是中国古代的一种不切实际的幻想。应当说，在一切社会治理模式中，注重个人的道德修养都是正确的，都会成为社会治理的必要补充因素和调节因素，但那决不是社会治理的根本。任何时候，个人的道德修养也无法成为一种社会治理模式的行为本质，只有当德治在制度设计和安排中得到了体现，才能够实现社会治理模式实质上的德治。

总的说来，德治与法治一样，如果它不是作为一种制度安排，而是从属于工具理性，被作为一种工具来看待，或者说，是社会治理的一些可有可无的手段，那么德治就不能成为一种社会治理模式的基本特征。所以，只有当德治实现了道德制度建设，或者说，德治只有得到了德制的支持，才会成为一种稳定的持续的社会治理方式。也正是在这个意义上，我们说统治型社会治理并不属于德治的治理模式。

把德治作为一种制度设计和一项制度安排是有着客观的社会和历史基础的。与以往的社会治理模式相比，公共管理有着社会自治的性质和内容，即使公共管理的主体是政府中的公共管理组织，也无损于公共管理的社会自治性。正是这种自治性决定了公共管理不同于以往社会治理模式的那种自上而下的社会治理。这种新的特征促使公共管理在组织结构上、在行为依据上、在治理理念上，都不同于以往的社会治理模式。所以，在以往的社会治理模式中无法实现的空想，在公共管理过程中就能够得到实现。

公共管理主体在国家的德治建设中可以成为一个示范群体，他们的道德行为对社会有着楷模般的影响作用，他们的道德观念对社会有着价值引导的功能，他们在公共管理活动中遇到的问题有着法律规范示警的意义。当公共管理拥有了道德制度，在公共管理主体的道德化活动中，在治理者们的道德化行为中，全社会的道德习惯、道德行为就比较容易养成，就会逐步形成一个道德实践的环境，并进一步形成系统的、稳定的、良好的道德观念、价值判断标准。

德制既是法律的道德化也是道德的法律化。在西方国家法治化的过程中，法律道德化或道德法律化的建言也是不绝于耳的，甚至许多学者不遗余力地对法律道德之间的同化进行考证和论辩。在中国，随着改革开放和建设法治国的社会运动的展开，也出现了法律道德化或道德法律化的讨论。其实，囿于法制理念，法律道德化或道德法律化只是书斋中的宏论，在实践中，是鲜有积极意义的话题。因为这个问题的解决取决于新型制度形态的确立。正如在权制条件下讨论权力与法律的关系一样，在法制条件下讨论法律与道德的关系也是十分无聊的。权制条件下讨论起来没有意义的权力与法律关系在法制条件下则得到了实践的解决。同样，在法制条件下仅仅属于学理探求的法律与道德关系，一俟德制的出现，就仅仅是制度安排的事情了。

当然，在今天，谈论道德制度建设的问题显得不甚合乎时宜。因为，人们在现实中感受到的和乐意谈论的，都是法制。即使在无法确立法制的社会中，人们也会退而求其次，大力倡导法治和努力达到法治的标准。在某种意义上，近代以来的人们在语用习惯上并不严格地区分“制度”和“法制”两个词语，人们几乎把它们看做有着同一指称的两个词语，制度一词总是被看做是法律的制度。其实，制度与法制的指称是可以有着很大的不同的。在近代社会以前，统治型社会治理模式也有着自己的制度，那种制度决不是法律的制度，而是权力的制度，我们已经将其称为权制。在人类的未来，我们完全可以想象，也将出现一种新型的制度，它不是权制，也不是法制，却包含着权制和法制全部历史发展中的一切积极成就，这种制度就是德制，即道德化了的制度。

在今天，我们努力追求的德治实践，就是通往德制的演练；努力实践德治与法治的结合和统一的公共管理，就是建立德制的伟大社会运动。在历史发展的进程中来认识制度演进，我们认为道德制度的建立是完全可能的，既然权制、法制都是历史地生成的，那么德制在人类社会的历史发展进程中的产生也就决不是虚构的。今天，人们不相信道德制度能够成为一种替代法律制度的制度模式是可以谅解的，就像在法制开始确立的时候，许多道学家表示怀疑甚至反对一样。考察道学家们近代以来的态度变化，就会发现，他们一开始是怀疑法制的；继而是激烈地否定法制，批评法制导致了社会道德的没落；再接下来，他们同意法制，但认为道德也是必要的，道德可以作为非制度化的规范存在，并对法制作出补充。类似的态度演变过程，也将会在德制建设中再现。我们相信，那些今天不相信道德制度的人，终究会在德制的确立中沉默下来。

总之，人类历史上已经有过两种制度，即权制和法制，不远的未来还将出现德制。在社会治理模式的意义上，它们分别从属于权治、法治和德治。但是，反过来，我们看到，在权制框架下可以包含权治、法治和德治三种治理方式，而权制所提供支持的，仅仅是权治的方式。同样，在法制条件下，是包含着权治和法治两种治理方式的，而德治则是没有生成的空间的。德治的治理方式的再度确立，或者说德治与法治相互补充和相互支持的治理方式，将在德治的治理模式中实现。对于德治的社会治理模式而言，它所拥有的制度就是德制。德制作为一个制度空间，具有巨大的包容性，它对权治的治理方式加以改造，让它合乎服务型社会治理模式的性质，让它为德治提供支持。同样，德制又促成了法治与德治的统一。当然，也需要指出，当德制包容了权治、法治和德治三种治理方式的时候，是要求权治、法治为德治的治理方式提供支持的，它们是作为德治的治理模式的构成部分和实践形态的。

本章小结

法治是一种社会治理模式。现代社会是一个法治的社会，所谓法治就是依法治理。法制的目标追求是，把社会生活的一切层面都纳入依法规范的轨道上来，用法律意志的确定性取代权力意志和个人情感因素的不确定性。基于法制的法治是历史发展的产物。当社会分群化达到一定程度时，出现了多元利益并存的状况，为了满足多元利益的要求，在多元利益要求中谋求建立统一的秩序，才在历史演进中客观地形成了法治。法治依据法律的客观性和普遍性来进行社会治理。但是，在社会治理的实践中，法律的普遍性和客观性总会在解决实际问题的时候显现出它的不周延性和表述上的不明确性。

在权力关系极其严密的条件下，法治是很难生成的，只有在权力关系出现松动的地方，才可能确立起法治的社会治理模式。在人类对理想法治形态的追求中，包含着德治的渴望。如果说法治是依靠法律的治理，那么德治则是依靠道德的治理。法律是一种外在规范，而道德则是人们"内心的法"，这一点决定了德治是一种更高的社会治理模式。公共管理是一种服务定位的社会治理模式，它把统治型和管理型社会治理活动中的对象性限制转化成社会治理主体的自我限制。

在治理方式的意义上，法治和德治都是人类社会的长期追求，无论在古希腊还是中国古代，都有着关于法治和德治的丰富思想。柏拉图的早期思想属于"德治论"的思想，而后期的思想则属于"法治论"的主张。到了近代，在西方思想史上，提出了系统的法治理论体系。在中国，德治思想在周王朝时期就被提了出来，后来经过儒家的发展和完善，成为整个中国传统社会的主流社会治理思想。但是，统治型社会治理属于权治的范畴，在这种治理模式中也可能包含着法治和德治。但是，法治只是一种可有可无的手段，而德治则是权治的掩饰和补充，是服务于权治的。管理型社会治理基本上属于法治的社会治理，但是，法治产生于限权的需要。与权治相比，基于法制的法治是一个历史进步。然而，法治并不是一种最为理想的治理方式，它需要为公共管理的德治所代替。公共管理是服务型社会治理模式的形式，它以德治为标记，它把法治和德治统一了起来，用道德的权威统摄着权力的权威和法律的权威。在公共管理之中，由于德治的社会治理方式的确立，由于德治与法治的统一，使法治在社会治理活动中能够更为充分地发挥社会治理功能。

公共管理中的德治并不仅仅是作为社会治理手段而存在的，公共管理需要在德制建设中来完善德治，将德治作为一种治理模式来加以建构。这样一来，德治就不再是治理方式意义上的圣人之治，不是通过教育的途径来加以确立的社会治理方式，而是基于德制的社会治理。一旦德制确立起来之后，制度就可以发挥教育的功能，而且能够实现最为充分的教育，从而德治就会成为一种稳定的社会治理模式。

复习思考题

1. 为什么说现代社会是一个法治的社会？
2. 法治与法制有什么联系和区别？
3. 法治赖以确立的客观前提是什么？
4. 为什么说法治并不是充分的、万能的社会治理？
5. 为什么说法治只有在权力关系松动的条件下才能生成？
6. 为什么说法治之中包含着走向德治的逻辑必然性？
7. 为什么说统治型社会治理是以权治为主的社会治理？
8. 为什么说管理型社会治理是以法治为主的社会治理？
9. 服务型社会治理模式是怎样实现了法治与德治的统一的？
10. 公共管理中的德制建设有着什么样的意义？

第5章

公共管理职业活动的伦理规定

在理论上，公共管理伦理学是伦理学发展的一种新的形态。但是，从学科角度来看，公共管理伦理学则是职业伦理学，是关于公共管理职业的伦理科学，属于应用伦理学的范畴。因此，公共管理伦理学需要对公共管理者的职业活动作出伦理思考，从公共管理这一职业活动的社会基础出发，考察它与以往的职业活动的联系与区别，进而对公共管理者在职业活动中的伦理规定和道德能力加以探讨。正是这些，成为公共管理伦理学的基本任务。公共管理伦理学与已有的各种各样的职业伦理学不同，它不是为了提出完整的职业道德规范，而是着重于探讨职业活动中的伦理，它通过对职业系统的分析，通过对公共管理者职业角色和社会生命的考察，通过对公共管理者职业活动中自主性获得途径的揭示，去发现公共管理职业活动的最高目标——公共利益实现的根本途径。

重点问题

- 公共管理职业活动是在社会分群的前提下展开的
- 公共管理中的职业关系
- 公共管理者的职业角色

- 公共管理者的职业行为
- 公共管理者的社会生命
- 公共管理者的职业规定
- 公共管理者的道德能力
- 公共管理者的职业目标

5.1 职业活动的社会基础

人的职业活动，以及在职业活动中生成的特殊的社会关系来自于社会生活和社会生产的领域分离。在人类社会的早期，社会生产和生活不同领域的分离是以分工的形式出现的，主要是由于社会生产活动的分化造成了职业活动的专门化。到了晚近，职业活动已经不限于生产领域，而是扩大到了生产领域之外的许多领域，几乎遍及社会生产和生活的绝大部分领域。人们在职业活动上区别，也不再仅限于活动意义上的“分工”，而是职业活动主体意义上的“分群”。这时，社会生产的领域有分化、重组、融合的双向运动趋势，而社会生活的领域则更多地表现为领域分离的单向运动。

这种历史发展趋势为现代社会的职业关系蒙上了新的面纱，属于启蒙时期及稍后的一批经典作家们未加深入认识的特殊社会关系。因为，在这些经典作家的研究视域中，社会运动的基本要素是分工，即使对于社会分群，也总是从分工中来加以理解。然而，现代社会的情况有所不同，在一些社会生活的领域甚至社会生产的部门中，存在着不是由于分工原因所造成的人的分群，出现了不仅不是分工而导致的人的分群，反而恰恰是人的分群造就了分工这一社会现象。一个人有资格从事某项职业活动是因为他属于某一特定的社会群体。而有着同样能力和素质的许多人则无法承担他所具有的职业角色，是因为那些人不属于他所在的社会群体。在整个近代以来的社会中，与领域分离一道展开的是社会的分群化，但是，社会分群的终极动力是社会分工。然而，20 世纪后期出现了新的情况，由于教育以及其他的社会原因而造成了社会分群，然后，社会分群又成为社会分工的前提。其实，分工与分群的这种逻辑上的转变在 18 世纪后期就已经出现，但是，到了 20 世纪后期发生了根本性的颠倒。

是分工导致了社会的职业活动，还是分群造成了职业差别？这可能是一个一般社会学的问题。但是，关于这个问题的思考，对于理解人们的职业关系却有着方法论的意义。

从分工的角度来理解人的职业关系，最终会导向这样一种结果，那就是在社会一般的意义上去实现对人的社会关系结构的科学理解。因为，分工首先会表现为生产资料所有制的问题，然后，就会提出生活资料的所有权，在生产资料的所有制和生活资料的所有权的基础上去理解分工的目的，就会走向对社会发展终极动力的科学理解。从分群的角度来认识人的职业关系则会导向另一种逻辑。

当然，人的社会分群在经典的研究视域中也可以归结为分工，可以看做是分工以及分工的其他社会效应导致了人的社会分群。但这是就近代大工业社会及其以前的社会而言的，是对大工业社会及其以前社会历史阶段中人的这一社会结构的客观描述。在现代社会，却有了完全不同的表现形式，以至于历史的决定论在对现代社会的理解中表现出了某些不适应。如果说近代社会出现以前的社会分群虽然在直接原因方面与分工动因的解释不相符合，但在作出进一步追溯的时候又可以归结为分工，那么，现代社会广泛的开放性则使社会分群的原因变得极其复杂。政治的、经济的、文化的、教育的、宗教的以及个人理想和信念的等各个方面，都可以成为社会分群的原因。

这样一来，对人们的职业关系不仅需要从分工的角度加以理解，而且还需要从社会分群的现实中来加以把握。可以从分工的角度来理解的职业关系，往往是这种关系的传统形式的延续，而那些需要从社会分群的角度来把握的职业关系，或者是一种全新的职业关系和职业行为体系，或者是在历史演进中经历了革命性变革的从而具有了新质的职业关系。需要借助于社会分群来加以把握的职业关系已经很难再为传统的所谓“科学理解”的思维范式所包容了，更不应当按照传统的“科学理解”来加以建构了。比如，对于那些从分工的角度作出科学认识的职业关系，是可以根据认识所达到的高度来加以重新建构的。然而，对于那些从分工的角度无法作出准确把握的关系，如果还以分工为基础的科学思维范式进行建构的话，就会破坏这些关系的完整性，从而导致这些关系的畸形化。

人类的管理关系可以追溯到很早的历史时段，但是，在一个很长的历史时期内，这种管理关系并不属于职业化的关系，管理主体是偶然的，管理活动也是随机的，是由于社会分工的偶然性所决定的。随着政治领域与经济领域的分化，管理的职业化进程开始启动，但是，这个过程并未大跨步地前进，政治上的超稳定结构和农业经济的运行格局，决定了管理的职业化进程难以启动。近代社会的大工业生产推动了管理职业化的迅速实现，到了20世纪，基本上已经形成了明确的管理职业关系。不仅在公共领域从事行政管理活动是一种职业，而且在私人领域中，管理活动也是一种专门的职业活动。在一定程度上，私人领域中的管理职业化更早于公共领域中的行政管理职业化。在公共行政的发展过程中，行政管理职业关系的确立和不断重建，行政管理职业规范的制定，行政管理职业行为模式的设计，等等，都从私人领域的职业化进程中汲取了许多有益的经验。

然而，上述这种管理职业关系依然可以从分工的角度来理解，可以认为它是在分工的基础上产生的和服务于协作要求的。同时，管理活动作为专门的职业活动，也是社会分工的一种特殊形式。从20世纪的情况来看，公私部门的管理存在着很大的差异，但就管理来源于分工而言，是一致的，只不过私人部门的管理是直接由分工所决定的，而公共部门的管理在受分工所决定时，也被社会中的其他因素涂上了更多的过渡色彩。正是分工决定了管理和协作这一点呼唤着管理，所以，20世纪中的公私部门的管理都可以根据同一分析框架来加以把握，它们都有着共同的科学技术化和形式合理性的追求，都可以有着更多的超越政治的、非价值性的特征。进一步的考察可以看到，即使在20世纪中的政治领域、意识形态领域、文化和精神生活领域等等之中，也同样存在着管理活动，而且，就管理本身而言，则可以在这些领域中保持相对独立的形式。不同领域的管理，在抽象意义上，可以有着基本共同的规律。比如，对于纯粹的政治实体而言，它的管理也与其他部门的管理一样，是技术性的，有着非政治的特征。甚至20世纪中的一些宗教团体的管理，也在很大程度上具有技术性的特征。但是，对于公共管理，就无法根据上述的特征来作出完全的理解了。

公共管理会有着分工的遗迹，在分工基础上所产生的那些社会的以及人们之间关系的结构形式也必然会在公共管理以及人类未来的一个相当长的时期里被保留下来。所以，公共管理在某些方面会满足科学化、技术化的原理。也正是由于这个原因，一些最早觉察到公共管理这一人类新型治理方式的人，也能够用陈旧的传统管理范式来解释公共管理，如果说他们在学科陈述中有着新的内容，至多也只是增加了一些伦理陈述的“调味料”而已。其实，公共管理的独特根据不是分工而是分群。或者说，公共管理得以产生的时代已经不是一个需要通过分工来理解社会分群的时代，而是一个需要通过社会分群来理解分工的时代。

公共管理的对象，有些是由于分工造成的社会分群，而更多的则是由于非分工的因素而造成的分群。即使是由于分工造成的社会分群，在进入公共管理的视域时，分工的因素也并不被刻意地加以考虑。公共管理主体内部存在着分工，但它在社会整体中是首先作为一个独特的职业群体而存在的，它在进行管理的时候，需要得到管理对象的合作和参与，它在通过管理而实现对管理对象的服务时，需要充分考虑服务对象的具体性。

传统的管理是主体中心主义的管理，而公共管理则是客体中心主义的管理，它在充分考虑对象的具体性时，科学化、技术化追求不仅不会在管理过程中发挥积极作用，反而会成为障碍。所以，公共管理在对象的具体性中放弃形式追求，而是把管理看做从属于实质理性的，是包含着价值判断和服从价值目标的服务过程。由于公共管理不是建立在分工的基础上的，所以公共管理的目标既不是直接地解决分工与协作关系中的具体问题，也不是通过任何强制性的方式去维护分工与协作体系的秩序。公共管理的目的是：实现整个社会不同群体之间的群际整合，追求社会的群际和谐，其中也包括公共管理主体与整个社会的谐和。

对于分工基础上的社会分群来说，群际间的矛盾和冲突是基本的和主要的，而分群前提下的分工，则可以促进群际间的交流和互动。在公共管理生成的社会历史条件下，同样存在着职业性的分工，但分工的内容和性质发生了改变。分工不再是隔离人们的鸿沟，而是联系人们的桥梁。因为，建立在分群基础上的分工，与出于生产和生存需要的分工是不同的，它直接地服务于群际沟通与交往的需求，服务于群体的社会整体化的动机。分工导致人们之间的利益冲突，而社会分群则把每一个社会群体的利益实现寄托在其他群体的利益要求得到满足的前提下。所以，每一个群体虽然都有着自己独立存在的形态，却又都拥有着社会整体意识和渴求整体化的动机。在这种情况下，公共管理的责任就是：促进群体的社会整体化要求转化为现实。

对于公共管理者来说，职业伦理并不要求和寄望于他们拥有崇高的道德理想，不是让他们成为道德圣人，而是要求他们按照伦理精神开展职业活动，努力去满足社会治理中一切有利于社会自治、社会发展、广泛参与、普遍合作因素顺利成长的要求。至于公共管理者有着更高的道德境界，在职业活动中甘愿清贫、乐意奉献、勇于牺牲，则是一般伦理学所倡导的道德理想。所以，从职业的角度探讨伦理问题，需要着眼于现实而不是理想。

5.2 职业活动的历史演进

人类的职业活动有着悠久的历史，但是，职业活动迅速分化的历史是与工业社会同步的。在人类社会早期的发展历程中，社会因分工而分群，因分群而分化成为不同的利益集团、不同的社会阶层和不同的阶段，分工是一切社会现象的基本前提和总根源，这是一个不争的事实。应当说，在最根本的意义上，近代以来的整个人文社会科学体系从分工的前提出发是一个正确的科学方向。然而，当人类社会开始向后工业社会转变时，上述“不争的事实”开始渐渐模糊和虚幻起来，人类社会正在出现一个新的趋势，那就是由于分群而造成分工。这一趋势向整个人文社会科学提出了挑战。因为，人类所拥有的整个人文社会科学的思维起点发生了转移。这样一来，过往的一切学说、理论和学科内容还在何种程度上有着恒定的价值，就是一个需要作出重新审查才能确定的问题了。

在社会治理的领域中，工业社会出现以前的社会治理活动很难称得上是严格的职业活动。在世袭制的条件下，不仅一个人会终生从事社会治理活动，而且几代人都会同样从事着社会治理活动。即使是这样，社会治理也不是职业。因为，在农业社会，社会治理的活动是与人的身份地位联系在一起的，有了某种身份或地位，就天然地拥有了相应的社会治理责任，即使他不直接从事社会治理活动，他关于社会治理的意见也必须得到尊重。同样，你只要加入了社会治理体系，从事着社会治理活动，也就自然而然地拥有了相应的身份和地位。一切从身份地位出发和依据身份地位而开展的活动，都不是职业活动。职业活动的前提是抽象掉人的身份地位方面的因素。人的身份地位因素的影响越少，人的活动的职业性质也就越纯粹。在农业社会，不受人的身份地位影响的职业活动几乎是不存在的。所以，在那个历史阶段中，可以说没有严格意义上的职业活动，至多也只是有着模糊的行业。在近代社会，职业活动成为工业社会的显著特征，虽然在一些特殊情况下，在具体的行业中，作为历史遗留物的身份地位还会不时地显现在人的职业活动之中，但那决不是主流现象，只是作为一种历史残迹而存在着的。

虽然真正职业活动的历史是与工业化的进程一起出现的，但职业活动的道德却并没有因为职业活动的开始而被建立起来。伦理学家们在谈论职业道德的时候，往往追溯到更早的历史阶段。实际上，那种“职业道德”还仅仅属于身份道德的范畴。工业社会出现了真正的职业活动，而职业活动道德化的任务则留给了更高的历史阶段。各种各样的空想社会学说预言，人类社会发展的更高阶段是非职业化的阶段。其实，人类社会活动的职业化程度只会越来越高，职业会变得越来越复杂多样。在职业分化越来越细的情况下，正是道德因素使它们联系得越来越密切。

与一切社会活动职业化的进程相一致，在近代社会，社会治理活动也越来越成为职业化的活动。虽然在管理型的社会治理模式中，作为职业活动的社会治理更多地从属于科学的和技术的原则，但是，当公共管理这一新型社会治理模式完全取代了管理型社会治理模式的时候，社会治理的职业活动也就全面地进入了道德化的历史阶段。

如上所述，人类社会的职业现象根源于分工。从自然历史进程来看，首先出现了社会分工，然后才逐渐产生了职业。但是，在人类历史的总体进程中，分工造就职业只是理解职业现象的还原论主线，就表面现象而言，无论在农业社会还是工业社会都存在着一些特例，那就是职业［如果泛泛地说职业（比如农业社会中的铁匠、木匠、皮革匠也被看做为职业表现）的话］并不是由于分工引起的，而是由于社会分群引起的，有的人从事某种职业活动，是由于他属于既定的人群。当然，在迄今为止的整个历史中，对职业现象的理解并不因为这种特例而动摇，因为，哲学还原论还是可以把人的社会分群归结为分工。随着工业社会的结束和后工业社会的兴起，存在于历史上的特例开始普遍化，在走向后工业社会的进程中，越来越多的职业活动不是由分工引起的，而是由社会分群造成的，特别是那些新出现的职业，只能归结为社会分群而不能归结为社会分工。现在人们所说的第三百六十一行即"网络警察"就证明了这一点。

在人的一生中，职业是人的相对稳定的社会角色。在社会分工造就职业差异的历史条件下，每一职业都有着相应的特定技能与之相伴随，或者说，职业活动是依据特定技能而进行的活动。这一点决定了人在选择了某一职业之后也就有了相对确定的社会角色。然而，随着以分工为基础的职业类别走向典型形态的时候，随着科学技术的发展，职业对人的个人技能要求越来越低，从而使人改变自己的职业活动变得越来越容易。但是，在这种可以轻易变动职业的社会特征中却包含着这样一重内容：原先对社会生活、社会发展有着重要意义的职业开始变得边缘化、表面化，一些新生的、对社会生活和社会发展有着重要价值的职业类别，往往不能从传统的分工意义上来认识和把握，而是建立在社会分群的基础上的。这样一来，人在职业变动上的自由，仅仅表现在那些属于社会边缘性的职业之间，对于人的社会角色来说，这种自由的变动往往不会造成实质性的改变。

也就是说，在后工业社会，人的社会角色定位主要不是由人的分工所决定的，而是由人的分群所决定的。根据社会发展的这一新特征，今天的职业概念与工业社会早期的职业概念在内涵上已经有了很大的不同，不再像工业社会早期那样，总是与行业相重合，而是与行业之间有着复杂的关系。同一行业中有着不同的群体，不同行业中又有着同类甚至同质的群体。不同行业中的同类群体在社会角色上有着相同或相近的地位和特征；同一行业中的不同群体之间在社会角色上的相异性却又是十分明显的。职业与行业之间的关系或交叉或离异或重合的这种多样性，使职业的概念具有两种不同的含义：一种是传统的建立在分工基础上的职业；另一种是在现代社会中日益生成的社会分群前提下的职业。前者由于科学技术的发展而使职业界限变得越来越模糊；后者则因社会的进步而使职业界限变得越来越清晰，个人要逾越这种职业界限则是极其困难的。职业界限模糊，意味着职业对人的社会角色不具有决定性的影响，而职业界限的清晰和不可逾越，则意味着对人的社会角色有着决定性的意义。

从逻辑上讲，社会生产和生活的内容越是多样，社会结构越是复杂，对分工的要求就越强烈。反之，分工又促进社会走向复杂性和多样化。但是，在技术含量较低，人凭着自身的自然能力就可以进入职业角色的职业活动类型中，分工是人的社会群体生活的起点，分工导致了分群。然而，当职业的技术含量较高、专门化程度较高、人的自然能力在这种职业活动中发挥作用的比重降到很低的时候，分工与分群的关系就发生了颠倒。这时，分工不再是分群的前提，反而是分群的结果。

从社会结构来看，职业是分工与分群之间的中介，无论是分工造就了分群还是分群造成了分工，都以职业为中介。正是通过职业这一中介，分工与分群之间的关系才得以建立起来。当然，在主要是由分工造就了分群的社会历史阶段中，职业对人的要求较低，职业作为人的社会生命的内容也相对简单。这时，人的职业流动性从理论上说是很强的。也就是说，人完全可以通过自己的职业变动来达到改变自己的社会角色的目的。但是，当社会进入一个主要由分群造就分工的历史阶段时，虽然职业依然是这种关系的中介，表现的情境却是不同的。这时，从业者在职业间的相互替换程度已降到很低，群已经成为从业者很难超越的界限。因而，职业与人的联系也就更加密切。一个从业者可能会经常性地在不同的社会单位中进出，但他的职业却没有改变，他换了一个单位，所从事的还是同一职业，在这种情况下，职业作为人的社会生命的意义就显得更加突出，从而要求从业者在作出职业选择之后，就必须用他所从事职业中的全部价值规范来丰富和完善自己的这种具体的社会生命。也就是说，从业者只有在现有的职业活动中完善自己的社会生命，才是提升自己的社会角色的最佳途径，如果他频繁地改变自己的职业，不仅不会使他的社会角色提升，反而会越来越降低他的社会角色的价值，从而降低了他的社会生命的意义。

工业化把人类引入职业化的时代，人的社会活动越来越以职业类别的形式出现。工业时代的各种学说和理论，都倾向于按照分工的原则来理解职业活动。从分工的视角出发，社会在整体上的和谐从属于科学的协调原则，从而使伦理的思考成为空洞的“形而上”发言。自工业时代出现以来，伦理学就一直处于这种尴尬的局面。从根本上看，伦理学是被排除在科学体系之外的，因为，伦理学的研究总是从一般的人出发，而不是从分工造成的职业活动出发。所以，一旦关于社会整体上的研究从分工出发，伦理学就丧失了思考问题的支点。当然，在近代社会，发展出了一些向科学献媚的应用伦理学，它们是以各种名义出现的职业伦理学。考察这些职业伦理学就可以发现，它们在实质上又是与作为社会科学前提的分工原则相龃龉的。因为，它们在职业的名义下所考察的依然是人与人之间的关系和群与群之间的关系，它们所持的并不是分工的视角。这种情况也说明，一切伦理学的思考都或者从人出发，或者从群出发。

也就是说，工业化的时代造就了职业，但职业是以分工为前提的，所以，这个时代在本质上是把伦理学排斥在科学之外的。后工业社会的不同就在于：职业以分群为前提，对职业的认识以及通过职业来理解整个社会，都要求有着根本性的视角转变。最为明显的是，对作为职业前提的人群关系需要从伦理的视角来加以认识和把握。这一新情况意味着，伦理学将成为一切社会科学中的最为基础性的学科，就如法学和经济学对于工业社会的社会科学体系一样，后工业社会的一切社会科学都会以分有伦理学的基本原则而作为科学性的标志。

5.3 公共管理的职业活动体系

公共管理的职业体系由职位和岗位构成，是职位和岗位的结构体系。职位和岗位都是指公共管理者在公共管理体系中的具体位置，是关于公共管理的权力、职能以及责任和义务的规定。在垂直的纵向关系中，我们把它称作职位；而在水平的横向关系中，我们把它称作岗位。由职位和岗位构成的公共管理职业体系，直接从属于管理的原则，属于行政管理的范畴。但是，作为社会治理体系的公共管理发生了根本性质的变化，告别了以往治理体系的权力定位或法律定位，转而采取伦理定位，从而决定了由职位、岗位构成的公共管理职业体系也不同于以往的行政管理。这时，“命令—服从”的行为模式为真正意义上的“分工—协作”行为模式所取代。

在内容方面，也如一切职业活动一样，在公共管理的职业活动中存在着各种各样的职业关系。虽然在一般的意义上，这些职业关系可以归结为权力关系、法律关系和伦理关系三大类，而在实际的公共管理过程中，这些关系总会以极其具体的形式存在于公共管理活动中。公共管理的职业关系越是具体，就越是包含着道德内容。比如，当职业关系表现为公共管理者与其职务、岗位的关系时，就要求公共管理者忠于职守、忠实地履行职务以及岗位上的责任和义务；当职业关系表现在公共管理者之间的关系中时，就要求团结协作、相互尊重、和睦共事、相互支持；当职业关系表现在公共管理者与其对象之间的关系时，就要求公共管理者平等待人、公正处事、真诚服务，以求得广泛的合作……

由于公共管理中依然存在着权力关系，所以，权力关系赖以生成的等级依然会存在。当然，管理型社会治理方式已经实现了对等级关系的根本性改造，把人与人之间的直接等级关系改造为以组织层级为前提的等级关系，从而使个人之间在人格、权利等这些实质性内容方面达致平等。尽管管理型社会治理模式中的这种以组织层级为前提的等级关系只是形式上的，是职位等级而不是身份等级，但是，它却反映了权力关系的本性。

在一切存在着权力关系的地方，都会程度不同地存在着等级，只要公共管理还需要权力，它就不能消除这种等级。这样一来，作为个人的公共管理者在公共管理这一合作体系中也会有处理上下级关系的问题，而且，处理上下级关系会成为他的日常公共管理活动中的一项基本内容。比如，对于政府中的公共管理主体而言，需要执行上级命令和维护政府利益；对于政府外的公共管理组织来说，需要处理与政府的关系、服务于社会和维护公共利益。无论是政府中的公共管理主体，还是社会中的公共管理组织，对于公共利益的理解都会出现偏差，特别是在长期利益与短期利益之间应如何把握，必定是一个时时都会碰到的难题。在实际的社会治理过程中，出现了这种情况的时候，总是会表现出权力出来说话的情况，以至于形成权力结构和权力关系。

公共管理中存在着利益矛盾甚至冲突，完全解决这些矛盾和冲突是不可能的，而且对公共管理主体的要求也将会是一个无法达到的高度。尽管不可能完全解决这些矛盾和冲突，公共管理者却不能无所作为。事实上，在公共管理的服务定位中派生出的一切主动性、积极性，都会以公共管理者自主地处理这些矛盾和冲突的实际行动出现，从而使公共管理者不同于以往各种社会治理模式中的治理者。做到这一点的根本，就是充分发挥公共管理者角色意识的功能，只要公共管理者能够对自己的职业有着充分的自觉，按照自己对其职业特殊性的正确理解去处理上述各种矛盾和冲突，他就会无愧于公共管理这一职业，而且总会达到最佳效果。所以，公共管理者之间存在着权力关系，但是，与以往社会治理体系中的权力关系是不同的，它受到职业意识的调节。

在统治型社会治理模式中，对于官吏的要求长期存在着争论。官本位文化的思路在终极追求中是要无条件地“忠君事主”；民本位的文化思路则反复申述“民贵”“君轻”的主张。管理型社会治理方式以制度的形式消解了所谓“贵”与“轻”的争论，但这种社会治理方式对公共利益的认识和了解往往是通过间接的、迂回的途径，往往在公共利益的要求与实现之间存在着时滞，特别是已经实现了职业化的那些社会治理者，缺乏对公共利益要求作出积极回应的热情。所以，这种治理方式需要由更加灵活的、积极的和主动的公共管理取而代之。对于公共管理来说，新型的社会治理体制和制度依然是公共管理活动赖以展开的前提和基础，但是，与管理型社会治理方式不同，治理者的职业并不只是体制和制度的简单构成因素和实现途径，也不是体制和制度的补充，而是与体制和制度同构的和有着同质性的，都建立在伦理关系的基础上，反映和包含着伦理精神，所谓职业意识，也无非是伦理精神的具体体现。

由此看来，统治型的社会治理倡导官吏“忠君爱民”，在君民之间出现矛盾和冲突时，要么要求盲目忠君，要么要求理性地贵民轻君。这两种选择都要求官吏在君民之间作出选择和取舍。在统治型社会治理模式得以发生的历史背景中，君民的矛盾是无法调和的，所以，在这种矛盾对立之中，会出现这样两种主张，并要求官吏在两者之间选择其一。管理型社会治理模式中的官员和公务人员以体制和制度作为行为选择的终极标准，被动地受体制中的程序所驱使，对人民、对公共利益，都会表现出极度的冷漠。他在公共部门中工作，同在工厂中工作一样，都具有工业社会特有的色彩，属于形式化了的职业活动。公共管理者的职业活动发生在合作精神已经成为一种时尚文化的时代。在这种条件下，社会在整体上不存在不可调和的矛盾和冲突，在一切存在着矛盾和冲突的地方，都主要是认识和理解的不同造成的，通过交谈和讨论，获得共识，就可以达致矛盾和冲突的消解。所以，公共管理者的职业活动如果表现为行使权力的话，也主要是运用权力促进交谈和讨论。

5.4 公共管理者的职业角色

人的道德生活来源于人的社会角色，只有首先知道人在社会中扮演什么样的角色，然后才能判定他的行为在何种程度上是道德的。我们说一个人是不道德的，可能是指他的某一行为与他的社会角色的不一致，也可能是经常性的不一致。一般情况下，一个人的行为与其社会角色的偶尔不一致是能够得到理解和原宥的，而经常性的不一致则会导致他人的批评和鄙视，甚至遭到他所在群体的排斥。

人在社会生活中可能会同时扮演着多重角色，有些角色是与生俱来的，如血亲关系中的角色；有些角色是个人成长过程中必须接受的，如做学生等；更多的角色则是个人选择的结果。职业作为人的最为基本的社会角色形式，就是人的选择的结果。也就是说，普通的社会角色是在人的成长过程中自然生成的，一个人在长期的社会生活中自然而然地就能够获得自己所应有的角色意识，并能准确地扮演自己所承担的社会角色。职业角色则需要通过自觉的选择和主动的学习才能获得准确的定位。

人们对职业的选择有着复杂的原因，有着主观的原因和客观的原因。可能是因生活的需要，可能来自于生存的压力，可能出于兴趣爱好，也可能属于一种理想追求……当人们通过主动学习的过程去实现职业角色定位时，会在职业导师们的言传身教和引领下进入职业角色，也可能会在职业活动的实践中逐渐找到职业感觉。但是，所有从事职业活动的人，都需要在自觉的职业选择和积极的职业学习过程中使自己为职业所同化，成为真正的职业活动者。这个成为职业活动者的过程，也就是从业者在职业序列中准确地找到他的职业位置的过程，也称作进入“职业角色”。

职业活动的舞台是职位、岗位。职位、岗位是人的社会角色的明确化、具体化和固定化，是职业化的社会角色。同时，明确化、具体化和固定化的社会角色在每一职位和岗位上都会有着明确的责任和义务。人类社会活动职业化程度的提高，在很大程度上就表现在职业活动中职位和岗位上的责任义务的越来越明确和越来越具体，即通过组织结构、制度规范和活动程序等方式，为每一职位和岗位确立明确的具体的责任和义务。

在职业活动之中来把握人的职位、岗位，并明确地确定每一职位、岗位上的责任和义务是近代社会管理主义组织行为模式的突出特点。无论公共领域还是私人领域，只要是职业活动和组织行为，都是通过职位和岗位来明确确定人的责任义务的。在社会治理体系中，通过职位、岗位来明确确认人的责任义务并有效地配置权力是管理主义组织行为模式中最为典型的形式。但是，近代管理主义组织行为模式的缺陷在于，没有注意到人的职位和岗位也直接地构成了人的多元社会角色中的一种。也就是说，任何一种职业，任何一类专业化的社会活动，任何一个组织行为体系，都不仅以整体的形式构成了组织化了的人的社会角色中的一部分，而且在组织成员个体那里也担负着社会角色，甚至首先是在个体那里成为社会角色中的一种。对于人来说，每一个职位、岗位不仅意味着特定的组织行为体系中的责任义务，而且直接地就是属于根源于整个社会的责任义务。

由于职位和岗位具有二重性，与之相对应的责任义务也有着同样的二重性。一方面，责任义务总是属于特定的职业和组织行为体系；另一方面，责任义务又是属于整个社会的。对于每一职位和岗位上的从业者来说，他的职位、岗位及其责任义务在职业活动和组织行为体系内是以职务的形式出现的，而在面向其直接归属的行为体系之外时，其责任义务则以职业的形式出现。特别需要指出的是，职务与职业在从业者这里只是社会角色的两重归属，在从业者与他人的联系中，都是直接的。认识到这一点是极其重要的，管理主义组织行为模式之所以会成为职务—职业—社会之间的单线联系模式，就是由于没有认识到职务、职业都与社会之间有着直接的联系，以至于以职业为中介的单线联系模式使责任义务片面化、形式化和缺乏道德内容。从而造成了这样一种情况：在社会治理中，时时处处都可以看到社会治理者只对治理体系负责，不对社会治理活动的对象及后果负责。比如，就政府而言，政府官员只对政府负责，政府才对社会负责，政府官员丧失了直接对社会负责的责任义务向度。政府对社会负责，却不对其官员负责，因为它的官员仅仅是“雇员”。

公共管理的职业活动就是要改变这种状况，把单线的责任义务模式改造成双线的甚至多线的责任义务模式。还以政府为例，政府官员一方面对政府负责，另一方面也直接对社会负责；同样，政府既对社会负责，也对其官员负责，政府官员不仅仅是雇员，他们在直接对社会负责中获得了在政府体系中自主行为的资格。如果说管理型社会治理模式中的政府把其官员视为雇员，结果是使他们丧失了人性、人格，成为政府行政执行的工具，那么公共管理条件下的政府则使政府官员成为拥有自主意识的人。这就是两者的根本区别，而这种区别若要能够成为社会治理模式变革运动的一种现实动力，就需要从理论上把握职位、岗位及其责任义务的双重直接关系模式，而且这是不可怀疑的起点。

5.5 公共管理者的职业行为

职业活动规定着人的行为，人们从事着什么样的职业，开展着什么样的职业活动，决定了他将会有着什么样的重复的、连续的行为。而且，他的行为总和构成了他的职业活动的基本内容。这也证明和反过来决定着他的职业角色。表面看来，人的行为与职业的关系是一个被决定或被规定的关系，是职业决定和规定着人的行为，正如俗语所讲的“干啥讲啥，卖啥吆喝啥”。但是，这种决定与被决定、规定和被规定的关系只是行为形式方面的特征，在实质的方面，则是一个反向决定和规定的关系，是人的行为决定职业。特别是在有着充分的职业选择自由的情况下，人与职业之间的联系就是人的行为选择的结果。在对人的职业角色的考察中，可以发现，有的人选择某一职业之后能够迅速地进入职业角色，而有的人虽然从事某种职业活动，可能在一个相当长的时期内却游离于职业角色之外，并不是一个合格的从业者。这种与职业角色“和合”与否的情况，体现在人的行为中，就是行为决定的。

在职业活动中，人的行为在形式上可能会是同样的，但在实质上却会存在着极大的差异。特别是对于那些行为规范和评价标准无法量化的职业活动来说，人的职业行为之间会有着天壤之别。这种情况在社会治理的职业活动中表现得最为典型。所以，对于社会治理这种职业活动来说，当社会治理者选择了社会治理的职业时还只是获得了形式上的职业规定，实质上的职业规定是包含在他在社会治理活动中的行为之中的。也就是说，社会治理者的职业角色主要是由他自己的职业行为所决定的。亚里士多德在阐明人的德性时，指出人的行为决定人的德性，其实，最为明显的是，人的行为决定人的职业。亚里士多德说："德性则由先做一个一个的简单行为，而后形成的，这和技艺的获得一样。当我们学过一种技艺时；我愿意去做这种技艺，于是去做。就由于这样去做，而学成了一种技艺。我们由于从事建筑而变成建筑师，由于演奏竖琴而变成竖琴演奏者。同样，由于实行公正，而变成公正的人，由于实行节制和勇敢而变成为节制的、勇敢的人。"①亚里士多德的比喻是出于现象描述的目的，是要解释德性生成的现象，但他所表明的思想路线是正确的。那就是，人的行为对于人的存在有着不可替代的作用。可以说，人正是通过人自己的行为，才选择了自己的存在形式和内容，人愿意做什么样的人，不只是由他的愿望决定的，只有他的愿望转化为行为，他才能成为他愿望中的那种人。

自从有了职业活动以来，人的职业角色就开始由人的职业行为来决定。但是，在整个工业社会，职业活动的形式方面受到了制度性的强化，使人的行为更多地表现出被决定的特征。同样，在与工业社会相适应的管理型社会治理模式中，由于社会治理职业活动中治理者的自主性丧失，也使治理者的行为主要显示出受决定的一面。这种现象并不能否证人的行为对人的存在、人的社会角色和职业角色的意义，反而证明了人的行为的受动性、被决定性和被规定性等是由于历史造成的，是工业社会的历史条件限制了人的行为对于人的存在、人的社会角色和职业角色的决定性作用。随着工业社会的结束和后工业社会的到来，人的职业活动形式方面的规定开始弱化，实质方面的规定开始日益强化，人的职业活动中的行为选择就会日益显示出决定性的作用。就社会治理而言，公共管理这种职业活动也会突出地反映出后工业社会的这一特征，突出公共管理者行为选择的意义。

总之，公共管理者职业的一切实质性的内容，都是由公共管理者的行为直接决定的。如果说他选择公共管理职业生涯的行为决定了他从事公共管理活动的职

① 转引自周辅成编：《西方伦理学名著选辑》上卷，292页，北京，商务印书馆，1964。

业形式的话，那么当他已经成为一名公共管理者的时候，他怎样扮演自己的职业角色，怎样证明自己是一个合格的公共管理者，则取决于他的职业行为。在这里，职业行为所指的是职业行为整体，即公共管理者稳定的、持续的职业行为，公共管理者在职业活动中的某一行为或许多行为都不能对他的职业角色起决定作用，只有当他的行为稳定地持续地贯穿着公共管理的服务精神和原则，才能确证他与他的职业之间的一致性。

公共管理者的职业行为是作为社会治理模式的公共管理服务本质得以实现的途径。公共管理体系无论在结构上、在制度安排中怎样贯穿着服务精神和体现着服务原则，都不是服务的现实，只有通过公共管理者的具体行为，服务精神和原则才能转化为现实。对于公共管理者来说，他的职业活动在很大程度上受到法律的规范，他的岗位和职务上的任务在很大程度上由权力结构所决定。当然，一些特殊岗位和特定职务也会由法律作出规定，但对于公共管理体系而言却不是基本现象。职业和岗位、职务上的法律规定与权力规定在公共管理者的行为中会以综合统一的形式出现，这一点也是公共管理行为区别于以往各种社会治理行为的基本特征。

在统治型社会治理模式中，社会治理行为主要体现权力意志；在管理型社会治理模式中，理想的社会治理行为应当主要反映法律精神。对于公共管理行为而言，既不是权力意志的作用，也不是法律精神的显现，公共管理者把他在职业和岗位、职务上的权力规定和法律规定统一起来，作为公共管理服务精神和原则的支持力量而灌注到自己的行为中来。所以，在具体实践中的表现是：权力和法律是公共管理行为的前提条件和基本依据，而权力和法律所支持的和试图达到的目标则使服务精神和原则能够得以实现。这样一来，我们在公共管理者的行为中所看到的，是以服务精神和原则为旨归的权力和法律的综合统一，这也就在根本上结束了把权力归结为法律或让法律受权力统驭的争论。

尽管公共管理者在其行为中用服务精神和原则把权力和法律统一了起来，但权力和法律在他的行为中毕竟是一种客观力量，无论他是在行使权力和执行法律或受权力支配和法律制约，这种客观力量对他都会构成压力，使他的行为选择受到约束，表现为一种被动的、不自由、不自主的状况。这种状况也恰恰是他应当超越的。公共管理者怎样才能超越自己所面对的那种被动的、不自由、不自主的状况呢？应当说，在一切存在着权力和法律的地方，社会治理者都会遇到这种被动的、不自由和不自主的状况。以往的社会治理者遇到这种状况时，往往是作为不得不接受的境遇，至于能够如陶潜那样作出逃避选择的社会治理者，是不多的。公共管理者面对这种状况，所要采取的则是积极应对的态度。具体的做法就是，把公共管理这一新型的社会治理模式中所拥有的服务精神转化为自我的道德信念和行为标准，即把作为制度力量、体系结构力量的服务精神和原则转化为个人的道德力量。这样一来，公共管理行为就不再是传统意义上的职业行为，而是发生在公共管理职业活动中的道德行为。

也就是说，在公共管理体系的服务精神和原则还仅仅属于制度和体系结构的时候，它属于相对于公共管理者的“客观精神”，是公共管理者在职业活动中必须秉承和尊奉的。在这种客观精神面前，公共管理者同样会感到不自由、不自主。但是，一旦这种服务精神转化为公共管理者的道德信念和道德标准的时候，公共管理者也就获得了自由和自主。这个时候，公共管理者的行为不再是受着某种外部力量驱使的行为，而是属于他的和由他自己的意愿主使的行为。在人的一切行为中，只有道德行为是最自由自主的行为，职业行为亦然。

在人类发展史上，并不是任何一个历史时期都会出现广泛的自由自主行为，职业行为尤其如此。在以往的世代中，职业活动中基本上不存在什么自由自主的行为；在社会生活的领域中，虽然人们有着强烈的追求自由自主行为的愿望和热情，可真正能够实现的并不多。所以，“圣人”才会受到神化，“驭风而行”的境界才会那样令人神往。总的说来，人类社会的进步会表现出人的自由自主行为的增多这样一种历史趋势。在社会生活的领域中，在宗教活动和审美追求中，自由自主行为有的时候甚至能够成为现实。在工业社会得到了充分发展的时代，在私人领域中，甚至在管理活动中，都有着对自由自主行为的追求，在工业社会的后期阶段，这种追求已经形成了一种文化气氛。尽管如此，在公共领域中，特别是在社会治理活动中，自由自主的行为并不是一个可以追求的目标。所以，对于管理型社会治理而言，治理者的行为完全是权力和法律驱使下的行为，既不自由，也不自主。然而，公共管理却改变了这种状况，由于服务精神和原则能够转化为公共管理者的道德信念和道德标准，因而在公共管理活动中，能够实现对权力和法律的超越，从而获得自由和自主。

5.6 公共管理者职业活动中的社会生命

人与动物不同，动物仅仅有着单一的生命形式，那就是它的自然生命。人除了拥有自然生命之外，还有着社会生命。就自然生命而言，人与动物没有本质的区别，在某种意义上，人的自然生命与一些种类的动物比较起来，还要脆弱得多。但是，人的社会生命却是动物所没有的，也正是由于人有了社会生命，才使人有了自觉地创造自己的生活和历史的能力，才使人与动物区别了开来。人的社会生命是人作为人而存在的本质，人类自身进化的历史，也就是他的社会生命发展和完善的历史，每当人们对人的自然生命某一方面的退化表示叹息的时候，又不能不对人的社会生命的进化而表示出感叹。在总体上，人类的社会生命变得日益强盛。但是，在个体的人这里，人的自然生命和社会生命都会表现出很大的差异。作为个体的人，它的自然生命和社会生命都是可以作出选择的，人可以对自己的自然生命加以精心呵护，也可以对自己的社会生命作出选择，而且人的社会生命的进化，也反映在人对自己的社会生命的可选择程度的提高上。社会的发展，历史的进步，在很大程度上，都是以人能够越来越自主地选择自己的社会生命为标志的。

在现代社会，职业活动是人的社会生命获得的主要途径，在一定意义上，它甚至是基本途径。人通过选择职业而选择了他的社会生命的内容。所以，人一旦进入某一职业，作为某一职业群体中的一员，他在此之前通过接受教育等途径所作出的职业准备，就会转化为现实的职业行动，他在职业准备过程中还处于蛰伏状态的职业意识、职业观念以及职业价值等要素，就会由于他的职业角色的获得而显现出来，成为引导他的职业活动的内在机制。选择一种职业，也就意味着同时获得了这一职业中的整个价值体系，特别是在现代职业岗位较为开放的条件下，拒绝接受某一职业价值体系的人是有权利并有能力拒绝这一职业的。根据这一原理，我们把公共管理者看做自愿接受公共管理价值体系的从业者。既然公共管理是一个德治体系，那么，公共管理者也就是把德制内化为自我行为标准的从业者，德制中所贯穿着的伦理精神，也就是他的灵魂。

既然人的生命可以被理解成自然生命与社会生命所构成的统一体，那么在自然生命与社会生命孰重孰轻的问题上，人的自由选择就有着决定性的意义。然而，人对社会生命的选择又是根源于人的道德存在的。所以说，人的社会生命取决于人的道德存在的状况。从伦理学发展史来看，幸福主义或功利主义伦理学认为，人的自然生命高于人的社会生命；而义务论伦理学则属于高扬人的社会生命之义理的一派。公共管理伦理学所倡导的是人的自然生命与社会生命的统一，反对价值的天平向任何一个方面倾斜，或者说，公共管理伦理学要求公共管理者的自然生命与社会生命同化为一体，他的职业活动与他的个人生活相重合、相统一，他在职业活动中证明他的自然生命的价值，而在个人生活中则充分地展现他的社会生命的内容。

公共管理职业与其他职业活动不同，不是那种部分占有从业者生命活动的职业，它要求从业者在选择这一职业的同时，就把自身完全融入职业生活中去。

当然，公共管理者也同样是父亲、丈夫或妻子等，但是，他的其他社会角色在他从业于公共管理的时候，都是这种职业活动的支持力量或辅佐因素。也就是说，当一个人选择了公共管理职业之后，他依然会扮演着其他社会角色，但他的公共管理职业角色是第一位的，他的其他角色都需从属于这一角色。即使这些角色处于互不隶属的平行关系，也必须是无冲突的。如果发生冲突，维护公共管理角色的纯洁性，就会成为首要的选择，否则，他就有着与职业性质相离异的倾向，就会产生他与职业要求之间的矛盾和冲突。

职业活动基本上都是一种社会性的活动。在一切职业活动中，公共管理活动的社会性特征最为典型。如果说有些职业活动只是在间接的意义上属于社会性的活动，那么公共管理活动在直接的意义上就是社会性的活动，而且，是一种完全的社会性活动。公共管理活动的任何一项内容，都是社会性的。当然，作为一种职业活动，包含着公共管理者个人自觉地去选择他的社会生命的动因。也就是说，这种职业活动也和其他职业活动一样，需要满足从业者个人的生活方面的要求，在更高的意义上需要满足从业者的个性发展方面的要求。但是，公共管理这一职业活动的特征决定了它比任何一种职业都更加直接地突出从业者的社会责任和义务。公共管理者职业活动的直接目的就是把对社会责任义务的承当放在首位。

公共管理职业活动总会或多或少地掌握和行使公共权力，权力本身就是社会等级化的产物，权力的行使也必然包含着和倾向于造成人的不平等。最起码，会使人滋长不平等的意识，会使掌握和行使权力的人产生优越感。在以往的社会治理活动中，这一点是不言而喻的。但是，对于公共管理者的职业活动来说，首先要克服的恰恰是这一点。只要公共管理者存有哪怕一点点优越意识，都会使公共管理活动的性质异化，从而使公共管理者自己的社会生命发生异化。

职业是人的具体的、稳定的社会角色，在现代社会，人总是从自己的职业中去获得社会生命。或者说，职业是现代社会中人的社会生命的主要形式之一。但是，职业活动无非是自我与社会调适的基本途径，个人与社会之间，如果不是处于职业活动中，必然有着许多不适应的方面。一般说来，个人总会过多地耽于理想甚至幻想之中，而社会则代表着客观现实的一面。关于个人与社会之间的调适甚至统一的问题，历来都是思想家们关注的重要问题之一，他们提出过许多方案。其实，个人与社会之间最佳的调适途径就是职业活动。当然，并不是所有的人都能在职业活动中有效地实现个人与社会的调适。出现了这种情况，一般说来，这些人都属于社会生命不健全的一族。解决这一问题的根本出路也就是在职业活动中去发现和完善他的社会生命，而且，最为关键的是把其职业价值体系内化为自己的社会生命的内容。在现代社会，人与社会的调适往往是通过职业流动这种形式来实现的，即通过职业流动这种形式来寻找把职业价值内化为自己的社会生命的途径。

我们讲的职业流动是职业的改变，是从业者在不同职业间的流动，这与社会学所讲的职业流动概念是不同的。社会学关于职业流动的概念往往是指，从业者在某一职业内不同层级之间的垂直流动，或在同一层级上的水平流动。社会学的这一职业流动概念是不准确的，因为它的真实所指是职位流动或岗位流动，而不是职业流动。从业者的职业流动只能被理解为他在不同职业之间的流动，是他追寻和获得社会生命的过程。与此相比较，在职业内的职位流动和岗位流动则是从业者提升和完善自我社会生命的过程，是在寻找和获得了社会生命之后再行确立的更高追求。

在工业社会中，职业流动是非常频繁的。如上所述，这是因为科学技术的发展在这个阶段还处于较低的水平，而且科学技术能够迅速实现社会化，转化为可供大众接受的技能。最为典型的是科学技术被融入了体制设计、生产流程设计等等之中，而个人在操作层面的职业活动中，只要拥有“傻瓜”型的能力就已经能够满足职业要求了。因而，在工业社会中，职业开放程度较高，从业者的职业流动是比较频繁的。但是，在每一具体的职业体系中，职位和岗位的开放程度则很低，所以职位流动相对来说就不顺畅。也正是由于这个原因，迫使从业者在职业流动中不断寻找自己的社会生命提升和完善的机会。进入后工业社会，虽然职业流动由于技术等方面的原因趋于平缓，而职位和岗位流动将会更加经常化，从而使从业者在职业不变的情况下有着更多的提升和完善自我社会生命的机会。

也就是说，随着科学技术的发展达到较高阶段时，对人的职业能力的要求也就会提高，人们可能需要经过长期的准备才能获得职业资格，从而使职业流动趋于弱化。虽然社会变得越来越开放，但这种开放只是处在工业社会的开放阶段才表现为职业形式上的流动。随着工业社会的形式化特征日益式微，社会的开放更多地包含在社会生活的实质性内容方面，职业形式上的反向运动并不对社会开放构成负面影响。一般说来，对于社会治理这一职业而言，是不鼓励职业流动的，即使适应工业社会治理要求的管理型社会治理模式，也试图限制公共领域中的职业流动。比如，分权制衡的制度设计实际上在议员、法官和行政官员之间犁出了深深的沟壑，特别是公务员制度的出现，严格地限制了行政人员的职业流动。这种社会治理职业流动受到限制的情况，反映了公共领域的客观要求，在公共管理中，这一情况会有着更加典型的表现，会从形式化的外在性限制转变为实质性的内在性限制，会表现为公共管理者一旦选择公共管理为业就强烈地要求终生在这一职业活动中去完善自己的社会生命。而这一点与社会的开放性并不相悖，反而对社会总体上的开放性提供了更为充分的支持。

5.7 公共管理者的职业规定

在19世纪，当思想家们从对市民社会和国家的思考转向对国家官僚的认识时，需要对官僚的性质给予回答。黑格尔根据其三段论的逻辑需要而把官僚看做是国家与市民社会的“中介”，更多的思想家根据农业社会中的人际关系现象而把官僚比喻成“仆人”，即称作“公仆”。马克思也接受了这个比喻。在总结巴黎公社的经验时，马克思频繁地使用“社会公仆”的概念，提出“要防止国家机关由社会公仆变为社会主人”，避免堕入“旧官僚”发生蜕变的“异化”逻辑。

需要指出，“主”“仆”现象是农业社会等级体系的一种次生现象，虽然是次生现象却又普遍存在。进入工业社会，这种现象作为历史陈迹在一个较长的时间内还是存在的，但工业社会中的政治原则以及法律关系在社会治理体系中的出现，使“主”“仆”现象丧失了制度基础。在管理型的社会治理体系中，官僚作为社会治理者所扮演的是职业角色。对官僚而言，他所从事的社会治理活动是一种特殊的职业活动，无所谓“主”“仆”的问题。在这里使用“主”“仆”的概念，只是一种比喻。所以，回顾管理型社会治理模式并认识官僚的性质和功能时，我们认为，19世纪的各种理论虽然较为准确地描述了现实世界中的现象，但是，由于没有发现官僚职业化的历史趋势，以至于所提出的各种批判性的或建构性的意见对于规范官僚及其行为来说，都很难发挥积极作用。

进入20世纪，官僚职业化已经成为一个明确的历史现象，但着力于从职业角度认识官僚的理论依然显得极其薄弱，即使在马克斯·韦伯那里，在官僚制的理想模式设计中，对于官僚职业的认识也存在着严重不足。就人类社会治理模式的发展而言，社会治理者的职业化是管理型社会治理模式发展中的一项积极成就。公共管理以管理型社会治理模式所取得的这项积极成就为起点，从此出发去进行公共管理者队伍的建设并对公共管理者加以规范，以及对一切与公共管理者行为相关的问题的认识和把握，都需要从公共管理活动是一种职业活动的角度出发，需要避免从“社会主人”或“社会公仆”的思维路径出发来对公共管理者提出不切实际的要求。

当然，在统治型的社会治理模式中，社会治理者是事实上的社会主人，权力关系自上而下的作用方式决定了他们不可能以社会仆人的姿态出现。因为，权力关系本身就必然强化和进一步造就社会等级，在权力执掌者与权力相对人之间，不可能建立起平等关系。在管理型的社会治理模式中，法律关系的介入，使人们在政治上拥有了平等的权利，但社会治理体系自身的权力关系依然决定了社会治理活动中人们之间的不平等，尽管法律关系在限制和矫正不平等方面起着重要作用。实际上，人与人之间由权力关系再造出来的不平等并不能得到根本消除，以至于政治上的平等主张也只是一种意识形态理念，在人们之间的实际不平等面前，政治平等的理论总是显得苍白无力。所以，在“社会主人”还是“社会公仆”的问题上，仅仅在理论上实现了简单的颠倒是没有什么意义的。理论如果希望在现实中切实地发挥作用，唯有转化为制度设计和制度安排的方案，而在“社会主人”和“社会公仆”之间所做出的理论上的简单颠倒，是无法转化为新型的制度设计和制度安排方案的；相反，只能产生一种“江山轮流坐，今日到我家”的心态。所以，关于“社会公仆”的设定，永远只能作为一种意识形态理念而存在，却不能切实地规范社会治理者的行为选择。

从职业的角度来认识社会治理者的性质和功能就不同了。它把社会治理活动看做一种职业活动，相应地，也就把从事社会治理职业活动的人看做职业活动的从业者。正是因为把他们定位在职业活动的从业者这个位置上，他们执掌和行使权力的事实就不会与政治上的平等原则发生冲突，也就能够使他们完全放弃任何特权意识，进而在平等的基础上获得普遍的服务精神。

人与人之间的平等是合作的前提，特别是在社会治理活动中，更是如此。在以往的社会治理模式中，表面看来也有着合作的现象，而在实际上，任何合作都只是假象。因为，在权力关系的等级差别基础上，较高层级上的社会治理者总是有意无意地摆出盛气凌人、位高权重的官架子，较低层级上的社会治理者也必然会染上溜须拍马、阿谀奉承的作风，治理者之间存在着普遍的虚伪和尔虞我诈，根本不存在实质性的尊重、谦让、协商、合作。所以，在权力关系的基础上，即使存在着以合作形式出现的一致性行为，除了顺从、服从之外，就是作为权宜之计的沆瀣一气。

公共管理不同，它在职业的基础上确立起来的公共管理者之间的关系是一种真实的平等关系。虽然在治理体系的结构上还存在着层级，但在公共管理者之间却不因治理结构上的层级差别而造成职业人格上的不平等。在公共管理这一社会治理体系中，公共管理者都以公共管理这一职业活动的从业者身份出现，他们之间是一种相互通过他人来实现社会治理目标的关系，只有以礼貌谦让、尊重互助的形式开展真诚的合作，才能保证每一公共管理目标的真正实现。当然，在公共管理者之间，也会存在着个体差异，这些差异基本上属于开展公共管理活动的知识和技能上的差别，他们在公共管理体系结构中的位置不同，也主要是由这些知识和技能的差别所决定的，在分有公共管理体系的服务精神方面，他们有着同等的资格。

5.8 公共管理职业活动中的道德能力

公共管理者的职业和职业活动既是社会选择的结果，也是自主选择的结果，而且，社会选择与他的自主选择是统一的，社会选择决定了他的自主选择，而他的自主选择又是在充分认识到社会责任前提下的选择。公共管理者的自主选择在形式上是自主的，而在实质上则必须与社会选择相一致。当然，他的自主选择中的自主性也是应当给予肯定的。需要明确的是，这种自主性不是一个“是”或“否”的自主性。作为公共管理者，他没有“否”的自主性，如果他选择了“否”，他就不再是公共管理者了。因为，公共管理是一种职业，他只有选择了这一职业才是公共管理者。作为公共管理者，是建立在确定无疑的职业选择的前提下的，他一旦选择了这种职业而成为公共管理者之后，他的自主选择就在于如何最大限度地与职业要求相一致。在这一点上，实际上就是一个“能力”的问题了。

公共管理作为社会治理科学化、技术化的更高形态，或者说，作为科学化、技术化的社会治理模式的自我否定形态，在取代了管理型社会治理模式而出现在人类社会治理的历史舞台上的时候，继承和发展了管理型社会治理模式的全部科学化、技术化成就，它在操作层面上能够为公共管理者的管理能力提供充分的保证。所以，对于公共管理者来说，他在管理方面的能力几乎是一个无须加以特别关注的问题，即使需要加以研究和讨论的话，也由公共管理学科体系中的各门具体的分支学科来承担，公共管理伦理学所要关注的是公共管理者的道德能力问题。

也就是说，公共管理者在职业和职业活动中的自主选择主要取决于他的道德能力。道德能力与人的其他方面的能力不同，在人的其他方面的能力存在着畸弱的情况下，虽然他可以有着强烈的欲求、愿望和积极性，但在付诸行动的时候也会表现得非常无奈。道德能力则不同。道德能力本身就是人的自主性和积极性的内在力量，能够表现出“求善则善，欲仁则仁”的状况。亚里士多德在社会一般的意义上说：“如果做或不做高贵的或卑贱的事情都在于我们，并且像我们所说的，如果行善就是善人，行恶就是恶人，那么，要做有价值的或无价值的人，都在于我们。”① 的确如此，在社会一般的意义上，作为社会成员，他的道德能力

① 转引自周辅成编：《西方伦理学名著选辑》上卷，306页。

就表现在他是否选择行善的自主性上。对于公共管理者，职业性质规定了他已经不再有选择是否“行善”的自主性了，如果说他拥有自主性的话，那么这种自主性就在于：尽可能地接近全心全意为人民服务的职业要求。

就公共管理职业依然行使权力而言，公共管理者的道德能力是非常重要的权力调节因素。因为，公共管理者的管理能力等如果没有道德能力的支持，就很难在公共管理活动中发挥应有的作用。比如，一个拥有知识、智慧和健康体魄的人，我们可能会视为能力强的标志，但是，由这些因素构成的能力可以从善，也可以为恶。这些能力强的人，在作恶的时候相应地也会显得更恶，对他人对社会构成的威胁和破坏也就会更大。所以，公共管理者其他方面的能力应当得到道德能力的支持，甚至应当从属于道德能力和接受道德能力的统率。

我们所说的道德能力，实际上就是公共管理者的行为与公共管理职业要求的一致性，是指公共管理者在道德修养中形成的直觉能力。这种能力本身并不是学习和认知道德规范的能力，而是发生在公共管理职业活动中的一种自觉地满足公共管理职业要求的道德选择能力。当然，公共管理的复杂性会使善恶的判断和选择变得困难，有的时候，公共管理者无法判断自己的行为选择及其结果是善还是恶，他需要有着一定的认知能力。但是，在一般伦理学中，这种道德认知能力是一个不应回避的研究课题，而在公共管理伦理学这样的职业伦理学中，就失去了讨论的意义。因为，公共管理伦理学的前提是，公共管理的从业者并不是所有的社会成员，也没有任何一个人天生就是公共管理的从业者，公共管理者是通过自我选择和社会选择的途径进入这一职业的从业者队伍中的，而且是经过一定的和必要的训练的人群，他的认知能力以及道德认知能力是在他成为公共管理者之前就已经获得了的。所以，他的道德能力是应当与他的公共管理职业同时拥有的能力。

正是在这个意义上，我们说公共管理者的道德能力不是一个“有”或“无”的问题，而是一个在何种程度上得到发挥和张扬的问题。同样，关于公共管理者的意志力的问题，可能会以坚忍不拔的道德意志力的形式出现，实际上这也不是公共管理者这一职业的从业者所应独具的道德品质，认定目标追求而坚忍不拔，不仅对于任何职业来说都是必备的道德品质，而且也是一切人都应具备的品质，如果公共管理伦理学把这种意志力作为公共管理者的道德能力来加以讨论，除了在主语上使用的名词不同之外，与其他职业伦理学和一般伦理学就没有什么区别了。

总之，公共管理者的道德能力是不能降格为人的道德认知能力和道德意志力的，或者说，它包含着所有这些能力却不归结为这些能力。公共管理者与一般社会成员不同，他任何时候都不应当以他的道德认知能力和道德意志力的不足为借口去推卸他对道德责任义务的承当，他不应当以进一步的修养和提高为理由去替代因不道德行为而应受到的良心谴责。他的道德能力只允许他的一切公共管理行为都必须在某一道德底线之上，低于这个底线，他就在实质上丧失了作为公共管理者的资格，即使他在形式上还是公共管理者，但在实质上可能恰恰是公共管理者中的害群之马。

在对道德行为的研究中，伦理学非常强调人的道德习惯的作用。的确，道德习惯有一个养成的过程，有了这种习惯，人的道德行为选择就会表现出自然而然的情况。但是，这种对道德习惯的探讨，也同样不能成为作为职业伦理学的公共管理伦理学的内容。公共管理伦理学如果也去研究道德习惯的生成问题，无疑是抢占了一般伦理学的研究课题。而且，对于公共管理者来说，他并不是先选择了公共管理活动为业，然后才去努力养成道德习惯，而是应当先养成道德习惯，然后再选择公共管理为业。当然，公共管理职业的特殊性决定了公共管理者在开展职业活动的过程中需要接受这一职业的特殊道德规范的约束。同时，公共管理者的道德习惯也会在很大程度上决定着他的道德行为选择。然而，在道德习惯的问题上，却不应当是在职业选择之后才去努力养成。所以说，就道德习惯而言，是一个普遍性的问题，职业伦理学在这方面没有特殊的要求和规定，公共管理者的道德习惯也是他作为普通社会成员所应当拥有的道德习惯。他的职业选择不是他的道德习惯养成的前提；相反，他作为公共管理者而接受的社会选择，恰恰是把他的道德习惯作为必备的条件来对他作出判断的。

5.9 公共管理职业活动中的道德判断

职业活动对从业者有着双重要求：其一，狭义的职业角色以职务、岗位的形式出现，有着明确的责任和义务的内容，承担这些责任和义务就达到了职业要求；其二，广义的职业角色需要在职业体系中来把握，即它在职业体系的上下左右之间处于什么样的位置，以及从业者如何在这个位置上处理好他与整个职业体系的关系。职业角色的这种二重性表明：狭义的职业角色与从业者行为的一致性并不包含着道德判断，只有在广义的职业角色与从业者行为的一致性中，我们才能把从业者判定为道德的。

但是，由于人类社会的职业分化而使我们对人的行为进行道德判断变得复杂起来。不仅因为职业活动本身包含着可以和不可以进行道德判断的双重内容，而且在许多职业活动中，进行道德判断也非常困难，甚至没有必要。一般说来，在工业社会早期阶段，对于专门从事物质生产的职业活动，由于生产的简单性等原因，道德判断几乎是无关宏旨的，只是到了工业化较为高级的阶段，由于生产合作程度的增强，以及产品质量的社会影响的扩大，才使道德判断变得有所必要。也就是说，职业活动越是具有社会性，就越突出了道德判断的意义。与直接同物打交道的领域相比，在直接同人打交道的领域中，对从业者有着更多和更高的道德要求。社会治理活动基本上可以看做纯粹同人打交道的领域，所以，对社会治理活动而言，主要应从属于道德判断。但是，在统治型社会治理模式中，对治理活动的道德判断由于这种社会治理活动更多地要从政治权谋方面进行考虑而无法落实。在管理型的社会治理模式中，由于陷入科学化、技术化的片面追求而放弃了对社会治理活动进行道德判断。公共管理在对公共管理者提出道德要求时，其实是社会治理活动本性的复归。

公共管理者群体与个体的关系在个体身上也会表现为理性与非理性因素的冲突。公共管理者个人虽然在他的职业选择中已经成为公共管理主体，但他同时作为职业活动之外的社会个体和自然个体的事实并没有改变。在这种意义上，“人直接地是**自然存在物**。人作为自然存在物，而且作为有生命的自然存在物，一方面具有**自然力**、**生命力**，是**能动的**自然存在物，这些力量作为天赋的才能、作为**欲望**存在于人身上；另一方面，人作为自然的、肉体的、感性的、对象性的存在物，和动植物一样，是**受动的**、受制约的和受限制的存在物”[①]。肉体的、感性的存在基本上是以人的情欲、感情等非理性的本能冲动的形式出现的，这种非理性的本能冲动虽然有着积极意义，但也经常性地引发和助长人的偏私和任性等。人的偏私和任性在人的社会生活和群体活动中是具有破坏性的，所以，长期以来，那些属于社会主流的思想意识总是张扬理性和贬抑非理性。

群体也有非理性的时候，而且，每当历史处于重大社会变革的时期，群体的非理性行为总会频繁出现。但是，群体的非理性行为较多地存在于政治的、宗教的等社会运动的过程中，在职业活动的领域中，很少出现群体的非理性行动。在某种意义上，职业活动是严格的理性化的活动领域。公共管理活动就是这样，公共管理者个体与群体的一致性是基于理性的一致性，因而，它要求用全心全意为人民服务的理性精神约束公共管理者个人及其一切与公共管理宗旨不相符合的非理性因素，并通过这种自我约束，使公共管理者个人融入这一职业群体之中，实现自我肯定。在这方面，黑格尔的要求尽管过于专断，却不失为公共管理者个体实现自我约束的参照标准。黑格尔说：“凡是我的判断不合乎理性的东西，我一

---

① 《马克思恩格斯全集》，中文1版，第42卷，167页，北京，人民出版社，1979。

概不予以承认，这种法是主体最高的法。”①

对公共管理职业活动进行道德判断的客观基础就是这种新型的社会治理模式是根据伦理精神建构起来的，它是一种德治的治理模式，拥有道德的制度，而且伦理精神在从业者这里是以道德化的职业意识出现的。因而，公共管理活动的道德判断标准随时都在发挥作用。同时，公共管理的从业者不是把职业活动作为他的生命活动的一个构成部分，他是以完整的人的形式投入到公共管理职业活动中来的，他作为人的道德属性会体现也必须体现在职业活动之中，他需要通过道德判断来检验自己的职业活动，并去自觉地改善这一职业活动。而且，公共管理宗旨上的服务价值以及行为模式上的合作特征，也决定了这一职业活动只有在道德判断中才能获得正确的行动方向。

如果说在管理型社会治理活动中，倡导的是科学理性，让社会治理者个体从属于工具化、形式化了的科学理性，那么，公共管理伦理学所要努力证明的则是伦理理性的价值。也就是说，公共管理伦理学所洞察到的是公共管理这种新型社会治理模式的伦理基础。公共管理伦理学的最为根本的要求就是去描述公共管理理性的体系，使公共管理者系统地把握这种理性并用以武装自己，从而满足公共管理职业活动的要求和使自我在这种职业活动中得以完善。

5.10 公共管理职业活动中的权威与自由

在一切职业行为系统中，都存在着自由与权威的矛盾，职业活动本身就是一个倾向于产生权威的系统，特别是在社会治理体系中，治理活动的发生就是在一个权威体系的框架中进行的。

一切社会治理体系都具有权威性。在传统的治理体系中，特别是在统治型社会治理模式中，权威是社会治理的充分支持力量。在管理型社会治理模式中，管理意义之外的社会生活和政治生活中弥漫着自由的理念和要求，但是，一旦进入治理体系之中，自由就不再存在。即使是在政治层面上的治理，也会通过牺牲自由来满足治理的需要，更不用说在行政管理层面上的社会治理活动了。在管理型社会治理模式中，以行政管理形式出现的社会治理同时兼具了权力和体制两个方面的权威。也就是说，它一方面继承了统治型社会治理模式中权力的权威；另一方面，又在法律制度的建设和官僚制体制的确立中发展出制度的、体制的权威。

① ［德］黑格尔：《法哲学原理》，134页，北京，商务印书馆，1961。

当然，根据韦伯的意见，官僚制更多地强调制度的、体制的权威，但是，官僚体制的等级性又在实际上强化了权力的权威，从而使人的平等仅限于虚幻的人格层面上。没有实质性的全面的平等，也就没有自由。所以，在实质上，管理型社会治理活动也与统治型的社会治理一样，作为治理者的个人，都没有自由可言，甚至有过之而无不及。因为，如果说在统治型社会治理模式中，那些手握重权的人还拥有一种非人的变态自由的话，那么在管理型的社会治理模式中，连那种非人的变态自由也被取缔了，剩下的只有权威，无处不在的权威。整个社会治理体系都弥漫着权威，所有治理者都会在治理活动中运用权威、创造权威、强化权威和受权威所支配；所有治理者都以自己的治理活动反对自由、压抑自由、限制自由和破坏自由。

必须承认，在管理型社会治理模式中的政治层面上，自由是一个深入人心的理念，但它在实际生活中，往往是用强迫的方式要求人自由或赋予人自由。也许在以经济生活为主要内容的私人生活领域中，有着更多的自由追求和愿望，可是，一旦触及实际，所有关于自由的追求和愿望都会变成空想，即使某个具体的人或人群碰巧在某个时刻感受到了自由，那也是强迫性压抑缓解时造成的一种自由假象。总之，无论是统治型的还是管理型的社会治理模式，都无法使权威与自由统一起来，社会治理中的权威永远是自由的敌人。反之亦然。

公共管理使社会治理这种特殊的职业活动发生了根本性的变革，彻底改变了权威与自由的矛盾和冲突，第一次在社会治理的历史性现实中把它们统一了起来。对于公共管理而言，自由是最具权威性的，而权威则是自由的权威。公共管理者通过公共管理这一特殊的职业活动而为社会提供的充分服务，造就着一切社会成员的自由。一切社会成员的自由，又以公共管理者职业活动的自主性为起点。

在公共管理这种新型的社会治理模式中，权力的权威、制度的权威、管理体制的权威甚至技术专家的权威都依然存在。但是，所有这些权威，都是公共管理这一职业活动的必要支持，是公共管理服务目标体系的保障因素。这种权威与统治型社会治理方式中的那种支持统治的权威和管理型社会治理模式中的那种支持管理的权威完全不同。公共管理体系中的权威虽然要以权力、制度、体制的形式出现，而在实质上则是道德的权威。如果说权威的概念包含着权威作用对象的认同，那么道德的权威才是真正的权威。因为，权力的、制度的和体制的权威都包含着强制性的强迫认同，只有道德权威才是非强制的自由认同。所以，只有这种权威才是一种把自由作为自己的内涵的权威，是与自由相统一的而不是相对立的。

如果自由自身是权威，那么它就是摆脱了一切权欲、物欲束缚的状态，就是人的自我解放。这种自我解放不仅是从一切外在于人的束缚中解放出来的解放，而且是从人自身的物理存在、精神存在以及这些存在所派生出来的各种束缚中解放出来的解放。当人实现了这种解放，他就不会制造任何对他人的束缚，反而，他与他人组成完整的尊重自由权威的共同体。公共管理的职业追求正是这个目标，在走向这个目标的过程中，他自觉地把一切权力转化为服务他人和尊重他人自由的权威。与以往所有社会治理模式中的表现不同，权力再也不是与自由相分离的权威，再也不是压抑自由、排斥自由的权威，而是自由的支持力量。

权威总是与权力相联系的，最起码，权威产生于权力关系普遍发挥作用的等级社会。所以，直到今天，人们把权威与广义的权力联系起来考虑。从管理的角度看，对于权力，是可以从人的群体秩序、生产和生活的整体性需求和效率的角度来作出客观性的理解。但是，如果我们不止于这些客观性的理解，就会发现，人的物欲以及在物欲基础上生成的权欲，则是权力的主观基础。在等级化的社会中，人们一直受到双重奴役而不得自由，一方面，人们在社会治理体系中受着各种各样的社会治理者及其活动的限制、拘束、压迫和奴役；另一方面，人们受到自己的权欲、物欲的压迫和奴役。

在制度层面上，统治型的社会治理模式的最主要特征就是，实现了上述这两种压迫和奴役的统一，把它们以制度化的方式确定下来，让权力结构体系执行着这种压迫和奴役。所以，统治型社会治理模式中的官吏无非是专门执行这种压迫和奴役的尚不稳定的社会治理群体。在统治型社会治理模式中，如果治理活动在一定程度上是可以看做为专业化的活动的话，那么它也无非是以权力的运行为基础的专业化的压迫和奴役。管理型社会治理模式由于在权力关系和法律关系的双重支点上作出制度安排和社会治理方式的规划，从而使权力与物欲、权欲之间的关系表现出了复杂的情况，特别是当管理型社会治理方式在对物欲和权欲进行限制和规范时，开辟了许多不借助于权力也能实现物欲和权欲的途径。比如，提供了运用金钱去满足物欲的途径；也提供了运用资本去满足权欲的途径，而且，通过这些方式去实现物欲和权欲还有着更为广阔的空间，人们没有必要都进入公共领域去争夺权力。久而久之，“官本位文化”也就逐渐淡出社会生活。

但是，在某种意义上，我们可以说，管理型社会治理模式并不是一种能够改造人的物欲和权欲的治理模式，它在人的物欲和权欲的问题上，开辟了多途径实现的道路，而且通过这种方式刺激和培育着人们的物欲和权欲，它在公共领域等一切特定的领域中限制物欲和权欲，恰恰是为了在其他社会生活领域中激发出更大更强烈的物欲和权欲。在很大程度上，管理型社会治理包含着这样一种技术性奥秘：社会治理活动在何种程度上激发出人们的物欲和权欲，也就会在同等程度上获得成功的社会治理。因为，人的物欲和权欲被看做社会成功发展的动力，而且被看做使人更加依赖社会治理主体及其治理活动的亲和力。在经济学上，把社会治理中的激发人的物欲和权欲的方式，称作为一国扩大“内需”的途径。

可见，在以往社会治理模式中，权力之所以成为压抑自由、排斥自由的强制性力量，是由于它与权欲和物欲的结合。当权欲、物欲在权力的行使中发挥作用，权力执掌者和行使者必然会用自己的自由破坏权力作用对象的自由。管理型社会治理模式的一切关于制衡权力的制度和机制，都是为了把权力与权欲和物欲分离开来。公共管理继承了管理型社会治理模式的这种把权力与权欲和物欲分离开来的要求，但是，在如何分离的问题上，实现了对管理型社会治理模式的超越。公共管理不把权力与权欲和物欲的分离完全寄托在权力制衡上，而是通过伦理制度的建设实现权力与权欲和物欲的分离。也就是说，公共管理在伦理精神的引导下，以伦理关系为基础去进行制度设计和制度安排时，首要的工作就是针对公共管理这一职业活动的特点，使公共管理者掌握和行使的权力同他们的权欲和物欲分离开来，或者说通过制度安排的途径使他们在公共管理的职业活动中告别权欲和物欲。在他的私人生活中，合理的物欲是能够得到认可和支持的，但权欲不会因为物欲而生成；在公共管理活动中，物欲发生了质的转变，转变成为公共管理所必需的道德支持力量。这样一来，权力的执掌和行使不再受权欲的影响，即使受到物欲的影响，也是道德化的物欲在发挥作用。总之，在这里，物欲不再是一切奴役力量、压迫力量和束缚力量的总根源，而是人的自由和自我解放力量的总根源。公共管理正是在自己的制度设计和制度安排中，对公共管理的职业性质作出规定，正确处理权力与权欲和物欲的关系，进而通过公共管理的职业活动造就一切人的自我解放和全面自由的条件。

无论在统治型的还是管理型的社会治理模式中，都有一大批热爱社会治理活动的精英，正是他们支撑着社会秩序与社会稳定，并为社会的发展提供了必要的保障。但是，在以往的社会治理活动中，这种热情极其容易转化为对权力的热爱，而不是对事业的热爱。所以，随着统治型社会治理模式向管理型社会治理模式的转变，随着权力因素的消减和法制因素的增强，社会治理者治理活动中对权力的热情也走向衰减。尽管公共管理中存在着权力，但是，权力的性质发生了根本改变，因为权力不再是满足特欲的工具，而是获得荣誉的途径。然而，公共管理者获得荣誉的途径将是多样化的，所以，他也就不再会表现出强烈的权欲。总的说来，由于社会治理的演进中包含着这种趋势，公共管理者的社会治理热情也必然会作出根本性的调整，他会杜绝对权力的热爱，从而转向热爱职业，即热爱公共管理这一神圣职业。

5.11　公共管理者的职业使命

公共管理的职业活动不同于市场经济中一切私人部门的职业活动。就“公共”一词而言，本身就是与私人领域相对应的范畴，它意味着对作为个人的私人的超越，也同样意味着对非公共的利益集团、特定的私人组织和群体的超越，它立足于社会整体的公共利益，立足于全社会共有、共享、共利、共需的利益要求。公共管理职业活动所要处理的问题，就是消除一切不利于公共利益实现的因素，为着公共利益积极地、创造性地实现提供保障。

在人类有史以来的所有职业活动中，公共管理是一项最为特殊的职业，是一项从业者没有自己的特殊利益的职业。管理型的社会治理也是服务于公共利益的，它把一切治理制度的设置和治理行为的选择都置于公共利益至上的理念统摄之下，特别是把政府中的行政也称作公共行政了。然而，事实上，却客观地存在着政府的自利问题，存在着政府工作人员的个人利益要求或利益追求等问题。对于公共管理者来说，他的职业活动既不从属于个人的自利目的，也不以所在组织、集团的利益为出发点。公共管理这一职业，在本质上是“公共的”，特别是它的理想形态，从目的到行为到工具到组织构成到奉行的原则等等，都凸显出公共性质。

公共利益的实现需要得到组织保证。真正突出公共利益至上的原则，对于组织设计又是一个必须遵从的前提。在公共管理的职业活动中，根据公共利益至上的原则进行组织设计，是这一职业活动伦理化的基础和道德化的前提。组织社会学一直在探索组织凝聚力的问题，但它往往把希望寄托在组织成员同质性的增强上，试图通过组织目标、组织中共同价值取向的确立来增强组织成员的同质性。这一思路是正确的，与较早时期的那种通过强化组织纪律和规范的方式来把组织成员整合在一起的实践相比，是一个进步。但是，在涉及组织成员的个体性、自主性等方面的维护问题时，却没有较好的措施。所以，无法实现“和而不同”的目标。

在后工业社会，组织设计的中心目标就是要解决“和而不同”的问题，组织中的结构、制度、体制和运行机制不是为了谋求组织成员的同质性，而是在组织成员的个体性、自主性得到充分尊重的前提下去谋求他们之间的合作。或者说，它需要通过组织成员个体性、自主性的张扬而获得合作行动的结果，在让组织成员间的差异成为组织体系有机化的动力的同时，从组织成员的个体存在中去发现那些内在的道德同质性因素。组织的目标、理想、价值取向只是唤醒组织成员间内在的道德同质因素的“引信”，而不是需要强加于他们的东西。当然，突出人的差异的方面，是否有利于组织整体功能的增强是一个极其复杂的问题，如果把这个问题简单化就会适得其反。例如，中国在特定时期的社会治理实践中所实验的“老”“中”“青”三结合和“工”“农”“兵”三结合就是不成功的，原因就在于对组织成员差异方面作出了简单化的理解，属于“异形整合”而不是“异质同构”的组织设计。所以，公共管理在组织设计上，是以公共管理的公共性为指导原则的。只有在公共管理活动中突出公共利益至上的原则，并使这一原则成为公共管理者职业活动的内在信念，才能保证一切公共管理组织都是实现了有机整合的和具有总体性的整体。

从社会治理活动的重心来看，不同的社会治理方式也是不同的。统治型社会治理要求官吏以“治人”为中心，不仅统治是以对人的统治为核心的，而且整个社会秩序的获得和社会的发展，都以对人的治理状况为转移；管理型社会治理要求官员、公务员以“治事”为中心，一切以事为转移，对事不对人，事中求是，不受人情干扰。在公共管理的职业活动中，则是以“治利”为中心的，公共管理者考虑的重心既不是人也不是事，而是透过人和事或通过人或事去处理公共利益和私人利益、短期利益和长期利益之间的关系。

职业活动作为专门化的社会活动必然伴有相应的能力和技术要求，甚至现代社会中的一些职业都要求从业者有相应的知识基础和教育背景。由于这个原因，所有职业对于业外人而言，都有着不同程度的神秘性。职业的神秘性往往成为职业相对人遭受愚弄和盘剥的原因，也是从业者自大专横的根源。易言之，一种职业之所以能够成立，是因为这种职业能够满足社会某一方面的专门需要，专门化造成了知识和技术的社会学（而不是经济学）意义上的垄断，从而妨碍了职业活动去有效实现职业功能，大大降低了职业的社会价值。对于这类问题，我们常常指责为职业腐败或行业腐败。而且，现代社会在消除职业腐败方面并无良策，因为职业的神秘性因素是无法消除的，甚至社会越发展，职业神秘性的因素就会愈益增强。一般社会职业已然如此，那么社会治理的职业活动会怎样呢？社会治理职业不仅有着职业神秘性的一面，而且还有着公共权力。专门知识和技能造就的职业神秘性与公共权力的结合，使社会治理者总是处于无比优越的地位。公共管理就是要从根本上消除这种“优越性”。公共管理的全部历史使命都可以最终归结为公共利益的实现，对于它来说，职业神秘性就是公共管理的头号敌人，一种全心全意为了公共利益实现的职业决不应当成为公众眼中的神秘职业。所以，公共管理需要通过一切制度化的手段消除职业神秘性，从而使自己成为拥有最充分的开放性和透明性的社会治理活动，让公共管理中一切不利于公共利益实现的因素都能迅速地暴露在公众面前。

任何一种职业活动都会有相应的职业规范。职业规范是一个系统，其中包括技术性规范、制度规范和以文化或职业习惯为构成因素的文化规范等。一般说来，在应然的意义上，私人领域中的职业活动技术性规范偏重，文化规范稍弱；而公共领域中的职业活动，在文化规范方面应强一些，而技术性规范的重要性相对较弱一些。然而，管理型的社会治理模式在公共领域中发展出了超强的技术性规范体系，反而用工具理性、形式合理性冲击了公共领域中的文化规范。这是作为公共领域中的社会治理职业活动不应有的变异，公共管理职业活动必须矫正这一变异。公共管理的矫正方案并不是片面地强化文化规范，而是把以往作为文化规范构成要素的道德规范厘析出来，以道德规范为基础而建构起系统的道德规范体系。这种规范体系虽然以道德为基础，同时也兼容了以往技术性规范的全部成就。所以，在公共管理职业活动中，技术规范和文化规范以制度的形式统一了起来，成为完整的、有机的职业规范体系，从而在根本上改变了以往社会治理中的或者“重文化、轻技术”或者“重技术、轻文化”的制度规范模式。

公共管理者的职业道德包含着一般社会职业道德的基本内容，诸如忠于职守、团结互助、顾全大局等每一职业中的道德要求也都应体现在公共管理活动中。但是，公共管理还需要特别突出那些对这种社会治理活动有着更加重要意义的道德规范。总的说来，职业活动的目标决定了职业道德的状况，以利润为目标的职业与以服务为导向的职业在职业道德上会有着很大的差异。公共管理是完全撇除了利润目标的职业活动，它在公共利益实现的目标追求之中仅仅把服务作为全部职业活动的终极旨归，为社会服务、为公众服务是一切公共管理活动的基本内涵。

人类社会的发展也有这样一个有趣的现象：在农业社会，家庭，特别是巨型家庭本身就是一个小的社会，存在着各种各样的矛盾和冲突，人不得不承受着各种各样的压力、接受各种各样的约束和限制，自由地思想、言论和行动几乎是不可能的。进入工业社会，随着巨型家庭的解体，特别是核心家庭的出现，使“家”这个词成为温馨的象征，家庭变成了一个最自由、最平等的场所，是一个最允许自由思想、放肆言论和自主行动的地方。同时，人所不得不承受的各种各样的压力、不得不接受的各种各样的约束和限制，都转移到了人的职业活动中去了。可以说，人与人之间的绝大多数矛盾和冲突都存在于人的职业活动之中，人与人之间一较短长的斗争大都发生在职业活动之中，或者是通过职业活动展开的。人的自由、自主性的丧失，基本上是职业选择的结果。

但是，在从工业社会向后工业社会转变的过程中，职业活动的领域也会发生根本性的变革，职业活动将会成为最能自由、自主和充分展现自己的场所。在社会治理这一职业活动领域中，管理型社会治理活动中的官僚制泯灭了治理者个人的个性，以至于社会治理中的人的一切积极因素都会逐渐地退隐。公共管理者的职业活动不同，它是创造性的社会治理活动，这种创造性根源于公共管理制度安排所赋予公共管理者的充分自主性。就公共管理者而言，他用创新理念武装自己，创造性地开展公共管理活动，创造性地运用和发挥公共管理制度体系赋予他的自主性，充分展现他从事公共管理活动的创造力，只要一心为了公共利益的实现，他就有着充分的自由和自主性。

本章小结

职业活动是在工业化的过程中出现的。工业社会的职业是建立在社会分工的基础上的，从工业社会向后工业社会的转变，职业的基础也发生了改变，后工业社会的职业是建立在社会分群的基础上的。公共管理的职业关系在形式上是职位和岗位之间的关系，在纵向上表现为职位关系，在横向上表现为岗位关系。在解决利益矛盾和利益冲突时，公共管理不同于以往的社会治理模式，它突出了伦理关系对于社会治理的基础性地位，在伦理关系的基础上谋求合作和和解，让权力和法律成为合作与和解的支持因素。

人有多重社会角色，现代社会，职业角色是人的社会角色的基本形式。公共管理者的职业角色是社会选择和他个人的自主选择的统一。人的职业行为决定着人的职业角色，或者说，人是通过自己的行为选择了职业角色和进入职业角色的。公共管理者职业的一切实质性内容都是由公共管理者的行为直接决定的。公共管理者的职业行为是公共管理服务本质得以实现的途径。当公共管理者把服务精神转化为他的道德信念和道德标准时，他就获得了自由和自主。这个时候，公共管理者的行为不再是受某种外部力量驱使的行为，而是属于他的，是由他自己的意愿主使的行为。在人的一切行为中，只有道德行为是最自由、自主的行为，公共管理的职业行为也是这样。

公共管理者是服务型社会治理模式中的社会治理者，对于他们，需要从职业活动主体的角度来加以认识，他们既不是社会的“主人”，也不是社会的“仆人”，把他们描述为“社会公仆”是不正确的。只有把公共管理者看做社会治理职业的从业者，才能使他们完全放弃任何特权意识，进而在平等的基础上获得普遍的服务精神。公共管理在职业的基础上确立起来的公共管理者之间的关系，是一种真实的平等关系。虽然治理体系结构上还存在着层级，但公共管理者之间并不因治理结构上的层级差别而造成职业人格上的不平等。在公共管理这一社会治理体系中，他们都以公共管理这一职业活动的从业者的身份出现，他们之间是一个相互通过他人来实现社会治理目标的关系。只有以礼貌谦让、尊重互助的形式开展真诚的合作，才能保证每一公共管理目标的真正实现。

公共管理作为一种新型的社会治理模式，所拥有的服务性质是对公共管理者行为进行道德判断的实质性根据。道德判断往往以理性的或非理性的行为为标准，公共管理者群体与个体的关系在个体身上表现为理性与非理性因素的冲突。职业活动是严格的理性化的活动领域。公共管理活动就是这样，公共管理者个体与群体的一致性是基于理性的一致性，因而，它要求用全心全意为人民服务的理性精神约束公共管理者个人一切与公共管理宗旨不相符合的非理性因素，并通过这种自我约束，使公共管理者个人融入这一职业群体之中，实现自我肯定。

在一切职业行为系统中，都存在着自由与权威的矛盾，职业活动本身就是一个倾向于产生权威的系统，特别是社会治理体系、治理活动的发生，就是在一个权威体系的框架中进行的。公共管理使社会治理这种特殊的职业活动发生根本性的变革，彻底改变了权威与自由的矛盾和冲突，第一次在社会治理的历史现实中把它们统一了起来。对于公共管理而言，自由是最具权威性的，权威应当是自由的权威。公共管理者通过公共管理这一特殊的职业活动而为社会提供的充分服务，造就着一切社会成员的自由，一切社会成员的自由又以公共管理者职业活动的自主性为起点。

公共管理者职业活动的使命就是促进公共利益的实现。对于公共管理者来说，他的职业活动既不从属于个人的自利目的，也不以所在组织、集团的利益为出发点。公共管理这一职业，在本质上是“公共的”，特别是它的理想形态，从目的到行为到工具到组织构成到奉行的原则等，都凸显出公共性质。为了公共利益的实现，在公共管理职业活动的组织设计中，需要突出公共利益至上的原则，并使这一原则成为公共管理者职业活动的内在信念，从而保证一切公共管理组织都是实现了有机整合的具有总体性的整体。

复习思考题

1. 为什么说在农业社会不存在严格意义上的职业活动？

2. 为什么说后工业社会的职业活动以社会分群为基础？认识这一点有什么科学意义？

3. 职业与职位和岗位之间的关系是怎样的？

4. 公共管理有着什么样的职业关系结构？

5. 为什么说公共管理者的职业角色是社会选择和自我选择的统一？

6. 公共管理者的职业行为与职业之间的关系是怎样的？

7. 公共管理职业行为的性质是什么？

8. 公共管理者如何获得自己的社会生命？

9. 职业流动对人的社会生命的获得有什么意义？

10. 为什么说公共管理者不是“社会公仆”？

11. 公共管理者的道德能力在他的职业活动中有什么意义？

12. 公共管理者如何获得自己的道德能力？

13. 对公共管理者职业活动进行道德判断的根据和标准是什么？

14. 公共管理者如何处理公共管理活动中权威与自由的关系？

15. 为什么说公共利益的实现是公共管理者职业活动的使命？公共管理者如何实现他的职业使命？

第 6 章

公共管理者的道德存在

人类社会的制度设计和制度安排取决于对人的认识。所以，“人是什么?”这样一个问题一直是思想家们极其关注的问题，几乎所有思想体系都是从这一点出发去展开自己的理论叙述的，有多少思想体系，也就有多少种关于人的定义。一般说来，迄今为止的整个思想史都是徘徊在从人的物质存在和人的精神存在这种二元分立和同构的立场上来认识人的。其实，人不仅是物质存在和精神存在的同构体，对于人的存在是可以从三个方面来理解的。人有着物理存在的方面，这个方面是从自然界获得的，是人的自然的方面，与动物没有什么本质的区别。正如以往的思想家们所看到的，人也有精神方面的存在，而且这个方面是人与动物区别开来的标志。但是，人与动物的区别不仅表现在人拥有精神存在这一点上，更为根本的是，人有着道德存在这一重内容。人的道德存在才是人的社会性本质所在。正如人都有着认识世界和形成思想、意志、情感等精神存在的潜质一样，人也都有着产生道德存在的潜质。人的道德存在的现实形态是通过直觉的方式与社会理性、群体理性或职业理性的契合。良心是人的道德存在的核心，是一种最高境界的道德存在。人的道德行为根源于人的道德存在，科学的任务就在于揭示人的道德存在及其发挥作用的机制，并在此基础上提出制度设计的方案。

重点问题

- 人的物理存在、精神存在和道德存在
- 人的道德潜质与社会理性、群体理性或职业理性
- 良心是道德存在的核心
- 良心的“体”“用”表现
- 认识论伦理学批判
- 道德直觉
- 道德存在对人的自我完善的意义
- 道德存在可以成为制度设计的基石

6.1 人的三重存在

人的存在是“三位一体”的。首先，人有着物理存在的方面。人的物理存在是生理上的和物理上的，溯本求源，可以归结为物理上的存在，即归结为分子、原子等。其次，人又有着精神存在的方面。人的精神存在是指心理上的和精神上的存在，人的心理活动、理想和信念以及信仰等，都是人的精神存在的内容，而且，这种精神存在可以被归结为人的思想、情感、意志、愿望和情绪等。最后，人还有第三个方面的存在，那就是道德存在。人的道德存在是一种更高形式的存在，它的终极形式就是良心。也就是说，人的生命包含着三重内容：它们分别是人的物理存在、精神存在和道德存在。①

人是一个十分复杂的综合体，人的物理存在、精神存在和道德存在决定了人有着对立的倾向和冲动。这些对立的倾向和冲动赋予人以活力，又要求人必须将它们统一起来，人只有将这些对立的倾向和冲动协调起来，才能成为完整的人。问题是人以什么来协调和统摄这些对立的倾向和冲动，就成为人类全部文明史不断探索的主题，而且，人类的全部制度设计和制度安排，也都从属于对这一问题

① 物理存在是一种特定的指称。现代科学一般把人的这方面内容称作生理存在，实际上，“生”这个词中应包含着“神”的内容。为了把人的此一方面的存在与人的精神存在相区别，称作物理存在可能更合适一些。

的解决。

承认道德存在对于理解人的道德生活有着重要意义。正如承认人的物理存在对于理解人的物质生活以及承认人的精神存在对于理解人的精神生活一样，也只有基于人的道德存在才能发现：在人内心之中有着追求道德生活的渴求和冲动，也才能排除任何把人的道德看做是外部加予人的错误观点，进而才能理解根据人对道德生活的渴求去进行制度建设的必要性。

在人类历史的早期阶段或在个人生活的低等需要中，满足人的物理存在需求的生活必需品主要是食物和性等物质性的产品；在社会发展的较高阶段以及个人生活的较高等需要突出出来时，在人的生活必需品的清单中就需要增列出一些精神产品，而到了社会发展的更高阶段的时候，或者在个人生活的更高等需要中，道德作为人的生活中的必要内容也就必然会日益显示出来。

如果说人的精神存在比物理存在复杂得多的话，那么道德存在又较精神存在更为复杂。正是由于它具有复杂性，所以，相对于迄今为止的一切关于人的研究来说，人的道德存在都显得非常神秘，以至于伦理学直到今天还是一门颁布人文教义的学问，很难以科学的面目示人。哲学家们往往根据“心物二元论”的假设，试图抹去人的道德存在的复杂性，独断地把人的道德存在宣布为人的精神存在，在主观臆断的叙述中或在貌似科学的精神现象分析中，回避了对道德及其道德现象作出专门研究的工作，从而一直把人的道德存在简约为人的精神存在。进而，作为人的道德终极存在的良心也被纳入庸俗解读的框架之中了。

用分析的眼光来看，人的三重存在之间有着明显的不同，或者说，人的三重存在是人的由外而内的三个层次的存在。人的物理存在是人的最为表面的存在形式，是最接近于人之外的客观世界的。也就是说，人的物理存在是人与客观世界，特别是自然界进行交往的中介和桥梁。人正是通过人的物理存在，才能够与客观世界建立起稳定的联系。人的精神存在是人的较深一层的存在形式，在外向的维度中，与人的精神存在直接发生联系的是人的物理存在。人的精神存在是通过人的物理存在或借助于物理存在而与客观世界进行交往的，人感知和认识客观世界，人与他人以及社会客观精神和心理进行交流，都需要经由人的物理存在才能成为可能。

在内向的维度中，人的精神存在则直接地与人的道德存在相联系。在此意义上，人的精神存在是人的物理存在与道德存在之间的中介和桥梁。从人的物理存在、精神存在和道德存在的关系结构来看，人的精神存在与人的道德存在之间的关系较为直接，而作为人的精神存在的情感是最为直接地与人的道德存在联系在一起的，因而也最为直接地影响人的道德存在的外向作用过程和状况。反过来，人的教育状况、学习程度和修养水平之所以能够影响人的德性，也基本上可以被理解成影响了人的情感，然后才影响人的道德存在。

我们说人是物理存在、精神存在和道德存在的“三位一体”，无疑包含着三者之间的互动和相互影响。人的物理存在的状况会反映在心理上和精神上，会影响着人对社会观念、理论、思想和文化的取舍。反过来，人的精神存在也会对人的物理存在有着重要的反作用，同样，人的物理存在和精神存在也会分别或协同地影响着人的道德存在的状况，特别是精神存在，对人的道德存在有着直接的影响。人的道德水平之所以能够因为习练而得到提高，就是由于人的物理存在和精神存在影响人的道德存在的机理所使然。人的道德修养过程，实际上就是通过对人的物理存在和精神存在的改变和调整去影响人的道德存在的过程。

总之，正如以往的科学发现可以充分证明人的物理存在和精神存在之间存在着相互影响一样，人的物理存在、精神存在和道德存在之间的相互影响也是确定无疑的，它们处于互动的状态。人的生理需求会反映到人的心理上从而转化为人的精神存在，人的道德存在也会通过人的心理而转化成精神存在。比如，在感性的意义上，人的道德存在会转化成道德心理、责任意识和义务感等，而这些感性的和不完全理性的精神存在物的进一步理性升华，则会以伦理价值的形式出现，进而在人的行为中以价值目标的形式出现。理解群体甚至社会整体的价值确定、价值选择和价值目标时，从客观的社会存在和社会需要出发固然是一条正确的科学思路，但是，社会中每一个个体的道德存在通过道德心理、伦理价值进而融入到社会价值体系中的道路，也是一个不可忽视的研究课题。

但是，也需要指出，人的物理存在、精神存在和道德存在之间的相互影响和互动是不应被无限夸大的。可是，长期以来，也正是由于人的道德存在的相对独立性和自为性没能得到承认，才会无限夸大人的精神活动与道德活动之间的相互影响和互动。《庄子·天地》中的一个故事就属于无限夸大这种相互影响及其互动的典型。故事是这样的：子贡在汉水之南看到一个老人在菜园浇水，修渠到井口，却拿着瓦罐下井汲水再抱上来灌溉，这实际上既吃力又效率低，子贡便建议他使用一种提水机械，然而，却遭到老人的讥笑。老人说，他不是不知道有这种机械，只是他不愿意使用，理由是：“有机械者必有机事，有机事者必有机心，机心存于胸中则纯白不备，纯白不备则神生不定，神生不定者，道之所不载也。”就人的行为表现来看，这位抱瓮灌圃的老人所言是合乎情理的，但就其推理来看，则是不可取的。

道德与“机事”并不必然是逻辑对立的，之所以“抱瓮老人”的推理千百年来能够得到人们的认同，是由于人们只满足于现象的观感，更没有认识到人的物理存在、精神存在与道德存在之间的不同，更没有认识到人的这三重存在之间相互影响、相互作用的机制和机理。一旦人的这三重存在得到了正确把握，同时人的这三重存在之间相互影响、相互作用的机制和机理得到了科学理解，也就不再会以道德排斥科学技术，反而会鼓励科学探索，鼓励发明创造和积极推广科学技术的应用，进而，会根据人的三重存在及其相互影响、相互作用的机理去进行全面的制度设计和制度安排。

认识人的道德存在有着重要的哲学意义。如果不是把人理解成物理存在、精神存在和道德存在的三重结构，而是简单地从物质与精神的二元分立来对人作出解释，并进而对世界作出解释，就必然会出现唯心主义和庸俗唯物主义两种极端的理论。唯心主义的极端表现只能是把世界归因于绝对精神或绝对意志；而庸俗唯物主义也会把一切自然的和社会历史的现象还原为某种物质存在形态。即使是在当代，无论人们作出怎样的不同于传统唯物主义和唯心主义的声明，只要他还在物质与精神的二元结构中展开自己的思想，就不可避免地陷入经典理论的窠臼。所以，我们说，无论是对人的理解还是对世界的认识，都需要从承认物理存在、精神存在和道德存在的三重结构出发。

6.2 道德存在是实存的

人的道德存在是人的最深层和最本质的存在。也正是在此意义上，马克思关于“人的本质是社会关系的总和”的判断，才能得到科学的理解。因为，人的社会关系的总和决不是指人的物质的和精神的社会联系的加权汇总，而是社会关系的升华和凝聚。只有在人的道德存在中，才能真正发现人的本质，无论是在社会整体的意义、群体的意义以及个体的意义上，都是如此。

道德存在有着实存的确切性，它决不是思维的创造，不是对现象的抽象，不属于“形而上”的存在。比如，当人处于危难关头时，他所渴望而又无望实现的援手出现了，他因这只援手而获救，这时，他的感激是以一种巨大的震颤而出现的，他无以用言辞来表达这种感激，却把这种感激与自己的全部生命等同。这一刻，实际上是由于他人的道德行为而把他自己的全部道德存在唤醒了，他的道德存在凸显出来并遮蔽着他的物理存在和精神存在。如果那位向他伸出援手的人在他的危难得到解除时而失去了生命的话，那么，他所受到的道德震颤就会达到极点。在这种情况下，我们简直无法设想会存在着无动于衷的苟且偷生者。所以说，人是因为本来就有着道德存在才会对他人的道德行为作出回应。如果他本来并不拥有道德存在这一重生命，而伸出那只援手的人的道德行为只具有教育和示范功能的话，就不会在他那里表现出强烈的回应。

就道德存在实存的确切性而言，它应该被看做是一种“形而下”的存在形态。对于钟情于“形而上”思维的哲学家来说，在一碗粥里发现一粒老鼠屎并不破坏粥的整体和谐，因为，做粥的材料与老鼠屎在“形而上”的意义上都是某种存在，可以是“理念”或“物质”。虽然哲学家的那些属于他自身的物理存在和精神存在对那粒老鼠屎表示出了厌恶，不愿意把它同粥一起喝下，但是，他所信奉的那些关于“形而上”的理论，却可以提供他把那粒老鼠屎吃下的充分理由。人的道德存在没有做粥材料和老鼠屎之间的那种“形而上”的统一性。也就是说，任何时候，都不应对人的道德存在进行“形而上”的抽象研究。人的道德存在只能是具体的，每一个人的道德存在都是不同的。

虽然我们在进行道德判断的时候会使用善恶的概念，但就人的道德作为善恶的本源来说，除了在“有”或“无”的问题上，才具有哲学意义上的质的对立，一旦在“存在”的意义上来加以谈论，就是一种具有质的唯一性的存在。人们之间，在道德存在的问题上没有质的区别，只有量的方面上的程度不同。在这一点上，是不同于人的物理存在和精神存在的。质的唯一性，或者说质上的无差异性，决定了在道德存在的问题上进行“形而上”的把握没有什么意义。因为，道德存在在质上的无差异性拒绝任何通过对它进行抽象概括而作出进一步的质的把握的要求。总之，在人的道德存在的问题上，一切认识论传统的“形而上”思考都无处下手了，道德存在之于每一个人，只有程度的不同，它的质的唯一性和量的差异性决定了它从来都不可能有着普遍的形式，它总是与具体的人联系在一起的，是具体的存在。

人在物理存在和精神存在上可能会有着巨大的差异，但他的这些差异却不必然表现在道德存在上，如王阳明所力主的那样，“良知良能，愚夫愚妇与圣人同”，即使聋哑之人，“口不能言”“耳不能闻”，是非之心却与“圣贤”相同，是个“不能言、不能听的圣贤”。虽然王阳明对“人心”的相近性有所夸大，但若“心”是指人的道德存在的话，是合乎实际的。全部人类文明史都可以证明，人的道德存在、“是”“非”之心，只是一个是否能被意识到和发挥作用的问题，而不是一个是否存在的问题。遗憾的是，这一点从未成为制度设计和制度安排的出发点，即使宋儒有过以此出发进行制度设计的意图，但它所作成的制度图式，也只不过是为等级化的权力作用体系涂上道德釉彩而已。

人的道德存在是人的本质，但不是先在于人的本质，是在社会发展、群体生成和个人成长中不断获得的本质，人类社会发展的整个过程，都是这种本质的不断获得。所谓人的全面发展也只能在这种意义上去作出理解。因为，人的全面发展决不是物理意义上的和精神意义上的全面发展，人不会有着同样的健康体魄和体能，人不可能拥有所有的技能，人不可能在所有的科学门类中都成为精英，人不可能在情感和理性等各个方面都超凡入圣……人只有在他的道德存在方面和以道德存在为根据去不断地淬化人的社会关系，使道德存在升华为良心，才是通向人的全面发展的唯一道路。

人的道德存在是自为的，但在人的道德行为中则表现出这种道德存在与客观要求的契合。为什么人有的时候基于道德存在的善良愿望去作出行为选择却在行为结果中并不必然为善呢？也就是说人为什么有“好心”却没干出好事呢？那是由于人的道德存在没有完全实现与客观需要相契合。同样，这种没有实现道德存在与客观需要相契合的情况还会以另一种形式出现，那就是，当存在着客观需要的时候，人的道德存在没有作出适当的应答，从而表现出道德不作为的情况。

人生活在社会中，扮演着一定的社会角色，因而有着相应的道德责任和义务，这种道德责任和义务作为前提，是以客观的道德需要的形式而存在的。但是，作为结果的道德责任和义务的实现，就体现了人的道德存在与客观需要的契合。公共管理者的责任和义务就是这样，它的实现就是公共管理者的道德存在与他的岗位、职务所包含着的责任和义务的契合和统一。而且，也恰恰是由于这种契合与统一，才能够在根本上使行政的、法律的责任义务完全转化为道德的责任义务。

6.3 道德存在中的社会理性

虽然对于人的道德存在的研究是伦理学发展史上的一个尚待开拓的领域，但是，关于它的存在的确切性是不容怀疑的。对于道德存在，我们也可以根据人们对文化的个体形态的描绘来加以把握。例如，露丝·本尼迪克特就以其特有的女性直觉描述了文化。在《文化模式》这本通俗读物中，她这样写道：“谁也不会以一种质朴原始的眼光来看世界。他看世界时，总会受到特定的习俗、风俗和思想方式的剪裁编排。即使在哲学探索中，人们也未能超越这些陈规旧习，就是他的真假是非概念也会受到其特有的传统习俗的影响……在个体生活的历史中，首要的就是对他所属的那个社群传统于把手传下来的那些模式和准则的适应。落地伊始，社群的习俗便开始塑造他的经验和行为。到咿呀学语时，他已是所属文化的造物，而到他长大成人并能参加该文化的活动时，社群的习惯已是他的习惯，社群的信仰便已是他的信仰，社群的戒律亦已是他的戒律。每个出生于他那个群体的儿童都将与他共享这个群体的那些习俗。"[①] 人的道德存在的发育成长，也大致会经历这样的过程。

总的说来，同对人的物理存在和精神存在的研究相比，对人的道德存在这一存在形态的研究，还是一项空白。但是，科学史的发展逻辑会给我们以希望。近代以来，对人的肉体存在的成长和发育过程的研究是先于对人的精神存在发生过程的研究的，由于人的道德存在相对于人的实质性，较晚一段时期才把对它的研究提到科学进步的日程上，这是合乎科学发展的逻辑的。如果科学准备从事这项工作，人文学者们的推断和臆测也即可告结束了。

对人的道德存在加以分析，可以作出这样的推定，人拥有先天的道德能力，正如人具有先天的学习和认识能力一样，但这种能力还不是一种实存的道德存在形态，是作为一种潜能而存在的。只有人的道德能力与社会理性、群体理性或职业理性相契合时，人的道德存在才真正生成，道德潜质才转化为实存的道德存在。

在形式上，道德存在具有个体性，是个人的道德存在。但是，在内容上，道德存在则具有社会性，是社会理性、群体理性或职业理性的体现。社会理性、群体理性或职业理性的社会性存在会以精神、理论、思想体系、意识形态等形式存在。但是，当他们以个体的人为载体的时候，就会出现二重化的特征：一方面，它们会以人的心理、意识、思想、观念甚至意志等精神存在的形式出现；另一方面，则会以道德存在的形式出现。就人的物理存在、精神存在和道德存在是三个依次递进的层次而言，人的道德存在是人的最高层次的存在，是人的物理存在和精神存在的升华和超越。这种升华，是人的社会性因素的升华、浓缩和聚合；这种超越，是对人的个体性因素的超越。所以，人的道德存在也就是人以个体形式出现的社会存在。

人的个体差异反映在道德存在上，主要是人与社会理性、群体理性或职业理性的契合程度不同。无疑，人的直觉能力是人与社会理性等相契合的桥梁，人凭借着自己的直觉能力实现了与社会理性、群体理性或职业理性的契合。但是，人的直觉能力不同，所以人能达到这种契合的程度也就会不同。充分实现了自我与社会理性、群体理性或职业理性契合的人，是历史中可能存在过的道德圣人。其实，道德圣人只是一种理想的人，历史中的道德圣人往往是后世的人根据自己的道德理想装扮起来的。当然，也应当承认，确实有一些人能够超乎寻常地实现自我与社会理性、群体理性或职业理性的契合，拥有较完善的道德存在形态，达到

---

① ［美］露丝·本尼迪克特：《文化模式》，5页，北京，三联书店，1992。

令人“高山仰止”的道德境界。

虽然人的道德存在在形式上是个体性的，而在内容上和实质上都是社会理性、群体理性或职业理性，是人与社会、群体的契合。但是，人也有可能由于种种原因没有获得社会理性、群体理性或职业理性。不过，人作为社会历史的产物，先天地拥有获得社会理性、群体理性或职业理性的能力，一旦出现了个人与社会相契合的契机，人就能够骤然间获得社会理性、群体理性或职业理性。先贤们强调个人修养，所指示的是一条搬去阻隔个人与社会相契合的樊篱的途径。因为，在先贤们生活的时代，人们尚不知道通过自觉的制度设计和制度安排的方式去解决社会问题，所以，只能作出个人修身的选择。在今天，制度设计与制度安排已经成为经常性的社会运动，人们已经习惯于通过制度设计和制度安排去解决那些具有普遍性的社会问题。如果制度能够成为社会理性、群体理性或职业理性的代表，那么人的道德存在就是有保障的，如果制度贯穿着人类全部历史积淀下来的伦理精神，那么人的那种作为个人的道德存在就无非是这种伦理精神发展的结果。如果不是从这种伦理精神中来把握人的道德存在，人的道德修养和人格完善过程对于社会生活的意义就是微乎其微的了。

历史决定了人的道德存在，这种决定是通过制度安排而得以实现的。当一个社会在制度上处于迅速变动的时候，社会理性存在着混乱，因而人的道德存在也处于一种不定型的状态，反映到人的行为上，就表现为道德缺位的状况。一旦这个社会制度的变动性趋于平缓，进入一个稳定的常态发展时期，社会理性趋向澄明。相应地，群体理性和职业理性都有着确定的内容，人的道德存在也就会在人的总体性存在中处于显著的位置。也就是说，人的道德存在的状况主要取决于社会制度的完善，特别是当制度依据伦理精神和原则来进行设计和安排时，人的道德存在也就自然地被提升到统驭人的物理存在和精神存在的地位上。这一点，是在人的个人道德修养中不可能达到的。因为，个人的修养苦苦追求和欲达到的境界如果得不到制度的支持，一旦与人的物理存在和精神存在相冲突立即就会溃堤而消。

一般说来，社会、群体只有在极其特殊的条件下才会成为反道德的非理性载体，在常态的社会存在和发展中，社会、群体总是道德理性的载体，个人的道德理性可以看做社会、群体道德理性的分殊。但是，也必须看到，社会、群体在整体上是没有道德存在这项内容的。社会、群体依据的是功利法则，它的道德理性是掩盖在社会运行的背后的。然而，个人在社会和群体中则能够获得双重感受：当他被社会、群体的功利法则所奴役的时候，也同时感受到道德理性的呻吟，并在倾听道德理性那微弱呻吟的过程中发现自我的道德存在。当然，这里所描述的是既往的社会，是统治型、管理型社会治理模式中的状况。公共管理在自己的社会治理过程中，不仅极力发掘而且努力塑造社会整体和谐的道德理性，并促使道德理性向人的道德存在的转化。公共管理者作为这种社会治理活动的主体，处在社会群体的道德理性向个人的道德存在转化的前沿，所以，他时时处处都能感受到道德理性犹如强劲的春风迎面扑来。正如春日万物把迎面扑来的春风转化为自身的内在生命力一样，公共管理者把这种道德理性转化为自身的道德存在。

6.4 良心是道德存在的核心

良心是人的道德存在的核心内容，是道德存在的最高表现形式和社会关系的最高实现。也就是说，良心作为社会理性、群体理性或职业理性的体现，是社会、群体和职业伦理在个体中的最高实现，是人的终极道德存在。所以，良心是人的一切本质规定中最为本质的存在形式。

良心是人的道德存在的核心，深深地蕴涵在人的道德存在之中。所以，在人的社会生活中，良心并不总是直接外显于人的行为之中的。在人的道德行为选择的前后，并不是每一次都需要良心出场干预，只是在一些重大的道德行为选择中，才会突出良心的作用，特别是在那些关涉到人生善恶转变的重大行为选择中，良心的作用才表现得最为明显。由于良心发挥作用的方式主要是直观和直觉，是在瞬间完成的判断过程，因而它的存在和发挥作用的过程显得神秘莫测。实际上，良心就是这样一种最高境界的道德存在，就像人的物理存在和精神存在一样，具有存在的确切性，是不容怀疑的。

在人的道德存在系统中，良心是内核，良心生成义务感、责任心以及全部道德观念、道德情感、道德意志和道德信念，而所有这些存在形态的外向作用过程，都会以人的道德行为的形式表现出来。当然，以良心为核心的整个道德存在系统的形成和发展并不是孤立地实现的，正如人的肉体的成长需要从外界摄取营养一样，人的道德存在也要经历这样一个成长过程。人的肉体存在如果中断了外在营养的摄入，就会死亡，而人的道德存在由于自身的或外界的原因而中断了与外界道德理念等道德环境的契合与互动的时候，往往并不死亡，只是寂灭沉静了下来，可以在适宜的环境中逐渐被唤醒，也可以由于某一偶然原因而被震醒。逐渐唤醒的过程往往是从道德存在的表层开始，由外而内、由浅入深的唤醒，突然被震醒的往往是道德存在中最为核心的部分，那就是人的良心。

良心在外在作用过程中表现为人的道德直觉，如果说人的道德修养是一个把社会理性、群体理性和职业理性内化为他自己的道德存在的过程的话，那么人也可以在道德修养中形成良心。虽然，良心在人对责任义务的承当中以道德冲动的形式表现出来，但就良心的根源来看，则是由道德理性造就出来的，是道德理性的升华。正如马克思所说:“良心是由人的知识和全部生活方式来决定的。”① 所以，良心可能会以情感化的形式而存在，但其内容却是道德理性，是道德理性在人的个体存在中的特殊形式。良心的外在表现形式是良知和良能，良知是对人与事的理解力和感受力，特别是对人的各种关系的理解能力。良能则是人的道德实践能力。整个说来，良知和良能都属于直觉的理解力和实践力，是基于良心的。或者，干脆说，良知和良能就是良心。良心的自为还表现在它的澄明无欺，诚如王阳明所说：“尔那一点良知，是尔自家底准则，尔意会着，他是便知是，非便知非，更瞒他一些不得。尔只不要欺他，实实落落依着他做去，善便存，恶便去，他这里何等稳当快乐。”（《传习录下》）

人的良心需要从人的社会性与人的个体性的对立统一中来把握。我们讲人的道德存在是人的先天道德潜质与社会理性、群体理性或职业理性的契合，实际上也就包含着这样一个判断：人的良心的生成以及作用机制都是人的社会化的过程，人是在社会交往和社会生活中获得自己的良心的。反过来，人的良心又是通过他的行为而作用于他人、群体和社会的。但是，良心的存在却是以个体为载体的，而且首先是个体的人自我反思、自我评价的动力。虽然良心以个体的人为其载体，但良心的内容却是个人对他人和群体和社会的道德责任和义务，并包括道德责任和义务履行程度的判断标准。良心是个体与群体、社会相协调的内在动力，反映了人倾向于过社会生活，使自己与他人、群体和社会一致的道德冲动。比如，基于良心的自我评价，无非是个人对自己破坏社会整体同一性行为的自责，或者是对自己有益于社会整体同一性行为的肯定。当一个人的行为不利或有利于他人和群体时，他个人在内心的省察中所作出的判断是不利或有利于社会整体同一性的确立，即判断他自己的行为是不利或有利于社会整体同一性赖以确立的原则。他把这种原则作为标准来对照自己的行为，直觉地反思和评价自我，达到自律的目的。在这种情况下，即使当他的非道德行为并没有为社会和他人觉知的时候，也会在自我反思中受到自己的谴责，这就是良心使然。所以，人们也把自我惩罚视为受到良心谴责的结果。

在对人的道德的主观基础的考察中，历代思想家都给予良心以充分的关注，认为人的道德行为在很大程度上发源于人的良心，用康德的话说，良心是人自我立法的“立法者”。康德认为，良心为人的自我进行立法，即使在一个法纪松弛

---

① 《马克思恩格斯全集》，中文1版，第6卷，152页，北京，人民出版社，1961。

的国家里，一个有良心的人也不会胡作非为，良心为人制定出了那些社会的立法者忘记制定的“法律”。但是，却很少有人能够把良心作为人的本体的一个构成部分来看待，即使有人试图这样做，也往往把它理解成人的精神存在，甚至不无比喻性地将其确定为“灵魂”。特别是持有认识论立场的人，更是煞有介事地根据认识过程原理，对人的良心作出貌似“科学”的解释。人们之所以会把良心等人的道德存在看做人的精神存在的一个部分或一个方面，是因为人的这些道德存在的外向作用过程经由人的精神存在时总是能够选择更加便捷的路径。无论是在人的行为选择之前以及行为过程中还是在对人的行为后果进行自我评价时，良心所发挥的作用都具有更为直观的特征。事实上，对于良心，还是应当被单独地作为人的道德存在形态来加以把握。良心在本质上与人的精神存在不同，是任何关于人的精神存在的研究都不能包容的。如果用按照关于人的精神存在方面的知识来对良心加以解释，即使勉强把它纳入关于精神现象的知识体系之中，结果也只能是妨碍了对人的这种道德存在的深入探讨。

中国先哲们虽然对人的道德存在有着许多宝贵的猜测，但是，总的说来，并没有能够做到对人的良心的准确把握，没有把良心理解成自为的道德存在的核心内容和最高境界，只是在良知、良能的意义上来认识良心，至多也只是把良心看做为一种完全可以在修养和学习中获得的道德品质。如王阳明就是把“心”看做为本，通达“心”这个本的道路和过程就是“致良知”。虽然存在着这些概念上的混乱，但王阳明理解和描述良心的基本方向是正确的，特别是对良心的功用有着准确的把握。王阳明说：“良知之在人心，无间于圣愚，天下古今之所同也。世之君子，惟务致其良知，则自能公是非，同好恶，视人犹己，视国犹家，而以天地万物为一体，求天下无治，不可得矣。古之人所以能见善不啻若己出，见恶不啻若己人，视民之饥溺犹己之饥溺，而一夫不获，若己推而纳诸沟中者，非故为是而以蕲天下之信己也，务致其良知，求其自慊而已矣。”(《传习录中》）根据王阳明的意见，良心令人身正，行善，断公，敢于承当做人的一切责任，视人如己，仁爱天下。

就现代伦理学而言，在它对良心的专案考察中，由于采用了行为—心理过程分析的视角，往往在人的行为过程中来谈论良心，认为良心在人的行为的起点、进行中和终点都是存在着的，只不过在行为过程的不同阶段发挥的作用不同而已。伦理学在这样做的时候，所持的不是一种科学求实的态度，而是向那种对良心的日常的甚至庸俗的理解作出了妥协。其实，良心并不存在于人的一切行为过程中，甚至根本不存在于人的行为过程中，良心可以引起人的行为，决定人的道德行为选择，但就良心的存在而言，它却是属于道德存在的范畴，尽管良心可以转化为人的德性进而转化为人的道德行为。在人的道德行为中，发挥直接作用的是人的德性、道德规范、行为准则、道德责任意识和义务观念等等。人们常说的所谓“凭良心办事”，其真实意蕴是凭着某种道德觉识办事，是误把道德觉识作为良心看待了。由此也可以看到，我们为什么既要指出良心与德性的同构，又要强调它们的不同，因为德性发生在人的一切道德过程中，良心则是一种更为根本的道德存在。

在以往的社会治理模式中，良心也是从属于马克思主义的阶级分析法则的，不存在或很少存在基于普遍人性的良心，社会治理者在强权的行使中，很难保存着良心的价值。也许在一般的社会生活中，人作为人的良心或多或少地存在并发挥着作用，但社会治理者的一切行为都从属于治理体系的需要，是远离于他个人良心的行为。只有在公共管理活动中，才为公共管理者在职业活动中接受良心的支配提供了制度保证。因为，公共管理在解决个体利益与整体利益、私人利益与公共利益的矛盾中，并不是用一方取代另一方，而是追求它们之间的和谐共进，公共管理者的活动并不是运用权力和法律制度的原则去压制人和控制人，而是谋求与公共管理对象的合作。所以，公共管理者与公共管理对象之间、公共管理者之间有着充分的平等，而且这种平等使他们的一切行为选择都能在预测影响上以“将心比心”为先导。

总之，良心是一种自为的存在，是在道德升华中而达到的一种境界，是不需要其他因素的支持的，也不需要以其他因素作为它的存在前提。良心又是一种稳固的持久的存在。主观意识、心理等存在形态的东西是不稳固的和难以持久的。人的道德意识和道德心理，可能会在某种外在冲击下而弱化甚至消失，但是，良心则赋予人以道德的坚定性。良心在外显的过程中，会表现为强烈的道德责任感、使命感和义务意识，会自觉地对自己行为的自觉性作出道德评价，自觉地把个人行为调适到符合一切客观要求的状态。因此，公共管理者的良心是其最高道德境界，以良心的自为性为基础的公共管理活动，必然是有着高度道德自觉性的社会治理行为。

6.5 良心的功用

对良心的考察，也将把我们导向关于“体”“用”关系的思考。一方面，良心是人的本质，是人的自为存在和道德存在的境界；另一方面，良心又是人的行为选择的根据，是人对自己的行为作出自我判断、自我评价的标准。如果说在人的存在意义上可以把良心理解为“体”的话，那么在外化为或作用于人的行为选择及其评价过程时，则可以理解为“用”。良心之用，在于张扬人的物理存在和精神存在中一切有利于社会关系优化的积极方面，抑制其消极方面。这种张扬与抑制，在良心拥有者个体这里，就表现为超越自身物理存在和精神存在的障碍，使自我通过行为选择的途径成为对他人、对社会有价值的存在物。良心属于人的道德存在的范畴，它是通过人的精神存在而与人的物理存在发生关系的，它与人的精神存在之间的联系更为密切。所以，良心之用更多地表现为对人的精神存在的超越。在从良心到人的行为选择的过程中，人所要克服的首先是个人的那些不合乎道德的情感、欲念、情绪及其冲动，推动那些合乎道德的情感、意志、信念向行为选择的方向转移，随时随地地矫正人的行为选择过程中的自私与偏颇。

良心之用表现在人对自我行为的评价上，会产生这样两种情况：一是当人的行为在自我评价中被发现产生了良好的后果的时候，人会感到满意和欣慰；二是当发现其行为产生了非道德的结果时，会陷入自我谴责、内疚、惭愧和悔恨的境地。这两种情况都属于人的道德存在对人的物理存在和精神存在的影响作用，尽管这两种情况在表现形式上是直接的心理和精神活动，也会对人的物理存在造成影响。因为，在相对长的时间跨度内，由于良心而造成的心理和精神反应会明显地以人的物理存在所受到的影响而表现出来。当然，这只是就人的物理存在、精神存在和道德存在相互影响和相互作用而言的，是一种客观的互动过程。良心的主观之用则在于人，通过自我评价产生出来的上述两种情况影响到他的下一步行为选择，即促使自己在下一步的行为选择中维持或朝着道德化的方向运动。

良心是道德存在的最高形式，因而，人的道德存在的自我判断、自我约束功能通过良心而得以有完善的表现。良心之于人，以直观和直觉的方式对自己的行为作出判断，并对自己行为的结果作出评价；以自觉和自为的方式对自己的行为进行约束和限制，从而促使人义无反顾地承担行为及其后果的责任，并努力选择正当的手段去达到正当的目的。以良心为动因作出行为选择的过程由于直觉地应对客观需要和自己的责任义务，所以，跨越了人的心理活动和意识活动的过程。然而，以良心为标准对自己的行为作出评价时，则会产生复杂的心理活动和意识活动。但是，需要指出，就这种评价自身而言，也是直观的和直觉的人的。心理活动和意识活动过程的开始，其实恰恰是以良心为标准的评价过程结束的时候了。或者说，心理活动、意识活动是作为以良心为标准对自我行为进行评价的结果出现的。所以，我们常见的荣誉感、羞耻心的产生等心理和意识现象，是以良心为标准的评价的结果，而不是以良心为标准的评价自身，更不是评价的前提。

良心既是人的自我道德评价的标准，也是这种评价的机制。基于良心的自我道德评价也是直观的和直觉的，是与认识论的反思过程是不同的。尽管后现代主义在解构近代科学原则时强调反思，以为反思有助于后现代伦理的建构，但是，无论是黑格尔认识论意义上的反思还是后现代解构主义的反思，都是不适用于道德评价的，道德评价是超理性的。或者说，基于良心的自我道德评价恰恰是反对反思过程的。毫无疑问，反思往往不会加强人的自我道德评价，反思只会削弱人的自我道德评价。比如，一个人在自我道德评价中陷入内疚、惭愧和悔恨之中，为了走出这种状态而寻找自我慰藉的借口的时候，他才会进入认识的反思过程，通过反思，去发现那些令他内疚、羞愧行为的原因。一般说来，会有这样的情况：他通过反思发现，他在做那件事的时候，并不是自己的本意，完全是形势所迫，他个人与这件事有关，但不需要对这件事负责。这样一来，他就会从那种内疚、羞愧的状态中走出来。一个丧失了人格的人，一个陷入无尽物欲、权欲和情欲追求的人，一个为了自身利益不择手段的人，之所以能够从不接受良心对他自己所作出的评价，是因为他有着坚强的认识理性，正是每一次都用他的自我反思战胜了他的良心，为他找到了不受良心谴责的理由。反思是良心的屏障，反思阻止人们对自己的行为作出道德评价，这也是理解近代科学理性与伦理价值冲突的钥匙。在现实生活中，我们也常常看到那些有着丰富伦理学知识的人，那些对社会道德规范非常熟悉的人，那些满口仁义道德的人，举手投足之间，都包含着不道德的内涵，而他自己也从不因为自己的不道德行为而羞愧。可以说，他恰恰是通过大谈道德来实现他的一些不道德目的，道德之于他，是工具。之所以如此，是因为他拥有认识理性，是伦理学的认识论传统赋予他作为认识结果的工具理性，他能够也善于根据认识论原则对自己作出反思。

在人的道德存在未被作出独立认识和研究的条件下，人们往往把道德存在的各种表现特征归结为人的良心，而这些表现特征主要就是人对他人、对社会的责任感和对自我的道德评价，至于它作为道德存在的实质，则没有得到承认。所以，良心发挥作用的可靠性才会受到怀疑。比如，彼彻姆就说："哲学家们一般认为，单独诉诸良心是靠不住的。'良心'因个人与个人、时代与时代的不同而不同，并且它常常随着环境和教育而发生根本的差异和变化。例如，色情文学和出版自由常常引起热烈的争论，各人有各人的坚定信念，但是，这一切无助于问题的解决。良心似乎产生于一时的冲动和激情，譬如一眼瞥见警察时陡然升起的那种感情。许多哲学家一直在援引当代心理学理论，反对'诉诸良心'具有合理的和公正的基础的主张。进而言之，在外部观察者看来，许多以'我的良心是我的向导’为根据的行为的所谓正确性，不过是将不道德行为合理化而已。例如，政治刺客和恐怖主义者一般都以良心来证明自己的行为是正确的。所以，良心的可靠性不是自我有效的，事实上，它需要一个外在的确证根据。”① 之所以彼彻姆所说的政治刺客和恐怖主义者也会认为自己是凭着良心去行动的，这恰恰需要伦理学家来负责，因为伦理学家放弃了对良心的研究，让良心从属于感性的和庸俗的理解。如果我们对良心作出科学的探讨，搞清良心作为道德存在的核心构成部分与社会理性、群体理性以及职业理性的关系，就不会出现用良心去为每一种行为辩护的情况了。只有在这种意义上的良心，才是道德行为的动力所在。而且，人的良心还是人的道德责任义务的标准和道德行为的最高原则。良心是人的仁爱和博爱之心，良心也是自爱的达成。总之，良心使人自我的道德存在得到最终的裁判，赋予人的道德存在以终极依据。

费尔巴哈认为：“良心是在我自身中的他我……我的良心不是别的，而只是我的自我，即被放在受损害的你的地位上的自我；不是别的，而是他人幸福的代理者，即立足在自己追求幸福的基础上和根据自己追求幸福的命令的他人幸福的代理者。”② 费尔巴哈这是就良心的功用而作出的判断，即良心对于自我和他人的意义。根据费尔巴哈的意见，首先，良心是行为及其后果的标准，作为“我自身中的他我”是站在他人的角度而对自我的行为及其后果进行的审视，判断自我的行为是增进了他人的幸福还是带给他人痛苦；其次，良心是自我道德行为的前提，作为“我的自我”是“我”的一切道德行为的出发点，要求我在行为发生之前就不能以损害“你”为目的；最后，总的说来，良心是根据自己追求幸福的愿望而增进他人幸福的命令，是将己之所欲赋予他人的命令，即命令自我向对待自己一样对待他人。

就良心的功用而言，费尔巴哈的看法是比较全面的，如果能从这三个方面认识良心，也就基本上做到了对良心的社会价值的正确把握。但是，费尔巴哈在对良心作出上述判断时，所依据的两个前提条件是：其一，每个人追求自己的幸福是无须证明的公理；其二，人与他人之间的平等作为自我的内在价值取向是不容置疑的。事实上，具体的个人对幸福的理解是千差万别的，个人所追求的幸福施予他人时，可能造成的恰恰是痛苦。同样，虽然近代以来人与人的平等是作为一个不容置疑的法理，在政治生活中，这种平等在很大程度上也以制度形式确立了下来，但政治生活中所获得的平等仅仅是形式上的平等，一旦深入到道德生活这

---

① ［美］汤姆·L·彼彻姆：《哲学的伦理学》，39页。

② 转引自周辅成编：《西方伦理学名著选辑》下卷，484页，北京，商务印书馆，1987。

一实质性的领域，政治生活中的形式平等却不能真正得到履行。这样一来，良心的普遍拥有就成了值得怀疑的问题，一些人可能拥有就像为了自己的幸福追求一样而增进他人幸福的良心，而另一些人可能并不拥有这种良心。如果现实的道德生活是这样的话，那么费尔巴哈关于良心的论述也就同样沦为说教、沦为空想。由此看来，对良心进行功能界定是无法导致科学结论的，只有首先把良心看做是道德存在，才能在一切人的普遍拥有上来把握良心，才能进一步通过制度设计和制度安排为良心的外在功用的实现提供支持。具体地说，就是在制度设计和制度安排中限制和祛除那些遮蔽良心的因素。

公共管理者的良心是对客观需要以及他的职务和岗位上的责任义务的直观，同时，这种直观之所以可能，又是以良心为前提的。在这种情况下，良心是公共管理者独立自为的道德存在，他的这种存在赋予他以道德能力，使他不仅能够准确地直观客观需要和他的责任义务，而且能够根据这些客观需要和他的责任义务作出正确的行为选择。虽然公共管理者的道德能力来源于他的每一层次的道德素质的综合统一，而良心则是他的道德能力的本源。正是有了良心这一道德存在，公共管理者的道德能力才实现了最大化。

良心也是公共管理者赖以对公共管理的行为体系以及他的同事作出道德评价的依据。公共管理者不仅根据自己的道德品质和素养去作出公共管理行为选择，使自己的行为满足公共利益的要求，而且，他的良心也能够使他在公共管理活动中正确地认识同事的行为，并对其作出道德评价。在这种评价中认识自己的不足和努力方向，或者鉴知不道德的行为以防止自己在公共管理活动中道德行为选择上出现失误。

公共管理者的良心是他的道德责任义务的完成形态，或者说，是他的道德责任义务的实现。就良心发生在人对自己的行为和后果作为自我评价和自我判断的过程而言，它是一个内在于人的道德法庭。经过这个道德法庭的审查，人们因自己的道德行为和良好的后果而获得内心满足，同样，因自己的行为的非道德行为及消极后果而感到愧疚，进而，对人以后的行为选择作出影响，使人更加谨慎地作出行为选择，更加自觉地依德而行。

6.6 认识论伦理学

近代社会，培根、笛卡尔开辟了认识论传统，即确立了认识论的科学解释框架。整个近代科学都是从属于这一解释框架的，伦理学也是这样，也极力在认识论的解释框架中去进行自身的理论建构。而伦理学研究中的一切与近代认识论解释框架不和谐的因素，都被祛除掉了。

近代以来的认识论传统又可以上溯到古希腊，它在道德存在上的无知根源于古希腊的学理传统，正是由于苏格拉底把美德定格为知识，才造成了整个西方都不敢在人的物理存在和精神存在之外作出进一步探讨的状况。苏格拉底关于“知识即善”的判断对整个西方的思想史有着巨大的影响。当然，苏格拉底的逻辑证明往往使人阅读关于他那些对话时不得不对其结论屏息以待，但那毕竟是古代哲人的偏颇之见，属于人类智力发育早期阶段的文化遗产，它不应当成为妨碍人们认识物理存在和精神存在之外的另一重存在的障碍。

毫无疑问，近代以来的思想家们基于认识论来建构伦理学是对古希腊伦理思想的片面诠释。的确，苏格拉底非常重视知识的价值，认为知识就是善的标准，柏拉图也继承了苏格拉底的这一思想，认为“善的范型是最高的知识”[①]。但是，也应看到，柏拉图并不是简单地继承了苏格拉底，在他的“理念论”设定中，其实是包含着对苏格拉底的超越的。到了亚里士多德那里，在德性与德行的论述中，已经开始注意把知识与善相区别，亚里士多德更多地强调德性与德行的心灵契合，即把这种契合看做为善。在某种意义上，亚里士多德实际上打开了一扇追寻人的道德存在和道德直觉之门，沿着亚里士多德的思路是可以发现人的道德存在的，并进而在人的道德直觉中发现人的道德选择所能够达到的自由境界。然而，亚里士多德的这一贡献被培根、笛卡尔奠基的近代认识论传统所忽视，以至于伦理学的探索也只能囿于人的物质的和精神的二元存在的结构去理解人的道德行为，所以，才会陷入自由与必然的悖论之中。

对人的道德存在的确认，能够使伦理学研究走出认识论传统，这在科学发展中的革命性意义可以看做是伦理学发展史上的第二次革命。认识论传统的伦理学研究造成过类似的革命，它从“神谕论”的伦理学研究向认识论的伦理学研究的转变，也是一场革命性的变革。但是，我们也应看到，从“神谕论”向认识论传统的转变要简单得多，它无非是在道德来源的问题上作了简单的“换位”，在研究思路上还有着很大的雷同。用抽象的哲学语言来表述这种思路，可以说它们都属于从客观精神走向主观精神的过程，是根据客观精神来确定主观精神，然后再作用于实践，在实践中重新确认主观精神。所以，在关于道德过程的研究和叙述中，只要有选择地改变主语就可以了，原有的思想体系和叙述逻辑都可以不加改变。然而，从人的道德存在出发进行伦理学体系的建构则完全不同。因为，它首

① 转引自周辅成编：《西方伦理学名著选辑》上卷，165页。

先是在人自身之中去发现作为人的社会本质的道德根据；其次，它需要重新审视人的道德活动中的全部认识和实践关系，重新对道德结构和过程体系进行探讨。当然，认识论的伦理学研究在个体道德发生的问题上是有意义的，而这种意义只能在伦理学发展的初级阶段来加以理解，对于在伦理学发展高级阶段中的道德体系重构来说，就远远不够了。

人的道德存在虽然是以个体的形式出现的，属于个体的人的存在，但是，它的生成过程则需要在全部历史发展的过程中来理解。如果说基于人的个体存在来讨论人的道德存在的生成的话，必然会为人的道德存在涂上神秘色彩。近代的认识论伦理学在告别“神谕论”的过程中，正是害怕堕入道德存在的神秘性，才不愿意承认人的道德存在的实在性。因为，把人的道德存在归入精神存在的范畴，然后根据精神生成的认识路径，也确实能够提供一个解释框架。但是，这样做虽然在理论上避免了道德存在的神秘性，而在实践中却加强了这种存在的神秘性。比如，人为什么会突然良心发现？人为什么会在特殊的情况下一反一贯的表现而达到了视死如归的崇高境界？有的人为什么会贪生怕死而有的人却能够在需要的时候毫不犹豫地舍生取义？诸如此类的问题，如果都被强行地纳入认识过程的逻辑中来加以解释的话，显然是不合适的。

如果不同意认识论伦理学的解释，我们也完全可以得出另一种理解。比如，如果我们对人的良心发现设问的话，就会提出这样的问题：人的良心发现是对一个本已属于人的存在物的发现还是对人从来没有的一个东西的获得呢？如果人原来是没有良心这个东西的话，那么人的良心发现的那一刻是突然从什么地方发现了良心呢？是怎样把这个良心占为己有的呢？在日常生活中，我们说人的良心发现往往是指这样一种情况：那就是一个平时不注重道德修养的人突然之间弃恶从善了，这个过程用认识论的伦理学来加以解释显然是非常勉强的。因为，根据认识论设定的人生道德修养路径，人的道德水平要经过一个修养过程才能达到，人不注重修养是不可能拥有道德品质和行为的。

认识论伦理学完全是按照科学认识的路径来设计人的道德修养路径的，是一条从感性到知性再到理性的道路，在这条路径上所看到的是，道德理性是认识的结果，是从心理到精神的过程的完成，只不过道德认识和修养的过程比起科学认识的过程更为复杂更为艰巨，所以才显得人的修养是一个长期的漫长的过程。可是，我们不禁要问，为什么有的人道德修养一生也难达到视死如归的地步；而有的人平时并不注重道德修养却在需要的时候义无反顾地献出了自己的生命？就这一点而言，显然道德存在又不是修养的结果，特别是像良心发现、舍生取义等道德过程，不是在修养中获得的。这样一来，只有从人的道德存在来认识人的良心发现等“顿悟”现象，才是合理的。

近代西方的认识论框架不仅在伦理学的领域中阻塞了人类认识道德存在的道路，而且在对整个世界的把握上都造成了片面性。比如，根据认识论框架所提供的原则和立场去审视世界各民族的哲学，就会把非西方哲学看得一钱不值。这说明，在近代西方的人文社会科学中成长起来的认识论框架，造成了西方话语垄断和知识霸权，妨碍了人类全面的、多方位的科学认识。因为，它把许许多多无法纳入认识论框架的存在物或存在形态，都排除在科学认识的对象之外了，它对人类已有的知识进行筛选，贬低甚至清除那些与认识论框架相冲突的异质知识因素，在极端的情况下，可能会用战争以及各种各样的政治手段帮助认识论知识体系去摧毁异质的知识和文化体系。当今世界，认识论的话语垄断和知识霸权达到了登峰造极的地步，它妨碍了科学的发展，也阻碍了人类的总体性进步。从实际历史进程来看，人类在从工业社会向后工业社会转型的过程中，人文社会科学所表现出来的滞后性，后发展国家的文化躁动，发达国家的傲慢和妄为……都是认识论知识霸权的直接结果。与此相比，在伦理学的研究中拒绝承认人的道德存在，就算不了什么了。

认识论的分析框架，一方面倾向于把研究对象简单化，在对研究对象进行抽象之后舍掉那些无法纳入认识论分析框架的因素。另一方面，这种分析框架也倾向于在形式上把所研究的问题复杂化。尽管它总是从一些简明的公理出发并要求得出简明的结论，但它的分析和论证过程总是极其复杂的，甚至连专业学者也很难达到将自己所投身其中的学科了然于胸的程度，更不用说行外人士了。在伦理学研究中就是这样，在近代伦理学发展史上，我们看到，单是伦理学说的类型就可以构成一个专门的“类型学”，更不用说每一类型的伦理学在“事实”与“价值”、“可能”与“现实”、“工具”与“目的”、“自由”与“必然”、“主体”与“客体”、“规范”与“原则”、“个人主义”与“集体主义”等基本概念之间所做的大量语义甄别工作了。理论越来越复杂，学说越来越多样，一切都是应当怀疑的，一切都是可以争议的，我们究竟依据什么来进行道德教育呢？这不能不是一个令人思索的问题。

6.7 思想家们对道德存在的猜测

道德不是知识。长期以来，这一点恰恰没有引起足够的重视。在古希腊，苏格拉底道德知识论的观点被斯多葛派所继承，而且是夸大了的继承。从理论特征上看，斯多葛派的全部理论追求都在于获得道德知识，以便清醒地、理性地行动。在斯多葛派这里，知善则必有善行，一切合乎道德的品性和德行都根源于知识，无知的失德只是无知而不是恶行，由于把道德归结为知识，斯多葛派就成了一帮激进的道德教育倡言人。到了近代，认识论分析框架的确立，更把道德与知识相混同了，造成了对人的道德行为理解上的困难。

当然，也应当看到，有许多哲学家承认人的个体之中有这样一种存在，它是人的创造力的源泉，这是非常难能可贵的。例如，现代哲学人类学家舍勒猜测道：就人类的精神活动而言，个体的人是精神活动的中心，是因为有了个人，才会有人类的精神活动。所以，精神首先是存在于个体的人那里的，而且每一个人的精神都是唯一的、独特的。个人的精神具有无限的开放性，可以冲破现有环境狭隘的束缚，从欲望和冲动的压力下解放出来，对一切事物采取开放的态度。这种精神不是无机界或有机界的事物，而是一个把环境转化为自为世界的自在。

从舍勒对他所讲的精神所作的特殊规定来看，已经不同于传统意义上的精神，在一定程度上，是接近于人的道德存在的。但是，舍勒毕竟无法走出传统的物质与精神二元存在的窠臼，还是将这种存在看做一种特殊的精神存在。因此，他无法将它与人的知觉能力、怀疑和信任等意识现象、爱恋和愤恨等情感体验区分开来。当然，出于理解人的个体差异的需要，舍勒对这种特殊精神的描绘和规定已经能够达到解释问题的目的了，那就是同属于一个阶层或集团的人，为什么会在行为上、个体发展轨迹上以及其他个体特征上，都会有很大的不同。但是，对于理解社会伦理的、道德的结构，对于理解人的道德行为的主体动因，对于理解人的道德行为的自我评价，则不适用。我们说舍勒的猜测是比较深刻的，是因为他试图把他的“精神”概念与心理的存在形态区别开来，从而避免了把这种精神理解成认识过程中的“心理定势”。

在中国，先贤们对人的道德存在也有过许多猜测和描述。先秦关于“性”的争论，宋代以后关于“心”的探讨，都在很大程度上揭示了人的道德存在，甚至存在着夸大人的道德存在对人的意义等倾向。例如，荀子就描述了道德存在的自为性，指出“凡性者，天之就也，不可学，不可事。礼义者，圣人之所生也，人之所学而能，所事而成者也。不可学、不可事而在人者，谓之性；可学而能、可事而成之在人者，谓之伪”（《荀子·性恶》）。“性者，本始材朴也。”（《荀子·礼论》）虽然，荀子所述有些武断，却是极其深邃的，因为，他区分了人的道德存在（性）与人的道德行为（可学、可事），这是一个合理的思路。当然，在进一步的阐发中，荀子也走入歧途，把“性”与“情”混同起来，但在肯定“性”的本原意义方面，是一个可取的见解。可惜的是，中国先哲们过多地沉溺于性善性恶的争论上和趋善避恶途径的探索上，从而放弃了对“性”进行存在意义上的科学探讨。

宋代张载出于继往圣之绝学的愿望，依然沿用“性”这个概念，但是他对“性”作了区分，认为存在着“天地之性”和“气质之性”。他的“天地之性”是可以看做人的道德存在的，他作为“天地之性”对应物的“气质之性”实际上所指的是人的物理存在和精神存在。由于张载在“天地之性”与“气质之性”之间分出了等级，并把“天地之性”看做逻辑地先于“气质之性”的本原存在，认为“天地之性”派生了“气质之性”，从而也误导了对“天地之性”的进一步探讨，失去了对人的道德存在作出正确把握的机会。张载之后，“理”与“心”两个概念的出现，可以看做是哲学创新，尤其是“心”的概念，更逼近了对人的道德存在的揭示。

在荀子的思想中，不仅有“性”这样一个概念，而且他对“心”也作了可贵的猜测。如果把荀子的“心”理解成人的道德存在的话，那么这种道德存在是被作为人的本质来看待的，是一种自为的存在。荀子说：“心者，形之君也，而神明之主也，出令而无所受令，自禁也，自使也，自夺也，自取也，自行也，自止也。”（《荀子·解蔽》）这无疑是人之存在的最高境界，与人的物理存在和精神存在相比，恰是人的这一重存在赋予人以自由，使人成为自主自觉的主体。

关于人的道德存在与精神存在之间的关系，中国思想史上也有许多有价值的猜测。比如，老子在对学习、求知与“得道”的比较中，就阐发了这样一种思想：“为学日益”，“为道日损”。在这里，并不能说老子主张闭目塞听，反对学习，反对求知，反对认识客观世界。相反，恰恰说明老子看到了人的道德存在与以知识为基本内容的精神存在是不同的，他所要强调和证明的是道德存在的特殊性，并试图去发现人们获得和维护道德存在的正确道路。由此看来，老子能够指出人的道德存在与精神存在的差异，是非常了不起的。而且，他还进一步发现，人们对外在世界的认识，即人的学习、人的求知对人的道德存在的发展并不必然具有积极意义。不仅如此，如果在认识、学习、求知的过程中忽视了人的道德存在的话，那么，人所获得的知识就有可能遮蔽人的道德存在，使人的道德存在隐藏起来，从而难以发挥作用。从外在表现上来看，就是一种“为学日益”和“为道日损”的情况。这实际上也就是后来王阳明所讲的“知识愈广而人欲愈滋，才力愈多而天理愈弊”（《传习录上》）。当然，需要指出，在人的道德存在与精神存在之间，这种此消彼长的负相关关系并不是必然的，它们各自都有着自己发展和完善的道路。所以，老子希望通过“涤除玄览”去维护人的道德存在的方法并不可取。如果退一步说，指出人的道德存在并不是通过认识的途径去获得的，就会成为一个极其深刻的见解了。

到了宋明时期，中国思想史也明显地出现了认识论倾向，因而“知”与“识”的概念也成了哲学思考的中心范畴。在涉及道德存在的问题时，我们也看到有两个重要的描述性概念，它们就是相对而存在的“德性之知”和“闻见之知”。就这两个概念都是立足于“知”而不是立足于存在而言，是很不确切的，但就宋儒能够把“德性”与“闻见”相区分这一点来看，要比西方近代以来的认识论哲思深刻的多。因为，西方近代的整个认识论传统，都在谋求统一解释框架的过程中而从根本上抹杀了人的道德存在，而宋儒在“德性之知”、“闻见之知”的区分中则为人们提供了一条理解和把握人的道德存在的通道。更为可贵的是，宋儒把握了人的道德存在的实践特征，发现那种被他们称为“德性之知”的道德存在所具有的实践品质：(1) 从来源上，“不萌于见闻”；(2) 在性质上，属于“诚明所知”，“天德良知”；(3) 在外向功用上，则属于“践履之知”。

在现代思想家中，尽管认识论的影响是根深蒂固的，但当他们深入思考时，也倾向于把认识的结果与道德规范区分开来。例如，赖欣巴哈就指出：“知识并不包含任何规范的成分，因此不能充当伦理学的解释。”“如果德行是知识，那么伦理规条就失去了它们的命令性质。”① 赖欣巴哈为了突出科学的特征而把伦理学排斥在科学之外是错误的，其实伦理学也是一门科学，伦理学也担负着对道德存在、道德规范、道德行为、道德目标等的认识任务。但是，西方近代认识论分析框架下生成的科学体系无法包容伦理学却是事实。所以，赖欣巴哈看到并指出那些与道德相关的问题有着认识论分析框架无法容纳的特性，这是实事求是的态度。虽然他的认识还停留在道德规范的命令性特征与科学的逻辑合理性之间的冲突上，但得出的结论在方向上是正确的，如果能够涉及道德存在这一道德本源的问题，那么就会看到，伦理学研究对象的特殊性会更加突出。不过，必须承认，伦理学是一个知识体系，但道德存在和作用机制决不是一种认识关系，人的道德状况并不取决于认识，一个人认识了善和把握了善的全部内涵却不意味着他必然有德行。反之，一个有德行的人，可能对伦理学的任何一种善的定义都无从知晓。

虽然哲学家们对于人的道德存在有着许多猜测性的判断，但是，他们关于这一方面的所有猜测都是出于理解人的个体差异以及人的创造活动的需要。在思想史上，很少有人能够出于理解社会伦理的、道德的结构和人的道德行为的主体动因的需要而去把握人的道德存在，不用说能够在思想体系中把人的道德存在作为

---

① ［美］赖欣巴哈：《科学哲学的兴起》，213～214页，北京，商务印书馆，1983。

一个原始的逻辑起点，更不用说以道德存在为根据去提出制度设计和制度安排的构想了。

今天，认识人的道德存在是一个时代课题，是由人类道德生活的历史推展出来的一个课题。以往的伦理研究之所以没有作出从人的道德存在出发去建构伦理学说的努力，是因为伦理学较多地面临着对社会伦理道德现象形式方面和宏观层面的认识，以至于人的个体道德差异没有能够成为伦理学研究的重心。现在，在全球化、世界一体化正在迅速实现的历史背景下，关于形式方面和宏观层面研究的理论意义也相应地受到削弱。相反，它在实质性的方面呈现出越来越多的课题，必然会要求伦理学关注这些历史性的时代课题。对伦理道德实质方面的研究必然要建立在对人的道德存在的认识上，只有对人的道德存在作出深入、全面的科学认识，弄清它与人的物理存在、精神存在之间的关系和相互作用机理，发现它的外向功能及作用机制，才能建立起真正科学的伦理学说。

6.8 道德直觉

人的物理存在是通过吐故纳新的方式而与人之外的存在联系起来的；人的精神存在是以认知的方式而与外在世界联系起来的；人的道德存在则通过人的直观和直觉与整个社会统一起来。道德直觉是造就道德存在实存形态的基本途径。

在人的道德能力转化为人的道德存在的过程中，在一些人那里是一个漫长的修养过程，在一些人那里则是瞬间完成的。所以，会有着所谓“渐悟”和“顿悟”的区别。但是，无论是“渐悟”还是“顿悟”，都属于直观和直觉的范畴，不同于人的精神存在的认识过程。对于人的精神存在而言，直观和直觉也是主体与客体沟通方式中的一种，却不是主要的和基本的方式，仅仅存在于认识过程的某些阶段中，或偶尔发生于认识的过程之中，是以科学灵感的形式出现的。但是，对于人的道德存在而言，直观和直觉是人与社会沟通和契合的主要途径，也是基本途径。

由于直观和直觉很难纳入近代认识论的分析框架，所以，关于它的研究一直是比较薄弱的，即使20世纪心理学将它作为一个重要课题加以研究，囿于近代认识论的分析框架，也很难有所突破。直到今天，包括伦理学在内的各门科学对于直观和直觉这种现象的理解，也尚未超出张载所比喻的：“穷神知化”“德盛仁熟之致”（《正蒙·神化篇》）；更未超出王阳明所描述的：“见父自然知孝，见兄自然知悌，见孺子入井自然知恻隐”。如果还想进一步作出解释的话，也至多归结为文化心理积淀的结果，而对直观和直觉的发生机制和作用过程，各门学科都总也无法作出科学解析。这说明，对于直观和直觉的把握，必须摆脱认识论的分析框架。因为，直观和直觉是与外在世界沟通、交往和联系的一种境界，它即使发生在认识过程之中，也是以超越一般认识过程的境界而出现的，它与人的存在的高级形态——道德存在共在的事实，也证明了它是人与外在世界联系的最高形态的方式和途径。

其实，人的道德存在之所以能够直接消除人与社会分隔的各种障碍，直接地把个体的人与社会联系在一起，正是因为人的道德存在是个体的社会本质的实现。有了这种道德存在，人才能够充分地直观社会性的客观需要以及自我社会角色中的责任和义务。由此看来，人的直观、直觉并不神秘，只是传统的关于心理活动和意识活动过程的分析没有在人的道德存在这一高度上来把握它，才使得它显得神秘莫测。

发源于良心的道德直觉是一种强有力的力量，特别是在人的道德选择发生之前，这种力量是科学预测和判断无法企及的。因为，科学只能对宏观的群体性道德行为选择作出大概的预测和判断，对于个人具体性的道德行为选择及其结果的预测和判断，只有自己的良心是最好的“先知”，人在“行”与“不行”之间直觉地作出反应，其行为结果总是合道德的。如果人对于“行”与“不行”的问题作出思考、权衡，虽然表现出慎重选择的形式，而行为的合道德性必然会大打折扣，特别是在这种思考和权衡之中选择了个人利益，那就从根本上取消了行为的合道德性。所以，我们看到的“舍己救人”等大义行为，绝对没有一件是思考和权衡的结果，而是根据良心的道德直觉而对“行”与“不行”作出的抉择。

固然，人需要反思的能力，但仅有反思的能力是不够的，人还需要用直觉的能力对反思的能力作出补充。一般说来，人的反思常常会犯错误，因为反思处处遇到矛盾，正是由于反思，才有了近代科学发展的无数争论。反思总是有限制的，反思总要舍弃或舍掉某些方面。反思总是片面的，每个人在每一次具体的反思之间，总会遇到许多对立的因素。在人的道德行为选择中，人关于自我的社会地位、身份和角色的意识是基本的决定因素。然而，通过反思的手段，人们往往很难准确地认识到自己的身份、地位和角色，因为反思总是给他以矛盾的结论。直觉则不同，直觉是一种直接的体悟，它在时间和空间上把认识的过程压缩到无限小。直觉消除矛盾，直觉在一切认识中都给人以唯一满意的结论。所以，在人的道德行为选择中，如果是直觉发挥作用，那么这种选择就是绝对的，而不是犹豫、权衡的结果。

不同民族、不同社会在道德规范、原则、标准之间的差异无疑需要从其历史条件和社会存在的状况方面去理解，而个人之间的道德差异在很大程度上则直接取决于他们的道德存在的状况。人的道德存在在何种程度上是对社会理性、群体理性或职业理性的无碍的直观，也就在何种程度上是对自己的责任义务和外界需要的直觉。人的道德在何种程度上被唤醒了，也就在何种程度上会反映到他的道德行为之中。因而，不同的人在道德行为上的差异也就可以判定为他们在道德存在上的差异。

6.9 道德存在与人的自我完善

发现了人的道德存在，对于重新认识人有着积极的意义，特别是对于理解道德与人的关系问题会实现理论和观念上的变革。长期以来，人们总是把道德理解成规范，属于通过人的内化作用而对人的行为发生作用的准则、法则，或者干脆把它称为“法”，即人的内心的法。把道德理解成法，是合乎近代社会寻求普遍精神的思路的，是一种用社会的外在于个人的法来比拟道德，认为道德只不过是法的另一种形式，或者说是法的主观形式。的确，从道德现象来看，是可以作出这种类比的。然而，深入一步，这种类比就变得荒谬了，因为，人的道德的最高形式不是法或规则，而是一种存在，是一种特殊的道德存在。

道德存在是人抵御诱惑的力量源泉。在人的社会生活中，必然会遇到各种各样的诱惑。因为，人的物理存在和精神存在本身就是一切来自于外界的诱惑的主观基础，人的物理存在和精神存在渴望着各种各样的外界诱惑，一旦外界诱因出现，人就会受到诱惑。而所有的诱惑都倾向于使人背离自己的德性，从而生出恶行，因而，要求人们抵御外界诱惑一直是伦理学的基本目标之一，也是一切宗教的基本目标之一。

宗教在解决这个问题的时候，干脆倡导人的物理存在和精神存在的寂灭，使一切外界诱惑都丧失发生的前提，从而使人得到解脱。一些东方宗教修行的困难，就在于人的物理存在与精神存在寂灭的困难。特别是那些主张肉身成佛成仙的教派，往往断言那些已经修炼到很高境界的人，也会由于某种诱惑而滑落下来。比如，佛教的某些教派认为，即使人的肉身寂灭了，但人的精神存在尚存，这个时候，他的精神存在如果受到“欢喜心”“显示心”等的诱惑，也会滑落下来，以至于无法成佛。

伦理学作为一门科学，显然不能要求消灭人的物理存在和精神存在，但是，在人是否会受到诱惑的问题上，它同宗教的主张是基本一致的，认为人的物理存在与精神存在都是人受到外界诱惑的根源。在关于如何抵御外界诱惑的问题上，一般说来，宗教有两种方案：一种是修养修炼人的物理存在，通过戒除物欲和持续的苦行来改变人的物理存在，进而净化人的精神存在。另一种是“直指人心”的修炼，更多地强调人的精神存在的改变，而且把精神存在的改变作为人的物理存在改变的原因和动力。也就是说，不同的教派在这两种方案之间的倾向性不同。有的教派从改变人的物理存在开始，然后通过物理存在的改变而求得精神存在的改变，进而得道升天；有的教派则直接从精神存在入手，先改变精神存在，再改变物理存在，最后达到精神存在和物理存在都彻底改变的目的，从而成佛成仙。伦理学的方案类似于宗教的后一种方案。由于认识论伦理学并不注重人的物理存在的改变，所以，它不倾向于使用“修炼”的概念，而是用“修养”的概念取而代之。也就是说，伦理学所注重的是人的精神存在的修养。虽然，伦理学也强调人的德行对于道德品性生成的意义，但其侧重点是强调人的精神存在的道德化。

由于认识论伦理学并不知道人拥有道德存在这一方面，所以，它在精神存在这个层面上所作出的全部思考以及修养方案在现实中总是显得极其软弱无力，它关于用教育、教化这种外力督促方式去完成个人修养的构想，总是在现实中碰得灰头土脸。所以，关键的问题是去认识、发现人的道德存在。人之所以具有抵御外界诱惑的能力，是因为人拥有道德存在，是人的道德存在赋予了人抵御外界诱惑的能力。外界诱惑之于人，是与人的身份地位相对立的。人的地位越高身份越重，外界诱因也就越多越强烈。在任何社会中，地位越低身份越卑微的人，对他构成诱惑的外界诱因就越少越简单。一个饥馁将死的人，可能最大的诱惑就是那碗“珍珠翡翠白玉汤”；而对于一个拥有江山社稷的人，能够对他构成诱惑的外在诱因就会复杂得多。一个权倾一时的人为什么会以杀伐征战为乐？那是因为复杂的外界诱因已经令他无所适从了，他已经不知道接受什么样的诱惑才能使他得到快乐了。

在历史视野中，我们发现，统治型社会治理模式倾向于激化人的侵犯性品格，增强着人的权欲，当人获得权力的时候，就会运用这种权力去从事统治和压迫的活动，去制造对他人的侵害。在管理型社会治理模式中，人的外向型侵犯性品格转化为一种内向型的物欲满足，所以，对人的最大诱惑是“物欲”实现的冲动。当人掌握了公共权力之后，就必然会有着用公共权力去实现他的物欲要求的动力。在公共管理中，公共管理者依然会面对着各种各样的诱惑，甚至许多诱惑都会导致他的堕落。事实上，在公共管理活动展开的过程中，公共权力的存在也是必要的，公共管理者在掌握和行使这些权力的过程中，也必然会生发出各种各样的诱惑，这些诱惑把他引导到通过损害公共利益而满足私欲的方向上去。人类社会越是发展，能够对人构成诱惑的外界诱因就越多。在某种意义上，与以往的社会治理者相比，公共管理者受到诱惑的可能性只会增加不会减少，公共管理者如何才能抵御形形色色的诱惑，从根本上看，就在于唤醒他的道德存在。

在现代社会，人们总是通过职业活动而获得实质意义上的社会化。当然，在非职业性的社会生活中，人们也能实现社会化，但那种社会化还只是现象和形式意义上的社会化，只有职业活动才使人获得实质意义上的社会化。通过职业活动的社会化，也就获得了人的本质的实现和人的自我完善的途径。这样一来，在职业活动中，人的道德存在的外向性展开，无论对于社会和对于个人，都是走向完善的主要动力。

马克思在学生时代的一篇题为《青年在选择职业时的考虑》的作文中写道："在选择职业时，我们应该遵循的主要指针是人类的幸福和我们自身的完美。不应认为，这两种利益是敌对的，互相冲突的，一种利益必须消灭另一种的；人类的天性本来就是这样的：人们只有为同时代人的完美、为他们的幸福而工作，才能使自己也达到完美。"① 马克思所说的"天性"，实际上就是人的道德存在，它的最高形式就是人的良心。在职业活动中，人的这种道德存在就反映在为社会而工作的目标追求中。通过职业活动，使自己社会化，促进社会的发展和完善，同时，使社会理性、群体理性、职业理性内化为自我，实现自我完善。

马克思的时代，人的职业活动更多地服务于个人生存的打算，因而倾向于产生自私自利的动机，而且，制度的设计和安排也是建立在自私自利普世化的基础上的。也就是说，作为个人，通过职业活动而达到自我实现目标的追求，这是因为在那个时代缺乏制度和社会运行机制的保障。面对这样的历史背景，青年马克思只能作出诗意的伦理畅想，那就是："如果我们选择了最能为人类福利而劳动的职业，那么，重担就不能把我们压倒，因为这是为大家而献身；那时我们所感到的就不是可怜的、有限的、自私的乐趣，我们的幸福将属于千百万人，我们的事业将默默地、但是永恒发挥作用地存在下去，而面对我们的骨灰，高尚的人们将洒下热泪。"② 今天，当公共管理这种服务型社会治理模式出现时，率先在公共管理职业活动中为社会工作、为人类服务已经完全可能。不仅社会鼓励这种选择，而且，公共管理的制度和服务机制的健全也将为这种

①② 《马克思恩格斯全集》，中文1版，第40卷，7页，北京，人民出版社，1982。

行为选择提供客观保障。所以，公共管理者此时所拥有的是充分展现自我道德存在的历史契机。

6.10 道德存在可以成为制度设计的基石

承认人的良心是人的道德存在形态对于理解人的道德行为有着非常重要的意义。在伦理学史上，长期以来，存在着义务论与功利论之争。这种争论之所以持续无果，根本原因就在于没有发现人的道德存在的方面，没有从良心与社会生活中的客观道德要求相契合这一点来理解人的道德行为。所以，他们提出的任何一种关于社会改造的伦理方案也都难以避免偏颇和片面。现代伦理学能够超越传统伦理学义务论和功利论的正确途径就在于认识人的存在是物理的、精神的和道德的三位一体。认识到人的存在的这种三位一体性，不仅是对人的本质的正确和全面的把握，而且对于从此出发理解人的行为以及在提出社会改造和制度建设的方案方面，都能避免片面性的错误。它在伦理学发展史上的意义则在于，从此消解了义务论与功利论及其一切变种之间的争论，使人们得以用科学的态度去认识人的道德存在与客观的道德需要之间契合与统一的机理，并将这种认识的成果转化为制度设计的具体方案。

表面看来，伦理学开始关注人的道德存在只是伦理学研究走出传统认识论物质存在与精神存在二元规定的研究方案，而实际上却有着更为重大的社会意义。因为，发现人的这一重存在形态并加以深入研究，是完全可以确立起一块新的制度设计和制度安排的基石的。以往的人类制度设计，要么从人的精神存在或客观化了的精神存在出发，要么从人的物理存在以及基于物理存在的要求出发。今天看来，从这两种存在形式出发作出的制度设计，都是不成功的。早期社会以及中世纪，基本上是从精神存在出发作出制度设计和制度安排的。与这种安排相一致，人的行为主要基于精神的动力和从属于某种精神性的目标。但是，它在所有涉及物质的领域和问题时，都表现得极其残酷和野蛮，就如人们看到的那样，阿伽门农毫不怜惜地杀死自己的女儿，就是为了某一精神寄托。近代以来，社会各个领域的制度设计和制度安排基本上是从人的物理存在和人的物质要求出发的，而且，它让所有从精神存在出发提出制度设计的“乌托邦”学说显得那样荒诞。但是，近代社会中的这种基于物质需要的制度设计和制度安排在涉及一切精神领域及其问题的时候，都表现出了狂妄、沮丧或糜颓。

根据历史发展的逻辑，在后工业社会中，将会从人的道德存在出发去作出制度设计。这是一个全新的制度设计路径，定然不同于农业社会中曾经存在过的那种基于人的精神存在作出的制度安排，也会不同于工业社会基于人的物理存在而作出的制度安排。道德制度的出现将是人类社会发展的必然。如果说在农业社会的等级条件下，社会的组织程度比较低，权力的行使已经能够满足于统治的要求，那么在近代社会工业化的过程中，社会的组织化、体系化程度迅速提高，权力行使的具体性无法适应普遍的社会管理的需要，因而成长起了法制。随着工业社会向后工业社会的过渡，近代以来的组织化、体系化社会进入了一个结构复杂性迅速蔓延的历史阶段，法制为了适应结构复杂性的变化越来越进入烦琐僵化的误区，当社会结构进一步朝着复杂性程度增长的方向迈进时，法制模式的不适应也就会凸显出来。这种情况表明，后工业社会需要谋求新的制度模式，即创造性地建构起一种超越法制的制度模式。历史发展的各个方面的迹象表明，新的制度模式将是一个道德的制度。道德的制度必然要求根据对人的道德存在的认识来作出设计和安排。

所以，从人的道德存在出发进行制度设计和制度安排是后工业社会提出的客观要求，公共管理作为这一社会中的新型社会治理模式也理所当然地应从人的道德存在出发去进行制度设计和制度安排。后工业社会的制度设计和制度安排首先需要在公共管理中实现，或者说，需要通过公共管理去完成那些对后工业社会进行制度安排有着重要价值的主要的和基本的工作。理解公共管理者的行为、价值观念以及全部公共管理活动赖以开展的条件和因素，都需要从公共管理者的道德存在出发，公共管理活动如何为后工业社会作出制度安排，也要看它在何种程度上认识和把握了人的道德存在。

在人类历史上，整个农业社会都很难说出现过完整的科学体系，科学的成就是在工业社会中充分展现了自己的力量。就科学史而言，我们把许多显著的理论放在工业社会的历史背景下，然而，在今天，人类正迅速地迈进后工业社会，我们可以断言，后工业社会必然会拥有带有这一社会特征的科学，因为后工业社会有属于这个社会的特定需求。在人类的生活方式和社会制度方面，后工业社会必然会与工业社会之间有着很大的差别。人类在后工业社会中如何设计和安排自己的制度，在很大程度上取决于属于这个社会的科学理论体系能否建立起来。

在后工业社会，对人的道德存在的认识和把握，是全部社会生活和活动的理论基础。人的道德存在与社会理性、群体理性或职业理性的契合程度不同大概可以看做是人在道德存在上的量的差别。但是，这种量的差别在外显为人的道德行为时，或者以人的道德观念和道德价值取向的形式存在时，更多地表现为质的差异。如果人们之间在道德存在上的量的差别并不显著时，有着相近甚至相同的道德存在，这意味着他们的道德存在具有同质性。但是，这种道德存在上的同质性并不意味着在道德行为等外显的过程中会在一切方面整齐划一，反而会在人的创造性中表现出很大的差别。

人的活动对象的不同，活动领域的不同，社会角色的不同，都会使同质的道德存在表现出不同的道德行为、道德观念和价值取向。因此，公共管理者所从事的这种特殊职业也必然决定了他在与其他社会成员之间拥有同样的道德存在的情况下而有着不同的道德表现。正是这一点，使得公共管理伦理学这一职业伦理学的研究具有必要性。

本章小结

人的存在是“三位一体”的。首先，人有着物理存在的方面。其次，人又有着精神存在的方面。最后，人还有第三个方面的存在，那就是道德存在。人的道德存在是一种更高形式的存在，它的终极形式就是良心。人的道德存在是人的最深层和最本质的存在。虽然人的道德存在是人的本质，但不是先在于人的本质，是在社会发展、群体生成和个人成长中不断获得的本质，人类社会发展的整个过程，都是这种本质的不断获得。人的道德存在是自为的，但在人的道德行为中则表现为这种道德存在与客观要求的契合。

人拥有先天的道德能力，正如人具有先天的学习和认识能力一样，但这种能力还不是一种实存的道德存在形态，是作为一种潜能而存在的。只有人的道德潜质与社会理性、群体理性或职业理性相契合时，人的道德存在才真正生成，道德潜质才转化为实存的道德存在。良心是人的道德存在的核心内容，是道德存在的最高表现形式和社会关系的最高实现。也就是说，良心作为社会理性、群体理性或职业理性的体现，是社会、群体和职业伦理在个体中的最高实现，是人的终极道德存在。所以，良心是人的一切本质规定中最为本质的存在形式。

近代以来的伦理学研究从属于培根、笛卡尔所建立的认识论解释框架，这种解释框架把世界分成物质存在和精神存在两个方面，从而合乎逻辑地把人的道德存在归入人的精神存在，这妨碍了对人的道德存在的专门研究，造成了实践中人的道德行为理解上的神秘主义。尽管认识论伦理学妨碍了人们对道德存在的认识，但是，在历史上，有许多思想家对人的道德存在作出了可贵的猜测，特别是在中国古代，有着丰富的关于道德存在的思想遗产。如果对这些思想进行总结概括，扬弃其概念使用上的混乱，对于认识人的道德存在来说，会有着重要的启发意义。

人的物理存在是通过吐故纳新的方式与人之外的存在相联系的；人的精神存在是以认知的方式与外在世界相联系的；人的道德存在则通过人的直观和直觉与整个社会统一起来。道德直觉是造就道德存在实存形态的基本途径。道德存在是人抵御诱惑的力量源泉。在人的社会生活中，必然会遇到各种各样的诱惑。在公共管理中，公共管理者依然会面对着各种各样的诱惑，甚至许多诱惑都会导致他的堕落。事实上，在公共管理活动展开的过程中，公共权力的存在也是必要的，公共管理者在掌握和行使这些权力的过程中，也必然会生发出各种各样的诱惑，把他引导到通过损害公共利益而满足私欲的方向上去。人类社会越是发展，能够对人构成诱惑的外界诱因就越多。在某种意义上，与以往的社会治理者相比，公共管理者受到诱惑的可能性只会增加不会减少，公共管理者如何才能抵御形色多样的诱惑，从根本上看，就在于唤醒他的道德存在。

复习思考题

1. 为什么说人是物理存在、精神存在和道德存在的三位一体？
2. 人的物理存在、精神存在和道德存在之间的关系是怎样的？
3. 认识人的道德存在具有什么样的意义？
4. 为什么说人的道德存在是人的道德潜质与社会理性、群体理性或职业理性的契合？
5. 为什么说良心是人的道德存在的核心？
6. 良心的作用表现在哪些方面？
7. 为什么说认识论伦理学存在着根本缺陷？
8. 历史上的思想家们对人的道德存在作出了哪些可贵的猜测？
9. 人的道德直觉具有什么特征，它对于理解人的道德存在有着什么样的意义？
10. 人的道德存在对于人的自我完善有着什么样的意义？
11. 如何理解人的道德存在可以成为社会制度设计的基石？

第 7 章

公共管理者的责任义务

人们往往把现代政府称作责任政府，其实，一切责任义务都需要落实到具体的人，由人来承担。公共管理体系无疑是一个责任义务体系，公共管理者的公共管理活动就是切实履行责任义务的过程。公共管理的责任义务体系是由行政责任义务、法律责任义务和道德责任义务构成的，是一个有机的责任义务整体。其中行政责任义务和法律责任义务与管理型社会治理模式中的责任义务体系基本上是相同的，公共管理的责任义务体系与管理型社会治理模式中的责任义务体系的区别就在于，它把道德责任义务纳入自己的构成要素中来了。由于道德责任义务的确立，使行政责任义务、法律责任义务在实现方式和实现质量上都不同于管理型社会治理模式中的责任义务，正是道德责任义务赋予了行政责任义务和法律责任义务充分实现的可能性。因为，有了道德责任义务，行政责任义务和法律责任义务都能够通过转化为道德责任义务而加以实现，从而使公共管理者承当责任义务的过程不再是一种外在于他的负担，而是一种内在于他的使命。

重点问题

- 责任和义务的区别与联系

- 责任义务与社会角色的关系
- 行政责任义务、法律责任义务和道德责任义务
- 责任义务的线型结构和网状结构
- 道德责任义务的社会价值
- 公共管理者对责任义务的选择

7.1 责任和义务的分化与重合

责任和义务是关于人的社会角色使命的规定。一个人在社会群体中扮演什么样的角色，也就应当承担相应的责任义务。但是，责任义务只是一种应然的规定，是指人的行为及其结果应当与其所扮演的角色相一致。然而，在实际生活中，往往并不总会有这样的一致性，所以，责任和义务又是指人与自己的社会角色之间的一种理想上的一致性。正是由于在实际社会生活中，人们总会有着与自己所扮演的社会角色不一致的行为，而对这些行为及其结果的判断，又需要有一定的标准，从而形成了责任义务这样一种规定，即作为人的行为及其结果的判断标准的规定。责任义务可以是人为的规定，也可以是在社会生活中自然而然地形成的规定。对责任义务的人为规定，往往会以明确的方式表述出来；自然而然地形成的责任义务规定则表现为一种约定俗成的形式，主要存在于人的观念和意识之中。责任义务既是对人的社会角色的规定，又是对人的角色行为的判断标准。作为规定和标准的统一，就是以原则的形式出现的，即人的社会生活原则，特别是对于社会生活的体制和制度设计来说，总会把责任义务作为一个基本原则提出来。所以，我们也经常可以听到“责任义务原则”这样一个概念。

在一般的意义上，正如马克思恩格斯所说：“作为**确定的人**，现实的人，**你**就有**规定**，就有使命，就有任务，至于**你**是否意识到这一点，那都是无所谓的。这个任务是由于**你的**需要及其与现存世界的联系而产生的。”[①] 然而，在人的职业活动中，人的社会角色职业化了，固着在人的岗位和职务上。因而，人在职业活动中的责任义务总是与他所在的岗位和所拥有的职务联系在一起的。一方面，人在职业活动中所处的岗位和所拥有的职务决定了他应当甚至必须承担某些责任义务；另一方面，他所承担的责任义务也是他的岗位和职务的标识性内容。但是，在公共管理活动中，责任义务又是一个可以进行理论分析的对象，可以被分

---

① 《马克思恩格斯全集》，中文1版，第3卷，329页，北京，人民出版社，1960。

解为行政的、法律的和道德的责任义务。

责任和义务可以看做为同一个概念。但是，在一般伦理学中，为了向近代以来的政治学和法学原则妥协，把责任和义务区分开来，然后再对它们加以分别考察。由于这样的理论误导，人们往往把责任与人的社会角色联系在一起，看做为人的外在规定，而把义务同人的权利联系在一起，看做为人的内在规定。其实，责任和义务是一个东西，在人的某种社会关系中，是以外在规定的形式存在的，而在另一种社会关系中，就成了人的内在规定。在本质上，责任和义务是统一的，都是人与他人、与社会的一种特殊关系，只是在人类社会历史发展的一些特定的阶段，责任义务才出现了分离的状态。在这种情况下，责任义务的分离，其实也就是人自身的异化，是人与自己的本质的分离的一种表现形式。在人类社会发展的高级阶段中，责任和义务将会重新统一起来。也就是说，当人们之间的实质性平等关系确立之后，责任和义务之间就会实现完全的统一。

从人类社会的伦理关系发展史来看，责任义务的分离是社会等级化的结果。当社会分化为等级社会的时候，人的责任义务也开始了分化。这种分化最为明显的特征就是责任义务有着不同的方向性。人们之间等级关系的垂直结构分别为责任义务提供了两个不同的方向。责任主要是等级地位较高的人对等级地位较低的人的道德意识；反之，义务则是等级地位较低的人对等级地位较高的人的道德自觉。上对下负有责任，下对上则承担义务。孟子说："义之实，从兄是也"（《孟子·离娄上》）、"敬长，义也"（《孟子·尽心上》），孟子在这里讲的义就是义务，它在实质上有着"从兄"、"敬长"的方向。沿着这个方向，就可以描绘出整个等级社会的义务体系。至于责任，则是一个完全相反的方向。例如，在抽象的意义上，君对江山社稷负有责任，而在具体的意义上，则是对臣民的责任。同样，将对士、父对子、兄对弟，都担负着相应的责任。所以，在统治型的社会治理模式中，责任义务的状况是与等级化了的社会相一致的，反映了人们之间的等级关系。可以断定，在各种语言的语汇中，责任和义务之所以会分裂为两个不同的词语，都是由等级化的社会中责任与义务方向上的不同质性所造成的。

近代社会，虽然在政治理念上，提出了平等的要求，但在事实上，人们之间的社会等级差别并没有真正取消，所以，关于责任和义务的概念区分也依然存在。但是，近代社会在意识形态领域中造成了对社会等级的痛恨，进而，这种情感在人们的心理结构中所产生的作用总表现为极力去模糊那些具有等级社会特征的概念的质，更多地赋予其形式化的内涵。因而，责任和义务的概念开始趋同，以至于要对这两个概念作出区分已经开始变得困难起来，即使能够把它们区分开来，也会给人以牵强附会之感。而且，在较多的场合中，我们并不刻意地对责任和义务作出区分，而是把它们看做统一的个人对整体、我对他人的主客体关系，只是在语言习惯上把具体的义务称作责任，把较抽象的责任称作义务。

在近代社会，责任和义务概念也出现了泛化的趋势，不仅用来指称人们之间的一种特殊关系，而且用来规定人与“事”的关系，即某人对某事负有责任，某人对某事应当承担义务。实际上，在责任义务关系之中，事并不是独立的，事无非是人的代表，在事的背后依然是人与人之间的关系。比如，农业社会要求它的官员“为官一任造福一方”，这是一个关于官员（人）对“造福”（事）负有责任的规定，实际上“造福”这件事如果不是与“一方”的百姓联系在一起的话，是很难理解的。反之，当我们说公民应当为国家安全尽自己的义务，这个“国家安全”首先就是指包括公民自己在内的全体公民的安全。所以，归根结底，责任义务的关系是人与人之间的关系。但是，由于责任和义务概念的泛化和形式化，也使人们越来越不愿意去深究它们之间的区别。

既然管理型社会治理模式赖以发生的近代社会已逐渐地使责任与义务的语义区别变得模糊，那么随着以工业化为基础的近代社会的结束和以后工业化为基础的现代社会的开始，特别是以公共管理为特征的新型社会治理模式的出现，责任和义务这两个概念在内涵和外延上都会逐渐地走向重合。因为，责任和义务能够相区别的社会基础已经不存在了。在后工业社会，人们之间的等级关系将彻底地瓦解，取而代之的是人们之间真实平等关系的确立。人们之间的这种真实的平等关系决定了责任和义务总是一致的。不仅如此，在后工业社会中，责任义务所代表的人与自己社会角色的理想一致性也会从根本上转化为现实的一致性，人的社会角色不仅意味着相应的责任义务，而且在实际上就是责任义务的实现。

7.2 责任义务是社会关系的反映

人的责任义务根源于人的社会生活，有什么样的社会生活也就有着相应的责任义务，人在社会生活中扮演什么样的角色也就会有与其社会角色等值的责任义务。作为社会治理者的人，其职位、岗位在社会治理体系中的位置决定了他必须承担相应的责任义务。但是，社会治理者的责任义务又是自我选择的结果。如果说在一般社会生活中，个人可以通过拒绝某种社会角色而逃避责任义务的话（如宗教徒、隐士及超越世俗的“真人”等），那么，社会治理者只要是作为治理者而成为社会治理体系的构成因子，他就不可逃避其应承担的责任义务。

在现实社会生活中，时时处处都可以看到责任义务原则是如何体现在人的社会活动、职业行为和私人生活之中的。在某种意义上，我们生活的世界就是一个责任义务的世界，我们的生活赖以确立的框架就是一个责任义务的体系。缺乏责任义务意识和无事于责任义务行为的人，必然是社会生活的破坏因素，也是任何一个社会都不允许存在的人。如果一个社会允许那些被一些特定人群评价极低的人存在的话，那么这些人只是属于所拥有的责任义务意识和责任义务行为低于社会平均水平而已，而不是属于那种完全丧失了责任义务意识和毫无责任义务行为的人。所以，现实地生活在社会中的人，都是责任义务体系中的构成因素。人本身就是责任义务的实体，存在就意味着责任和义务。人与人之间在对待责任义务问题上的不同，只不过表现在选择责任义务的主动性和积极性上，主动地和积极地选择了责任义务，就会在他所在的人群中得到较高的评价；相反，就会受到鄙视。

但是，关于责任义务的起源，是无可考证的。人类社会在什么时候开始出现责任义务意识，并根据责任义务观念对人的行为作出判断？对于这一问题，是无法准确地确定它在人类编年史上的位置的。但是，就责任义务意识的最初形态而言，却可以大致地确定为对人类社会伦理关系的反映，是从属于调节伦理关系的需要的。只是到了后来，责任义务观念才被用来审视人们之间的权力关系、法律关系以及其他社会关系，并被固定化为调节这些关系的基本原则和措施。这样看来，责任和义务的概念，就其原初的含义而言，应当属于伦理范畴，只是由于这两个概念在用于理解和调整人的社会关系的其他方面的时候也有着重大的价值，所以才会广泛地为人文社会科学的其他部门所接受，并被看做理解和处理人的社会关系的普遍原则。

责任义务所反映的是人的社会关系，或者说是以“事”为中介的人的社会关系。人与自然界之间，没有责任义务的关系。从历史发展来看，责任义务关系具有这样的历史特征：在统治型社会治理模式中，责任义务关系更多地存在于人们之间直接的社会关系之中，当然，也需要通过做事来体现和证明这种责任义务关系。而“事”只是必要的承载物，却不是完整的中介。在管理型社会治理模式中，责任义务关系较多地以“事”的中介而得以确立和实现，因而，人们可以通过“事”来测定责任义务关系的质和量。在公共管理这种新型的社会治理模式中，责任义务关系将会向着人们之间直接的社会关系方向回归。在公共管理活动中，责任义务将会更多地在人的直接的社会关系中被体验和承当。

一般说来，从人的社会分群的角度看责任义务，它就会表现为人们之间直接的社会关系；从人的社会分工的角度来看责任义务，它就需要在“事”的中介中来加以把握，因而，在社会历史发展的某个阶段，分群的特征被突出了出来，相应地，责任义务关系也就会较多地表现为人们之间直接的社会关系。相反，在另一个历史时期中，人群中分工的质被突出了出来，责任义务关系也就会更多地通过“事”的中介而存在于人们之间。

在社会一般的意义上，责任义务总是与其主体的社会角色联系在一起的。一个人对社会、对他人负有什么样的责任义务，以及所负责任义务的重大程度，完全取决于他所承担的社会角色的性质。所以，政治学、社会学、伦理学和法学在考虑责任义务的问题时，泛泛地谈论它们是没有什么意义的，只有把它们与人的具体社会角色联系起来，才能够对人的责任义务的性质和内容作出规定。在职业伦理学的研究中，角色理论更需具体化，即具体化为岗位和职务，只有这样，才能使责任义务的问题更为清楚。所以，对于公共管理伦理学来说，责任义务主要是与公共管理主体中的具体的岗位联系在一起的，是这些岗位上的社会治理者的责任义务。

当然，我们也可以争辩说，公共管理系统中的每一个人都对改进和完善这一社会治理方式负有责任义务，公共管理客体也不应逃避他们所应承当的责任义务。作为一种普遍原则，这种争辩是有道理的，但是，公共管理伦理学不予采纳。因为，把所有的人都纳入到责任义务体系中来，实际上是无限地扩展了公共管理伦理学的边界，结果，无疑是剥夺了公共管理伦理学作为职业伦理学而存在的权利。公共管理伦理学在考察公共管理中的伦理关系时，需要对公共管理体系作出整体的把握；公共管理伦理学在考察公共管理中的德制的可能性、必然性时，也需要探讨公共管理活动在整体上的互动过程。但是，所有上述在系统整体层面上的研究，都恰恰是为了找到公共管理主体的准确定位。在做了这些工作之后，公共管理伦理学在对具体问题的探讨中，则着重从公共管理主体方面分析道德化的可能性，特别是分析公共管理者道德行为发生的机理。

7.3 责任义务的历史发展

在现代社会，责任义务的原则在法律体系中得到了完整的体现。但是，需要指出，责任义务原则在更深一层的实质上，却包含着与法律的平等原则不一致的地方。在本质上，责任义务原则所反映的并不是人的平等关系，反而恰恰是人的不平等关系。

就人类社会责任义务意识的生成而言，我们大致可以作出这样的推测：首先，在人的血亲关系中产生亲情，然后，这种亲情社会化，出现了责任意识。但是，人类社会一开始处理物质生活资料的时候，就选择了分配的方式，即通过分配的方式来决定社会成员对物质资料的占有情况。在分配的过程中，责任意识与“分配权力”结合在一起，成为“分配权力”的调节因素。虽然只是一种调节因素，但却感染上了权力关系的不平等性质。所以，在“分配权力”得到行使的时候，责任意识作为一种自觉的力量往往属于一个社会群体中强者所拥有的，是强者对弱者的责任，而弱者总是这种责任的受益人。

在早期，一些人是在自然因素方面拥有与他人比较中的优势而成为一个群体中的强者，从而拥有了对这个群体以及这个群体中的弱者的责任。在稍后的时期，由于人类的社会化程度的增强，一些人由于集中了社会力量而成为其所在群体中的强者，从而拥有了对其所在群体以及群体中的弱者的责任。但是，在这两种情况下，由于责任总是与特定的人联系在一起的，所以，在社会的层面上，总是表现为不确定的和不稳定的责任，主要取决于个人的自觉，一些理当承担责任的强者，有可能会由于某一偶然原因而放弃全部责任。这就是我们在《荷马史诗》中所看到的那种情况：一个英勇善战的将军，会由于在争夺一个女奴时的不愉快而退出战事。但是，如果责任总能得到承担的话，那么，对于这种强弱关系中的责任，我们也可以看做是美德，或者说，是美德与责任的混合形式，是尚未分化出美德与责任的一种道德形态。

与责任意识相比，义务感可能出现的要晚一些。因为，义务作为一定群体中弱势者对强势者的道德自觉必然是长期的权力支配的结果。也就是说，在一定的群体中，受权力支配的人们，在权力的长期支配下，应当做什么事和被要求做什么事已经成为一种习惯，而且这种习惯有可能以心理定势的形式存在和作用于他们的思想以及行为，结果，所形成的就是义务感。这种义务感生成之后，群体中的弱者也就开始明确地理解了自己的社会角色，如果说在此前，主要是群体中的强者意识到了他的社会角色，意识到他对群体、对弱者的责任的话，那么，这个时候，群体中的弱者也开始知觉到他可以为群体做什么，这就是他的义务。如果他愿意尽这种义务的话，他就会自觉地从事与自己的社会角色相一致的活动。所以，在这个意义上，责任和义务是不同的，如果说责任是对群体中强者的要求的话，那么义务总是属于群体中弱者的道德。

在稍晚的时期，随着人类社会的权力关系制度化，责任义务原则才在权力关系的制度形式中成为较为稳定的权力关系调节因素。同时，责任义务也就有了更多的赠与和剥夺的内容，成了制度化了的强弱共存关系和互动关系。但是，这时的责任义务却有着两种不同的表现：作为过程的责任义务，是强者对弱者的赠与，是群体中的英才对群体的奉献，以责任的形式出现；作为结果的责任义务，则是强者对弱者的追究，在性质上，完全属于弱者的义务，但在形式上，也被称作责任。在这种意义上，责任义务总是属于有权力的人的，是权力关系体系中的人的角色规定。对于没有权力的人，只会被“役”而不会有“义”。比如，在整个农业社会中，生活在社会最底层的人对社会对国家所做的事情只属于徭役，而不属于义务。

责任义务关系的制度化也是它的形式化过程。作为形式化过程的终点，就是近代社会的法律体系将责任义务作为其基本内容了。对于法律体系来说，平等原则是最高原则，责任义务实质上是对不平等关系的规定，它的本然状态与法律体系的平等原则是矛盾的，但恰恰是责任义务，成了法律体系中最基本的和最主要的内容。关于这一点，必须归结为责任义务在近代社会出现以前的形式化历史。因为，责任义务的形式化提供了这样一种可能：在抽象掉责任义务关系的不平等性质之后，还能够继续保留它的形式。尽管如此，法律在把责任和义务作为自己的基本内容的时候，还是对责任义务的结构进行了改造。也就是说，在近代社会以前，责任义务关系中的不平等是单向的不平等，是赠与或剥夺性的关系。而在法律的设置中，则用双向的不平等取代了单向的不平等，从而给人以平等的感觉。实际上，如果把双向的不平等分解出来，责任义务关系依然包含着不平等的性质。

关于单向的不平等与双向的不平等，我们可以举例来说明。比如，我们把责任义务看做是在具体的社会生活中一个人对他所处的群体或他人必须做和应该做的事情，这时，就会有如下两种情况：

第一，在近代社会出现以前的权力关系体系中，责任义务的承担者在没有做或没有较好地做这件事情的时候，是不会受到这件事的可能受益者或受害者的追究的，如果他需要对结果承担受到追究的责任的话，也是来自于权力关系体系中的更高一层。当然，在现实生活中，也存在着较低一层的官吏对上司的追究，但这种追究决不会是直接的追究，而是绕行到他上司的上司那里才能得以发生的追究。这就是责任义务的单向不平等。如果说在历史实际中也有许多否定这种单向不平等的实例，那也是由于在近代社会出现以前的许多社会群体中已经发展出了法律关系的原因。

第二，在近代以来的社会中，由于法律关系迅速成长为基本的和主要的社会关系，从而使责任和义务的承担者在没有做或没有较好地做他必须做或应该做的事情的时候，必须对结果负责，它的行为的可能受益者和受害者可以依据法律对他的行为进行追究。在这里，我们看到了双向不平等的存在，他在履行责任义务的时候，在实质上，表现为近代以前的权力关系的内容，即可以凭借权力的力量而作为一个强势者而存在；当他受到追究的时候，他处于这种追究行为的劣势地位。例如，一个父亲哺育子女，是父权的体现，在他放弃哺育子女的责任义务时，子女对他作出起诉，在子女与法律结合起来的力量面前，他不具有平等的地位。

由此看来，单向的不平等既是实质的不平等又是形式的不平等，它的实质就是人的等级关系，这种等级关系也以等级的形式存在。而双向的不平等尽管在实质上依然是不平等的，但在形式上则中和出了平等。所以，双向不平等往往以平等的形式掩盖了责任义务背后的人与人之间关系的实际上的不平等。

7.4 责任义务的三种类型

近代社会是一个权力关系、法律关系和伦理关系一体性的社会，在这一社会中，从社会一般的意义上看，关于责任义务的确定是同人在社会中的特定位置联系在一起的。在公共领域以及其他职业活动领域，责任义务则是与特定的岗位联系在一起的。明确的岗位和职位，必然有着确定的责任义务，而且，这种责任义务通常是以职责和任务的形式出现的，是职业活动中的基本内容。当责任义务与特定的岗位联系在一起的时候，这种责任义务就是具体的和有着总体性特征的，是岗位的权力结构系统中的行政责任义务、法律系统中的法律责任义务、伦理关系系统中的道德责任义务等方面的统一。

在以往的社会治理模式中，行政责任义务、法律责任义务和道德责任义务是分离的。

在近代社会出现以前，如果说在社会一般的意义上，道德责任义务也是社会生活的基本调节因素之一的话，那么在社会治理体系中，统治型的治理结构决定了这种社会治理体系中不可能有真正的道德责任义务方面的内容，尽管统治者们在表面上强调施仁政，实际上则是凭借着权力的力量对社会实行着剥削和压迫。在统治型社会治理体系中，不存在实质性的伦理关系，所以，也就不可能生成道德责任和义务。在一定程度上，统治型社会治理体系并不是一个严格的责任义务体系，它的权力结构中存在着责任义务，却没有建立起完整的责任义务体系。所以，统治型权力结构中的责任义务往往具有很强的主观性色彩。

统治型社会治理体系中的责任义务具有近代的行政责任义务的形式，但是，由于统治型社会治理模式中的行政还不是一个独立的治理领域，也就没有严格意义上即现代管理意义上的行政行为。因为，统治型社会治理本身就是一种混合型的社会治理，行政并没有从一般的社会治理活动中分离出来。所以，统治型社会治理中的责任义务并不是现代意义上的行政责任义务，只是有着与近代社会的行政责任义务相近的形式而已。对于这种责任义务，可以称为“类行政责任义务”。也就是说，统治型社会治理体系单一的权力关系结构，决定了责任义务也是以一种单一线型结构的形式出现的，尽管它的统治职能以及人格化特征而使它具有了伦理色彩，却并不属于道德责任义务的范畴，只是在形式上与近代社会治理体系中的行政责任义务之间有着相同的性状。

近代社会的管理型社会治理模式是存在于社会法律关系普遍化的条件下的，所以，它的社会治理活动及其系统结构主要是由行政责任义务、法律责任义务两个方面构成的。也就是说，管理型社会治理模式中的责任义务产生于法的精神，是以法制为依托的，即使在具体表现上会以行政责任义务、法律责任义务等多种形式出现，但在最根本的意义上，是从属于法制的，特别是这些责任义务的基本方面，不是在人的个人体验和领悟中出现的，而是由法律作出规定的。当这种责任义务以理论的形式出现的时候，被抽象掉了道德责任义务的内容，所以，当理论转化为制度安排方案的时候，在社会治理体系中也抽象掉了道德责任义务的内容，从而使一切责任义务都被归结或还原为法律责任义务和行政责任义务。即使在私人生活这一传统的道德责任义务发挥作用的领域中，近代社会的法制原则也努力用法律的规范化的责任义务去替代道德责任义务。

由于权力关系的作用，虽然统治型社会治理体系中仅仅存在着一种类行政责任义务的关系，但是，在统治型社会治理方式发挥作用的历史条件下，在治理体系之外，即在社会中，还是普遍存在着道德责任义务关系的。所以，当管理型社会治理方式出现的时候，也能够从以往社会中的责任义务关系中汲取有用的因素。由于这个原因，近代以来管理型社会治理模式中的法律责任义务应当被看做为从道德责任义务演化而来的，是道德责任义务的法律化。但是，当道德责任义务被法律化之后，却掩盖了甚至排斥了道德责任义务。如果说在管理型社会治理方式发挥作用的社会中依然存在着道德责任义务的话，那也是主要存在于社会治理活动之外，即使在社会治理活动之中还存在着道德责任义务的内容，也仅仅属于这些责任义务主体个人的事情，而不是管理型社会治理体系提出的要求，是由于道德责任义务主体把他作为“社会人”的品质带入到治理活动中来了，并不是由治理体系为他作出的规定。

管理型社会治理体系中的行政责任义务是由它的权力关系决定的。在形式上，它表现为对统治型社会治理模式中的责任义务体系的承袭，只不过在性质上和服务目标上不同于统治型社会治理体系中的那种“类行政责任义务”而已。我们知道，近代社会，在西方国家，无论是政治领域还是经济领域，权力关系都受到了削弱和有效节制，甚至在宗教生活的领域中，也由于宗教改革而从根本上打破或改变了原有的权力结构体系。但是，在社会治理活动的日常行为系统之中，权力关系的结构不仅没有受到削弱，反而愈益加强了。在政治民主化、经济自由化的过程中，行政管理的领域反而进入了集权化这样一个逆向的运动过程。所以，在性质上和服务目标上，行政责任义务无论与统治型社会治理模式中的那种“类行政责任义务”有着多大的区别，但在形式上，则发展和强化了统治型社会治理模式的责任义务关系。这一点，是与近代社会中普遍的实质与形式的分离、工具与目标的分离相一致的。所以，在社会治理活动中，行政责任义务与法律责任义务虽然处于一个统一体之中，而这个统一体则是一个矛盾的统一体。行政责任义务与法律责任义务之间的矛盾和冲突甚至是一个永远无法求解的方程。

公共管理作为一种新型的社会治理模式，首次在人类历史上把权力关系、法律关系和伦理关系统一为一个有机的整体。所以，在公共管理的制度体系中，在一切公共管理活动中，行政责任义务、法律责任义务以及道德责任义务都会通过公共管理活动的岗位而在公共管理者那里整合成一个统一的职能总体。虽然在公共管理实际活动中要厘析出行政责任义务、法律责任义务和道德责任义务是比较困难的，但从理论上看，这三种类型的责任义务之间又有着明显的不同，而且，我们可以准确地指出那些与它们相对应的公共管理关系：行政责任义务反映了公共管理体系中的权力关系的要求；法律责任义务则体现了法律关系的基本内容；同样，道德责任义务则是来源于和建立在公共管理伦理关系的基础上的。

总的说来，在一定程度上，人类社会的演进也就是责任义务原则制度化的过程。当责任义务处在一个与具体的人相联系的历史阶段中，它是以纯粹的道德责任义务的形式存在的，是取决于人的责任意识和义务感的。在人类社会形成稳定的权力关系之后，责任义务与权力运行机制相结合而成为权力体系的一个组成部分，这时，责任义务被纳入社会治理活动之中，成为社会治理赖以展开的重要因素。因而，在权力关系体系中，责任义务虽然远未体系化，却是以一种单一线型结构模式而存在的。所以，它与自己的本质相异化，表现出依据权力结构而对上负责的情况，责任义务主体不需要对权力结构中他以下的构成因素负责。这样一来，在最终的意义上，所有责任义务都属于对社会对民众不负责任的行为原则，从而使整个统治型社会治理体系逃避了对社会民众的责任和义务。

在近代以来的管理型社会治理模式中，责任义务原则制度化的程度得到了高度实现，但是，这种制度化是以责任义务体系被肢解为前提的，因为，近代以来的社会治理是通过领域分化的途径来实现治理目标的。在不同的领域中，责任义务原则有着不同的体现。在依然按照权力关系的结构构成的领域中，责任义务作为法律规定的行为规范而存在。在社会生活的伦理关系领域中，责任义务原则虽然有着持久的生命力，但却常常与法律的、权力的因素相冲突，处于一种受排斥的状态之中。只有公共管理这种新型的社会治理模式才为整个责任义务体系的一体化提供了契机。在公共管理活动中，确立起和整合出了统一的和一贯的责任义务原则，使整个社会治理体系和全部社会生活从属于统一的责任义务体系。

7.5 公共管理中责任义务的归属

在公共管理的责任义务体系中，包含着行政责任义务、法律责任义务和道德责任义务这样三重内容。这些内容在公共管理主体的不同层面上有着不同的体现。

一般说来，行政责任义务主要存在于公共管理主体之中，即存在于公共管理主体内部的层级之间、机构之间、部门之间、领导与部属之间，它与管理型治理模式中的行政责任义务有着基本相同的内容和形式。在公共管理的实际活动中，机构的、部门的责任义务理应经常性地由其主要负责人承当。所以，行政责任义务总会落实到具体的公共管理者身上。

公共管理中的法律责任义务也会发生在公共管理主体中的层级之间、机构之间和部门之间，甚至会发生在这些机构、部门的领导与部属之间。但是，一般说来，法律责任义务更多地存在于公共管理主体与客体之间，是作为组织的公共管理主体或组织中相对独立的机构、部门以整体的形式承当的责任义务。

公共管理中道德责任义务的主体基本上应该视为以个体形式存在的公共管理主体，也就是公共管理者。当然，在一些情况下，公共管理组织以及组织中的机构、部门也会以整体的形式承当某些道德责任义务，但这种情况并不多见，如果说存在着这种情况的话，那么这些道德责任义务往往是可以被转换成法律责任义务的。

应当指出，在公共管理实际中，明确地确定行政责任义务、法律责任义务和道德责任义务主体属于哪一类形式是比较困难的。我们说行政责任义务主要存在于公共管理组织中的层级、机构、部门等之间，法律责任义务主要存在于公共管理主体与客体之间，而道德责任义务的主体则主要是公共管理者个体，这只是相对而言的，并不绝对如此。但是，不同性质的责任义务在主体方面表现出来的这些差异却是非常重要的，正是这种差异决定了公共管理中的责任义务体系有着相对明确的层次结构。同时，也正是这种差异决定了行政责任义务，哪些属于法律责任义务和道德责任义务能够相互补充，以至于在公共管理活动中相互交融为一体，使人很难判断出哪些属于行政责任义务，哪些属于法律责任义务，从而在具体的公共管理活动中，使行政责任义务、法律责任义务也表现为道德责任义务。

行政责任义务和法律责任义务在通过公共管理者而得以实施的过程，实际上就是一个向道德责任义务转化的过程，是通过公共管理者的内在信念而发挥作用的。这也就是在日常公共管理实践中我们能够更多地看到道德责任义务发挥作用的原因。相反的情况则是，如果公共管理者不能够有效地把行政责任义务和法律责任义务转化成他的内在信念，那么他在公共管理活动中的行为就会表现出逃避责任义务的状况，就会成为我们在管理型社会治理模式中经常看到的那种缺乏道德意识却又非常称职的官僚主义者形象，他甚至会由于自己对道德责任义务的逃避而官运亨通。就管理型社会治理体系中的责任义务实现的情况而言，由于行政责任是依权力关系生成的，本来应当表现为上级对下级、领导对部属负责，然而在实际的行政过程中却完全是另一种情况，即表现为上级向下级、领导向部属转嫁责任。同样，法律责任由于是由法律文本所确立下来的，在文本的规定中总会有着不周延的问题，所以，法律责任会表现出可逃避的特征。也就是说，在管理型社会治理模式中，行政责任是可转嫁的，而法律责任则是可逃避的。公共管理作为一种新型的社会治理模式与管理型社会治理模式的区别就在于，它不容许公共管理活动中官僚主义现象的存在，这就要求公共管理者必须具有充分的把行政责任义务和法律责任义务转化成道德责任义务的动机和能力。公共管理者只有愿意这样做和能够这样做的时候，他才会选择和被选择为公共管理者，并从事公共管理这一职业活动。所以，在公共管理中，由于有了道德责任义务，使得行政责任义务变得不可转嫁，也同样使得法律责任义务变得不可逃避。

7.6　公共管理者对责任义务的承当

公共管理是公众广泛参与的社会治理活动。由于公众的广泛参与，使公共管理者与被管理者之间的界限趋向模糊，从而使责任义务主体泛化。即使我们明确地规定公共管理者为责任义务的主体，在公共管理的实际活动中也会出现责任义务主体的不确定状况。这样一来，关于责任义务主体的科学分析和价值考量的双重视角就变得非常必要了。因为，通过科学分析，我们在公共管理的责任义务体系中厘析出行政责任义务、法律责任义务和道德责任义务这样三重责任义务，从而使公共管理主体在公众广泛参与的条件下自觉承当行政责任义务、法律责任义务有着理论上的根据。同时，我们又指出道德责任义务在公共管理活动中的普遍存在，这一方面有利于作为职业活动的公共管理者自觉地把行政责任义务和法律责任义务转化为道德责任义务。另一方面，由于在责任义务体系中厘定了责任义务的这三种类型，又有利于一切被纳入公共管理活动中的人的道德责任意识和义务观念的增强。

当然，在公众广泛参与的条件下，社会治理活动会出现参与成本增长的情况。这种参与成本无论是属于经济的、政治的和文化的方面，都会增加社会存在和发展的负担。在公众方面，作为目标指向的是积极参与，是很少考虑参与成本问题的，如果在公共管理者这里，也无视参与成本增长的状况，就会误导社会行动。所以，公共管理者也同管理型的社会治理模式中的管理者一样，必须在反对公众参与成本增长的战役中不懈地战斗。但是，在战斗手段的选择上是完全不同的。管理型的社会治理方式反对参与成本增长的战斗是通过限制参与领域的方式进行的，即在某些领域允许公众参与，在另一些领域禁止公众参与，并不断地根据实际情况的进展来加以调整。比如，当允许和倡导公众参与的领域由于公众的参与而出现了混乱和治理成本整体上的增长的时候，就通过权力集中来限制甚至取消公众参与；当禁止公众参与的集权领域出现了频繁的决策失误和由于集权而带来了合法性危机的时候，就可能会引入公众参与的机制。公共管理则彻底改变这种公众参与的权宜性质，通过公共管理者对责任义务的承当来降低公众的参与成本。

从责任义务主体与责任义务体系的关系来看，如果责任义务主体对自己的要求是较好地承当行政责任义务和法律责任义务，实际上也就是对自己所担负的管理者角色提出了基本的甚至是最低限度的要求，而当他投入到公共管理活动的实际中的时候，其实是很难保证他的行为能够真正达到这种要求的。所以，他会遇到公众的不信任问题，而这种不信任则会激发公众的参与热情。如果管理者不满足于对行政责任义务和法律责任义务的承当，而是自觉地、主动地把这些责任义务转化成道德责任义务的话，他在公共管理实际中就会有着极其突出的表现，就会赢得公众的普遍信任。由于这种信任，公众就会把参与活动视为无意义的活动了。

其实，公众参与的热情在两种情况下会受到消解：一种情况是，在集权的治理方式中，公众的参与并不发挥作用，久而久之，使公众的参与热情受到挫伤；另一种情况是，担负社会治理活动的人们在公共物品供给方面表现得极其优秀，公众会把自己的参与活动看做是多余的和失去了必要性的行为，从而主动地放弃参与。这后一种情况，完全取决于社会治理者的表现。如果说管理型社会治理模式在制度性质上、运行机制和原则上以及文化氛围、行为准则等各个方面都妨碍了社会治理者对道德责任义务的承担，那么公共管理则恰恰是公共管理者能够主动地积极地承当责任义务的社会治理模式。因此，在这种条件下，公共管理者完全可以通过自己对责任义务的承当来降低公众参与的成本。当然，对公众参与问题的考虑还是基于管理型社会治理模式而作出的思考，实际上，当公共管理生成属于它的合作行动体系的时候，也就实现了对公众参与行动的超越，也就无所谓参与成本的问题了。在人类的一切群体行动中，合作的成本是最低的。

公共管理者对责任义务的承当并不属于被动的和保守的性质。也许，在管理型社会治理模式中，对行政责任义务和法律责任义务的承担属于被动的、保守的范畴，是权力和法律的强制性力量以及制度化的监督制约力量迫使他不得不承担起这些责任义务。但是，在公共管理活动中，公共管理者即使是承当行政责任义务和法律责任义务时，也是应当把它们转化成道德责任义务的。所以，在这里，对责任义务的承当本身就包含着创造性的行为，是创造性地把这些责任义务落实在行动之中的行动。也就是说，公共管理者在公共管理活动中不仅是由于一种外在于他的体制向他明确宣示责任义务的性质、内容和范围，而且更多地取决于他主动地去发现他应当承当的责任义务，并积极主动地把这些责任义务作为他的公共管理活动的动力。

公共管理者与社会环境之间处于一种复杂的动态的相互作用之中，而且，这种相互作用是最为直接的，几乎不需要什么中介因素来加以诠释。所以，公共管理者只要有着主动承当责任义务的道德意识，他就总能够发现自己的责任义务所在。这与管理型社会治理模式的那种需要社会治理者之外的另一条途径为这些治理者提供责任义务的任务是完全不同的。因为，责任义务如果是通过其他途径而被意识到然后才被指派给这些社会治理者的任务，那么，这些任务必然是外在于他们的，必然会在心理上成为一种外在于他们的压迫力量。公共管理活动中的由公共管理者主动发现了的责任义务，在一开始就是内在于他们的道德责任义务，这些责任义务不仅不会成为他们心理上的压迫力量，反而恰恰是他们行为的心理动力。所以，他们能够创造性地承当起这些责任义务。原先那种在管理型社会治理模式中普遍存在的仅仅把承担责任义务作为工作的想法，被转化成公共管理者做人的价值。虽然，作为一种职业活动，公共管理活动也需要管理型社会治理模式中行政官员所具有的职业特性，即专门性的知识以及技术专长等等，并尽可能地超脱于政治的和利益集团的纷争。但所不同的是他们不是以政治的观念来对待公共利益，而是以道德原则来诠释公共利益，把公共利益的内容及其实现途径作为他们行为的道德标准。

7.7 责任义务的属性

在对公共管理关系的考察中，我们探讨了存在于这种新型社会治理模式中的权力关系、法律关系和伦理关系，指出这些关系的客观性。但是，当这些关系在公共管理活动中以责任义务的形式出现的时候，则会有着不同的性质。虽然行政责任义务、法律责任义务和道德责任义务都是与公共管理活动中的具体岗位和人联系在一起的。法律责任义务基本上属于一种客观性的责任义务；行政责任义务在社会治理的制度框架下也应当属于客观责任义务的范畴，可是，当行政责任义务通过人来承当时，特别是作为行政责任义务结果的评价体系的主观性，都使它有着主观性的色彩。道德责任更突出了主观性的属性，基本上属于一种主观性的责任义务。

在对公共管理责任义务体系的这三个方面进行比较时，就可以发现，法律责任义务是属于客观性的，道德责任义务属于主观性的，而行政责任义务则是介于主观性和客观性之间的。行政责任义务一方面有客观规定，是来源于公共管理体系和制度方面的责任义务，但在实现方式及其得以实现的可能性方面，却有着主观性的内容。这样一来，我们实际上就已经看到，公共管理的责任义务体系是一个由客观责任义务和主观责任义务构成的体系，在构成方式上，有着一个从客观责任义务到主观责任义务的逻辑序列结构。也就是说，客观性的法律责任义务、主观性的道德责任义务和介于两者之间的行政责任义务构成了公共管理中责任义务体系的三个层面。

行政责任义务、法律责任义务和道德责任义务之间是相互影响、相互转化的。其实，它们都是公共管理责任义务体系的构成要素，共存于公共管理活动中，是作为一个有机整体的不同部分。所以，它们之间的相互影响和相互转化是比较容易理解的。道德责任义务也可以转化为行政的和法律的责任义务；反过来，法律责任义务也可以转化为行政的和道德的责任义务；行政责任义务亦然。不过，在公共管理实践中，由于公共管理的根本性质的要求，主要表现出的是行政的和法律的责任义务向道德责任义务的转化，当法律责任义务向行政责任义务和道德责任义务转化时，实际上是一个主观化的过程；相反，道德责任义务向行政责任义务和法律责任义务转化的过程，则是客观化的运动。

泛泛地说，公共管理中的一切责任义务都是与岗位和人联系在一起的，属于公共管理体系中职业岗位上的以及这些岗位上的人承当的责任义务。但是，再深入一步，却会发现：客观责任义务属于岗位责任义务，当它与人相联系时，是因为这些人选择和被选择到具体的岗位上和担负着相应的职务；主观责任义务与岗位以及人的职务之间的联系则不是那么密切，而是更多地显性为公共管理这一职业活动的责任义务。所以，对于法律责任义务来说，公共管理者所在的岗位不同，担负的职务不同，责任义务的质和量都是有差别的。行政责任义务由于也有客观性的内容，所以也与法律责任义务相似，取决于岗位和职务的状况。

但是，行政责任义务又有主观性的属性，准确地对行政责任义务作出规范又显得比较困难。所以，在现实中，我们常常看到权责不一致的情况，有的人处在一定的岗位上，担负着一定的职务，但是，却能够经常性地把责任义务转嫁给他人，表现出责任义务与岗位和职务的分离。这也证明了行政责任义务的主观性方面使它与岗位和职务之间存在着不一致，而是在更大程度上取决于应当承当这种责任义务的人。道德责任义务作为主观性的责任义务，是不同于法律责任义务和行政责任义务的，它不是直接制约于公共管理的岗位和职务，而是直接由公共管理的职业性质所决定，公共管理者之间在岗位上、职务上的差别，都不影响他们承当道德责任义务的状况，关键在于公共管理者在何种程度上把自己与他所从事的公共管理职业融为一体。

行政责任义务、法律责任义务和道德责任义务与岗位和职务之间的这种密或疏的关系，决定了公共管理责任义务体系的状况。也就是说，公共管理主体中的组织构成以及结构状况，组织内部的岗位设置、职位分类体系的科学性和合理性等，都决定着责任义务体系的健全程度。所以，法律责任义务甚至行政责任义务体系的结构是与公共管理体系的主体及其组织体系的结构相重合的。但是，这仅仅是在客观向度中的显性。在主观向度中，则是一个什么样的制度和运行机制可以保证公共管理者与其职业融为一体的问题。如果有了这样一种制度，它可以保证公共管理者把自己融合到职业活动和职业生涯中，那么，不仅公共管理者有了承当责任义务的全部能力和品质，而且公共管理者的社会治理活动赖以展开的制度也就具有了充分的合道德性，也就是道德制度。

7.8　责任义务的结构

从起源上看，责任义务体系的确立是管理型社会治理模式的事情，在这之前的统治型社会治理模式很难说存在着严格的责任义务体系。统治型的社会治理活动是非职业性活动，而责任义务体系往往是与职业活动相伴而生的。这也就是统治型社会治理模式中无法生长出责任义务体系的原因。但是，如果说统治型社会治理模式中根本不存在责任义务的话，那也是不合乎历史实际的，只是由于责任义务的方向是一个自下而上负责的线型系统，而不是双向的负责任系统，更不是多方向的负责任系统，所以，我们才不愿意在现代的意义上把它看做是一个责任义务系统。

行政责任义务应当被视为是与管理社会治理模式的产生联系在一起的。然而，在管理型社会治理模式出现的早期，也就是说在行政责任义务生成的过程中，社会治理在很大程度上承袭了统治型社会治理方式的内容，只是到了19世纪末，随着韦伯所说的那种合理—合法型的官僚制的出现，才开始出现了系统化的行政责任义务体系。与此同时，法律责任义务体系也开始了自身的成长过程。但法律责任义务体系走向成熟则是作为20世纪后期矫正行政国家消极影响时的结果而出现的。在这个时期，公共管理的理念也开始萌动，因而关于道德责任义务的问题也引起了人们的关注。可见，公共领域中的责任义务体系的生成过程，在形式上表现为行政责任义务体系的膨胀和分化。一方面，行政责任义务体系的膨胀提出了建立相应的法律责任义务体系和道德责任义务体系的要求；另一方面，行政责任义务体系在合理—合法型官僚制中的客观性方面趋向于生成法律的责任义务体系，而主观性的方面则包含着否定和扬弃官僚制的形式合理性，并走向确立道德责任义务体系的方向。公共管理作为官僚制的替代模式，从根本上改变了行政责任义务、法律责任义务和道德责任义务之间的不相容性，使它们在公共管理活动中构成了一个有机的整体。

即使在公共管理这种新型的社会治理模式中，行政责任义务体系也未改变线型结构的模型，但是，它却以双向的负责任内容而区别于统治型社会治理模式中的责任义务模型。在公共管理主体中的任何一种类型的组织中，行政责任义务都是存在于垂直职位间的互动之中的，上级职位对下级职位和工作目标负责，而下级职位则对上级的命令和指示负责。需要指出，这种负责任在根本性质上并不是对人负责，甚至在管理型的社会治理模式中，由于法律责任义务的出现就已经实现了这一点。所以，与统治型社会治理模式中的那种自下而上地对人负责任的模型有着根本性质的不同。

如果说行政责任义务体系显现为一种线型的结构模型的话，那么法律责任义务体系则呈现出一种点面结构的模型。一般说来，法律责任义务体系会表现为这样几种情况：公共管理组织中的某一层级在整体上对其上或其下的另一个层级负责，集体对某一具体的事负责；公共管理主体在整体上对公共管理客体负责；公共管理主体内各组织之间相互负有责任；管理组织中的某一代表性人物对整个组织负责；等等。与行政责任义务体系以权力为根据不同，法律责任义务体系以法律的明文规定为依据。也就是说，有法律明文规定的事项，责任义务从属于法律，在缺乏法律明文规定的情况下，往往从属于权力，表现为行政责任义务。

当然，在公共管理活动中，缺乏法律明文规定的责任义务则会从属于道德，成为道德责任义务。但是，道德责任义务决不限于此，即使在行政权力发挥作用的地方，在有法律明文规定的事项中，道德责任义务依然需要。在一定程度上，道德责任义务是渗透于权力和法律作用范围之中的主观意识到的责任义务。所以，道德责任义务体系既不是线型的结构也不呈现为点面结构，而是呈现出一种网状的结构，是把行政责任义务和法律责任义务体系结合起来并赋予它们以总体性的责任义务体系。就此而言，道德责任义务体系并不像行政责任义务或法律责任义务体系那样，是可以被作为一种独立的考察对象的责任义务体系。道德责任义务体系的总体性，以及它能够联结行政责任义务和法律责任义务体系并赋予它们总体性的性质和功能等，证明它自身就是公共管理活动中责任义务体系的整体。如果在管理型的社会治理方式中，行政责任义务和法律责任义务都能够分别实现的话，那么在公共管理活动之中，行政责任义务和法律责任义务都需要在道德化的过程中才能得以实现。唯有如此，我们才能真正获得服务型的社会治理方式，而不是作为旧的管理型的社会治理方式的改装。

在理论分析中，我们分解出行政责任义务、法律责任义务和道德责任义务，而在实际中，它们同属于一个完整的责任义务体系，任何一个方面脱离开了其他方面都无法得到真正的实现。所以，我们说统治型的社会治理方式是一个权力体系。按道理讲，是应当有着与这种权力体系相适应的责任义务体系的，历史实际却不是这样，它的那种对人负责实际上只是主仆间的隶属关系，而不是责任义务关系。这就证明，一种社会治理模式如果仅仅存在着单一的权力关系，理应在这一关系基础上产生出来的责任义务也会由于其单一性而失去历史合理性。管理型的社会治理模式中之所以能够生成责任义务体系，是由于这种治理模式改变了权力关系的单一性，代之以权力关系和法律关系的共存，因而，有了行政责任义务和法律责任义务共存的结构形式，而且，这两种形式的责任义务在实现的过程中能够相互支持。公共管理则更进一步，由于道德责任义务的出现，而形成了一个由行政责任义务、法律责任义务和道德责任义务构成的完整的、有机性的和总体性的责任义务体系。

7.9 责任义务的实现

在公共管理活动中，法律责任义务作为整体性的责任义务，在实现的过程中必然依赖于公共管理组织体系中每一岗位和职务的责任义务实现的状况。我们已经看到，岗位和职务上的责任义务主要是属于行政责任义务的，所以，法律责任义务的实现取决于行政责任义务的实现。反过来，公共管理组织体系中的岗位和职务上的责任义务又是由法律或在一定范围具有法律效力的规范性文件所规定的，不仅这些责任义务的性质和内容，而且实现的方式和途径，都是有法律依据的。可见，整体性的责任义务都规范和制约着岗位的和职务的责任义务。

法律的和行政的责任义务在性质上的客观性并不意味着它们可以成为一种独立于人的纯粹外部性设置，它们在实现方式和途径上，都必须与人结合在一起。即使它们在制度化的设置中能够得到实现，那也只是部分的和打了折扣的实现，只是最低限度的实现。或者说，制度所追求的目标就是责任义务能够得到最低限度的实现，即使是在道德制度的框架下，情况也是这样，责任义务更大程度的实现是取决于承当这些责任义务的人的状况的。责任义务在制度性途径中的实现只是一个基准，在这个基准之上能够得到多大程度的实现，完全取决于人，取决于人在多大程度上把法律责任义务和行政责任义务转化成了他的内在信念。只有当客观性的责任义务转化成他的信念的时候，才会成为主观性的道德责任义务，才会成为承当这些责任义务的人的内在动力，驱使他在实现责任义务的行动中有更高的目标追求。

反过来看，即使我们拥有了制度化的责任义务实现途径，如果承当责任义务的所有人都把责任义务看做为外在于他的压迫力量，时时处处地试图逃避责任义务，那么，作为制度化实现途径的最低限度的目标也会成为虚妄的幻影。历史证明，管理型的社会治理模式一直追求制度设计合理性程度的提高，以求责任义务最低限度的实现能够得到保证，而这种合理化的追求达到一定程度之后，就会走向反面。所以，公共管理的目标是在责任义务的实现方式上把制度化的实现途径与人的道德信念结合起来而确立起从法律责任义务和行政责任义务向人的道德责任义务转化的机制。

公共管理组织在整体上的责任义务主要是法律责任义务，它的直接对象可能是明确的领域中的公共管理事务。这种公共管理事务又是对整个社会乃至国家都有着很大意义的。这样一来，一个特定的公共管理组织整体上的责任义务可能是这一组织对于整个社会和国家的责任义务，它之所以是属于法律的责任义务，本身也证明了这种责任义务的普遍性价值。公共管理组织整体上的法律责任义务不仅在主观化的过程中向公共管理者的道德责任义务转化，即使在客观的路径中也有一个结构性分解的过程。也就是说，公共管理组织，特别是政府以及一些社会中的巨型公共管理组织，必然是一个层级化、部门化程度很高的组织体系，法律责任义务对于这些组织结构的整体来说，是以目标的形式存在的，当组织目标被分解和落实到组织的不同层级和部门中时，实际上是组织整体上的责任义务的分解和配置过程。

在主观的路径中，法律责任义务和行政责任义务在转化成公共管理者的道德责任义务的过程中，发生了质的变化，同样，在客观的分解和配置路径中，法律责任义务也部分地发生了质的变化，一部分法律责任义务虽然被分解了并被具体地配置到组织体系之中了，但还是以法律责任义务的形式存在的，只不过是更为具体的法律责任义务；另一部分法律责任义务在分解的过程中转化为行政责任义务，这实际上是发生了质的变化的那部分责任义务。当然，在客观性的分解和配置的路径中所实现的责任义务的性质和存在方式上的改变，都还是属于过渡性质的，在这些责任义务的更高水平的实现中，还需要进一步地转化为主观性的道德责任义务。

从组织体系的结构来看，法律责任义务体系要求其主体以及主体间所承当的责任义务在内容和范围上都是明确的，不同岗位、职务和人之间在责任义务方面互不隶属、转让和替代。但是，行政责任就会表现出较为复杂的情况：一方面，组织结构要求行政责任义务的内容和范围是明确的，要求职务、职权和职责之间有着适宜的对应关系，不允许推诿塞责；另一方面，由于行政权的管辖关系，行政责任义务履行状况会在结果上以连带关系的形式出现。比如，上级部门对下级部门，机构和部门中的行政首长对下属等等，负有连带性的责任义务。道德责任义务是无法在其主体间来把握边界的，因为，它属于公共管理者自觉的责任义务，仅仅在公共管理者作为道德责任义务主体时而在他的心灵中有着程度的标杆，在他之外，以及责任义务主体之间，没有边界。也就是说，道德责任义务的主体具有个体性，虽然道德责任义务是以法律责任义务和行政责任义务为依据的，是从法律责任义务和行政责任义务转化而来的，但是，在这种转化（主观化）过程中，道德责任义务能否真正确立起来，是由公共管理者的道德自觉所决定的。

7.10 道德责任义务的社会价值

正是有了道德责任义务，公共管理才能够成为一种广泛参与的社会治理形式。公众或公民参与的问题，历来都被看做为政治学的问题，是与民主制度联系在一起的，属于民主制度的要求。所以，谈到参与的问题，也就总会从民主的视角出发。在20世纪后期，当思考政府改革方案的时候，在西方出现了民主行政理论，这种理论证明公众参与政府公共事务的可能性和必要性。但是，对于管理型社会治理模式中的政府而言，这种公众参与的要求和愿望始终无法得以实现，原因就在于管理型社会治理方式中的政府行为在效率原则下追求的是权力运行的技术合理性，这在本质上是独立于政治价值考量的。所以，把政治上的公众参与移植到政府中来，完全是一种异种嫁接的行为，因而得不出真正有价值的结果。

公共管理在对行政责任义务和法律责任义务的整合过程中，获得了以往社会治理模式不曾有过的道德责任义务，从而使以往不可能发生的事情成为可能。也就是说，在管理型社会治理模式中，法律责任义务的实现会要求公众参与为其提供支持，而且，法律也可以对公众参与的方式、内容和性质作出规定。但是，行政责任义务的实现则排斥着公众的参与。所以，在管理型社会治理模式中，公众参与是无法在政府的运作中实现制度化的，即使在一定程度上有了制度化的形式，也只能仅仅停留在形式的方面，不会有着真正实质性的意义。在公共管理活动中，由于存在着法律责任义务和行政责任义务向道德责任义务转化的机制，而且事实上存在着这种转化，并通过这种转化而实现了责任义务体系在总体上的实现，从而赋予了公共管理乐意接受公众参与的性质。道德责任义务的主观性决定了它随时准备吸收客观性的要求和愿望，因为，作为一种自觉了的责任义务，是一个未确定的、有弹性的和开放的责任义务体系，来自其主体之外的任何新的要求和愿望都会被接受为责任义务的内容。

如上所述，管理型的社会治理方式不同于统治型的社会治理方式的一个重要的方面就在于，它是一个责任义务体系。但是，随着这个责任义务体系的生成，也就出现了责任义务的经常性冲突问题。法律责任义务与行政责任义务之间总会产生冲突，而这种冲突的解决往往不是在谋求积极结果的动机下进行的，反而是作为一种妥协性的协调而出现的，其结果往往是保守性的甚至消极的，以至于博弈理论也可以被引入到对公共领域公共政策的考察中来。所以，对于管理型社会治理方式而言，在责任义务方面出现的任何冲突都被看做恶，管理型社会治理模式中的制度设计和制度安排也无非是基于这种恶而作出的。对于公共管理而言，冲突也同样是不可避免的，因为，权力关系、法律关系依然存在，而且权力关系和法律关系造成的角色位置差别也没有发生根本性的改变。所以，必然会存在着角色冲突、权力冲突、利益冲突以及法律与权力的冲突，等等。但是，公共管理并不把这些冲突看做绝对的恶，因为，这些冲突的出现，恰恰向公共管理者提示出了问题所在，以便公共管理者更加容易地发现问题和解决问题。由于公共管理者的道德责任义务在公共管理活动中所发挥的作用，决定了对公共管理活动中出现的责任义务冲突的解决，总会朝着得出积极结果的方向。

任何时候，人们之间的利益冲突都是最为根本的冲突，人们之间所存在着的权力冲突、角色冲突，最终都可以归结为利益冲突。所以，存在于责任义务体系中的所有冲突，在终极的意义上，也都是由于利益冲突引起的。但是，在不同的社会治理模式中，对待冲突的解决所能作出的方式和手段的选择是不同的。在统治型的社会治理模式中，是通过权力来强化利益冲突中某一极的力量，以求防止或制止冲突和冲突的进一步扩大化。在管理型社会治理模式中，是用法律来规范冲突，用权力维护法律规范的神圣性。公共管理在继承了以往防止和制止利益冲突的制度和方式选择的同时，强化了道德在防止和制止冲突上的功能。所以，在行政责任义务和法律责任义务呈现出冲突征候的时候，道德责任义务就可以弥合这些冲突。

从社会治理模式中的制度设计来看，我们发现，不同的社会治理模式同样基于利益冲突的设计原则，但由于在突出公共利益还是突出个人利益上的不同，在法律责任义务与道德责任义务之间所作出的选择也是不同的。管理型的社会治理模式是建立在对个人利益即私人利益充分尊重的前提下的。所以，个人利益与公共利益之间的冲突也就会在个人选择和社会选择上表现出各种各样的悖论，在自由、平等、正义等各个方面，都会陷入不可解决的两难困境中。所有这些冲突，又都会反映在法律责任义务与道德责任义务之间的冲突上。法律规定个人利益不可侵犯，维护公共利益的道德热情就会因此受到严重的挫伤；一个人的行为根据道德判断是合理的，但却受到了法律的制裁……所有这些矛盾和冲突都是由于社会治理模式本身的根本性缺陷造成的。因为，社会治理在功能定位上通过外在的强制性力量去获得社会秩序，就必然会导致内在追求与外在制约之间的冲突。公共管理之所以能够消除上述矛盾冲突，也正是由于它在社会治理的定位上，确立了服务本位的原则。

具体说来，公共管理是通过把社会治理活动中的一切责任义务进行道德化的途径来展开社会治理的体系建构和行为组合的，在道德化的过程中，各种各样的矛盾冲突就已经得到了解决，因而，不会在公共管理的活动中映现出来。

7.11 公共管理者对责任义务的选择

公共管理者在公共管理活动中的行为是由它所承当的责任义务决定的。在更为直接的意义上，公共管理活动有着明确的分工，每个岗位和职位上的日常性、程序化的工作任务都是清楚的，公共管理者只要满足于这些工作任务的要求，就达到了他所在的公共管理组织体系的设计目标。但是，在这些直接的工作任务背后，所蕴含的是责任义务体系的全部内容。如果说行政责任义务和法律责任义务在公共管理者对岗位和职位工作的完成中能够得到基本实现的话，那么道德责任义务的实现在很大程度上则取决于公共管理者是否意识到了他所拥有的全部责任义务。也就是说，只有当公共管理者能够明确地意识到自己应当承当的那些行政责任义务和法律责任义务的时候，他才会作出道德责任义务的选择。

人们以往的社会治理经验告诉我们，在管理型的社会治理模式中，治理者往往满足于岗位和职位对他提出的要求，关于岗位和职位要求他做什么的问题，并不需要他去刻意地认识，客观化的组织运行机制和程序，使他可以在需要做什么的时候及时地得到相应的指示、命令和提示，他只要不对这些指示、命令和提示产生抗拒心理和作出抗拒的行为，就能顺利地完成岗位和职务上的工作任务，从而承担起了责任义务。但是，管理型社会治理模式中的这些得到承担的责任义务在总体上属于消极的、被动的责任义务，公共管理是绝不可能满足于这种消极的、被动的对责任义务的承担。这样一来，在责任义务的承当问题上，公共管理就突出了公共管理者对责任义务的主观选择。

公共管理者的主观选择是建立在对他个人的岗位和职位上的责任义务有着明确意识的前提下的。一般说来，自从管理型的社会治理模式确立以来，选择和被选择为社会治理者角色的人，都具有认识他的所在岗位和所任职位的理智和能力，只不过管理型治理方式对客观性的追求抑制了治理者这一理智和能力的应用，使他成为应有责任义务的被动承担者。公共管理这种新型社会治理模式的确立，使人们的那种受到抑制的理智和能力重新释放出来，因而，公共管理者的一切职业行为的前提都是对他应有的责任义务的积极认识，他认识自己应有的责任义务的主动性和积极性程度，也就是他的道德行为的标尺。虽然，他所在岗位和所任职务上的责任义务主要是客观性的责任义务，即行政责任义务和法律责任义务，而公共管理者对这些责任义务的认识过程却是将它们转化为主观的道德责任义务的过程，没有这种认识，也就无法实现从行政责任义务和法律责任义务向道德责任义务的转化。

如上所述，法律的责任义务是客观的，具有确定性，因而，对法律责任义务的认识是比较容易的。相比之下，行政责任义务是客观性的与主观性的责任义务的统一体，它的主观性内容使它具有不确定性，因而，对行政责任义务的认识就会对人的理智和能力提出更高的要求。对实际情况的反思，我们往往会看到，对行政责任义务的认识并不纯然是人的理智和能力的问题，而是需要人的道德品质介入的。因为，对于理智和能力很强的人，如果他缺乏应有的道德品质的话，就会在对行政责任义务的认识中把其主观性、不确定性的方面引向非道德的方向，这样的话，不仅不能实现向道德责任义务的转化，反而会转向逃避责任义务的方向。具体表现也就是溜须拍马、投机钻营、争功诿过等等。可见，公共管理者的道德责任义务选择过程本身就需要他拥有道德品质。

公共管理者对责任义务的选择是不能够从人的本性出发作简单解释的，因为，这种选择并不是直接根源于人的本性的。当然，在终极的解释中，可以追溯或还原到道德存在，如果把人的道德存在也说成是人的本性的话，那么这里所说的人的本性与以往所有理论所说的都不是一个东西，因为以往所有理论所说的人的本性都是一个形而上的问题。不过，对于选择责任义务这样的现实过程来说，直接的决定因素还是这些责任义务所从属的社会治理模式。进一步地说，是社会治理模式的性质、制度、体制、运行机制等诸多因素的综合性作用，规定了社会治理者对责任义务的选择。如上所述，在管理型社会治理模式中，社会治理者的主观选择几乎是不存在的。即使存在，也没有普遍化的基础，只是在公共管理中，才突出了社会治理者对责任义务的选择问题。这种变化，是由公共管理所代表的这种新型社会治理模式决定的。所以，公共管理者对责任义务的选择，并不是单纯地从他自身的所有主观条件出发而作出的选择。之所以把它称为选择，是为了把它同管理型治理模式中的那种对责任义务的被动承担区别开来。

当然，就公共管理者作为人而言，考虑他的选择时，应充分理解他的选择的自由。但是，公共管理者的职业规定了他不是普遍的和一般意义上的人，他对责任义务的选择应当接受公共管理这一职业的性质的规定。在这里，个人的自由意志需要服从职业意识。在职业意识生成中，他是自由的，他自己决定了他是否选择公共管理的职业。也就是说，他有选择公共管理这一职业的自由，一旦作出公共管理的职业选择，自由意志就为职业意识所取代。

公共管理者对道德责任义务的选择是基于理性的选择，在很大程度上是要排除情感因素的干扰的，即使受到某些情感因素的影响，也是属于间接影响。因为，那些情感因素需要经过理性的过滤，然后才反映到他的选择中来。这就要求公共管理者在对道德责任义务作出选择时，越是能够对他的情感因素作出理性的驾驭，就越能够作出正确的和适当的选择。

7.12 公共管理者责任义务选择中的创造性

道德的社会性在公共管理活动中将会得到最充分的体现，因为，公共管理的服务性质决定了公共管理者必须把自己的职业活动定位在朝着道德社会性实现的方向运动。具体地说，公共管理者是通过他对道德责任义务的选择而使道德的社会性成为现实的。就这种道德责任义务是公共管理者把公共管理作为自己的职业的时候自然而然地包含着对这一职业所有的和将要出现的责任义务的选择而言，他是属于选择责任义务并付诸实现的活动。虽然公共管理与以往的社会治理一样，都是治理者与治理对象的共存，但公共管理的服务本性决定了公共管理者必须理性地处处为治理对象着想，时时考虑他与整个公共管理职业群体的协调。

费希特早就说过："谁在道德方面只想关心自己，谁就连自己也关心不了，因为他的终极目的应该是关心整个人类。他的德行决不是什么德行，而是一种甘为奴隶、贪图报酬的利己主义。寻求和创造社会生活，并不是单纯委托给我们的工作；假如有谁是在荒野中诞生，则可以让他永远待在那里；但是，每一个熟悉我们的人，则会单纯由于熟悉我们关心的事情，也与我们共同受到委托，去寻找和创造社会生活。"[①] 费希特的这段话因为抽象而变得费解，但是，其中所洋溢着的热切期望和理想，是不难感受到的。费希特把道德活动的基本内容看做是对他人的关心，指出关心他人与关心自己之间的辩证关系。在这一前提下，人们对待工作的态度就不应当仅仅满足于完成受委托的那部分工作，而是应当看做为"寻求和创造社会生活"的主动性的活动，在自己所在的工作群体中来认识整个群体所受委托的工作。这种理想，对于费希特生活的时代，只能是空想，但对于公共管理者来说，则是应当遵守的教诲。公共管理的职业活动恰恰要求公共管理者把自己的工作任务与整个组织乃至整个公共管理体系的目标联系起来，使自己的行为同职业群体中他人的职业行为协调起来，从服务的原则出发去作出责任和义务的选择。他不是念念不忘他的岗位和职位上明确的责任义务，而是自觉地去寻找和创造性地发掘他在公共管理活动中的职业责任义务。当公共管理者能够这样做的时候，公共管理也就基本实现了自己的积极创造性的本性，成为引导整个

① ［德］费希特：《伦理学体系》，236～237页，北京，中国社会科学出版社，1995。

社会发展的“机车”，从而不同于以往社会治理方式中的那种疲于解决和处理社会发展中不断涌现出的问题的状况。

与以往的所有社会治理模式不同，公共管理所确立起来的是一种全新的德制模式，这种全新的道德制度是可以保证公共管理者总是有着承当道德责任义务的热情的。但是，可以断定，对公共管理而言，任何时候，制度也不会完善到足够的程度，各种各样的冲突都会存在，有的时候，冲突还有可能导致公共管理的危机。在这种情况下，公共管理者对责任义务的选择就更显重要。公共管理者如何选择、选择什么等等，对于他的职业生命和公共管理行为系统，都有着非常重要的意义。在特殊的情况下，可能需要公共管理者根据自己的理性，作出违心的选择。但是，只要这种选择是有益于公共管理系统整体的，就是正确的选择，如果这种选择同他的岗位和职务上的日常责任义务之间有着不一致甚至冲突的地方，更显示出他的选择具有创造性的价值。

在公共管理者承当责任义务的过程中，创造性地对责任义务作出选择是公共管理者不同于以往社会治理者的基本特征之一。在管理型社会治理活动中，治理者从来也不会创造性地选择自己的责任义务，他们能够准确地了解他们岗位和职位上的责任义务，并认真地去承担，就已经达到了极其理想的境界。然而，公共管理者则把这样一种境界作为自己公共管理活动的起点。公共管理者对责任义务的选择，是把公共利益作为他的全部创造性活动的依据和前提的。当然，这种公共利益是被觉识到的，如果公共利益不能得到确定的话，那么退而根据一个时期社会所普遍拥有的共同信念来作出选择也是合适的。

总之，管理型社会治理方式的治理者们选择了社会治理职业，是依靠治理活动谋生的。套用韦伯的说法，他们是一群以治理为业的人，而且仅仅是以治理为业。他们在治理活动中能够看到的和必须承担的主要是行政责任义务和法律责任义务，这些责任义务是外在于他们的。公共管理者在作出公共管理的职业选择时，不是出于依靠公共管理谋生的目的，而是为了公共管理这一神圣职业而生，他把职业内化为他的生活内容和生命的一部分。所以，他能够创造性地把一切行政责任义务和法律责任义务转化为道德责任义务，能够把一切客观责任义务转化为主观责任义务，能够把责任义务内化为自己的天然使命而承当之。

本章小结

责任和义务是关于人的社会角色使命的规定，所反映的是人的社会关系，或者说是以“事”为中介的人的社会关系。在社会治理体系中，责任义务是与人的职位、岗位联系在一起的。

统治型社会治理结构决定了它的责任义务是以一种类似于现代行政责任义务的形式出现的，可以称为“类行政责任义务”。近代社会的管理型社会治理活动及其系统结构主要是由行政责任义务、法律责任义务两个方面构成的。公共管理作为一种新型的社会治理模式，首次在人类历史上把权力关系、法律关系和伦理关系统一为一个有机的整体。所以，在公共管理的制度体系中，在一切公共管理活动中，行政责任义务、法律责任义务以及道德责任义务，都会通过公共管理活动的岗位而在公共管理者那里整合成一个统一的职能总体。

在公共管理这种新型社会治理模式中，行政责任义务主要存在于公共管理主体之中，法律责任义务更多地存在于公共管理主体与客体之间，道德责任义务的主体基本上应该视为以个体形式存在的公共管理主体，也就是公共管理者。法律责任义务基本上属于一种客观性的责任义务；行政责任义务在社会治理的制度框架下也应当属于客观责任义务的范畴。可是，当行政责任义务通过人来承当时，特别是作为行政责任义务结果的评价体系的主观性，都使它有着主观性的色彩。道德责任更突出了主观性的属性，基本上属于一种主观性的责任义务。在统治型社会治理模式中，责任义务表现为一种自下而上负责的线型结构；在管理型的社会治理模式中，行政责任义务虽然还以线型结构的形式出现，但法律责任义务则是一个点面交合的结构；在公共管理中，道德责任义务体系既不是线型的结构也不呈现为点面结构，而是呈现出一种网状的结构，是把行政责任义务和法律责任义务体系结合起来并赋予它们以总体性的责任义务体系。

道德责任义务的价值主要表现在：在公共管理活动中，由于存在着法律责任义务和行政责任义务向道德责任义务转化的机制，而且事实上存在着这种转化并通过这种转化而实现了责任义务体系在总体上的实现，从而赋予了公共管理乐意接受公众参与的性质。道德责任义务的主观性决定了它随时准备吸收客观性的要求和愿望，因为，作为一种自觉了的责任义务，是一个未确定的、有弹性的和开放的责任义务体系，来自其主体之外的任何新的要求和愿望都会被接受为责任义务的内容。

公共管理者对责任义务的承当，也是一个自主选择的过程。如果说行政责任义务和法律责任义务在公共管理者对岗位和职务工作的完成中能够得到基本实现的话，那么道德责任义务的实现在很大程度上则取决于公共管理者是否意识到了他所拥有的全部责任义务。公共管理者对责任义务的选择是一种创造性的选择。他创造性地把一切行政责任义务和法律责任义务转化为道德责任义务，能够把一切客观责任义务转化为主观责任义务，能够把责任义务内化为自己的天然使命而承当之。

复习思考题

1. 责任和义务与人的社会角色的关系是怎样的？
2. 责任和义务之间关系的演变经历了一个什么样的过程？
3. 为什么说责任义务是社会关系的反映？
4. 责任义务经历了什么样的生成和发展过程？
5. 统治型社会治理模式中的责任义务与权力之间有着什么样的关系？
6. 管理型社会治理模式中的责任义务与统治型社会治理模式中的责任义务有什么不同？
7. 公共管理中存在着哪三种责任义务类型？
8. 不同类型的责任义务在主体上有什么不同？
9. 公共管理者如何承当责任义务？
10. 客观责任义务与主观责任义务有什么不同？
11. 不同社会治理模式中的责任义务在结构上有什么不同？
12. 公共管理中的责任义务是如何实现的？
13. 道德责任义务有什么样的社会价值？
14. 为什么说公共管理活动是公共管理者对责任义务的选择？
15. 公共管理者是如何选择责任义务的？

第 8 章

公共管理伦理学的责任义务范畴

伦理学有许多范畴，在两千多年的历史发展中，伦理学提出了无数的德性条目，每一个德性条目都可以看做是伦理学的基本范畴。除了德性条目之外，伦理学在关于道德规范的设立、道德价值的描述、人格境界的构想等方面，都提出或使用了这一学科专有的范畴。从哲学的角度来看，概念即范畴，理论或学科中的中心概念或基本概念称为范畴，而边缘性的范畴往往称为概念。公共管理伦理学在这一点上与一般伦理学并没有根本性的区别，它也拥有许许多多范畴。所以，关于公共管理伦理学范畴的研究，实际上仅仅是对一些最为基本、最为重要概念的研究。在这里，我们关于公共管理伦理学范畴的介绍，只是属于举例性的，即对公共管理伦理学的范畴作出例举，而且举例的范围主要集中在责任义务范畴方面，它们主要是仁爱、公正、宽容、求实和节制。

在以往的社会治理模式中，仁爱、公正、宽容、求实和节制等往往被看做是社会治理者的美德，其实，作为美德，只是社会治理者可有可无的东西。有了这些美德，使治理者成为高尚的人，成为人们敬仰和赞颂的“清官”。但是，没有这些美德，并不妨碍他作为一个治理者而存在。这些在以往的社会治理模式中被当做美德的东西而在公共管理中则被作为责任义务的内容，一个人在选择了公共管理者的职业的时候，他同时也必须选择这些责任义务；一个人在被选择为公共管理者的时候，他也同时被赋予了这些责任义务，他如果不能选择和接受这些责任义务，也就应当被摒除在公共管理的职业活动之外。

重点问题

- 仁爱
- 公正
- 宽容
- 求实
- 节制

8.1 仁　爱

8.1.1 作为责任义务的仁爱

在一般伦理学中，仁爱是人与他人相与为友的德性。从社会治理模式的历史比较中可以看到，在统治型的和管理型的社会治理模式中，治理与被治理者之间是统治的或管理的关系，没有也不允许有相与为友的要求。所以，仁爱也就不可能真正成为社会治理者的德性。而在公共管理中，由于社会治理性质的根本性改变，决定了公共管理者必须拥有这种德性。因为，公共管理体系中的平等与合作所要求的恰恰是人们之间的相与为友。但是，当我们说公共管理者“必须”而不是“应当”拥有这一德性的时候，其实已经不再是把它作为一个德性范畴来看待了，而是作为一个责任义务范畴来认识的。也就是说，公共管理者需要把仁爱作为他必须承当的责任义务。

仁爱往往被人们感觉为一种自上而下的恩赐和赠与，是权力关系的道德体现。在历史上，确实是这样。在统治型的社会治理模式中，仁爱是贴敷在权力之上的道德外衣，因为，这种社会治理模式中的权力鲜有来自外部的客观力量对它进行日常性的制约，人们只有期望掌握这些权力的人有一种发自内心的仁爱，越是那些在权力体系中处于高位的人，人们对来自他们那里的仁爱的期望也就越强烈。对于处于权力关系最底层的人们，是不会向他们提出仁爱要求的，如果提出的话，那也只是要求他们在对待动物或植物时，拥有仁爱。所以，仁爱总是表现为君对民、主对仆、上司对属僚、父对子的恩惠和赠与，是在单一权力关系基础上生成的纯粹主观性的道德责任义务，而且是一种取决于道德主体理解程度的责任义务，是以德性的形式存在的。

仁爱的存在基于两个前提：第一，存在着权力关系；第二，执掌权力的人具有道德化的可能性。

在管理型社会治理模式中，存在着权力关系，但执掌权力的人却不具有道德化的制度和文化基础。统治型社会治理模式是单一的权力关系作用体系，同时，关于权力执掌者道德化的要求是一种来自于整个社会的期望。但是，作为统治者的权力持有者能否道德化，是没有一个客观的制度和社会运行机制来提供保障的，社会除了周期性的王朝更替之外，没有一个日常性的淘汰不道德权力持有者的机制，因而，权力持有者的仁爱不被作为一种责任义务，而是被作为一种统治者的美德。当管理型的社会治理模式取代了统治型社会治理模式之后，权力与道德的姻亲关系开始解体，取而代之，权力与法律之间建立起了若即若离的矛盾统一关系。这时，权力接受了法律的日常性限制和约束。结果，权力的道德外衣被剥夺殆尽，成了赤裸裸的强制性力量。因而，人们再也不能从权力执掌者那里看到仁爱的踪影。

权力越是受法律的限制和约束，权力执掌者就越没有仁爱这一道德表现。在公共管理中，由于权力关系、法律关系和伦理关系的一体化而有效地解决了上述所有问题。因为，在公共管理中，虽然仁爱依然是与权力相关联的道德责任义务，但仁爱却不是对权威的展现，也不是依靠权威和为了证明权威的行动，更不是证明权威的手段。一切依靠权威和为了证明权威的行为，都超出了可以进行道德判断的范畴。因而，试图把仁爱作为证明权威的手段的做法也必然是非道德的。

公共管理作为一种新型的社会治理模式有一个生成和发展的过程，在它走向自己的成熟形态的全部过程中，探讨公共管理者的仁爱都是有意义的。在公共管理中，仁爱不是作为权力执掌者的美德，而是作为公共管理者的责任义务而被提出的。公共管理者是公共权力的执掌者，不管他在公共权力的授权体系中处于什么样的位置，也不管他执掌的权力大小，只要一经与权力联系在一起，他就同时拥有了仁爱的责任义务，而且，他所拥有的这种责任义务，在与其他所有公共管理者所应有的仁爱的比较中，是没有质和量的区别的。最为重要的是，仁爱在公共管理中不是美德，而是责任义务。因为，一切与权力关系联系在一起的美德都必然表现为恩赐和赠与，但作为责任义务，则是一种客观要求，是必要的承当。

虽然仁爱作为道德责任义务是来源于公共管理者的自觉的，是他自觉了的责任义务。但当这种责任义务发生在公共管理活动之中的时候，则是一种必要的承当，而不是取决于公共管理者的主观意愿。他必须承当这种责任义务，如果他逃避承当这种责任义务，他就会失去作为公共管理者的资格。可见，虽然道德责任义务是公共管理者的道德自觉，却应是一种必然的自觉，而不是作为他个人的纯粹的自主选择。一个普通的人，在道德自觉的问题上，可以在能与否之间进行自主的选择，但作为公共管理者则不具有这种自主性。美德与责任义务之间的区别就在于，即使对于公共管理者来说也是有着充分的自主性的，一个缺乏某项或某些美德的人，依然可以担负公共管理职责。但是，逃避了责任义务的公共管理者，就失去了作为公共管理者的合理性和合法性。因此，我们倾向于把仁爱规定为公共管理者的责任义务，而不是看做公共管理者的美德。

当仁爱作为社会治理者的美德而存在时，它可能会对这些社会治理者行使权力的方式有一定的影响，对这些社会治理者本人却并不具有约束力。但是，当仁爱作为责任义务而存在的时候，就不再给予治理者们以恩赐和赠与时的快乐，而是给予他们以道德约束和限制。仁爱反映的是权力关系，是与权力的存在相关联的，当仁爱还是权力执掌者的美德的时候，是权力之树上开出的奇异花朵；当仁爱成为权力执掌者的道德责任义务的时候，它已不再是花朵，而是丰硕的果实。因为，仁爱作为道德责任义务是公共管理者的必要承当，“责无旁贷，义不容辞”可以看做对公共管理者承当这种责任义务的最好描述。

8.1.2 仁爱与情爱

仁爱是人的道德存在形态，这种爱与那些基于情感的爱不同。基于情感的爱是非常具体地指向特定对象的爱，这种爱与其说是奉献，不如说是占有，是由于人的占有欲而生成的爱。而爱本身又增强占有的欲望，即使这种占有在物理意义上不能成为现实，也要在心理上得到实现，或者说，以情感宣泄的方式使之实现。基于情感的爱，往往在男女之间会有典型的表现。在现代社会，男女之爱往往是以平等的面目出现的。实际上，这种占有性的爱是不平等的，占有与被占有之间根本就无所谓平等可言，只不过它以双向的不平等中和出了平等的形式而已。在本质上，它还是不平等的。正如人与人之间的地位不平等不会产生真正的仁爱一样，在男女之间，如果所存在着的是以占有为目的的爱，那么这种爱其实只是情欲的代名词。就如奴隶主对女奴的爱无非是一种情欲的需求与满足一样，只不过奴隶主与女奴之间的占有关系是作为现代爱情的漫画而存在的。

情感之爱与人的物理欲求有着较为密切的联系，人的物欲支持这种爱，也为这种爱的生成提供动力。纯粹的情感之爱往往表现为实现物欲的要求和冲动，最为经常的是表现为与性欲之间的密切联系。但是，情感之爱发生在男女之间甚至是一种迷惑人心的雾障，人们可以用诗的语言赞美男女之间伟大的爱情，实际上，剥除了这层薄雾，所显现出来的则是性的无限诱惑。在男女之间，性的诱惑一旦消失，任何“伟大爱情”都变成了幻觉。特别值得注意的是，男女之间性的要求越是不能从特定的对象中得到实现，越是被想象得无比美妙，越是对人有着无限的诱惑。退一步说，性的要求如果是有条件有约束地得到实现，对人也是有着刺激性的美，如果毫无条件、毫无约束地得到实现，也就会变得索然无味。古代皇帝嫔妃成群为什么还向往着偷情，正是因为那片刻欢愉得之不易。总之，在男女之爱背后蛰伏着性，而性的实现过程的半遮半掩又增强了性的魅力，使性变成了爱。在很大程度上，男女之爱只不过是性的联想。男女之爱是发生在性有望实现而未得实现的过程中的，稍有褪色的爱是存在于性已经得到实现而尚未得到充分实现的期待中的。至于老夫老妻之间如果还存在着爱的话，要么是对过往性的记忆，要么是一种升华为道德之爱的爱。道德之爱与人的物理欲求之间的关系较为疏离，道德之爱是平静的、纯洁的，可以不以任何自我满足的欲求而出现。

就人的爱而言，随着情感因素的淡泊，爱的对象的明晰性也会变得模糊。比如，在人对弱者的同情中，对残障者的怜悯中，情感因素与特定的男女之爱相比要弱得多，而道德因素却要多得多。同样，在父子母女之爱中，虽然是以情感的形式出现，实际上，在这种爱的深层更多的是道德因素，是从历史中积淀下来的道德因素。根据功利主义特别是利己主义的理解，父子母女之爱属于人的自爱，即人把子女看做为自我的延续、延伸和证明。这种解释似乎具有合理性，而且也在人类之爱与动物之爱之间建立起了统一的解释框架，使牛的舐犊与父母对子女的抚摸有着同一的可理解性。但是，人的爱毕竟不同于动物的爱。在某种意义上，动物是否有爱，或者说动物的行为中是否包含着爱，主要取决于人的理解。人若从动物的行为中解读出了爱，那就有爱；人若没有从中解读出爱，就很难说动物的行为有爱。所以，功利主义眼中的那种与动物相同的爱如果真的存在的话，也是属于低级情感类型的爱，而不具有道德性。在人们的社会生活经验中，可以发现，不同的人对子女的爱也会表现出很大的差别，那些动物性特征较强的人，对子女的爱较为有限；那些“人性”较强的人，对子女的爱也就较深，甚至在某些特定的情况下，为了子女会毫不犹豫地舍弃自己。属于人的爱是道德的，道德的爱是恒久的，如果在这种爱中也加入情感的爱，那么这种爱就会显得极其强烈。情感的爱是短暂的、爆发性的，如果没有道德的爱的支持，也是脆弱的。当然，人是有道德的，所以人的情感之爱并不总是表现得像流星那样，一闪即逝。但是，在一些社会道德水平较低的历史时期中，人的情感之爱的易逝性、爆发性特征也会表现得比较明显。

道德的爱是仁爱的基础，或者说，道德的爱能够生成仁爱。当道德之爱以仁爱的形式出现，它就决不是针对具体的对象的爱，而是启蒙学者所称的那种“博爱”。如果说人们在这种爱的表现中发现了它指向具体的特定的对象，那么其背后必然有着情感因素。道德之爱是敦厚宽容的，不像情感之爱那样易于产生嫉妒和易为怨恨所取代。对于社会治理者来说，所应拥有的是道德之爱，如果说以往社会治理模式的性质无法为其治理者拥有道德之爱提供可靠的保障的话，那么公共管理则会把造就公共管理者的道德之爱作为制度设计和制度安排的基本目标，公共管理者的这种道德之爱也就是仁爱。

8.1.3 仁爱与自爱

仁爱作为公共管理者的责任义务可以看做是源于他的自爱的德性。莱布尼茨在德性的意义上把仁爱规定为一种“普遍的慈善”，他说：“仁爱是普遍的慈善，而慈善是爱或尊敬的习惯。但是，去爱或去尊敬是从别人的幸福中取得快乐，或者，换言之，是把别人的幸福当做我们自己的。这样就解决了一个困难的问题……即怎样才能有一个无私的爱。”[①] 对于公共管理者来说，仁爱就不仅是一种德性了，而是他的职业本性所决定的责任义务。他能否承当这一责任义务，也是他是否自爱的标志。在一般的意义上，一个拥有仁爱品性的人，也必然是自爱的。而公共管理的职业则要求在把仁爱确立为公共管理者的责任义务的同时并不满足于要求公共管理者在行为上表现出仁爱，而是要求他承当这种责任义务时出于他的道德冲动。这样一来，仁爱就不再是他刻意追求的外在行为表现，而是以他个人的自爱为基础的，他承当起了仁爱的责任义务也就意味着他是充分自爱的。所以，作为责任义务的仁爱，是公共管理者仁爱与自爱的统一。

仁爱是一种理想的治理境界，是一种超越亲情的普遍的爱，在爱的同时，要求理性地自我节制，以宽容的形式善待他人。用孟子的话说，仁爱就是“爱人不亲反其仁，治人不治反其智，礼人不答反其敬。行有不得者，皆反求诸己”（《孟子·离娄上》）。也就是说，仁爱是不求回报而必得回应的道德之爱。道德之爱的对象是不分亲疏远近、不分富贵贫贱的爱，即孔子所讲的“泛爱众”，爱所有的人。历史唯物主义揭示，这种普遍的“泛爱”或“博爱”在社会等级差别和阶级分化的条件下是不可能成为现实的，特别是在社会治理的线性结构中，必然有着几何意义上的亲疏远近。但是，在农业社会就提出这种仁爱思想，却是极其可贵的。特别是对社会治理者而言，能有仁爱之心，履行道德之爱，也必然会使社会

---

① 《莱布尼茨自然哲学著作选》，141页，北京，中国社会科学出版社，1985。

治理活动达到很高的境界。也就是说，仁爱在实践中的不可能性是历史条件造成的，实践的不可能性并不能成为否定仁爱思想的理由。历史唯物主义就是这样，它从来都给仁爱思想以高度评价，并积极探索使仁爱理想变成现实的社会。就社会治理而言，公共管理的出现，客观地提出社会治理者以仁爱之心光照自己的治理行为的要求，从而使几千年来的道德理想以客观的现实要求的形式出现。

总之，仁爱的基础是自爱，但自爱决不意味着自私，反而恰恰是自私的否定。一个人的自爱首先体现在热爱生活上，对生活的热爱又会不断地升华到对生命的热爱。热爱生活、热爱生命必然会引导着人也去主动积极地认识生活、理解生活和体验生活，进而去发现生命的意义。这个时候，关于生活和生命意义的理解就不会仅仅被用来对待自己，而是会推广到对他人生活和生命意义的承认。冷冰冰的铁面无私，往往导致人在人格上的自贱自戕，因为他完全不理解生活和生命的意义，他无以自爱也就不会爱人。这种人一旦掌握权力（无论他所掌握的权力大小），都会以危险的暴君的面目出现，他会蔑视他人的生活，压抑他人的欲求，甚至视他人的生命如草芥。在历史上，我们看到，不只是那些纵情于声色的君主荒淫无道，而且那些近乎于禁欲的君主往往更为残暴，会完全无视他人生命的价值。所以说，仁爱来源于自爱，而自爱又起始于对生活乐趣的体尝，对生命意义的理解。这就要求公共管理者为了承当仁爱这一责任义务，还需要从热爱生活、热爱生命的美学修养起步。

8.2 公　正

8.2.1 作为责任义务的公正

在现代人文社会科学的研究中，关于公正的问题，是人们议论最多的问题之一，不同的学科对公正有着不同的定义，为公正的实现提供了不同的方案。在古希腊，公正列为四大基本美德之一，在其后的伦理学发展过程中，没有不注重公正问题的伦理学家和伦理学说。有些较为偏激的伦理学家甚至把公正看做全部伦理学的底蕴，其他伦理的和道德的设定，都无非是证明公正和促进公正的实现。的确，公正问题是伦理学的最为重要的问题之一，“伦”本身就有着“公”的内涵，伦理的“理”当以“正”为准。所以，公正是一切伦理学说的最基本范畴之一。

在直觉的认识中，公正与仁爱不同，公正要求平等地对待每一个自我之外的人，而仁爱则没有这样的专门要求。公正倾向于从客体的角度作出客观性的评价，而仁爱则倾向于从主体的角度作出主观性的评价。原因就在于，人们往往对仁爱存在着某种误解，把仁爱与情爱相混淆，认为它是基于某种情感的，即使把它与人的理性联系起来，也不是把它看做纯粹理性的产物，至多只能把它作为人的不完全理性的体现。所以，我们需要把仁爱规定为公共管理者的责任义务。在我们这样做的时候，实际上是赋予它以理性的性质，把它看做道德理性的实现，即把它作为公共管理者必须作出的理性选择。

在这里，我们也同样把公正定义为公共管理者的责任义务，却没有像对待仁爱那样，赋予一种新质，而是把它在直觉理解中的理性特征加以进一步强调，指出长期以来把公正作为人的一种德性看待的不全面性和对公正进行制度化追求的片面性。也就是说，公正的概念相对于公共管理者而言，也可以看做是一种主观性的理性存在，可以看做公共管理者的德性。但是，公共管理所实现的社会治理模式的转型，又必然会迫使一切与它相关联的因素都发生转变。所以，在公共管理中，公正就不仅是公共管理者的德性，而且也是责任义务，甚至首先是责任义务，其次才是德性。同样，只有在责任义务的前提下，才能够进行制度化的建设。

在对仁爱的考察中，我们已经看到它在以往的社会治理模式中与权力关系之间的那种隐蔽的联系，当我们考察公正时，立即就会发现它与法律之间明显的联系。公正反映了法律的特征，是法律关系的体现。在以往的社会治理模式中，我们是可以作出这样的对应性定位的，所以，就会把仁爱看做一种权力心理的外显，而把公正看做法律理性及其实现的状态。然而，在把它们归入到责任义务的范畴之后，这种对应性的定位就失去了意义。因为，任何一项责任义务都是其所在人群中的各种各样的关系的综合性体现，是具有总体性的存在形态。在公共管理中，仁爱、公正正是这样一种总体性的存在，它们只要在公共管理者的选择中成为责任义务，就都会成为权力关系、法律关系和伦理关系的综合统一。

对于治理者而言，长期以来，人们是把公正作为其美德来认识的，被认为是人的最主要和最基本的德性。对于以往的伦理学来说，公正范畴属于两个分立的论域，其一，是对社会成员特别是社会治理者行为的规范；其二，是对社会制度的评价标准。这两个方面是否可以联系在一起，由于缺乏根据而不被论及。因为，在以往的伦理学看来，公正作为行为规范，属于终极的道德范畴，即最高的美德；同样，公正作为制度评价的标准则是终极的伦理范畴，即至善。由于制度不能建立在美德之上，所以公正范畴在两个不同的论域中必须被分别展开。公共管理伦理学要求把制度公正与社会治理者的行为公正作为同一个问题来认识，其根据在于把公正确认为公共管理者的责任义务，公共管理者的行为是履行公正责任义务的行为，公共管理的制度则是公共管理者的公正责任义务的体系。

根据权力结构模式，公正无疑是一种自我约束的德性，是在“上对下”、“一对多”的人际关系中人所应具备的德性。即使在今天，一般伦理学也应当把公正作为一种德性来认识和把握，所以，亚里士多德对德性的定义应当在一般伦理学的意义上来理解。亚里士多德说：“公正不是德性的一部分，而是德性的整体”①，“公正是一种完全的德性……有了这种德性，人们就不但能以德性对待自己，并且以德性对待他人”②。杜威不愿意承认公正的实质性内容，更乐意把公正理解成它的外在显现，所以称为德行。杜威说：“公正即是德行，并非德行之一种。公正的行为，即是应该的行为，公正即是责任之履行。”③ 也就是说，人们很难在一般伦理学的意义上把公正规定为直接的责任义务，只有作为职业伦理学的公共管理伦理学才要求强化公正的客观性，把公正直接规定为公共管理者的责任义务，在伦理底线的意义上要求公共管理者必须努力在公共管理活动中做到公正。

8.2.2 法律公正的确立

从公正问题的提出和演化的历史过程来看，它是在人类社会分配关系占主导地位的历史阶段中提出的社会治理理念。在农业社会，统治型的社会治理方式在权力控制的同时，也通过资源的控制和分配来巩固和强化人们之间的等级差别，而且，在这个社会历史阶段中，几乎一切社会存在物都是可以用来分配的。分配以等级差别和权力的强制力为前提；反之，分配又进一步巩固和强化了等级差别。就人的社会生活而言，分配是一种人为的秩序，在根本上是反自然秩序的，分配中必然会存在着不公平、非正义的问题，分配本身就必然会导向不公平、非正义。所以，分配关系及其制度中存在着普遍的不公平、非正义，几乎每一个处于这种关系和制度中的人，都承受着不公平、非正义的压力，一切承受着这种不公平、非正义压力的人，又都会把这种压力归结为外部，认为是由于他人的不公正造成的。因此，公正的要求就被提了出来，并且是对社会治理者的期望。但是，在整个统治型社会治理方式发挥作用的历史时期中，公正都是作为一种理念、理想和愿望存在着的，至多也是作为一种美德而被寄予社会治理者的，在根本上是缺乏制度保障的。

---

① 《亚里士多德全集》，第8卷，96～97页，北京，中国人民大学出版社，1993。

② ［古希腊］亚里士多德：《尼各马科伦理学》，88页，北京，中国社会科学出版社，1990。

③ ［美］杜威：《道德学》，8页，北京，中华书局，1935。

公正是人类群体生活的原则，近代社会法律关系的生成以及法制文化的出现，使公正有了法律关系的基础并成为法制文化的基本原则之一。即使在近代社会出现以前，公正的问题也已经提出，这是不是意味着公正问题与法律关系之间的联系应受到怀疑呢？不是！相反，恰恰证明了它与法律关系之间的密切联系。仔细考察可以发现，虽然近代社会出现以前尚未生成稳定的系统的法律关系，虽然在社会治理体系中不存在法律关系，但在权力关系的架构下，偶然的、处于边缘状态的法律关系已经存在了几千年，至少在一些地方是这样。在这种情况下，人们就提出公正的要求，足以证明法律关系一俟出现，就会表现出公正的立场，并在社会中呼唤出公正的期望。到了近代社会，由于法律关系已经成为人们社会生活中的最基本和最主要的关系之一，所以公正也就被确立为人们社会生活中的基本原则，特别是在各种各样的群体生活中，对公正的要求总是表现得极为强烈。

政治学把自己的全部注意力集中在制度公正上；法学在有了既有法规的情况下，把秩序公正看做是第一位的；社会学则把发现一切社会问题的不公正根源并提出合乎公正原则的解决方案作为学科的立足点。而最为积极地提出解决方案的莫过于伦理学，它把公正的实现寄托在人及其行为之上，并努力对人之所以能够把公正付诸实现的各种条件作出详尽的研究。但是，当伦理学把公正定义为人的德性之后，所有关于公正问题的制度研究和客观化方案都不再具有科学意义，反而会时常陷入难以解决的逻辑悖论和实践困境中去。所以，如果期望找到公正实现的制度性方案，就不能把公正仅仅理解为人的德性，而是应当把它定义为人的责任义务。公共管理伦理学正是基于这样的考虑才把它规定为公共管理者的责任义务。虽然这只是作为职业伦理学的公共管理伦理学的规定，但对于现时代的一般伦理学也是适用的。

有人把公正的要求和关于公正的主张作为人的权利。确实如此。在近代以来的社会中，尽管人们可能会对是否存在着普遍的事实公正的问题作出否定性的回答，但是，关于公正的主张和要求则是自由的、不可剥夺的权利，没有任何人会因为主张公正和提出公正的要求而被治罪。然而，需要指出的是公正本身并不能被看做为权利，尽管它们都是根源于法律关系的。在管理型的社会治理模式中，在权利和公正都是对法律关系的反映这一点上，它们之间是有着抽象的同一性的。在社会生活的实际中，权利是以法律的具体规定而存在的，是人的社会资格，我们甚至可以罗列出一个人特别是一个公民拥有哪些权利。公正则是作为法律精神而存在的，它直接地可以被理解为一种秩序，法律很难直接地和具体地规定何为公正，何为不公正，即使对公正作出规定，也必然是一些原则性的。在社会生活的实际中，在治理实践中，作为法律精神的公正则需要经过人的体验和判断才能得以把握。

在对历史实际的考察中，也一定能够证明公正与权利是两个不同的概念。公正作为法律精神，是与一切形式的法联系在一起的，只要人们准备立法，公正的问题就会立即被提出。权利则不同，有了法，却不一定就必然有对权利的规定。比如，在古希腊和罗马，都有了法，却没有关于权利的规定，现代法理学从古希腊和罗马法律文献中似乎是发现了权利方面的规定，实际上却完全是对特权规定的误读。权利是法律体系化之后才出现的，法律体系越是完善，对权利的规定就会越具体、越全面。所以，根据人类法律关系成长的逻辑，公正一定先于权利的概念而被提出，而且，法律既然可以规定权利，也就可以依法剥夺权利。虽然，权利被作为一种"天赋"的设定看来极其神圣，但只是一个旗帜或口号。公正则不同，它作为法的精神是法也必须遵从的，任何法律，如果违背了公正的原则，它本身就会受到合法性的质疑。公正与权利的不同还在于，权利仅仅在人的平等的条件下才能被提出来，而且权利本身就是以平等为基本内容的，而公正则在平等与非平等两种人际形态中都适用，无论人们的社会关系是平等的还是不平等的，都会提出公正要求。在古代的一些神话传说以及后来的许多宗教设定中，最伟大的神也就是公正的化身，神的一切行为也就必须体现甚至服从于公正。认识公正与权利的这种不同是非常重要的，因为，在管理型的社会治理模式中已经存在着的这种不同，为我们在公共管理中把公正而不是权利规定为道德责任义务提供了逻辑上的合理性。

审视现实生活，在一切社会规则体系中，法律代表了公正的典型形态。但是，法律的公正有时却无法面对新生事物和一些社会特例，有的时候，法律的公正在道德上是不公正的，甚至是破坏公正的。在以往的社会治理模式中，在出现了这类情况时往往会作出两种选择：一是维护法律的神圣性，让道德公正服从法律公正；二是当法律公正与道德公正的冲突影响面极大，而且这种冲突状态下的法律公正由于违背道德公正而受到了广泛的批评，甚至整个社会表现出了强烈的不能容忍这种法律公正的时候，则可以诉之于修订法律。在以往的社会治理模式中，特别是在管理型的社会治理模式中，由于法律规则是社会治理的基本依据，所以，总是倾向于完善充实法律规则，以至于法律规则变得非常详尽、具体和烦琐，结果是法律公正与道德公正的冲突也就更为经常。然而，日常性地解决这种冲突的做法基本上是以放弃道德公正为代价的，只是到了万不得已的情况，才会修改法律。这也说明，在以往的社会治理模式中，道德公正作为人的德性并未受到应有的尊重。

本来，工业社会就是一个倾向于形式化的社会，在这个社会中，形式任何时候都比实质性的因素显得重要。法律公正与道德公正的冲突也是根源于这个社会的形式化的，即根源于法律公正的形式化。伦理研究从来也不满足于形式方面的要求，那是因为一切属于道德的因素都是实质性的，仅仅有了道德的形式还不能称为道德，毋宁说那是不道德的。公正的问题就是这样，法律可以满足于形式公正，而道德必须超越形式公正，道德的公正必然是实质公正。这样一来，什么样的社会能够满足实质公正的要求，就是极其重要的问题了。在工业社会，在管理型的社会治理模式中，泛泛而言，是不缺少公正的，法律制度在一定程度上就是关于公正的规范体系。但是，法律制度所能达到的以及它所致力于达到的，仅仅是形式公正，在实质公正的问题上，它一筹莫展。在许多情况下，当法律制度维护形式公正的时候，甚至是以牺牲实质公正为代价的。

公共管理把公正确立为公共管理者的责任义务，能够有效地解决法律公正与道德公正的矛盾。无疑，公共管理者需要成为遵守法纪的模范，他的治理活动应当是依法治理。但是，在法律公正与道德公正发生冲突的时候，他能够正确地分析这种冲突的根源，作出正确的行为选择，特别是通过自己的创新活动来协调这种冲突。也就是说，当公共管理者选择了公正作为自己的责任义务时，他就决不会成为墨守成规的官僚主义者，他总是能在一切存在着矛盾和冲突的地方展示出自己的创造性才能。这对于矫正管理型社会治理模式中政治规则的“多数原则”，以及协调整体主义与个人主义的冲突，也是积极的途径。因为，在管理型的社会治理模式中，只是由于其社会治理方式的性质，决定了它无法通过治理者道德责任义务的承当来矫正制度的缺陷。

8.2.3 公正的实现途径

总的说来，有两种公正观：一种是把公正归结为人的德性，这实际上是统治型社会治理模式中权力观念在近代社会中的反照。由于把公正归结为人的德性，使得公正的问题变得神秘莫测了。但是，这种观点如果不是被发挥到极端的话，特别是不被作为社会治理实践的模式来建构，而仅仅作为一种理论证明，是有伦理合理性的。另一种观点表现为对公正制度化的追求。这种观点与近代的法治精神是一致的，而且客观上反映了公正问题与法律关系的联系。从理论上看，根据这种观点所实现的制度化追求，赋予公正以客观性、稳定性和确定性，从而使公正即德性的主观性和不确定性相形见绌。但是，这种制度化追求走向极端的时候是很容易把公正看做为一种客观的社会结构，从而割断了与人的联系。如果离开了人来谈论公正问题，不仅是没有意义的，而且是荒诞的。公共管理伦理学正是基于这种认识而把公正规定为公共管理者的责任义务，指出它的实现路径是客观的法律关系向公共管理者的道德责任义务的转化，这是一条经由主观性的途径而使公正的追求现实化的设想，它的逻辑结论是赢得社会治理过程中的普遍合作。

当人类在制度设计和制度安排方面还处于一个不自觉的阶段时，只能把公正的要求寄托于人的行为上，而且往往是社会的弱者对强者、被治理者对治理者的期求。一旦人类明确意识到了积极的社会改造所应努力的方向并自觉地进入制度设计和制度安排的历史阶段，制度公正的问题就会成为关注的焦点。因为，如果不是着力于制度公正的追求，仅仅把公正寄托为人的行为，必然结果就只能是社会空想。包尔生曾作出判断："一个国家中的每个人抵抗不公正行为的力量，同这个国家所有的不公正行为的总量，恰成反比。"[①] 这实际上只是一种理论上的设想，在实际中，什么东西能够保证一个国家中的每个人都去抵抗不公正行为呢？

近代社会，在构建管理型社会治理模式的过程中，谋求公正问题的制度化解决是一项基本任务。但是，在公正是不是社会治理者的美德的问题上，除了伦理学家们在那里喋喋不休地唠叨之外，现实的历史进程所作出的是公正法制实现途径的选择。在此之中，是把公正作为一种纯粹的社会治理关系来加以处理和规范的，至于社会治理者个人有无公正的德性，根本不予考虑，更不会通过制度安排来提供保障。这样看来，正如统治型的社会治理方式把公正作为一种德性看待是片面的一样，管理型社会治理方式单纯把公正作为一种社会治理关系来处理也是片面的。所以，两种社会治理方式都不能看做是在公正实现的问题上作出真正合理的制度设计和制度安排。鉴于以往社会治理方式的缺陷，公共管理既把公正作为社会治理者的德性，同时，也作为一种社会治理关系来加以把握。

在社会生活的宏观层面上，公正是以制度化的方式出现的秩序，公共管理也必然会在自己的制度、体制和运行机制的建设中突出公正的原则，而且公共管理在公正制度化的过程中也是能够胜过以往的社会治理模式的，特别是能够实现对管理型社会治理方式的超越。管理型社会治理模式基本上是把公正的秩序寄托在制度化的追求中的，而在这种秩序的个人实现方式方面，则表现出一种无可奈何的状态。在一定程度上，20 世纪西方哲学中关于人的消极表述，就反映了管理型社会治理方式在公正秩序以及其他的社会整体性要求获得方面的个人实现的无能为力。公共管理将彻底告别这种状况，因为公共管理得以实现的途径恰恰在于公共管理者能够把基于权力关系和法律关系的要求转化为道德命令。在公正的问

① ［德］包尔生：《伦理学体系》，53 页，北京，中国社会科学出版社，1988。

题上，是由于公共管理者把公正转化为他的道德责任义务，所以，开辟了一条公正秩序实现的个人途径。

以往的社会治理模式无非是社会冲突的被动应答，治理的目的是限制冲突和调解冲突，社会局部中的合作即协作无非是从属于在更大范围冲突中夺取优势的目标，社会在整体上的普遍合作从来也未真正出现过。公共管理是一种谋求社会普遍合作的治理模式，而合作的可能性恰恰蕴涵于公正的实现之中。也就是说，只有实现了公正，才有了合作的基础；任何时候、任何地方，没有公正，就必然会有冲突，从而使合作成为泡影。这也说明，公共管理者能否承当起公正的责任义务，关系到公共管理这种社会治理模式的普遍合作行动的纲领能否得到实施的问题。

当公共管理者选择了公正的责任义务，实际上也就在根本上赢得了公共管理活动中的合作治理。应当说，人类对普遍合作图式的憧憬和描绘是与社会冲突的出现一样久远的。在几千年的思想历程中，我们看到过各种各样的社会合作方案被设计出来，而这些方案为什么都最终流于空想，根本原因就在于无法把公正的制度实现途径与个人的自我实现途径有机地结合起来，虽然对公正实现的制度途径的探索取得了巨大的成功，但由于失去了公正实现的个人途径的支持，使制度途径变得越来越狭窄，甚至出现阻滞。公共管理在继承以往全部的关于公正实现制度途径探索的成就的同时，也开辟了个人途径的通路，从而使公正的实现得到了积极的保证。这样一来，社会普遍合作的图式也就转化成为现实的治理方式和人们的社会关系。

8.3 宽　容

8.3.1 宽容的含义

宽容是对他人的宽厚容忍。或者说，宽容首先是处理人际关系的一种和平友善的态度，反映了主体对客体人格的充分尊重的心态，而这种态度或心态又必须体现在他的行为之中。只有付诸行为的宽容才是现实的宽容。具体地说，宽容是对他人的言论和行为，特别是对那些与自我的信念和判断相冲突的言论和行为的容忍、谅解和尊重。宽容的前提是那些根据理性判断而具有合理性的原则不被破坏，即使暂时受到破坏也有望得到更大的补偿。

在现实生活中，宽容还意味着不带偏见和成见。这样一来，一个人是否能够宽容，还需要看他的行为和态度中是否存在着偏见，这一点也是坚持原则的尺度。我们说宽容是建立在不违背原则的前提下的，但是，固执原则也会使人变得褊狭，不愿意接受既有原则无法包容的事情。因此，对于人的社会生活和群体活动来说，宽容自身就应当成为立身处世和从事各项活动的原则。其他原则和规范，能和宽容的原则相协调的，应当得到积极的维护和奉行；如果是与宽容的原则相冲突的，就需要加以理性的审视。

长期以来，宽容也是被作为人的德性来加以认识的，对于我们把它规定为公共管理者的责任义务的做法，一般伦理学必然会提出不同的意见，因为，它与仁爱和公正还有些不同。我们可以要求掌握权力和行使权力的人必须用仁爱来统摄权力；同样，我们也可以要求他们在社会治理活动中把法治的理念落实在他的公正立场和行为上。可是，我们能否要求人必须宽容呢？一个对他人不宽容却也从来不侵犯他人的人，不也正是一个应当受到尊重的人吗？是的，在一般的意义上，特别是在以往的治理模式中，我们是无权要求一个人必须宽容的；但是，对于公共管理者来说，我们却要提出宽容的要求。这是由于公共管理所代表的社会治理模式所决定的。

诚然，宽容在一切时代中都是人的美德中最有价值的因素，因为人是生活在社会之中的，人与人之间的差异是多方面的，人需要对他人的不同之处甚至无意中触犯了自己的行为作出宽厚容忍的应答。但是，长期以来，宽容仅仅取决于人的主观自觉，不对任何人的宽容提出“应当”或“必须”的要求，也被视为宽容的表现。也就是说，任何人、任何理论，如果不是劝导而是要求某（些）人宽容的话，就立即会陷入宽容的悖论之中去。这样一来，公共管理伦理学在把宽容规定为公共管理者的责任义务时，是不是也会背上不宽容的恶名呢？我们认为，公共管理伦理学只是根据公共管理的历史特征而揭示了这样的客观要求而已。

宽容作为一种德性只存在于人人平等的条件下。在以权力结构为轴心的社会治理模式中，在权力结构较低层级上的人，无权的人，可以把宽容作为自己的行为选择，但不能把宽容作为德性。因为，他在权力结构中的地位决定了他没有宽容的资格，他作出宽容的行为选择只是出于自我实现的目的，对于他人以及社会的影响是极其微弱的，甚至其影响几近于无。在以权力结构为轴心的社会治理条件下，只有对于位高权重者，宽容才是美德。但是，他们的宽容，又不称其为宽容，而是以仁爱的形式出现的。所以，在公共管理出现以前，宽容并不真正属于社会治理中的道德行为选择，如果有宽容的话，也只是作为私人生活中的道德范畴，是非治理意义上的道德行为选择。

一般说来，在各类宗教的原始教义中，都比较重视宽容的问题。在各类宗教的比较中，也可以发现，凡是那些历史悠久的宗教，其教义中关于宽容的内容也就比较多。反之，那些产生于较晚时期的宗教，对宽容的重视也就不足。这种现象表明，那些历史较悠久的宗教大都形成于人类社会等级化的早期阶段。在当时，人类社会的等级化也是作为一种新生的社会现象出现的，人们对这种现象感到不适应，有着维护原始平等和反对等级化的要求，而这种要求反映到一些原始宗教和宗教的原始教义中就会表现为平等意识下的宽容要求。相反，有些宗教产生于社会等级化已经完成了的社会，属于服务于维护社会等级体系的宗教，在教义中就严重地缺乏宽容。平等使人能够站在他人的位置上思考问题，从而达致对他人的理解；不平等使人自大，使人拒绝理解他人，从而人与人之间生成仇恨。总之，宽容不属于等级社会，宽容只属于平等，是平等条件下相互尊重的底线。

8.3.2 不同社会治理模式中的宽容

在以往的社会治理模式中，治理活动的性质和目的决定了宽容只能是个人的补充性选择，是不能作为治理者必须承当的责任义务的。公共管理使宽容责任义务化，一方面根源于这种新型的社会治理方式的性质和目的；另一方面也要求公共管理者把公共管理体系中既有的原则放在道德理性中加以检验，否则，公共管理者在固守原则的名义下，也会像以往的社会治理方式那样以原则的名义敌视宽容。审视历史，我们会看到，许多战争、各种形式的社会冲突、非人性的迫害、普遍存在的不公正、非正义等等，大都是那些主张宽容的人在捍卫某种原则的名义下挑起的。比如，在民主的理念中是应当包含着宽容的内涵的，但是，从20世纪的许多战争中都可以看到，大都是民主国家的征服运动。民主国家不允许非民主的国家与它并立于一个地球上，在日常性的活动中，借助于所谓“人权”问题挑起争端，到了任何必要的时候，就发动战争。

在统治型社会治理模式中，宽容只能作为一种一般性的伦理原则提出，对于个人来说，只是少数人的或偶然的德性。当然，所有的宗教都提出宽容的劝诫，但对整个社会生活来说，则无法确立宽容的戒律，而且几乎所有的宗教在对待异教徒的问题上，都毫无宽容可言。在治理体系中，治理者与被治理者之间是统治与被统治、控制与受控制的关系，如果说存在着类似于宽容的因素的话，那也是以治理者的“怀柔”形式而存在的虚假宽容，或者是一些暂时处于弱势地位的人借以缓和即将激化了的矛盾的“隐忍”。这说明，统治型社会治理模式在本质上并不存在着宽容的基础。因为，权力关系的不平等性决定了人与人之间不是在相互尊重的前提下而对对方的差异性的包容，反而属于为了谋取自身权力优势的策略。

在管理型的社会治理模式中，由于人的社会流动的频繁化，人际交往的暂时性、临时性特征日益突出，使人格外强烈地感受到人与人之间的差异性。在这种条件下，对人的宽容的要求也会变得强烈起来。但是，管理型的社会治理模式倾向于用单一化的手段来把社会塑造成形式化的社会，它所极力关注的是人的恶行如何不对他人、不对社会造成伤害，至于人是否有宽容的德性，对于法律规定的人的行为规范而言并不重要。在治理体系中，管理体系的科学化、技术化水平是最为关键的，与这种科学化、技术化要求相适应的是对管理者的能力的要求。而且，形式化了的治理模式要求界定一切事物的边界，把所有的事物分开来把握，所以，管理者的行政责任义务、法律责任义务都有着清楚的边界，它们不需要再度统合的过程，不需要实现向道德责任义务的转化过程。没有这种统合的过程，就不会有新质责任义务的出现，所以，也就没有对宽容的要求了。

与管理型社会治理体系的单一性、形式化不同，公共管理恰恰是多样性的充分张扬，它把一切压抑和抵制人的差异性的藩篱全部拆除，从而使人与人之间的差异更加突出。当公共管理的治理体系建立在人的差异的基础上时，形式化的社会规范体系又同时开始弱化，普遍的放宽规制成为新型社会治理模式的重要特征之一。在这种情况下，无疑会对公共管理者的宽容提出强烈要求，要求他们宽容地对待治理体系中的人的差异，并进一步把人的差异转化为合作体系中积极的互补因素。这样一来，宽容就不能仅仅作为只与少数人联系在一起的偶然性的德性而存在，而应当成为公共管理者的责任义务。而且，公共管理所代表的新型治理模式，会在制度上和公共政策等各个方面都表现出积极接受和容纳异质因素的特征，从而，把公共管理者的那些原本属于人的德性的宽容转化成能够为道德责任义务的实现提供保障的制度。也就是说，公共管理所拥有的充分的制度性宽容会以公共管理者的责任义务形式出现。

8.3.3 对宽容的制度追求

应当承认，管理型的社会治理方式在确立和维护人的法律关系时作出了人的权利的神圣性的规定。在实践中，对人的权利的尊重包含着宽容，既然法律对尊重人的权利作出了规定，也就意味着把宽容提高到法律制度的高度。所以，管理型社会治理模式中也包含着制度性的宽容。但是，这种制度宽容仅仅是原则。作为原则，它不仅与前述体制上的单一性、形式化追求之间存在着根本性的矛盾，而且现实生活中的利益冲突以及由这种冲突所引发的各种各样的对立，往往是通过斗争的方式来加以解决的，即使通过形式化的政治程序来解决冲突，也总会分出一个胜负输赢来。这无疑是在社会的总体运行中排斥了宽容。

如果说法律在关于尊重他人权利的规定中所包含的宽容能够得到执行的话，那也仅仅是在人的个人生活的领域，甚至是在那些琐屑的微不足道的形式化了的生活过程中。所以，我们经常看到，一些国家的公民之间能够有较高程度的宽容，而由这些公民所组成的国家之间却长期处于战争对峙的状态，其原因就在于制度上的宽容只是一些孤立的法律规定，而不是具有总体性的渗透在社会治理体系的一切方面的因素。由此看来，公共管理伦理学在把宽容规定为公共管理者的责任义务的时候，是基于这种新型的社会治理模式在整体上包含着总体性的、制度性的宽容机制而提出的。所以，作为公共管理者的责任义务的宽容，需要在公共管理所代表的新型社会治理模式的根本性质和总体特征中来加以把握，特别是公共管理的开放性自治内容，决定了它必须把多元的异质因素纳入互补性的有机体系中来。

虽然宽容是对个人提出的要求，实际上则是从属于社会整合和群体共生的需要的。所以，自从人类社会出现以来，特别是当社会中存在着差异性和人群异质化的因素的时候，人们就开始对宽容寄予较高的期望。但是，如果宽容仅仅作为一种美德而被提倡的话，那就永远无法实现宽容的普遍化。公共管理伦理学把宽容规定为公共管理者的责任义务，所表现出来的是制度化的追求，它将宽容纳入到公共管理者的责任义务体系之中，然后赋予它以必然得到实施的制度保障。

8.4 求　实

8.4.1 求实与求真

求实的基本内涵是尊重科学、追求真理。从根本上说，求实就是从实际出发，实事求是，大胆地坚持真理，无畏地修正错误。在科学技术对整个社会的教育功能中，求实已经成为一个基本的常识，人人都理解求实这种科学精神对于人生的意义。但是，在现实的社会生活中，人若始终如一地把这种求实态度落实到他的行动上却是不容易的。所以，伦理学往往把人的求实的精神、态度和行为的统一视为人的较高的德性或德行。

的确，求实应当成为人的普遍德性，但是，在公共管理的领域中，我们在思考这一德性的时候，认为它更应当被规定为公共管理者的责任义务。因为，在公共管理的领域中，依然有着系统的权力作用机制，权力自身运行的需要有时会与客观事实相矛盾、相冲突。在这种情况下，公共管理者是尊重客观事实还是服从权力，与德性要求尚有着很大的距离。所以，站在德性的高度来认识，无助于弘扬公共管理者的求实德行。同时，如果说德性是一种主观理解了的道德存在，那么，公共管理者可以以他的主观意愿作为他是否拥有求实德性的根据，显然是与公共管理的本质相冲突的。所以，只有将求实规定为责任义务，才会作为一种伦理底线来要求公共管理者作出承当。

求实往往也被理解成对真理的追求，特别是根据近代认识论思维框架，求实与求真有着等值的含义。但是，如果把“实”理解成“真”的话，我们可以看到大致存在着两种真理，一种是科学真理；另一种则是伦理真理。科学真理的发现是认识的结果，围绕科学真理而建构起来的一切理论、学科和实践原则，都是适切于认识论思维框架的，近代社会的科学活动、社会活动以及社会结构的组建，都极力根据追求科学真理的认识论思维框架来展开。结果，伦理真理受到了忽视，在科学真理追求中重建起来的社会结构和社会生活变得畸形化、形式化、片面化了。健全的社会和社会生活还应当包含着对伦理真理的追求，只有同时包含着对科学真理和伦理真理两个方面的追求的社会活动，才属于求实的范畴。

关于伦理真理，是一个需要研究和探索的问题，与科学真理相比，它要复杂得多。伦理真理不仅仅满足于认识与对象相符合的标准，而且会更加突出实践效用，包含着在社会活动中进行道德重构现实的内容。应当说，伦理真理更多地体现在人的创造性社会行为中。以近代科学精神的张扬为例，制造机器是对某些力学原理的运用，建立法制是对自然法则及其秩序加以体悟的结果……这些都属于模仿的范畴，在根本上是对自然的模仿，科学真理的追求，就是从属于模仿自然的需要。但是，现在人类进入了新的阶段，比如虚拟世界的建构，克隆技术的出现，预示着人类开始突破直接或间接地模仿自然的界限，开始在以往全部模仿自然的基础上进行创造。如果说人类社会的早期处于一个觉识的时代，近代社会进入一个模仿的时代，现在正在走进一个创造的时代。人类的觉识应当是无条件的，模仿是有选择的，而创造则需要以价值为前提。

当人类进入一个创造的时代，当创造成为普遍的社会行为，当创造成为一种人类生活模式，近代以来追求科学真理的活动及其认识论的思维框架，就会显得笨拙不堪，伦理真理以及对伦理真理的追求，就会表现出更高的社会价值。对伦理真理的追求需要突破近代以来的认识论思维框架，在今天，用求实的精神对待伦理真理，也就是探索新型思维框架的科学活动的一个重要组成部分。因此，对于公共管理者来说，提出求实的要求所包含着的是希望他们成为一个全新社会历史阶段中的合格的社会治理者的目的，他们的求实实践适应着历史发展的要求，同时，又创造着未来的历史时代中的生活模式、行为准则和社会结构。

科学真理给人以知识，伦理真理给人以智慧，特别是给人以生活的智慧，有了这种智慧，人类创造活动才会有益于人和有益于人类。比如克隆技术，如果仅仅属于依据知识的创造活动，其结果就难以预料，如果是依据知识同时又依据智慧的创造活动，就能成为有益于人类社会的科学技术。总之，公共管理者需要把求实作为一项责任义务承当起来，在履行这项责任义务的过程中，以追求伦理真理的理念为指导，创造性地从事公共管理活动，并在自己的公共管理活动中创造人类的未来。求实作为一种科学精神是人类全部认识史的结果，是人类科学认识活动的文化积淀。然而，求实作为一种道德责任义务，是公共管理这种社会治理模式向公共管理者提出的要求。

8.4.2 权力关系与求实

在管理型社会治理模式中，求实是科学精神在社会治理中的体现，也是社会所极力倡导的一种生活原则，其主旨是要用科学的态度对待生活、工作等等，要求人们揭示事物的真实底蕴，说老实话，办老实事，真实地对待自己和他人。但是，在很大程度上，所谓求实仅仅是被作为一种人生态度和处事作风来认识的。在伦理学上，只要人能够对人对事对行为作出合理的解释，能够拒绝说谎，就已经达到了伦理的底线，至于求实，则是一种较高的期望。即使在职业伦理的意义上，实事求是、一切从实际出发也只是社会所推荐的行为标准，并不要求每一个人、每一个担负社会治理职责的人都必须达到这个标准。因为，如果是一个强行执行的标准的话，管理型社会治理模式中的绝大多数治理者可能都是不合格的。而且，管理型社会治理模式在制度上就包含着许许多多与求实的科学精神相背离的倾向性因素。由于治理者与被治理者角色的相对固定，决定了它为了治理秩序的目标必然会作出违背求实精神的选择，特别是从利益冲突的角度，对此能够作出更科学的解释。

社会治理活动在权力与真理之间的矛盾和冲突中作出抉择是很困难的。因为，传统治理模式的惯性以及权力作用机制的特性，都决定了权力越是与真理相矛盾和相冲突的时候，越具有强制力的特征。在这种矛盾和冲突激化的情况下，权力则会以暴虐的形式出现，或者说，会在极权主义者那里成为暴虐的工具。我们知道，统治型社会治理模式中的权力关系体系所构成的那种权威结构必然自上而下地压制着人的实事求是的追求，在上级和上司面前，坚持真理可能就是一个极其严重的犯上行为。这时，求实的行为，就会有着极大的风险。在这种情况下，谁还会作出求实这一责任义务选择？

同样，管理型的社会治理方式也存在着权力关系系统，而且在极其普遍的情况下，社会治理是在权力轴心上展开的。因而，尽管这一治理方式所赖以存在的社会是鼓励求实的作风和态度的，但这种鼓励是仅仅局限在科学研究等少数领域中的，在社会治理活动中，是很难见到求实精神显现出来的行为的。公共管理中的权力关系、法律关系与伦理关系体系与以往社会治理方式的这种结构性差别彻底杜绝了社会治理中媚上欺下的行为。因而，公共管理这种社会治理模式为公共管理者选择求实去作为他的道德责任义务提供了广阔的空间。

在公共管理这种新型的治理模式中，权力演化成极权主义工具的制度基础已经完全丧失了，但权力或者权力执掌者的固执、偏激、狭隘、将错就错等还会发挥作用，从而必然会让权力冲击真理、压迫真理和蔑视真理，以至于当权力的作用违背客观实际的需要时，不仅起不到服务于公共利益的需要，反而恰恰成了妨碍甚至破坏公共利益的因素。所以，公共管理者从实际出发、尊重事物的客观规律、坚持真理和捍卫真理，对于维护权力及其作用机制的健康和健全都有着极其重要的意义。求实德行表现在当权力与真理相矛盾和冲突的时候，公共管理者站在真理一边，站在客观事实和实际需要一边，而不是顺从权力违背良心。权力与客观实际和真理之间的这种关系也表明，求实如果不是被作为责任义务确定下来，是很难成为稳定的和持续的德行的。

8.4.3 求实的意义

在公共管理中，不仅权力与客观实际和真理之间也可能存在着矛盾和冲突，而且，公共管理实际的复杂性也会更加凸显出求实的意义。就公共管理体系而言，由于公共管理主体的多元化，由于公众参与机制的建立，由于公共管理者普遍的创新意识的生成以及公共管理事务的多样性，公共管理活动有着更多的变数。在这种情况下，公共管理者是否把求实精神转化为责任义务意识就显得非常必要。总的说来，从制度的层面来看，在公共管理中，妨碍公共管理求实精神张扬的制度障碍消除了，特别是公共管理的服务性质和普遍合作模式决定了公共管理者没有拒绝求实的理由。公共管理者的全部公共管理活动的展开都需要在求实的原则下进行。这样一来，公共管理者实际上已经选择了这项道德责任义务。所以，求实之于公共管理者已经不再仅仅是行为作风和态度，而是责任义务。

求实是权威的位移。在统治型社会治理模式中，权力就代表权威。在管理型社会治理模式中存在着权力的权威，也存在着法律的、制度的权威。有的时候，这两种权威是分离的，有的时候，又是结合在一起的。即使是结合在一起的，也是一种外在的结合，是一种不具有内在统一性的结合。所有这些权威都不是真理的权威，反而是真理权威的敌人。公共管理者在选择了求实的责任义务之后，他所承认和接受的权威发生了根本性的改变。人的权威和制度的权威都要接受公共管理实践的检验，也就是说，只有道德理性所把握的实际才是公共管理活动中的最高权威。

公共管理者选择了求实的责任义务，实际上是把探索、创新的精神引入到公共管理中来了。管理型社会治理模式的一个根本性缺陷就是治理模式的僵化。因为，管理型社会治理所追求的规范化事实上是让治理者的一切行为都从属于治理体系的规范和约束。具体的治理活动面对的是复杂多样和千变万化的现实，治理体系相对确定的一般性规范必然会与现实相冲突，治理者在这种冲突中被要求按照一般性规范的原则办事，这不仅扼杀了治理者实事求是的求实积极性，而且也失去了探索、创新的热情。在公共管理中，当公共管理者承当起求实的责任义务的时候，他就会实事求是地对待公共管理活动中的一切需要他处理的问题，当规范性的因素与现实相一致时，他的公共管理活动属于日常性的程序化的工作。当发生冲突的时候，他就会以实事求是的精神去进行探索和作出创造性的行为选择，从而赋予整个社会治理体系以活力，使它永不僵化。

既有的规范在产生的时候都是合理的，但是，规范一经确立，其合理性就转化为合法性，就会有着相对固定的形式和内容。随着实际生活的发展，规范在形式上和内容上都会出现滞后于现实的情况，不仅不能满足于现实的需要，而且会成为现实生活中的消极因素。在统治型社会治理模式中，对于规范消极性的否定是通过自下而上的起义、暴动和革命的方式实现的，通过一次大规模的社会动荡，然后再进入重建规范的运动中。在管理型社会治理方式中，则是通过自上而下的变革来实现自我否定和更新的。所有这些，都表现为周期性地每隔若干年举行一次的特征，因而，探索与创新并不是一种经常化的每日每时发生的运动。而公共管理者在承当起求实的责任义务之后，探索和创新就会发生在他的日常行为中，社会治理体系的变革就会被分解到公共管理者的每一项公共管理活动之中。

公共管理者对求实责任义务的承当也就意味着公共管理者必然要远离和反对一切虚假浮夸的行为。历史经验证明，公共领域是最容易滋长虚假和浮夸风气的领域，公共管理也必然会染有此种遗风，会出现弄虚作假、做官样文章、搞形式主义等问题。由于这个原因，突出公共管理者的求实责任义务，就是医治公共领域中虚假浮夸之痼疾的必要途径，而且，承当求实的责任义务，能够使公共管理者生成一种良好的职业品性，即在公共管理活动中表现出脚踏实地、真抓实干的工作作风。

8.5 节　制

8.5.1　节制是具有德性特征的责任义务

节制是指人的自我节制，是一种通过人的道德理性而使人的生活、活动和各种各样的行为道德化的德性。具体地说，自我节制表现为人对自己的情欲的合理限制，让情欲从属于理性，而不是对情欲的放纵。自我节制在一般的意义上也被理解为道德自律，但自律的概念往往因为过于宽泛而显得比较空洞，自我节制被作为公共管理者的德性提出，比自律的概念有着更为具体的内容。

在公共管理活动中，一方面，自我节制是公共管理者理性地行使权力并实现最为有效地支配他人和支配自我的道德品质；另一方面，自我节制又是公共管理这种新型社会治理模式对公共管理者作出的规定，因而是公共管理者的责任义务。应当承认，在人类以往社会生活的全部历史中，自我节制只是伦理学对人提出的建议，人能否做到自我节制完全取决于他自己，他人是没有资格要求别人必须自我节制的。即使在宗教中，自我节制也是取决于教徒自己对教义教规的响应的。在教义教规中，自我节制无论被描述得多么具体，也只是一些原则性的规定，因为，人在何种程度上才算达到了自我节制是没有一个量的标准的，最多只能模糊地加以把握。

自我节制之于每一个具体的人都有着很大的不同，国王的节制与平民的节制是完全不同的，也许平民幻想中的滥欲恰恰是国王的节制。一般说来，责任义务是明确的，而自我节制则是模糊的。所以，要把自我节制作为一项责任义务是比较困难的。但是，在公共管理中，对公共管理者需要把节制作为一项责任义务的要求而提出来，即把自我节制作为公共管理者的责任义务来加以规定。或者说，公共管理者的自我节制既是一种德性，也是一项责任义务，是更具有德性特征的责任义务。

人的节制只能被理解成自我节制而不能被理解成对他人的管束，对他人的管束可以称为控制。节制的对象就是人自身，即自己固有的情感和情欲。因而，节制也被称为自制，即人的自我节制。这也就是蔡元培所说的："自制者，节制情欲之谓也。"[①] 在公共管理体系中，由于权力关系还存在，支配过程还会遍及公共管理的每一个方面，公共管理者时时处处在支配与被支配的关系模式中。公共管理者如何理性地支配和接受支配都取决于他的自我节制的状况。也就是说，自我节制不仅需要体现在支配行为中，而且在接受支配的过程中也必须克服心理应答的被动性，把被支配转化成自觉的主动配合。无论是对于支配他人或被他人支配来说，都取决于能否有效地支配自我。支配自我就是自我节制的真实底蕴。这样看来，对于公共管理者来说，自我节制不是一个他能否做到的问题，而是一项对他提出的必须做到的要求，是一个命令，他在公共管理活动中必须做到自我节

---

① 《蔡元培全集》，第2卷，176页，北京，中华书局，1984。

制。所以，在能否做到的意义上，自我节制是以德性而存在的；在必须做到的意义上，自我节制则是作为责任义务而提出的。

作为德性，自我节制不是懦弱和猥琐的表现，相反，恰恰是有信心和有能力的标志。因为，自我节制本身就是经由慎思而实现的自我控制，与控制和支配他人相比，控制和支配自我会使人表现得更加坚强。同样，人的自我节制总会使人处于理性的清醒状态，他对自我及环境的认识都会比较真切。因而，自我节制使人获得信心，而且，自我节制本身也体现出人的信心，在某种意义上，人只是在失去理智的情况下才会放弃自我节制。

作为责任义务，自我节制是对一切“过”与“不及”的调整和矫正。比如，在公共管理者的治理活动中，滥用权力与没有充分发挥权力的功能就是“过”与“不及”，通过自我节制避免这种情况的发生就是公共管理者的责任义务。公共管理者拥有了自我节制，就会勇敢而不鲁莽，谨慎而不怯懦，自信而不自负，严肃而不呆板，谦逊而不猥琐，忠诚而不盲从，果断而不专横，有追求而不放纵……从而适时而正确地运用公共权力，不懈地追求增进公共利益的目标。

从社会治理方式的角度来考察自我节制，就可以看到，自我节制不是个人纯然的心理活动。虽然自我节制在很大程度上源于自我的道德觉识，但在较多的情况下，可以被看做规则对人提出的要求和人对规则的主动遵守。规则以及规则赖以建立的原则是自我节制的客观依据，特别是规则中所包含的原则经公共管理者内化为自己的行为规范的时候，就已经转化为一种道德力量，在这种力量的约束之下，公共管理者就具备了自我节制的德性。可是，作为这种德性的前提而存在的，却是责任义务。

在公共管理者的具体行动中，自我节制首先会以遵纪守法的形式出现。公共管理者个体与公共管理职业要求的一致性是以遵纪守法为起点的。只有每一个公共管理者都能自觉地遵守这一职业所应有的各项纪律、执行来自组织结构上一级的命令和依法开展公共管理活动，才能赢得整个公共管理体系运行的秩序，实现高质有效的公共管理，达到为人民服务的目标。对于公共管理的组织体系来说，纪律和法律有着相对于公共管理个体的客观性，因为，纪律和法律首先是作为一种外在于公共管理者的规范而存在的。但是，公共管理者个体如何应答纪律和法律则体现出了他的德性，自觉地遵纪守法，也就证明了公共管理者拥有了自我节制的德性，而且，公共管理者能够自觉地遵纪守法，也是他把这种客观的、外在的规范内化为他的道德意志的过程，他只有首先做到了遵纪守法，然后才会在道德行为选择上对自己提出更高的要求。

8.5.2 节制与物欲禁制

关于自我节制的问题，人们往往在物欲禁制的意义上来看待。无疑，对个人物欲的禁制属于自我节制的范畴，公共管理者需要做到对自我物欲的积极禁制，保证自己不纵情于物欲的追求和享受。但是，如果仅仅防范物欲的放纵，那是较低层次的要求。公共管理的职业性质和特征决定了公共管理者不能满足于对自我物欲的禁制的要求，他还需要在更为广泛的意义上完善着自我节制的德性，在诸如权力的运用以及公共管理行为的一切方面都践履自我节制。虽然公共管理是适应后工业社会这一创造时代的要求而产生的，是一种新型的社会治理模式，但它在要求公共管理者积极创新的同时，不允许创新的活动演化成激情的放纵。在这种创新的社会背景下，规则以及对规则的遵守依然是必要的，正如到了任何时候语言表述都需要遵循语法规则一样。因而，公共管理者在职业活动中的一切积极表现恰恰需要以自我节制为前提，需要把他的创造性公共管理行为纳入规范的轨道，使之服从公共管理秩序并作为这种秩序的构成因素。

所以，自我节制只是对自己情感和情欲的控制和支配，并不是对情感和情欲的扼杀。人的情感和情欲是人的物理欲求和社会欲求的结合，虽然物理欲求属于较为低级形态的人之本性，但在人的后天社会生活中，正是这种物理欲求，在社会化的过程中得以成长和演化，成为人的社会存在中的一项重要属性，发展出了人在社会的、群体的生活中实现自我的欲求。对于人来说，情感和情欲并无善恶的问题，只是在实现过程和实现方式的选择中才有善恶之分。所谓自我节制正是对人的情感、情欲实现方式的控制，使情感、情欲以合理性的方式表达出来和得以实现。所以说，自我节制不是扼杀情感和情欲，而是把情感和情欲纳入理性的轨道，自觉地接受理性的支配和控制。

理性和情感、情欲之于人是人的精神存在中必备的两个方面，失去了任何一个方面，人的精神存在都会变得不再完整，就会使人表现出一些性格变异的特征。在此意义上谈论人的自我节制，实际上是要求人在自我节制的基本原则上正确处理理性与情感、情欲的关系，即让理性为情感、情欲指明方向，让情感、情欲为理性提供动力。

本来，理性与情感、情欲共属于人的人性构成因素，它们之间是有着统一和谐的基础的。但是，在人的现实生活中，人们却常常感受到它们之间的冲突，而且经常会感受到情感、情欲在这种冲突中占了上风。理性使人清醒，情感、情欲则致人以盲。一旦情感、情欲在与理性的冲突中占了上风，人就会失去本真的自我，从而作出错误的行为选择。当人恢复清醒的时候再做出补救，可能已经付出了极其高昂的代价，甚至有些行为后果是无法补救的，结果，会予人以终生遗憾。因而，在人的群体生活、社会生活中，几乎全部自我调适的活动都是解决自我情感、情欲与理性之间的冲突，以使它们一致起来。一旦情感、情欲与理性受到整合和得到调适，人就会在行为的外显中充分展现出来自于情感、情欲的生机活力和根源于理性的聪慧睿智。然而，对理性与情感、情欲的调适和整合，对于一般社会成员来说，是他的自我节制德性的实现，而对于公共管理者，则是他对自我节制责任义务的承当。

总的说来，在公共管理活动中，自我节制是对物欲和权欲的节制。对物欲和权欲的节制与一般社会生活中对各种欲望的节制有所不同，不过，也应看到，它是从公共管理者对他作为一般社会成员对各种欲望的节制开始的。如上所述，对欲的节制并不是禁欲和绝欲，相反，是对合理欲望的肯定和对不合理欲望的限制。总之，节制是对自我之欲进行审查清理，使那些合理的欲望得到满足，属于限制和约束不合理的欲求。易言之，人不是神，要求人禁欲和绝欲是不可能的，先哲们早已看到了这一点。但是，对欲的节制却是必要的，也是完全可以做到的，正如荀子所说："欲虽不可尽，可以近尽也。欲虽不可去，求可节也。"（《荀子·正名》）

自我节制是对自我理性的考验，人能否理性地对人、对事、对待自我，都会在自我节制中体现出来，并通过自我节制获得理性能力。自我节制也包括合理欲求满足之手段和方式的选择，即理性地选择那些满足欲求的合理手段和方式。更进一步，自我节制还包括对自我欲求满足同时的社会影响作出理性的评价，使满足自我欲求的行为不对他人、对社会造成消极影响。

自古以来，自我节制都是被作为人的一项重要美德而加以提倡的，中国先贤们把自我节制看做中庸之道的实现，认为："喜怒哀乐之未发，谓之中；发而皆中节，谓之和。中也者，天下之大本也；和也者，天下之达道也。"（《礼记·中庸》）自我节制就是取"中"的行为，能够取"中"，也就会达到"和"的结果，"和"即和谐，是人的社会关系的和谐，是人所在群体的和谐。对于一般社会成员，他的社会生活已经决定了他拥有此一美德是有着重要的社会意义的，对于社会治理者，拥有这一美德会显得更为重要。因为，社会治理者掌握和行使权力，有着特殊的身份和地位，这些都会成为他自我节制的障碍，他若做到自我节制，是需要有着更强的理性能力和道德意志的。也正是由于这个原因，需要把作为一般社会成员美德的自我节制作为公共管理者的责任义务提出来。

任何时候，人的群体生活、社会生活都会有一定的规矩，在某种意义上，我们甚至可以说，历史阶段的不同，主要是规矩的改变。在农业社会和工业社会中，规矩是一些强制性的外在规范；在后工业社会中，规矩可能会内化为人的生活目标，是群体和社会生活的总体性在个体身上的内化。无论是外在的还是内在的，无论是有形的还是无形的，无论是法律的还是道德的，都是可以意识到感受到的规矩。对于这些规矩，需要个人通过自我节制来加以遵从。所以，自我节制是个人与社会与群体“和合”的基本途径。

8.5.3 节制的个体性价值

从功利的角度来看，自我节制既有利于己也有益于人。因为，在自我节制中克服了个人的情欲放纵，让情感、情欲服从于理性和接受理性的支配，从而造就出合理性的情感和情欲。当人根据这种“合理情欲”行动时，他在他人那里能够回观到他人对自我的赞许、友善、尊敬、钦慕……他所回观到的自我也就是他人得益于他的行为的确证。这就是自我节制的价值，一个人能够拥有这种德性，于己、于社会、于他人都是极其有益的。

自负的人往往难以实现自我节制，或者说自负的人由于过于夸大自我的社会价值而丧失驾驭自我的能力。他对自我的能力、品质和品性都作了过高的估价，以为自己永远是正确的、善的和美的，即使他偶尔意识到自己的不足之处，也会在稍纵即逝的心灵冲突中实现“自我解脱”，重新发现自己作为一个非凡存在物的非凡之处，重新恢复自负。其实，他的自负恰恰是他的根本缺陷，因为，自负本身就是对自我情感的放纵，是过度的自我钟爱，他因自负而自恋，因自负而封闭自我，杜绝了与外界的交流。在这种情况下，他一旦有所作为就会做出违背德性之事。或者说，他因自负而丧失了所有德性，他成了一个没有德性的人。对于没有德性的人，又何以寄予他的行为能成为德行呢？

自负是自我节制的大敌，而自我节制首先需要克服的也就是人的自负。克服自负并不是单纯强制性地贬抑自我，因为，自负实际上是人的自私心理的表现。自私的人往往会选取两种极端的表现形式，当他地位卑微的时候，会表现出极端的自贱，会显得做人猥琐、不思进取。但是，如果这种人幸而做出了一定的成绩，就会立即表现出一种极端的自负。不管是自贱还是自负，在思想的出发点上都是以自我为中心的，是以一种极端自私的心态去认识自我与环境、他人的关系的结果。一个人在这种心理和心态中沉溺过久就会造成精神分裂、人格变态，就会以自贱或自负的形式夸张自己的存在。如果他通过自己的行为外施于人和外施于事的时候，必然是有害于他所处的群体和社会的。

这样看来，极端的自私是人的自贱和自负的源头，对于人的自我节制而言，应从是否属于极端自私这一点上来省察自我，只要能够节制自我的自私心理和心态，就能够实现人格和心理上的平衡，从而避免极端的自贱或自负。对于在公共领域中活动的人来说，自贱并不是一个突出的心理或行为现象。因为，这个领域中的人或多或少地都会得到公共权力的支持，掌握并行使着公共权力，即使是那些并不直接掌握权力的人，他的行为也是以组织的权力体系为后盾的。所以，这个领域中的人，最容易滋长起来的是自负。以往社会治理的历史，在人格表现上都充分证明了这一点。因而，公共管理者应时时提防自己变得自负，特别是当自己在公共管理事业中作出贡献的时候，当自己的职级职位得到提升的时候，更应当告诫自己严防自负，省察自我对自我节制德性保持得是否完整，认识自我对自我节制责任义务承当得是否充分。

根据经典的伦理学公式：自律的才是自由的。公共管理者的自我节制是他获得最大自由的途径。需要指出的是，放纵不是自由，相反，恰恰是不自由。人的放纵在社会上时时处处都会遇到阻碍。在一些极端的情况下，人的放纵甚至会把人导向毁灭的境地，即使人的放纵暂时地偶然地无碍，对他的持续的生存策略而言也会造成严重的危害。所以，很少有道德训诫去鼓励人的放纵。人只有遵守各类社会规范、尊重社会群体生活的原则和规则，才会获得自由。任何时候，自由都是指人的外在的行为自由，心灵的自由只是一种假想的自我陶醉的自由。外在的行为自由如果是以放纵的形式出现，就会为社会所不容，因而是不自由的。只有当自己有效地约束了自己的行为，他在外在于他的世界中才会获得自由。根据这一原理，公共管理者能否做到自我节制，也是他能否获取公共管理活动以及他做人自由的先决条件。

对自我节制责任义务的承当，赋予公共管理者两个方面的支配能力：一方面，自我节制使公共管理获得理性地支配他人的能力，并实现与他们的有效合作；另一方面，自我节制也是公共管理者能够支配自我的证明。进一步考察还可以发现，公共管理者对自我的支配是他实现在公共管理活动中做出优异成绩的前提。只有当他能够理性地对待自我、合理地支配自我，才能够理性地待人处事，才会使自己的行为有着更大的积极效果。

8.5.4 节制的社会价值

在权力关系占支配地位的统治型社会治理模式中，人们把社会治理者的自我节制看做一种非常重要的德性，因为，权力关系的特征决定了权力行使中的放纵总是一个普遍现象，所以，社会治理者在行使权力的过程中，如果能够对自我有所节制，就被视为一种极其可贵的美德。柏拉图把人的灵魂分为理智和情欲两个部分，认为："灵魂里有两个不同的东西……一个是人用以思考推理的，可以称之为灵魂的理性部分；另一个是人们用以感觉爱、饿、渴等等物欲之骚动的，可以称之为心灵的无理性部分或欲望部分。”① 在柏拉图看来，理性是人的较好的部分，而情欲则是人的较坏的部分，如果一个人让情欲的部分服从理智的部分，就拥有了节制的德性。他说：“一个人的较好部分统治着他的较坏部分，就可以称他是有节制的和自己是自己的主人。”②

对于柏拉图的这一思想，亚里士多德作了进一步阐发，认为所谓节制就是人能够接受理性的支配，不做那些明知不应当做的事情。相反，如果人受到情欲的支配，去做那些明知不应当做的事情，则属于不具有节制德性的人。亚里士多德说：“无自制力的人，为情感所驱使，去做明知道的坏事。有自制力的人服从理性，在他明知欲望是不好的时候，就不再追随。”③ 因此，节制无非是指人用自己所拥有的理性驾驭情感或情欲的过程。

对于社会治理者个人来说，在能否做到自我节制的问题上，他个人的主观因素显然非常重要，但是，如果社会治理者职业群体能够普遍做到自我节制的话，则是由社会治理方式决定的。在统治型的社会治理模式中，治理者自我节制的德性受到了高度重视，但是，权力关系的依附模式使人丧失自我节制的动力。也就是说，这种治理模式并不具有鼓励治理者自我节制的客观机制。在管理型的社会治理模式中，随着社会治理体系的客观化、形式化，治理者德性因素的社会价值受到忽视，治理者在外在于他的支配体系中并不被要求拥有自我节制的德性。虽然在这两种治理模式中，社会治理者的自我节制也会作为防止腐败的补偿性原则提出，但在制度体系中，并没有扩展的空间。

对于管理型社会治理模式中的这一情况，也可以理解成它用片面的行政责任义务和法律责任义务排挤了道德责任义务。所以，在管理型社会治理模式中，关于自我节制的问题，既不能作为治理者的德性提出，更不能作为治理者的责任义务提出。公共管理则不同，它在给予公共管理者施展治理能力的充分自由时，是通过制度设计和制度安排而作出自我节制的供给的，即通过制度设计和制度安排明确地规划出公共管理者自我节制的责任义务，并对公共管理者如何承当这一责任义务作出明确的规定。

自我节制在人际关系中的体现就是忍己容人。这是公共管理者宽容责任义务的升华。我们看到，在公共管理体系中，权力关系依然存在，权力差序在人格平

---

① ［古希腊］柏拉图：《理想国》，165页，北京，商务印书馆，1995。
② 同上书，15页。
③ 《亚里士多德全集》，第8卷，139页。

等的前提下依然是一个事实。以往的社会治理实践证明，权力等差必然会造成一个人有意无意地只按自己的意愿行事，把自己的意愿强加于自己的下属而从不考虑下属的意愿是怎样的。在社会治理活动中，也是以自我的意愿为中心，对权力作用对象的意愿不予考虑。这种情况是以往社会治理模式和行为体系的基本特征。所以，以往的社会治理为了保证指挥、命令等的有效性，总是强化权力结构的等级差序，即强化权力和权威，甚至在一些特殊情况下对权力和权威的滥用也加以默认或辩护。公共管理在行为体系上是一种普遍的合作模式，是不允许权力和权威被滥用的，它要求执掌权力的人必须充分尊重权力作用范围中的一切人的意愿和要求。

但是，权力的等差结构又决定了人们所执掌的权力有大小和统属关系，而且，权力是直接地被用来支持公共管理活动的，因而，在客观上依然存在着滥用权力、把自己的意志强加于他人、用自己的意愿代替他人意愿等可能性。有时，不尊重他人意愿的行为可能恰恰是出于一种善良的道德愿望。然而，公共管理者只要是把自己的意志强加于人了，用自己的意愿取代了他人的意愿，就是对公共管理合作主义精神的悖逆。由此可见，权力的二重性在公共管理这种新型的社会治理模式中依然存在，特别容易滋长权力执掌者的自我放纵，从而把公共管理者自我节制德性的价值更加凸显了出来。

在中国儒家，克己容人被称为“恕道”，即俗语所说的“将心比心”，用伦理学称为道德金律的格言来表述，就是圣人所指示的：“己所不欲，勿施于人”。何以做到“己所不欲，勿施于人”呢？有能力、有权力、有地位的人总会在显示自我的情感放纵中破坏这一道德金律，而且，在这一道德金律被提出的历史条件下，普遍的压迫和剥削恰恰是其社会赖以建立的基础。可见，孔子在奉劝他所处的时代的强者“己所不欲，勿施于人”时，是没有社会基础的，掌握权力的统治者也就更加不可能放弃剥削压迫，转而去实践克己容人、自我节制的美德。然而，在今天，对公共管理者来说，如果希望自己的公共管理活动合乎合作主义精神的要求，就必须牢记“己所不欲，勿施于人”的道德金律，并切实地通过对克己容人、自我节制责任义务的承当去实践这一道德金律。

总之，自我节制是道德理性的集中体现，是公共管理者道德规定能否实现的基础。在公共管理者应当承当的一切责任义务中，自我节制是前提，只有当他能够承当起自我节制的责任义务，他才可能拥有承当其他责任义务的条件和资格。同样，在公共管理者的一切德性中，自我节制是最有价值的德性，其他德性也都是建立在这一德性的基础上的，并贯穿着这一德性的精神。只有当公共管理者有了这一德性，其他德性的拥有才是真实的，失去了这一德性，其他德性也就不复存在。公共管理者担负的是社会治理者的职能，他对自我情感情欲的放纵会导致比普通社会成员的自我放纵更为有害的社会后果。所以，公共管理者的社会角色也决定了如果他能够承当自我节制的责任义务和拥有自我节制的德性，那么他比起普通社会成员有着更大的价值。如果说在以往的社会治理模式中，治理者掌握的权力越大，越难以做到自我节制和克己容人，那么作为新型社会治理者的公共管理者，恰恰需要通过自我节制而努力做到克己容人，从而证明公共管理者与以往的治理者之间的根本性不同。

本章小结

仁爱是公共管理者的责任义务。在公共管理中，仁爱不仅是权力执掌者的美德，而且是公共管理者的责任义务。公共管理者是公共权力的执掌者，不管他在公共权力的授权体系中处于什么样的位置，也不管他执掌的权力大小，只要他一经与权力联系在一起，他就同时拥有了仁爱的责任义务。仁爱是人的道德存在的形态，这种爱与那些基于情感的爱不同，情感之爱与人的物理欲求有着较为密切的联系。道德的爱是仁爱的基础，或者说，道德的爱能够生成仁爱。当道德之爱以仁爱的形式出现，它就决不是针对具体的对象的爱，而是启蒙学者所称的那种“博爱”。作为公共管理者的责任义务的仁爱是源于他的自爱的，是一种超越亲情的普遍的爱。

在公共管理中，公正不仅是公共管理者的德性，而且也是责任义务，甚至首先是责任义务，其次才是德性。同样，只有在公正被作为责任义务的情况下，我们才能够进行制度化的建设。公正反映了法律的特征，是法律关系的体现。如果期望找到公正实现的制度性方案，就不能把公正仅仅理解为人的德性，而是应当把它定义为人的责任义务。公共管理伦理学正是基于这样的考虑，才把它规定为公共管理者的责任义务。公共管理伦理学把公正确立为公共管理者的责任义务，能够有效地解决法律公正与道德公正的矛盾。同时，能够指出它的实现路径是客观的法律关系向公共管理者的道德责任义务的转化，这是一条经由主观化的途径而使公正的追求现实化的设想，它的逻辑结论是赢得社会治理的普遍合作。

宽容是对他人的言论和行为，特别是那些与自我的信念和判断相冲突的言论和行为的容忍、谅解和尊重。宽容的前提是，那些根据理性判断而具有合理性的原则不被破坏，即使暂时受到破坏也有望得到更大的补偿。在现实生活中，宽容还意味着不带偏见和成见。公共管理使宽容责任义务化，一方面，这是根源于这种新型的社会治理方式的性质和目的；另一方面，也要求公共管理者把公共管理体系中既有的原则放在道德理性中加以检验。公共管理伦理学把宽容规定为公共管理者的责任义务所表现出来的是制度化的追求，它将宽容纳入公共管理者的责任义务体系之中，然后赋予它必然得到实施的制度保障。

求实的基本内涵是尊重科学、追求真理。从根本上说，求实就是从实际出发，实事求是，大胆地坚持真理，无畏地修正错误。公共管理者需要把求实作为一项责任义务承当起来，在履行这项责任义务的过程中，以追求伦理真理的理念为指导，创造性地从事公共管理活动，并在自己的公共管理活动中创造人类的未来。求实德行表现在当权力与真理相矛盾和冲突的时候，公共管理者站在真理一边，站在客观事实和实际需要一边，而不是顺从权力违背良心。

节制是指人的自我节制，是一种通过人的道德理性而使人的生活、活动和各种各样的行为道德化的德性。在公共管理活动中，一方面，自我节制是公共管理者理性地行使权力，实现最为有效地支配他人和支配自我的道德品质。另一方面，自我节制又是公共管理这种新型社会治理模式对公共管理者作出的规定，因而是公共管理者的责任义务。在公共管理活动中，自我节制是对物欲和权欲的节制。对欲的节制并不是禁欲和绝欲，相反，是对合理欲望的肯定和对不合理欲望的限制。公共管理者的自我节制是他获得最大自由的途径。对自我节制责任义务的承当，赋予公共管理者两个方面的支配能力：一方面，自我节制使公共管理获得理性地支配他人的能力，实现有效合作；另一方面，自我节制也是公共管理者能够支配自我的证明。

复习思考题

1. 为什么要把仁爱规定为公共管理者的责任义务？这种规定有什么意义？
2. 仁爱与权力关系之间有着什么样的关系？
3. 仁爱与情爱有什么不同？
4. 为什么说仁爱的基础是自爱？
5. 公正与仁爱有什么不同？
6. 什么是法律公正？法律公正与道德公正之间有着什么样的关系？
7. 公正实现的途径有哪些？管理型社会治理模式与公共管理在公正实现途径上有什么区别？
8. 什么是宽容？为什么说在公共管理出现以前，宽容并不是社会治理中的道德行为选择？

9. 公共管理能否确立起制度化的宽容机制？

10. 什么是求实？求实与求真之间有着什么样的关系？

11. 公共管理者的求实责任义务与权力之间有着什么样的关系？

12. 对于公共管理者的求实责任义务来说，什么才是真正的权威？

13. 什么是节制？节制是公共管理者的德性还是责任义务？

14. 公共管理者的自我节制如何对待他自己的物欲要求？

15. 自我节制对于公共管理者的自我完善有什么意义？

16. 公共管理者的自我节制对于公共管理合作体系的建立有何意义？

第9章

公共管理者的德性

人的德性问题历来都受到思想家们的高度关注，伦理学的历史有很大一部分是属于德性研究的历史。早在古希腊，柏拉图、亚里士多德都从理论上证明了德性之于共同体生活的意义，柏拉图关于“哲学王”的政治设计显然是伦理学德性论的实践期求，是从德性出发进行社会治理体系设计的尝试。在当代社会，关于制度伦理的意见和德性伦理的意见之间的争论，也构成了引人注目的伦理学学术研究运动。这都说明了德性研究是有着极其重要意义的。

在伦理学发展史中，提出了许许多多德性条目，这些德性条目是在对人的道德生活的考察中总结概括出来的。同时也证明，认识人的道德生活在很大程度上是可以从对人的德性考察入手的。伦理学关于德性的条目已经成为理解人的道德生活的框架和评价人的道德行为的判断标准。对于人的社会生活来说，人的德性有着极其重要的价值，在社会治理活动中也是这样，社会治理者的德性直接决定着他的社会治理行为的质量。在以往的人类社会生活中，德性总是与少数道德圣人联系在一起的，在历史上的一切英雄人物身上，我们总会看到他的行为合乎什么样的德性。但是，就社会治理而言，它所期望的是社会成员对一些基本的重要德性的普遍拥有。以往的社会治理模式都不能实现这一点，只有公共管理，才为人们对德性的普遍拥有提供了客观前提。公共管理不仅要求公共管理者普遍地拥有德性，在公共管理的德制建设中，也包含着使全体社会成员都能普遍地拥有德性的追求。

重点问题

- 德性与德行的关系
- 德性的个体性
- 德性的价值
- 德性的生成过程
- 德性与自由

9.1 德性与德行

德性是人的道德存在的组成部分，是道德存在的表现形式，从人的道德存在到人的道德行为的转化是通过德性而发挥作用的。所以，从人的道德行为的角度来看德性，往往会把德性理解为人在群体生活和职业实践活动中所具有的行为品质。

就人的道德存在是人的道德潜能与社会理性、群体理性或职业理性的契合而言，也可以把德性看做一个国家或民族文化的历史积淀。在一定程度上，人的责任意识和义务感对于人的德性的生成会有着重要影响，人可以在社会生活中把自己的道德意识和义务感内化为自己的德性，从而作为自己的道德存在的构成部分。在此意义上，德性无非是其主体所理解了的责任义务，是道德责任义务进一步主观化的结果。当人的道德存在表现为德性的时候，实际上已经同人的精神存在有着更加亲和的关系了，甚至德性是人借助于自己的精神存在对道德存在认识的结果。最为明显的是，有的时候，人的德性可以在人的道德修养以及对人的道德教育中生成。

德性对人的行为的影响是以一种本能冲动的形式出现的，具有自发性。人在职业活动中所应有的特殊德性还来源于职业的性质、从业者对职业的态度以及他的职业责任意识和义务感的强弱，等等。对于人的一切有道德的行为来说，德性是最直接、最根本的道德动力。在现实的社会生活中，人的德性必然会反映在人的行为之中，只有那些能够体现在人的行为中的德性，才是真实的德性，否则，我们无法判断人的德性存在的真实性。事实上，人们也主要是从人的行为已经承担了社会责任义务的过程中来把握人的德性的，或者说，根据人的行为的实际结果来判断人的德性这一道德存在的状况。所以，德性的概念也可以被表述为德行。但是，在伦理学中，人们又倾向于把德性与德行区分开来，把它们看做主观原因与客观结果的关系，即把人的德行看做是人合乎道德的行为，是人的德性的外在表现。

对于德性，伦理学往往作出实质性的理解，看做是一种可以加以理论认识的价值形态。所以，伦理学可以列举出许许多多德性条目。其实，从德性的历史生成来看，伦理学的德性条目无非来源于人们对某些行为的公允评价，是这种评价在历史发展中渐渐地积淀而成的。人们可以列举出来的德性条目只不过是对人的道德存在的某些表现形式的标识。人的道德存在是人的本质存在，在人的不同境遇中，道德存在会以各种各样的道德行为表现出来，会表现为不同的形式，伦理学正是对这些表现出来的形式加以认识才提出了德性条目，用这些条目来指称人的哪些道德行为反映了人的哪种道德品质。

德性作为人的行为品质是一种合乎道德理性的品质。或者说，德性赋予人的行为以道德理性的内容，从而使人的行为成为德行。德性在外显的过程中所蕴涵着的道德理性，是通过德行来体现的。如果德性不是以伦理学的德性条目的形式存在，而是作为现实的和实践中的人的道德存在，就必然会以道德理性的形式存在于人的德行之中。或者说，表现为人的德行，从而能够被人们认识和把握，并能够用来对人作出道德评价。

德性在赋予人的行为以道德理性的性质时，并不是一种刻意的追求。在现实中，人的德行总会表现得自然而然，而不是特地做出来给人观赏的，也不是在反复权衡之后作出的选择。德行可以看做是一种合乎道德目的的冲动，是在人的责任意识和义务感所生成的力量驱使下作出的行为选择，因而，在形式上表现为一种自然冲动。如果人的行为是在刻意的追求中或反复的权衡后做出的，尽管看上去是一种德行，实际上却并不是德行，只不过是对人有着迷惑作用的虚假德行。在实质上，必然包含着恶的内容，是不合乎德性的。

由于德性在人的行为中表现为一种自发性的道德冲动，所以，德行之于人的责任义务也不是反思的结果。一个有德性的人是这样一种人，他已经把他所在的社会角色上的责任义务内化为他的生命的一部分，把他自己与他的责任义务一体化为同一的存在，从而作为他自己的社会生命的基本内容。他在主观意识上从来也不把他自己与他应承当和所承当的责任义务加以区别，因而，他在他的行为中所体现出来的德性能够证明：他不只是想做一个有德性的人，而是他已经是一个有德性的人了。

可以说，在一般的意义上，公共管理者并不需要有什么特殊的德性，公共管理者的德性也就是一般伦理学所研究和倡导的那些德性。因为，公共管理者首先是以社会人的身份而存在的，他在社会群体中的生活是他人生中最为主要的和基本的内容。但是，由于他从事公共管理这一职业活动，他的社会生命会以公共管理这一职业形式表现出来，所以，在他身上需要突出德性条目中的那些公共管理这一职业活动所必需的部分。公共管理者拥有这些德性是他开展职业活动必备的条件，同时，他在职业活动中也应当不断地强化这些德性，并通过这些德性的实践演习而不断地提高他的道德品质。

在以往的社会治理模式中，公共生活与私人生活的抵牾妨碍了社会治理者的德性实践，而公共管理则不同，它恰恰是由于开辟了公共管理者德性实践的无边疆域而使自己成为人类的新型社会治理模式。我们知道，统治型社会治理对治理者的要求是应当拥有一定的德性，然而，统治型社会治理的性质决定了社会治理者仅仅把德性作为一种必要的饰物，在实际的治理实践中，治理者往往倾向于在德性的掩饰下选择恶性。诸如拍马逢迎、浮躁懦弱、狂傲谦卑、虚伪说谎、贪图安逸等等，就是统治型社会治理体系下常见的治理者的恶性。对于管理型社会治理模式来说，它在制度安排中则干脆剔除了治理者的德性。正是在这一点上，公共管理在形式上实现了向统治型社会治理模式的复归，同时又使这一形式具有实质性的内容，使公共管理活动在公共管理者这里成为在德性基础上展开的社会治理活动。

9.2 德性的根据

德性的主体是个人，即生活在一定群体和社会中的个人。拥有德性的个人把德性作为他的社会存在和社会生活的一个部分，他并不时时思考他所拥有的德性，正像他不是总关心他的心脏跳动的次数和胃的消化状况一样。但是，个人的德性在性质上却是作为一个群体或社会的道德标准而存在的，一个人不管是通过什么途径获得了德性，都是属于公认的道德标准的内化。如果一个时代中的人通过他们的行为表现出德性的缺失，那是因为这个社会的道德标准不明确或混乱造成的。也就是说，当一个社会的社会理性、群体理性不明确的时候，个人的道德存在处于隐蔽的状态，从而造成了整个社会在德性上的普遍缺失。同样，如果一种职业中没有属于这个职业自身的德性，那是由于这种职业缺乏明确的职业范围。

当一个社会处于转型时期，它的社会道德标准往往是不明确的；当一个群体的成分和人员有着很大的不确定性时，即使会有一些明确的基本道德标准，也不会生成这个群体成员的特殊德性；当一种职业是新生职业时，它的范围正处于急剧扩展的过程中，因而也无法确定它的德性条目。同样，当一种职业已经失去了历史价值，正在受到新兴职业活动侵蚀时，那些属于这一职业的特殊德性也会不断地受到破坏。由此看来，虽然德性属于个人，却是历史选择、社会或群体选择以及职业选择的结果。

一般伦理学试图从人的人性中发现人的德性的根据，这是道德形而上学思路引导下的探讨。其实，人的德性是具体的，对人的德性的认识更需要直接地从人所处的历史背景、人的活动领域和职业特点中来理解。当然，可以在一般的意义上探讨普遍存在的德性，却不应当赋予那些普遍存在的德性以先验性的色彩。因为，那些德性可能对于某一个时代或某一个人群中的人具有先验性。然而，实际上，它们都分别是在人类历史上的某个时期内从现实生活或职业活动中产生出来的，是作为一种道德遗产而被继承下来的。所以，在任何一个有着新的历史特征的时代中，在任何一种新型的职业活动中，都会有一些新的德性条目可以被列举出来。在历史的变迁中，有的德性条目慢慢地消隐了，有的德性条目被保留了下来而成为具有普遍性的德性条目。同样，当一种类型的职业活动失去了存在的历史价值从而消失了的时候，与这种职业相适应的德性条目也大都会消失。即使有些德性条目被保存了下来并被移植到新型的职业活动中来，也会发生内涵甚至性质上的改变。比如，在工业化的时代，随着手工业的褪色，一些在农业社会中存在的即以被比附为父子关系的那种师徒关系为基础的各种德性条目都会失去原本的意义。

从社会治理的角度来看，不同的治理类型对那些被纳入治理体系中的人的德性要求也显然是不同的。管理型社会治理方式对人的德性的要求不同于统治型社会治理方式的德性要求，同样，公共管理的德性要求也会不同于管理型的社会治理方式。但是，有些德性条目却被贯穿在这三种治理方式的全部过程中，持续地在人的实践中发挥作用，那是因为，这三种类型的社会治理方式中存在着某些共同的因素。比如，在前面的考察中我们就发现，权力关系贯穿于这三种社会治理方式演进的历史全程，因而，一些在统治型的社会治理模式中产生出来的德性条目能够被管理型的社会治理方式以及公共管理所继承。

9.3 德性的具体性和个体性

一个社会中的一般性伦理文化和观念、道德规范和行为准则，主要是通过公共管理者的德性而对公共管理发生影响的。或者说，公共管理系统与整个社会系统间的以伦理为内容的交往主要是通过公共管理者的德性而得以实现的。因为，德性的具体性和个体性决定了人们需要把伦理文化和观念、道德规范和行为准则转化为自己的德性，只有这样，才能够以德行的方式作用于社会和他人。

德性的具体性是一般性的伦理文化和观念、道德规范和行为准则在具体的社会生活和活动领域中的表现。在一般性的意义上，一个社会可能拥有共同的伦理文化和观念、道德规范和行为准则，但在具体的社会生活领域中，这些一般性的、共同的东西会有着不同的道德存在状况，其中，基本的差别也体现在德性的具体性上。这种情况也可以被理解为：一个具体的领域总是突出了这一领域中活动主体的某些德性，由于不同的领域突出德性的重心不同，所以才有着自己的伦理和道德特性。

麦金太尔在具体的历史条件下和语境中来认识德性，从而对德性的现实价值作出了令人信服的证明，也正是由于这个原因，他的《追寻德性》[①] 刚一出版就给学术界一阵清风似的感觉。对于麦金太尔关于德性具体性的立场，我们是赞同的。因为，我们发现，对于公共管理者来说，除了那些必要的一般性社会德性之外，他在公共管理实践活动中还要求有这个职业所要求的特殊德性。

德性的个体性是指，德性是个人把一般性的伦理文化和观念、道德规范和行为准则内化为自己个人的道德品质，是属于个人的那种恒定的和能够长期保有的道德品质，并且，在通过人的行为加以实现的时候，不是刻意地遵从某些训诫或律令，而是自然而然地转化为人的行为，就如人的本性之自然流露一样。非个体的、异己性的东西如若在人的行为中体现出来，必然以法的形式出现；只有个体性的和属于自己个人的东西，才会自然而然地流溢在人的行为中。而且，我们也发现，不同的人在处理同样的事情时，如果是依据科学，那么处理方法、过程以

---

① 中译本名为《德性之后》，After Virtue 似应译作《追寻德性》，从全书的内容来看，译成“德性之后”也有些勉强。虽然，古希腊伦理学较多地强调德性，但麦金太尔并没有专门确定一个后德性的时代，反而对一切时代中的德性都作了考察。从全书的逻辑结构看，恰恰是一个追寻德性的过程。如果放在与罗尔斯论战的背景下，就更不应译为《德性之后》，因为，麦金太尔决不是要证明德性之后有一个罗尔斯的时代。

及所得到的结果都会相同，假如表现出了一些不同的话，那也必然是一些非科学因素的影响，是由这些非科学因素所造成的。但是，依据道德，对于同样的事情，每一个人都会有着仅仅属于自己的那种不同于他人的处理，而在结果上，却是都可以作出合道德性的评价的。这之中，差异就是根源于德性的个体性，即每个人都有属于自己的德性。

伦理学在对人的德行的观察中，不断地总结和概括出新的德性条目。实际上，伦理学已经拥有了数不胜数的德性条目。在现实生活中，我们是无法设想一个人能够拥有所有这些德性的，即使是“贤人”“圣人”也不可能做到，同时，也没有必要。因为，如果审查伦理学的德目表的话，将会发现存在着许许多多互相矛盾、互相冲突的德性。这也更加证明，即使分有同一伦理文化和观念、共同的道德规范和行为准则，在具体的社会生活和活动领域中也会有着不同的表现，历史发展也会制造出德性之间的差异。也就是说，在某一个历史阶段中，某些德性被社会鼓励和倡导，从而成为最为活跃的德性；在另一个历史时期，某些德性受到社会的鄙视和嘲讽，因而走向死寂。

公共管理者的德性虽然在很大程度上是根源于一般性的伦理文化和观念的，是根源于普适性的道德规范和行为标准的，而且是有着深厚的历史基础的，是人类全部伦理和道德文化发展史的产物，但是，由于公共管理是一个特殊的、具体的社会活动领域，是不同于以往社会治理模式的新型社会治理模式，所以，对于这个领域，没有必要提出独特的德性，而是应当从一般社会生活中撷取合乎公共管理需要的德性。公共管理的特殊性会使它明显地突出某些德性，通过这种突出某些德性的做法而反映这个领域和这个新型社会治理模式自身的特殊要求。

公共管理者在把一般性的伦理文化和观念、道德规范和行为准则转化为自己的德性的过程中，是根据公共管理的性质和公共管理活动的特性作出选择的。但是，在这种选择过程中，公共管理者主观因素的作用也是不可低估的。正是公共管理者主观因素的作用，使公共管理者之间以及公共管理者与普通社会成员之间在德性内容上存在着差别。然而，正是存在着这样的差别，公共管理者可以使自己的个性得到充分展现，使自己的每一德行都能达到创造性地开展公共管理活动的目的。

虽然德性是具体的和属于个体的，却是一种个体的总体性存在。也就是说，德性是不可分割的，一个人拥有某种德性也就是拥有了这种德性的总体，不可能是部分地拥有某种德性。在对一个人进行道德评价时，我们只能说某人拥有某种（些）德性和不拥有另外某种（些）德性，却无法对他拥有某种（些）德性进行量的分析，即不能说他在一定程度上拥有了某种（些）德性。部分是与整体相对应的，部分与整体是一种量的关系而不是质的关系，一切有形的和可以在思维中被作为有形物而能够把握的东西，以及一切可以有形化的东西，都可以从中分析出部分与整体的关系和分解出部分与部分的关系。而德性不是有形的，是不可有形化的，所以它是不可分解和分析的。

近代科学研究的分析方法就是基于有形的和可以有形化的研究对象而提出的，为了适应这种研究方法，现代科学研究往往是把一切研究对象都进行形式化，即首先形式化，然后才削足适履地使其适应分析的方法。这都是一种为了科学而“科学”的做法。也就是说，对于近代科学研究来说，在许多领域和在很大程度上，科学就是科学研究的理由。这种研究在方法上不容许因其研究对象的多样性而有所不同，而是让一切科学研究都从属于同一的研究方法和标准。所以，这也是用一门实证的科学排斥其他一切科学研究的所谓“科学态度”。

在德性的研究中，我们看到分析的方法是不适用的，因为，德性是一种总体性的存在，而不是一种整体的存在。与一切总体性的存在一样，德性是不可分析分解的，它只能被总体地直观地加以把握和总体地拥有。所以，德性是一种纯粹的质，是人的不可形式化的方面。当然，当公共管理者在公共管理活动中把德性转化为德行的时候，就开始了德性形式化的历程。但这是德性的外化，是“体”向“用”的转化，是道德存在的“体”“用”关系的延伸。

9.4 德性与情欲

伦理学对德性的考察总受到另一概念的纠缠，那就是情欲。在情欲与德性之间存在着理论取舍的困难。因为，从近代社会的历史发展来看，情欲往往被哲学、社会学理解为社会发展的原动力，甚至政治学家也出于遏制或满足人的情欲的目标来进行社会制度的设计。伦理学要保持自己与其他人文社会科学的一致性，就必须认可情欲，甚至对人的情欲的社会存在合理性加以证明。近代的功利主义伦理学基本上就满足了这种要求。同时，也存在着另一种完全独立的伦理学主张，要求以德性来取代情欲或驾驭情欲，为德性的社会整体价值而疾声呼吁。这种主张继承了古希腊传统的义务论伦理学，基本上属于张扬德性贬抑情欲的思想代表。

可见，从对情欲的态度来看，在近代伦理学的发展史上存在着两种对立的主张。功利主义的主张由于与其他人文社会科学保持着出发点和原则的一致性，从而能够在社会制度设计中被作为一个重要的参考向量而被考虑；义务论的主张由于过多地基于亘古以来的传统，而且更多地出于纯粹伦理学的考虑，虽然在社会心理的层面上能够得到广泛的“情感”认同，但在实践上，特别是制度安排中，则很少引起人们的注意，至多只被作为一种医治社会不良状态的补充性手段而被采纳，即服务于宣传教育和批判性反思的目的。

其实，功利主义与义务论伦理学的思想冲突是由于个体与社会整体的分离甚至对立所引发的。因为，人作为自然的个体，必然是情欲的奴隶。但是，人作为社会整体的存在物，他的利益实现的方式、存在的价值等等又决定了他的德性的意义大于情欲，需要用德性来统摄情欲。在对人的三重存在的考察中，我们已经看到，情欲是作为人的精神存在的内容而存在的，介于人的物理存在和道德存在之间。实际上，情欲在人的精神存在之中是最近于人的物理存在的，可以说是直接由人的物理存在所引发的。人的物理存在是人的最基本的个体存在，虽然现代医学的器官移植向人的物理存在的个体性提出挑战，但器官能够被移植，所证明的只是物质的普遍性。在物理的意义上，移植了的器官还需要经过一段时间的排异和同化，才能纳入植入者的物理存在系统之中，成为植入者个体性存在的一部分。所以说，人的物理存在只能是个体性的，一个人死亡了，即使克隆技术也不能使这个已经死亡了的人再生，克隆技术所复制出来的人也只是一个新的个体。

也许，克隆个体在与他的物理存在直接相关的欲望、情感、行为方面会有着同被复制者一样的品质，他们之间的相同可能会非常惊人，甚至一些知识范畴的精神存在也得到了复制。这些是自然生育所不具有的。也就是说，自然生育的人仅仅具有了人的全部潜能，而克隆人则可能直接地复制了人的各个方面的品质和特征。但是，我们相信，不可能出现复制者与被复制者完全相同的克隆人，我们无法设想一位伟大的思想家被克隆之后还能够完整地保留着他的思想，并进一步发展他的学说。当然，如果克隆出了居里夫人，她的勤奋品质可能会重新使她取得成功；同样，爱因斯坦爱思考的本性也可以使他的克隆人成为一代宗师。但是，新的居里夫人取得的成就可能会在网络技术方面，而新的爱因斯坦可能会是一个伟大的哲学家或神学家。总之，在目前看来，完全相同的克隆还很难设想，人在既定社会历史条件下所形成的那些东西以及人因偶然因素而作出的选择，是很难设想也被克隆出来的。我们只能说一个宗教徒被克隆之后还必定是一个宗教徒，但他却有可能不再是一个佛教徒了，而成为一个基督教徒了。如果我们的判断能够得到证实的话，那就证明克隆个体只是一个新的生命个体，并不能等同于原先那个人。

根据我们的理解，克隆技术在目前展示出来的依然是对人的自然生命的复制，对人的社会生命，它是无能为力的。假如克隆出了希特勒，他也不是新的世界大战的发动者，因为，世界政治、经济格局已经发生了的变化决定了在当前这一段时间内也许只有美国总统才有资格和能力发动世界大战。或者说，也许只有美国总统才会有这种要求。事实上，美国的国内政治又往往让总统的这种要求无法“变现”，即使像对伊战争这样的局部战争也需运用假情报来说服国会和欺骗公众。希特勒的克隆人能否成为德国总理就是一个未知数，即使他当上了德国总理，德国在世界政治、经济等方面的地位也决定了他没有能力去发动全球性的战争。特别是在德国总理反对对伊战争的立场中我们看到德国人对所有可能引发世界大战的因素都有着一种特殊的“过敏症”。可见，对于人来说，他的社会生命才是他的主要的方面，而克隆技术是无法复制人的社会生命的。

人不同于动物的方面正是人不仅有着自然生命，而且有着社会生命，人是自然生命和社会生命的同一体。仅仅从人的自然生命出发，无疑看到的只是人的个体性存在，而从人的社会生命出发，就会看到人的存在是与社会联系在一起的，而人的社会生命能够成为现实，或者说人的社会生命能够得以实现，是由于人有着道德存在，人的道德存在是人的社会生命的真实内涵。

这样看来，功利主义与义务论的对立是没有意义的。如果我们不是停留在抽象的层面上作出泛泛之论，而是在人的社会角色的具体性上来考虑情欲与德性的问题时，就会发现，人的生活内容越是具有个体性，越是在实现途径上与他人、与社会无涉，他的情欲的价值合理性就越突出。反之，人的生活内容越是具有社会性，越是在实现途径上与他人、与社会有着更多的相关性，他的情欲就越具有消极性质，而德性则会有着更大的价值。

同样，在个人生活与职业活动的比较中，个人生活从属于上述的分析，依据与社会的关联程度而张扬德性或纵容情欲。在职业活动中，人的唯一合理的行为就是充分实现了人的德性的行为，特别是在公共管理这样一类职业活动中，情欲在任何时候以任何形式出现，都是有害无益的。情欲与德性取决于人的社会身份和人的生活活动内容的具体性，在人的情欲与德性发生冲突的时候，是让德性统摄情欲还是让德性为情欲让路，要依据他的生活和活动内容而定。抽象地谈论情欲和德性孰高孰低是没有意义的。

9.5 德性对人的社会生活的本质规定

如上所述，德性源于人的社会生活，是个人的一种社会品质或品性。凡在人的社会生活的公共性内容方面，总可以看到德性的支持。在人的社会生活、群体中的个人交往以及群体间的互动之中，都能够发现德性存在于其中，而且，这种生活、交往和互动也充分体现出了德性的价值。单个的人即孤立的个人或个人的独处是无须德性介入的。正是由于人把自己与社会联系了起来，人的行为对他人、对群体以至对整个社会有影响的时候，才突出了德性的重要性。所以，德性是属于社会的，或者说是属于人的社会生活的。

如果社会可以被理解成人的“普遍交往模式”的话，那么德性其实就是人的（广义的）交往特征，是在交往活动中生成的人的品质或品性。反之，这种品质或品性又决定了人的交往活动的性质。人的交往活动在形式上可以是多种多样的，在内容上也是丰富多彩的，但在性质上则只能被判定为是否合乎德性，或者，是完全合乎还是部分合乎德性。既然人的德性是人的交往品质或品性，那么人的德性的价值也就需要在人的交往活动中来加以判断。我们说孤立的个人或独处的个人是否拥有德性没有意义，所指的就是这种状态中的人是非交往的人，他是一个自然个体而不是交往主体。所以，德性之于他就如财富之于被放逐于孤岛而且永远不可能回归社会的人一样。与之相反，人的活动越是属于直接的交往活动就越需要德性的支持，德性的价值及其影响也就越大。

关于德性的价值，还有另一种认识视角。在人类社会生活分化为私人生活和公共生活的今天，私人领域和公共领域的不同决定了德性的价值也是不同的。相对于私人领域，公共领域中德性的价值会更引人注目。比如，以家庭为单位的自给自足的生活活动只有在父子兄弟的协作中才存在着德性需要，如果属于单个的个人的生产，德性就是无意义的。然而，在近代以来的社会化生活中就不同了，虽然生活与交换都属于私人领域中的活动，但生产和交换的价值都期望或者依靠他人来加以确证。

近代以来的社会化生产本身就是交往过程的一个环节，因而才会有着一门被称为经济伦理的科学去思索和探讨人的经济活动中的德性问题。根据同样的道理，政治活动、行政管理和公共管理等等都属于公共领域中的活动，它们都直接发生在社会和巨大规模的群体之中，政治活动、行政管理和公共管理都直接地作用于他人甚至整个群体和社会。哈贝马斯所研究过的咖啡馆或俱乐部中的那些关于国家大事的高谈阔论、群众性集会中慷慨激昂的演说等，都是直接的政治交往行为。其中，是否有造谣、说谎、恶意中伤，是否包含着决不打算履行的轻诺，是否有对某些社会败类的公开奉承，是否属于追逐名利的自我显示……都反证或确证着德性的价值。

在应用伦理学的学科目录中，我们可以看到政治伦理学、行政伦理学、公共管理伦理学等学科名称。这些学科中都包含着对政治人、行政管理者和公共管理者德性的讨论。总之，德性的价值包含在人的公共生活和社会交往中。人的生活在何种程度上具有公共性，也就会在同等程度上突出人的德性的价值。同样，人的活动在多大程度上属于交往的范畴，也就会在同等程度上渴求德性的介入。公共管理活动既是公共的又是交往的，它在社会治理中的合作互动机制很大程度上取决于公共管理者德性的支持。没有公共管理者的德性，公共管理就无法建立起社会治理的合作互动机制，就不可能作为一种新型的社会治理模式而登上人类公共生活的舞台。所以，对于公共管理来说，公共管理者的德性是它得以确立的必要支柱。

9.6 德性对个人的本质规定

人们之所以愿意通过学习和修养去获得德性，说明德性对于个人也像对于社会那样，是有价值的。因为，在人的社会生活和群体生活中，存在着利益冲突以及其他各种各样的冲突，这些冲突趋向于破坏人的社会生活和群体生活，甚至会使之瓦解。而人的社会生活、群体生活又越来越成为人的利益实现的唯一途径，因而，人们需要维护人的社会生活、群体生活的秩序。为了维护社会生活和群体生活的秩序，人们确立起了一系列公共理念，形成公共理念的体系，从公共理念体系的不同部分出发而设计出了不同的维护社会生活、群体生活正常化的制度体系。诸如法制的、集权的等等，都是依据公共理念中的某些部分而创设出来的。

从道德理念出发，也可以创造出维护社会生活、群体生活的道德秩序。道德秩序的特点在于需要个人的支持，因而，德性的个人拥有对于道德秩序的出现就显得极其重要了。由是观之，个人的德性首先是来自于人的社会生活、群体生活的需要，是社会生活、群体生活的整体去获得总体性的个体支持的力量。反过来，就个人而言，由于他的利益和需求也只有在社会生活、群体生活中才能得以实现，他能否使个人的思想、观念和行为与公共理念保持一致，能否满足社会生活、群体生活的秩序要求，就不仅是公共利益的意向所指，而且也是个人利益以及其他要求得以持续和长久实现的保证。

也就是说，在个人这里，只有合乎公共理念的和与公共理念相一致的，才是合乎他的个人利益的，才会最大限度地满足他的个人要求。德性恰恰是他使自己与公共理念一体化的桥梁。所以，个人的德性对于社会、群体和个人都是有积极意义的，个人越是能够认识到这一点，就越是乐意通过学习、修养等途径去获得德性和拥有德性，他的个人利益和要求也就越能够得到持续的和长久的实现。反之，当人缺乏做人的德性的时候，他在一定时期虽然依据其他手段而使自己的利益和要求得到了实现，但在持续的长久的社会生活中，可能会失大于得。

德性之于人，最大的直接利益实现在于荣誉。在人的社会生活、群体生活中，每一个人只要作为社会的和群体的一员存在着，也就意味着他拥有做人所必备的德性了。人与人之间的道德差异，其实只是拥有德性的程度不同，而不是有无德性的差异。有的人在可以列举出来的德性条目中拥有的很多，有的人拥有的少一些。有的人在学习和修养中把德性内化于己的程度更高一些，从而使其德行表现的更加自然一些；有的人的德性是在有意识的反思中才存在，因而当他能够有着道德自觉的时候，他的行为才属于德行。反之，就与德行有着一定的距离，低于德行的标准……

社会鼓励有德性的行为，把自然而然的德行看做理想的行为模式。当一个人的行为总能合乎德行的标准时，他就会受到社会和群体成员的普遍尊重，因而获得荣誉。在这种情况下，他越是能够加强自己的德行，他所获得的荣誉也就越大。荣誉是人的德行的社会综合效应的结果，反过来，又是人的综合利益实现的前提。因此，人在其社会生活中极其看重荣誉，并把对荣誉的追求作为个人综合利益实现的途径。由于这个原因，在任何社会中也都存在着沽名钓誉之徒，可是，真正能够为人带来荣誉的还是人的德行。虽然一个人的德行没有得到他的领导、上司的赏识，却能够使他获得他所在群体的普遍认同，这时，他的领导、上司可能会在无视他的德行中而受到谴责，因而，他的领导、上司也许恰恰在他的荣誉中而变得不名誉。

由于德行能够给人带来荣誉，进而获得基于这种荣誉的综合利益，所以人们总是愿意接受各种各样的荣誉。由于德行是人展现德性的行为，是在人的德性修养达到一定境界时的外显，所以人们总是愿意通过学习和修养的途径唤醒道德存在和获得德性。人们在教育子女后代的过程中，也总是基于这种认识来选择和确定教育的内容。也正是由于这些原因，德性才得以在社会的发展中延续下来，绵延于每一个社会历史阶段，渗透到每一个社会生活领域和职业活动的领域，在人的社会生活、群体生活和职业活动中发挥着持久的作用，以至于在整个社会中形成一种自然的而不是明文规定的道德机制。那就是，每个人都以拥有德性为荣，希望拥有并努力拥有，在任何时候都希望得到他人对他的德行的认可、称许和赞赏，并将这种认可、称许和赞赏作为他拥有德性的证明，从而得到因拥有德性而带来的快乐。同样，也对于自己在德性上的缺失而感到羞耻。我们经常会看到一些罪大恶极的罪犯可能会坦然地接受法律的惩罚，却不能容忍道德指控，如果批评他缺德败德，他可能会暴怒自绝。一个黑社会成员，对杀人放火的罪行都可以供认不讳，但却无法容忍懦弱、负义的批评，因为，在他看来，他拥有着“勇敢”“义气”的德性。即使有一些厚颜无耻之徒，表面上装作并不在意人们对他的道德指控，而在心灵中还是承认德性的价值的。由此可见，社会的道德机制也是一个强有力的社会运行机制，正是这个机制的存在，为个人的德性修养提供了客观保障。

9.7 德性的生成

德性虽然根源于人的道德存在，但是，人在后天社会生活中的学习和人生修养也对德性的产生有着重要的作用。首先，人在社会中学习分别善恶，继而，根据善恶的观念作出行为选择、处理和评价人际关系中的各种事务和行为，不断地提高自己的道德修养，从而获得德性。对于职业活动中所应拥有的德性，还需要通过对职业性质的认识和反思来获得。公共管理职业活动所需的德性就是公共管理者对其职业活动的性质进行认真反思和正确认识而获得的。在这一途径中，德性作为学习和修养的结果，一俟获得，就使人成为道德理性的存在物，使人在行为中体现出德性的力量。

德性之所以能够在学习和修养中获得，是由于它具有社会性的内容。虽然德性是属于个人的，是个人的品质和品性，但在社会和群体生活中，德性则是通过人的行为来证明的人的做人标准。作为一种做人的标准，是属于社会的。所以，在对德性的拥有上，它属于个人，是具体的个人所拥有的德性；在德性能够成为规范和指导人的行为的力量上，德性是属于社会的，是社会用以判别人的行为善恶的标准。

一切属于个人的东西都是无法通过学习甚至模仿获得的，特别是那些作为自然天赋而存在的个人所有物，就仅仅是个人的。比如，个人的耳朵大小、歌喉粗犷或清婉，都是无法在学习中获得的。个人财产在名义上是个人的，但也包含着社会财富的内容，这就是个人财产可能会受到他人觊觎的原因。但是，依据社会中的私有财产理念，严格地把个人的财产作为私有财产来加以尊重的时候，个人的财产也是无法为他人所拥有，除非这些财产通过赠与、交换的途径发生转移。假设一个富翁在临终时因见到一位年轻少女天真的一笑而把全部财产赠与这位年轻姑娘，原因在于他从这一笑中看到了生命的可贵，以及想到用他的财产去维护那可贵生命的价值，因而才使财产发生了转移。所以，属于个人的东西是很难为他人所同时拥有的。德性之所以能够为他人所同时拥有，成为他人能够在学习和修养中获得的品质和品性，其原因就在于它在个人那里是人的品质、品性，在社会中则是社会的和群体的道德标准。作为一种标准，当然是可以被认识、被接受和被人所内在化的东西。

虽然公共管理模式为公共管理者德性的生成提供了客观保障，但公共管理者自觉的学习和修养则是其德性生成的主观动因。公共管理者在选择了这一职业的时候，就应当具有自觉修养公共管理所需德性的思想准备，自觉地在公共管理活动中使自己的行为合乎道德标准，并通过其德行的演习而生成德性。一旦公共管理者获得开展公共管理活动的所需德性，他就能够超越权力关系、法律关系的制约，自由地开展公共管理活动。

在公共管理者德性生成的过程中存在着自我选择，但这种自我选择是与对公共管理这一职业的选择相一致的，而对公共管理这一职业的选择本身，又是与历史选择相一致的。公共管理者的职业选择是建立在历史选择的前提下的，历史选择了公共管理这种新型的社会治理模式，而公共管理者则选择了自己的职业，这一方面是历史选择的结果，另一方面又是他选择这一职业必备德性的起点。易言之，公共管理者一旦投入到这一职业活动中来，就必须作出公共管理者所应有德性的选择，他不作出这种选择也就意味着他的职业选择是失败的。所以说，这虽然是一种选择，但却是必然的选择，否则他就不能成为一个合格的公共管理者。在此意义上，公共管理者的职业选择决定了他的德性，而他在拥有这种德性的时候，又会在公共管理活动中把自己的行为转化为德行。

9.8 德性与责任义务

公共管理实践活动作为一种自觉的能动的活动，其基本意蕴就在于自觉地实现把行政的、法律的责任义务转化为道德的责任义务，进而把道德的责任义务提升为德性。这是一个自觉意识的过程，但却是建立在对人类社会治理模式历史演进客观必然性认识的基础上的，是建立在对公共管理这一新型社会治理方式的根本性质的正确把握的基础上的。因而，对于公共管理者的德性生成来说，过程是科学的，目标则是属于价值的。作为结果，公共管理者的德性体现了科学精神与价值理念的统一。

当然，从对公共管理职业作出选择到公共管理德性的获得还有一个过程。我们不能期望公共管理者首先获得那些必要的德性，然后才作出公共管理的职业选择，也不能期望在作出公共管理的职业选择的同时就能够获得了公共管理者全部必要的德性。公共管理者德性的生成只能在公共管理实践中来加以认识，正是在公共管理实践中，通过自觉地承当行政的、法律的责任义务，积极地把这些责任义务转化为道德责任义务，才能进入公共管理者德性生成的过程。即便如此，在德性生成的过程中，公共管理者还需要以坚定的意志相佐。正如康德所说："在纯粹实践理性的全部规矩中，重要之点只在于意志的如何决定，而不在于实践能力完成它的意图时所具有的自然条件。"①

公共管理中依然存在着利益矛盾和利益冲突，存在着权力与权利的矛盾和冲突，最主要的还是存在着以权谋私的机会和各种各样实现私欲的诱惑。在这种情况下，公共管理者坚定的意志就是他的德性生成不可缺少的支持力量。在这里，我们把公共管理者德性的生成设定为一个艰苦的过程，是需要在公共管理实践中经过多次重复才能达到的结果。正如行政的、法律的责任义务向道德的责任义务转化的过程是持续的和不断重复的过程一样，道德责任义务向德性的转化和提升，也需要在公共管理实践的过程中多次重复，才能凝结成他的德性。亚里士多德说："公正和节制的德性，是公正和节制的行为多次重复后才产生的。"② 黑格尔也说："一个人做这样或那样一件合乎伦理的事还不能说他是有德的；只有当这种行为方式成为他性格中的固定要素时，他才可以说是有德的。"③ 既然需要多次反复，就会要求公共管理者以坚定的意志力来为其提供支持。具体地说，就是在承当道德责任义务的过程中，坚定地、始终一贯地克服一切外在的和来自自身的不利于德性生成的因素。

还需要看到，在公共管理的职业活动中，道德责任义务主要是这一职业活动的道德规范。作为道德的规范和行为准则，是已经被公共管理者内化了的规范和行为准则，在这一点上，与行政的、法律的规范和行为准则有着质的不同。也就是说，当行政的、法律的责任义务转化为道德责任义务的时候，公共管理者就已经拥有了主体性，即超越了各种各样外在规范的约束。但是，即使是道德规范和行为准则，也还会在一定程度上外在于公共管理者而存在。因为，如果公共管理者的活动仅仅是承当责任义务的行为，这种行为还是在外在压力下进行的，那么这种行为属于一种听从来自自我之外的命令的行为。尽管道德责任义务已经唤醒了人的本我自觉，但是，只要公共管理者还是被责任义务所驱使，那就依然属于听命于外在力量的行为，即使是自觉了的责任义务，也具有非我的外在性，是一

① ［德］康德：《实践理性批判》，67页，北京，商务印书馆，1960。
② ［古希腊］亚里士多德：《尼各马科伦理学》，30页。
③ ［德］黑格尔：《法哲学原理》，170页。

种与人的主体性相抵牾的因素。

当责任被进一步地内化而提升为德性的时候，责任所具有的那些相对于公共管理者而言的外在性就被完全蒸发和过滤掉了，剩下的就是公共管理者的职业品质，这种品质赋予了公共管理者自觉自为的主体性，使他获得了自主地、创造性地开展公共管理活动的能力。正是由于这个原因，即使公共管理者已经把行政的、法律的责任义务转化为了道德责任义务，也还需要进一步地加以内化和提升，使其成为德性。只有当道德的责任义务被内化和提升为公共管理者的德性的时候，他才会在自己的职业活动中达到充分自为的境界，即自由的境界。

公共管理者的道德责任义务向德性的转化和提升不是一个纯粹主观的过程，也不是可以通过教育的手段就能够完成的。从根本上看，是公共管理者公共管理实践的结果。在这里，似乎存在着一个理论上的循环论证，即由德性出发到德行，反过来又把德性寄托于实践中的德行。实际上不是这样的。公共管理的实践是一种反映着时代需要的客观性活动，是社会治理模式历史演进的结果。也就是说，这种实践是在社会治理结构性变革中产生的有着全新性质的实践，只要遵循这种实践自身的规律，认识这种实践中产生出来的各种要求，就能够造就公共管理者所需要的德性。提出这个问题，是考虑到社会治理活动历史继承性中的消极一面。因为，以往的社会治理模式中所形成的行为模式会以经验、知识、文化等形式被传承下来，特别是管理型社会治理方式的科学化、技术化追求所造成的一种思维定势会被保留下来，并会扭曲公共管理实践的需要，以至于妨碍和破坏着公共管理者德性的生成。由此可见，在从公共管理者道德责任义务向德性的转化过程中，需要客观地反映公共管理这种新型的社会治理方式的要求，让公共管理活动和行为与公共管理这种社会治理方式的根本性质保持一致，这样的话，就能够实现公共管理者道德责任义务向德性的转化和提升。

公共管理者德性生成的过程具有一种道德认识过程的特征，或者说，在一定程度上，也可以把德性看做道德认识的结果。然而，即使是道德认识的结果，它也是不再能够被包容到认识过程的精神理解中去的。德性实际上是属于人的道德存在的部分。也就是说，德性作为公共管理者道德责任义务内化的结果，是以一种道德境界的形式存在的。道德责任义务内化的过程是公共管理者道德存在的直觉运动过程。但是，这种内化过程一旦以德性的结果出现，就实现了对一切物理的和心理存在的超越，是一种内在于自我的客观存在。在传统的物质与精神的二分原则之下，道德和美等往往被归入到精神范畴，进而又在其中区分出主观精神和客观精神。其实，德性是无法被归入到物质的或精神的存在的，德性是社会生活中的人的一种特殊的存在形式，是物质与精神之外的第三类存在，是内在于人的第三类存在，即人的道德存在。准确地说，德性是人的道德存在的表层部分，是可以直接转化为德行的那部分道德存在。

德性的生成过程，即道德责任义务内化的过程，一方面是克服规范和行为准则等外在于人的那种外在性的过程；另一方面又是超越主观意识等精神活动的过程，是在这种双向超越中实现的对一切物理和心理存在的超越，它既不是物质实体也不是精神实体，而是一种非实体性的存在形态，是人的道德存在。这一点在信息化的今天已经不难理解了，正如网络中的信息既不能等同于网络中的硬件，也不能等同于处理器中的软件，硬件和软件本身都不是信息，而信息则依赖硬件和软件而存在。就存在的形态而言，人的德性是可以比喻为信息这样一种存在形态的。但是，作为内在于人的社会性存在，德性又不同于信息，因为信息不是网络的境界，而德性则是人的社会境界，是人作为社会的人所达到的道德境界。

人的德性使人超越了物质的、情感的、精神的交往关系，是人的最根本的实质性的社会关系的获得，人的德性使人成为真正脱离了他的自然本性以及自然本性所引发出来的各种各样的需求，从而成为真正的社会的人。总之，人的德性作为人的品质，既不是人的物质的、生理的品质，也不是人的精神的和情感的品质，而是存在于道德境界中的一种高尚的存在形态，是人的社会关系实质的体现。

9.9 德性与自由

对自由的向往是人类长期以来矢志不移的追求。然而，在以往的社会治理模式中，自由只是空想。因为，在社会治理活动中，若要无碍地展现自己，唯有治理者的德性是最大的凭藉。德性使人成为自觉的能动的主体，在公共管理系统中，公共管理者是否拥有德性以及他拥有德性的状况，决定了他能否在公共管理活动中做到自觉自为，即成为公共管理系统中具有主体性的存在。这就是说，当公共管理者拥有了职业活动所必要的德性时，他个人固有的主观性、自主性就会成为自觉的和能动的主观性、自主性。有了这种主观性和自主性，公共管理者就获得了开展公共管理活动的充分动力。当然，公共管理者的主观性、自主性与公共管理活动中的客观性、客体性因素也会发生矛盾和冲突，但是，在这个时候，只能更加凸显出他解决和超越这种冲突的能力和证明他拥有自觉自为的品质。总之，德性使公共管理者获得开展公共管理活动的自由以及展现能力和才干的自由。

公共管理者在拥有德性中获得自由，并以德行的挥洒来证明和展现这种自由。但是，德性之于人的内在作用机理还是应当被理解成规范作用的。德性规范着公共管理者，使他的行为成为德行。公共管理者的德行是他的德性的“外施于人”；在“内得于己”的意义上，德性作为公共管理者的道德追求的结果使他实现了自我完善。也就是说，自我完善是一个过程，是德性对公共管理者实现了完全规范的结果。对于公共管理者来说，他获得德性和拥有德性本身，就已经实现了接受德性的规范，但在公共管理活动中以及公共管理者的社会生活中，存在着和不断产生着与公共管理者德性相矛盾和相冲突的因素，这些因素会把公共管理者导向有违于德性的方向，会改变他的行为的道德性质。在这种情况下，公共管理者有着维护德性的斗争。公共管理者维护其德性的心理活动与一切外向的护卫活动不同，这种维护与被维护的关系不是单向的，而是有着逻辑上的双向性。公共管理者维护其德性，却恰恰是接受德性的规范，公共管理者越是充分地接受了他的德性的规范，也就越是成功地护卫了他的德性。

公共管理者的德性赋予公共管理者从事公共管理活动的能动性和创造性，促使他尽心尽力地从事公共管理活动，即使他的行为没有达到预期的结果，也是无愧于他的良心的。在这一点上，是与因其他动因而作出的行为选择不同的。因为，出于其他动因的行为都必须在其行为的功效中作出评价，唯有基于德性的行为是与良心一致的，是超越了一切外在的客观制约的行为。因而，公共管理者的德性既不像物质的、生理的品质那样，需要在外在实现中得到证明；也不像精神品质那样，自足自得，而是一种体现了公共管理者的实质主体性的实践品质。在外向的维度中，施予他人而表现为主动的、积极的、创造性的实质活动；在内向的维度中，则使人脱离一切低级趣味而成为高尚的人。

公共管理者的德性实践，就如他的语言遵从语法规则那样并不是他的刻意追求。他在公共管理活动中体现出他的全部德性却无须思考他的行为合乎哪些德性条目。这是一种“从心所欲不逾矩”的境界。孟子讲：“由仁义行，非行仁义也”（《孟子·离娄下》），所讲的就是这种境界，即由德性出发，而使行为道德化，这才是一条由德性到德行的正确道路，而不是属于那种对德行的无根追求。如果不是由德性出发去追求德行的话，一时、一事、一地可以有德行，但决不会有恒定的、持续的德行，因为它根本就没有德性这个“根”。

人类自从产生那一天起，就在个体身上表现出渺小，个人在自然那崇高神秘的力量面前显得是那样微不足道。随着人类社会的发展，个人直接面对自然力量的时间和机会减少了，在个人的社会生活中，他更多地面对着的是他所在的群体、社会。人类社会的发展，在一定程度上，可以看做个体的人远离自然的过程，也就是人的社会化过程。在人的社会化过程中，人又开始面对着另一种压力，即来自社会的压力。一方面，社会为个体的人摆脱自然压力提供了充分支持；另一方面，社会自身又对人施予一种压力，以至于个人在社会规则、规范面前显得那样微不足道。社会的法则是个人铁的纪律，在社会法则面前，个人唯一的选择似乎就只能是敬畏和服从，接受它的约束。

其实并非如此，个人与社会之间是有着融合为一的基础和根据的。因为社会无非是人的社会，社会与人的一致之处恰恰是社会作为个人的普遍性的实质而存在，是作为人的人性中那些最积极最有价值的方面而出现的；社会与人相异的方面，恰恰是人的特殊性的因素，在很大程度上，属于人性中消极的方面。根据这一分析，个人与社会一体化的出路就清晰可见了：个人可以通过德性的获得而使自己融入社会，成为社会整体的有机构成部分。这时，个人因社会的伟大而伟大，个人因社会的法则和纪律而坚强，个人因社会的规范而显得正气凛然。有德性的人是伟大的人。相反，没有德性的人总处于与社会相对立的状态，他以他的失德、缺德排斥着社会，因而，他也在同样的程度上受到社会鄙弃。缺少德性的个人仅仅是作为个体的人而存在的，社会越是伟大，就越反衬出他的渺小。如果说在以往的总体化程度不高的社会中，缺少德性的人还能够在各种各样的社会缝隙中存在下去，甚至能够左右逢源，那么随着社会总体化程度的提高，这一类人的生存本身就是极其卑微可怜的。

应当说，人往往是因为自私而封闭自我和杜绝德性，进而变得渺小和卑微。但是，自私的人其实是有着极其强烈的使自己伟大起来的愿望的，只是他的行进方向完全错了。应当说一切人都有使自己伟大的追求，老庄哲学的魅力就在于指示人通过对自己自然本性的唤醒而融入自然，在自然中获得与自然的一体化，在融入自然的过程中变得神圣和不朽，老庄哲学，是不能被理解成无所作为的。从人的社会生活的角度看待人，我们更赞同儒家的追求，希望人在其德性修养中与天地契合无间，从而变得伟大、高尚、圣洁，达到“从心所欲不逾矩”的自由境界。

孔子十五志于学，七十方达“从心所欲不逾矩”的境界，那是因为他所处的社会历史条件并未给他提供一个德性生成的优良空间，是完全在一种个人的艰难探索中走完了这一历程。对于公共管理者来说，有公共管理这一新型的社会治理模式去为他的德性的生成提供客观保障，他应当在公共管理职业见习期结束的时候就达到“从心所欲不逾矩”的境界。所以，公共管理者在把以往一切治理者对自由的畅想转化为现实的过程，也正是他自觉地修养德性的过程。公共管理者认识到这一点，也就具备了其德性生成的全部主观条件。

“从心所欲不逾矩”是道德自由的境界，但人毕竟不是神，人不可能随意挥洒都是德行。因为人任何时候都有欲望、喜好等，而这些欲望、喜好在人稍不留心的时候，就会成为德行的障碍和限制。近代以来，人们对个人成长中的学习达到了迷信的程度，其实，学习对于人的德性的获得还是远远不够的，在学习之上，还需要有着长期不懈的修养。即使是在人达到了某种道德境界的时候也不能有所懈怠，还需时时把守德性的门栏，在自觉的德性生成和提升中，朝着更高的境界迈进。可见，虽然公共管理这种新型的社会治理模式为公共管理者德性的获得提供了客观的制度保障，而他自身的道德修养一刻也不能松懈，他获得德性、强化德性的征程是伴随着他的终生的，他的目标就是通过德性的提升而在公共管理活动中自由地施展德行。

总之，公共管理者的自由存在于他拥有德性的时候，是他以德性为基础开展公共管理活动时所拥有的自由，而不是他的德性生成的自由。在他的德性生成过程中，他的自我选择仅仅在形式上具有选择的特征，在实质上则是一个必然的过程。他只有认识这种必然性，才能获得作出公共管理职业选择的自主性，不存在这样的情况：选择了公共管理的职业却不选择公共管理者的德性。否则，他在公共管理活动中，时时处处都会感受到外在规范施予他的压迫，他的行为总会与公共管理的要求相矛盾和冲突。所以，公共管理者获得自由的根本途径，就在于拥有德性。

9.10 诚实守信的德性

伦理学关于德性的条目是数不胜数的，随手翻开一本伦理学的教科书，都会看到它所列出的长长的一串德目表。关于公共管理者的德性，也可以列举出许多。但是，如果对所有的德性都进行叙述会变得非常烦琐，而且也没有必要。伦理学作为一门科学，需要认识和把握那些最为基本的和最具普遍性的东西，因而，伦理学需要列举出来的德目应当越少越好。公共管理伦理学对德性条目逐一考察不仅不可能，而且也没有必要。因为，在对德性的一般特征、性质和内容的叙述中，就已经包含了对人的每一种德性都加以整体性把握的基本原理。所以，公共管理伦理学在探讨德性的问题时，极力去发现那些对公共管理者的道德行为有着决定性影响的德目。这些德目不仅是最基本的和最普遍的，而且，还应当能从这些德目中推导出其他德目。也就是说，这些最基本最普遍的德目是其他德目赖以生成的前提。

当然，在这里以人的诚实守信德性为例来对公共管理者的德性加以说明，并不是指诚实守信的德性能够直接生成公共管理者的其他一切德性，但是，它无疑是公共管理者最为基本的德性之一。也就是说，诚实守信并不是德性的全部，只是德性中的一种。然而，在任何一个社会，在社会生活的任何一个领域中，诚实守信都应当是人的所有德性中的一个最为基本的德性。在人的一切德性中，诚实守信可能是最为直接地根源于人的道德存在的德性，因而也是最为普遍的德性，其他一切德性都只有建立在诚实守信的基础上才是真正的德性，才是有现实意义的德性。其他德性如果不能够满足诚实守信的原则，在人的德行中，就会以人在道德上的瑕疵出现。

以道德律令的形式来表述，人际交往中的诚实就是要求人们永不说谎。但是，永不说谎在现实生活中总会遇到尴尬，因为，在一些特殊的情况下，某人可能会出于完全利他的目的而迫不得已地说谎。在这种情况下，就说谎本身而言，是违背道德律令的，是不诚实的表现。从动机来看，又完全出于一种道德的愿望，属于合乎道德的不诚实。所以，就说谎而言，可以是道德的也可能是不道德的，只有在具体的语境中，才能作出适当的判断。但是，从诚实的角度看，任何情况下的说谎，都是不诚实的表现。不诚实的却可以是道德的，这就是诚实作为人的德性的相对性。

人需要拥有诚实守信的德性，即在与道德原则一致的基础上拥有这种德性。如果出于某种道德愿望，在迫不得已的情况下由于说谎而表现出了不诚实，那是出于权宜的不拘小节。但是，说谎的人毕竟由于说谎的行为而失节，只是由于他在“小节”与“大节”之间作出了道德选择而拥有了智慧的德性。也就是说，他清醒地知道，“永不说谎”虽然是一个普遍的道德原则，却是一个从属于利他目的的道德原则，如果出于利他的目的而说谎，而且影响范围极其有限，特别是针对特定的因受谎而受益的人，那么说谎者自己因不诚实受到的道德损失却在利他的动机中获得了更大的道德补偿。

可见，说谎是属于“行”的范畴而不是“性”的范畴，说谎是一种恶行，但可能包含着德性。在道德研究中，我们经常可以看到这种矛盾的情况。然而，即使是合乎道德的不诚实，也会把人导入一种道德博弈之中，因为，一个人说谎，必然是期冀着某种预期的结果，这种结果能否出现，或者是否会走向预期的反面，对说谎者来说都是一个道德风险。如果他的说谎导致了非预期的结果甚至相反的结果，他的道德愿望就会受到冲击，因而，受到良心的谴责，这时，他的不诚实给他带来的损失就会更大。

由此可见，不诚实即使是道德的，也会使其主体承担风险。如果诚实是服务于利己的目的，那么在其起点上就已经是德性的对立面，属于不道德的恶性，虽然其中能够包含着聪明的内容，却与智慧的德性无缘。这样一来，不诚实、爱耍小聪明的人玩弄的伎俩，由于既不道德又同智慧抵牾，所以必然会承受着名誉甚至现实利益的风险。尽管这种不诚实在动机上是出于利己的考虑，却往往达不到利己的结果，即使暂时获得了一些风险收益，但在持续的交往中，损失将会大于收益。当然，在现代社会，人的高频化的流动造成了人的暂时的非持续性交往机会的增多，从而为人们通过不诚实而谋取一次性收益提供了机会。

现代社会也通过法律制度的措施，对不诚实的收益作了充分的防范，因而，试图借助于自身的不诚实的恶性获得重大收益的可能性是极其微小的。虽然现代社会是人的高频化流动社会，但却是在极其有限的领域和极其有限的职业活动中，才存在着人的频繁流动，绝大多数职业活动具有相对的确定性和恒定性，因而，人的交往也是持续的和重复发生的。在一切持续的、重复发生的交往活动中，人的诚实是做人的资本。人是以诚实取信于交往对象的，也只有诚实可以使他从交往对象那里获得稳定的回报。所以，人拥有了诚实的德性，也就拥有了与他人交往的充分资格。现代社会，在分工极其充分的条件下，也依然存在着许多属于非人际交往的职业，对于这些职业来说，诚实的德性在他的职业活动中不像在他的生活中那么重要。但是，也应看到，现代社会中更多的职业活动是在人际交往中展开的，因而，诚实的德性对于他的职业活动来说，比在他的生活中的意义更大。

所以，古圣先贤们把诚实看得很重要，认为人需以对自己的诚实立身，以对他人的诚实处世。“知之为知之，不知为不知，是知也。”表面上看来这里所说的是一个认知问题，其实，它的真实底蕴恰恰是要求把对自己的诚实作为做人的基础。

总之，诚实守信作为人的德性是人的内在标准在行为上的体现，一个有道德的人、占有德性的人，必然是有着相对恒定的内在标准的，这个内在标准会保证他言行一致。相反，人没有这样一些相对恒定的内在标准，就会在言行上表现出很大的随意性，就会随时根据外在需要作出承诺或背弃承诺，缺乏言行的一致性，做事的时候，就会表现出朝三暮四；做人的时候，就会表现出朝秦暮楚；做官的时候，则会表现出俗语所描述的“有奶便是娘”。

9.11　诚实守信在社会治理活动中的意义

诚信的美德在统治型的社会治理模式中有着极高的价值，是各种各样人际关系赖以确立的基础，在社会治理体系内，君主对臣子要讲信，以求臣子还以忠的回报。同样，上司与属僚之间，都要求在信的基础上确立互信的关系，以求得社会治理活动中的合作互动。在社会治理体系之外，人与人之间的关系更需要建立在信而不欺的基础上。随着管理型社会治理模式取代统治型的社会治理模式，诚信的价值在社会治理体系内逐渐丧失。管理型社会治理体系以严密的组织结构、合理的权力运行机制、科学的命令—服从模式而把诚信排挤到了社会治理体系之外。这个时候，如果还需要倡导诚信的话，那也是针对私人领域的经济活动和人际关系而言的。

公共管理活动完全是在人际交往中展开的，与任何一项职业活动相比，公共管理都更突出了其主体的诚实德性的价值。对于公共管理活动来说，一个人拥有诚实守信的德性，是他获取公共管理者资格的基本条件之一，缺乏这一德性，即使他在名义上是一名公共管理者，而且事实上也占有着公共管理的职务和岗位，但是，他在实质上可能恰恰是公共管理职业群体中的害群之马。所以说，诚实守信是一切人际合作的前提，也是公共管理合作互动机制的基础。公共管理者的诚实守信是换取社会普遍信任的必要德性，对于公共管理活动的开展，以诚实守信为基础，实际上是为信任的增强而作出的努力。

现代社会的诚实守信有一个历史演化过程。近代社会以来的契约关系是从人们极其原始的承诺演化而来的，是人的承诺的形式化甚至法律化。虽然从现实的角度考察，看到的是人们之间的契约关系与市场之间的密切联系，而历史的考察则倾向于让我们理解契约与原始的承诺之间的联系。然而，我们也发现，近代以来，契约的成文化、规范化并没有取代人们之间的口头的或其他方式的承诺。由于现代社会中人们之间的交往更加频繁，所以人作出承诺的机会也更多，在日常生活中，我们随处都可以看到人们以各种方式表达出来的承诺。在是否履行自己作出的承诺的问题上，除了成文的契约以及少量的重要承诺是受法律的规范之外，人们日常生活中的大量承诺的履行都属于道德范畴。

履行承诺是诚实守信的标志。但是，在存在着利益矛盾和利益冲突的社会中，人们出于自利的目的而往往背弃承诺。有的时候，可能是由于情势的发展，履行承诺已经变得于己不利，在权衡之后背弃承诺；有的时候，有的人在作出承诺的时候就没有打算履行，他是由于权宜的需要而把承诺当做欺骗他人的手段了。前者属于背信弃义，而后者在一开始就属于蔑视道德的行为，是一种恶意的说谎。

履行自己作出的诺言被视为做人的义务。也就是说，当一个人就某事对他人作出了承诺，他就应当加以履行，因为他的承诺本身就意味着他与他人之间确立了一种契约关系，这种契约关系在实质上是属于权利—义务关系的范畴。但是，就承诺的主体而言，是否把自己的承诺当做必尽的义务，则是一个诚实守信的问题。如果他在作出承诺的时候就没有打算履诺，他就是一个不诚实的人；如果一个人虽然在作出承诺的时候是准备履诺的，后来发生了变故而放弃履诺，他就没有做到守信。

就承诺的发生来说，很少发生在陌生人之间，绝大多数的承诺都是发生在持续交往的人们之间的。在现代社会，虽然个体意义上的人是陌生的，但制度结构把他们紧紧地联系在了一起，因而他们之间并不能被看做传统意义上的陌生人。在人们这种稳定的持续的关系中，如果承诺不被履行，必然会为持续交往投下阴影，特别是多次承诺都未履行的情况下，承诺就会转化成欺诈，因而对于社会群体生活是极其有害的。这也足见诚实守信对于人们之间的持续交往是极其重要的。

应当看到，这些背弃道德和蔑视道德的现象是人类所处的历史条件造成的。在统治型和管理型的社会治理方式中，社会治理者能否慎待自己的承诺，也是一个极其重要的问题。从整体上讲，统治型与管理型的社会治理方式出于临时性的秩序要求，出于谋求合法性的愿望，都会把承诺当做手段而不是道德命令；从个人的角度看，在上述两种社会治理模式之中，社会治理者在个人利益的驱使下，更会把轻诺寡行当做个人利益追求中效益最大化的途径。公共管理则不同，它的服务本质决定了它无论在整体上还是在个体上都剔除了背弃承诺的借口，它要求公共管理者把履行他的一切承诺作为他从事公共管理活动的必备德性。

诚实守信与其说是对他人的诚实，毋宁说它首先是对自我的诚实，是对自我的一种理性判断。一个人畏于外在的规范，可能会在他人面前表现出谦虚守礼，但是在自我心态中，却可能时常显露出难以自抑的傲慢。那些在社会生活中取得了成功的人，那些社会地位较高的人，那些能力较强的人，那些凭借公共权力而使个人力量增强了的人，更倾向于变得傲慢。哪怕他谨慎地对待这种傲慢而从不让它表现在他的行为上，但这毕竟是与他诚实的德性相悖的，是他对自我的不诚实。这种不诚实会使人在社会生活中乐于接受奉承，排斥批评意见，甚至那些建设性的进言也会被他理解成“让你来教训我!”进而他会变得自大自负、浮躁轻狂。这样一来，他也就难以做到对他人的诚实和做事的诚实。

所以说，诚实守信并不仅是针对他人的，而且也是针对自我的，既不欺骗他人，也不欺骗自己。凡是施予人的行为，都要出于真诚；凡是对他人作出的承诺，都要信守不易。在人的一切德性中，诚实守信是唯一千年不易的德性。也就是说，人的其他德性都会由于时代不同而有不同的内涵，唯有诚实守信在一切时代都有着同样的标准和要求，并且受到每一时代、每一国度以及一切社会生活领域的普遍推荐。时代的不同仅仅表现在这一德性的实现条件上，而不是表现在这一德性的价值和内涵上有什么差异。在以往的社会治理模式中，独立自主只是一种自我主张，其主体并不在乎他人是否能够独立自主；自我节制也只是自我理性的守望，要求自我节制的人并不一定要求他人做到这一点，或者说自己的自我节制恰恰是以他人做不到自我节制为前提的。与这两种基本德性不同的是，诚实守信则是普遍的对他人的期望。或者说，当人在独立自主和自我节制德性的实现中已经能够保证自己的诚实守信的时候，也期望他人能够做到诚实守信，即使是那些最不诚实最不讲信用的人，也希望别人都能够诚实守信。

对于社会治理而言，权欲、物欲、爱慕虚荣是诚实守信的最大障碍，特别是权欲和物欲，往往使社会治理者歪曲事实、背弃承诺，甚至做出丧失人格的事情。统治型社会治理模式中生成的权力拜物教助长了人的权欲，因而，诚实守信在社会治理者那里往往流于空议，一旦人进入权力运行体系之中，诚信就会成为虚假的招牌和必要的装饰。在管理型社会治理模式中，虽然社会治理者的权欲呈现出衰减的态势，但其物欲则迅速地膨胀起来，为了物欲的实现，也会对法律制度持阳奉阴违的态度，对他人对公众则在一切可能的地方和时机中，毫不犹豫地背信弃义。鉴于此，公共管理者诚实守信的德性是发生在权欲和物欲膨胀的社会基础和文化基础已经开始动摇了的情况下的，在这种情况下，公共管理者对权欲和物欲的抵制已经能够得到社会的支持，得到治理体系的支持，对于他自己来说，严防被虚荣心所左右就会显得尤为重要。

9.12 德制是德性的客观保障

对德性的探讨，是基于个人的层面作出的，是把个人放在德性主体的位置上来加以考察的。当然，人们更愿意在德性的外在环境中来认识德性的意义，认为“欲海横流”“功利滔滔”方显出君子本色和圣贤地位，不道德的环境才更加衬托出道德的价值。但是，这决不是制度层面的理解，任何时候，制度都不是环境，而是深入人的行为之中的，是作为人的行为模式的质而存在着的。社会治理方式更是如此。在制度的层面上，我们所应当思考的是如何为人的德性提供保障。在统治型的社会治理模式中，有着浓重的“希圣”“希贤”理想，却并不总能实现。因为如果是在一种缺乏客观保障的条件下，君子、圣贤就只能会更多地流于虚构，即使确已存在，那么他的价值也是属于个体性的价值，并不是一个群体在整体意义上的道德化，更不意味着整个社会的道德化。其实，人们对君子、圣贤出世的期望，所包含着的是整个社会道德水平提升的愿望。在传统的统治型社会治理模式存在的社会背景中，这种期望包含着圣贤出世教化众生的愿望，而在现代则是获得榜样的要求。

统治型社会治理模式之所以会存在着“希圣”“希贤”的理想，是由它的等级社会所决定的，因为，在等级社会中，德仅仅是“上”之德。在国，君主有圣德，臣子只能仰慕君主之德；在官，德也与官位相称，等而下之。当然，下级甚至民的德行也会受到上级官僚甚至君主的褒奖，但这种褒奖只是评价和认可，绝不是承认评价对象德高于己，在拥有评价资格的“上”或“君”这里，他们的德永远都是高于被评价者的。所以，在中国农业社会，德高也会犯上，德高也会震主。也就是说，在等级社会中，德是从属于权的，权大者则德高，即使在近代工业社会中，在一切权力尚发挥作用的领域中，德也与权有着正相关关系。其实，德与权之间的这种正相关关系纯属假象，只能证明德是虚伪的，权才是真实的。可见，并不是仅仅在做学问的领域中存在着“官大学问大”“位高水平高”“权重知识广”的情况，存在着掌权的人不允许属众中任何一人在科学研究能力和取得的成果方面超过自己的情况，在道德方面也是这样，如果你有德行和德性，你就必然会成为你的上司的敌人。总之，统治型社会治理模式只有一个标准，那就是权力，权力是评价一切的最后的标准。也正是由于这个原因，我们说以往的社会治理模式都无法确立德制，没有德制的德治只能是偶然的，甚至是虚假的。

人的德性在何种程度上恢复其本真状态，取决于它与权力之间的相关性弱化到何种程度，只有那些独立于权力的德性才是真实的德性。公共管理所追求的就是这种德性，它要求公共管理者拥有的是决不凭借权力的德性；相反，公共管理者让德性成为权力寄居的寓所，让权力的行使从德性出发，以德性为本。有了这种独立自为的德性，作为新型社会治理模式的公共管理就有了确立德制的基础，进而，在德制的充分保障下，德治也就成为持续的、稳定的社会治理方式。其实，制度才是关键，只有当我们确立起道德的制度，才能迎来人们普遍拥有德性的时代。也就是说，一切与人相关的因素，都只有得到社会体系中的制度保障才是稳定的和可预期的。人的德性也不例外，人能否拥有和是否拥有它，不仅仅是个人的事情，而且是由制度决定的。所以，德制建设是人的德性之普遍获得的关键。

我们所强调的德性价值不是个别人甚至少数人的德性价值，我们并不以希圣、希贤的心境去谈论公共管理者的德性，我们所期望的是公共管理职业群体中的每一成员都成为德性主体，进而影响到整个社会，使每一个受到公共管理行为影响的人，都感染上德性，成为德性的主体。只有这样，我们才会看到道德与人类社会治理方式朝着文明目标共进的景象，才会体验到公共管理者的德性在社会治理活动中的巨大力量。

公共管理伦理学把一些德性确立为公共管理者的责任和义务，所表明的正是这样一种愿望。对于公共管理而言，那些在一般社会成员和以往社会治理模式中的治理者那里作为德性的东西，在公共管理者这里则是必须承当的，那些作为普通社会成员的高标准道德品质，在公共管理者这里则是道德底线。否则，他就不再能被视为合格的公共管理者。所以，公共管理者德性的获得，一方面，需要通过其个人的努力；另一方面，又取决于公共管理伦理学的道德制度设计方案能够转化成实践中的道德制度安排。

本章小结

德性是人的道德存在的构成部分，是道德存在的表现形式，从人的道德存在到人的道德行为的转化，是通过德性而发挥作用的。对于人的一切有道德的行为来说，德性是最直接、最根本的道德动力。德性的主体是个人，即生活在一定群体和社会中的个人。拥有德性的个人把德性作为他的社会存在和社会生活的一个部分。德性是具体的，一个具体的领域总是突出了这一领域中活动主体的某些德性。德性又具有个体性，是个人把一般性的伦理文化和观念、道德规范和行为准则内化为自己个人的道德品质，是属于个人的那种恒定的和能够长期保有的道德品质。公共管理的特殊性会使它明显地突出某些德性，通过这种突出某些德性的做法反映着这个领域和这个新型社会治理模式自身的特殊要求。

在公共管理者德性生成的过程中，存在着自我选择，但这种自我选择是与对公共管理这一职业的选择一致的，而对公共管理这一职业的选择本身又是与历史选择相一致的。公共管理者的职业选择是建立在历史选择的前提下的，历史选择了公共管理这种新型的社会治理模式，公共管理者选择自己的职业，这一方面是历史选择的结果，另一方面又是他选择这一职业必备德性的起点。公共管理实践活动作为一种自觉的能动的活动，其基本意蕴就在于自觉地实现了把行政的、法律的责任义务转化为道德的责任义务的历史运动，在此基础上，进一步把道德的责任义务提升为德性。这是一个自觉意识的过程，但却是建立在对人类社会治理模式历史演进客观必然性认识的基础上的，是建立在对公共管理这一新型社会治理方式的根本性质的正确把握的基础上的。

德性使人成为自觉的能动的主体，在公共管理系统中，公共管理者是否拥有德性以及他拥有德性的状况，决定了他能否在公共管理活动中做到自觉自为，即成为公共管理系统中具有主体性的存在。这就是说，当公共管理者拥有了职业活动所必要的德性时，他个人固有的主观性、自主性就会成为自觉的和能动的主观性、自主性。有了这种主观性和自主性，公共管理者就获得了开展公共管理活动的充分动力。

在人的一切德性中，诚实守信可能是最为直接地根源于人的道德存在的德性，因而也是最为普遍的德性。其他一切德性都只有建立在诚实守信的基础上，才是真正的德性，才是有着现实意义的德性。其他德性如果不满足诚实守信的原则，在人的德行中，就会以人在道德上的瑕疵出现。人需要拥有诚实守信的德性，即在与道德原则一致的基础上拥有这种德性。诚实守信作为人的德性是人的内在标准在行为上的体现，一个有道德的人、占有德性的人，必然是有着相对恒定的内在标准的，这个内在标准会保证他言行一致。与任何一项职业活动相比，公共管理都更突出了其主体的诚实德性的价值。对于公共管理活动来说，一个人是否拥有诚实守信的德性，是他获取公共管理者资格的基本条件之一。

复习思考题

1. 什么是德性？什么是德行？德性与德行之间的关系是怎样的？
2. 德性的社会根据是什么？
3. 认识德性的具体性和个体性有什么意义？
4. 如何认识德性与人的情欲之间的关系？
5. 为什么说德性规定了人的社会生活的本质？
6. 德性对于个人价值的实现有什么样的意义？
7. 人的德性是如何形成的？
8. 德性与人的道德责任义务的关系是怎样的？
9. 如何理解公共管理者的德性与他的公共管理活动中的自由之间的关系？
10. 为什么说诚实守信是最重要最基本的德性之一？
11. 在不同的社会治理模式中，社会治理者拥有诚实守信德性的情况有什么不同？
12. 为什么说德制是德性的客观保障？

第10章

公共管理者的道德行为选择

在现象的层面上，伦理学主要集中在对人的行为方面的探讨，即研究人的道德行为的前提、基础、发生机制及其效应等等。其实，与古希腊和中国先秦时期德性论的实质性伦理思考不同，近代以来的功利主义和义务论伦理学在很大程度上都可以归于伦理现象学的范畴，属于对人的道德行为加以解释的伦理学说。在20世纪后期，有一些被称为制度伦理学的探讨试图走出伦理现象学的阴影，但是，由于这种所谓制度伦理学主要是法律制度化思维路向的翻版，很难说会在理论上有着什么样的积极意义，更不用说能够转化为现实的制度设计和制度安排了。公共管理伦理学鉴于近代伦理学更多地停留在现象层面的不足，努力避免与任何形式的现象学情调。所以，公共管理伦理学需要更多地在实质性的伦理层面作出探讨，而不是满足于对人的道德行为作出解释。当公共管理伦理学涉及道德行为的时候，也主要是在社会治理的层面上来探讨具有普遍意义的行为模式。作为个体的人的社会治理者的道德行为也是一个必须引起注意的问题，对它的研究也不应受到忽视。公共管理伦理学对道德行为的理解，是基于伦理关系、人的道德存在和社会治理模式所作出的思考。

重点问题

- 行为选择的道德存在基础
- 社会治理模式与道德行为选择的关系
- 道德行为选择中的自由
- 行为选择中的伦理冲突
- 社会对道德行为选择的制约

10.1　行为选择的道德存在基础

有什么样的人，也就会有着什么样的行为。其实，不只是人，动物也是这样，一种动物的行为与其他动物不同，那是因为这种动物有着不同于其他动物的特性。人的行为虽然不同于动物，但也是由人的特性所决定的。在人与人之间进行比较，他们在行为上的区别也是由他们的特性所决定的。当然，人在物理存在和精神存在上所具有的差异性决定着人的行为会有所不同，但是，这种不同，更多地存在于人的生活层面中，即使存在于人的职业活动以及其他社会活动之中，也往往不具有实质性意义的差别，甚至是微不足道的差别。在人的职业活动中以及重要的社会活动中，人的有着实质性意义的行为选择是由人的道德存在的状况所决定的，人在这种有着实质性意义的行为选择上所存在的差别，是他们在道德存在方面的差别所决定的。

现代社会科学往往把人在行为选择上的不同归结为他们的物理存在和精神存在上的差别，甚至被看做为一种自然的行事风格，这是极其不科学的解读，特别是用它来解读社会治理领域中的行为选择，更是大错特错。比如，对于社会治理领域中的以权谋私、贪污腐败等行为，如果从人的物理存在和精神存在上来理解，即使不得出“这些行为选择是具有合理性”的结论，也会找不到根本性的解决方案。当然，在人的生活领域中，特别是一些较为表面化的日常生活领域中，由于发挥作用的和需要得到实现的，主要是人的物理存在和精神存在，人的行为呈现为丰富多彩的差异是不难理解的。但是，在职业活动以及各种各样直接的社会活动中，人的那些具有实质性意义的行为选择所包含着的差异，就只能归结为他们的道德存在的不同了。

在谋求人的行为统一性的方面，管理型社会治理方式是一个重大的历史进步。但是，管理型社会治理方式谋求人的行为统一性的途径有着根本性的缺陷，因为，它是通过一种外在于人的力量，通过限制的方式来谋求人在职业行为和其他社会活动中的行为选择的统一性的。这样一来，管理型社会治理方式谋求人的行为统一性的做法恰恰是违背了人的本质存在的，是一种通过祛除了人的本质存在的形式规范来达到人的行为统一性目的的做法。因而，在管理型社会治理模式赖以存在的工业社会中，人的道德存在的方面受到忽视。也就是说，作为人的本质的道德存在的方面，从来都不予考虑，甚至受到排斥。人的行为如果不是基于本质上的一致性而获得统一性的话，那么这种统一性必然是极其脆弱的。管理型社会治理模式存在和发展的全部历史，都证明了这一点。

对于政治家如何为了个人的或特定的利益而背离公众意志，对于官僚制的合理性设计如何在实践过程中转化成行政官员的官僚主义等问题，都只有从他们作为人的本质的道德存在中才能作出合乎逻辑的解释。而这一本质恰恰在管理型社会治理模式的制度设计和制度安排以及相关的科学研究中都受到了有意或无意的忽视。所以，管理型社会治理模式的失败是追求形式化规范的失败。

人的行为的统一性必须以人的本质的一致性为基础，回避了人的本质的问题而只从形式的方面用功，无论这种形式在合理性、科学性和技术化方面达到多高的程度，都无法实现真正的行为统一性。正是基于这种认识，我们把公共管理者在其职业行为选择上的统一性以及这种行为与公共管理目标的一致性寄托于人的本质的一致性上，即寄托在公共管理者道德存在的一致性上，认为公共管理者在良心生成和获得上的状况决定了他在公共管理活动中行为选择的状况。良心是公共管理职业行为选择的最后的“法官”。事实也确实如此。在日常生活中，我们经常听到“凭良心做事”的说法，这一说法实际上包含的意蕴是：良心是人的行为选择的道德动因。

良心不仅是在人的行为之后作为一种自我评价的标准出现，而且也会在人的行为之前作为行为发生的动因而存在。根据良心作出的行为选择，充分证明了人的道德存在与客观需要的契合。

我们知道，人的行为动因是来自多方面的，有着多种多样的形式。人的行为有些是在外在压力下作出的应答，有些是对人的社会角色作出的程式化规定。在人的职业活动中，人的行为更多地是来自于人的职务、岗位等的要求。正是由于职务、岗位上的责任义务，规定着人作出什么样的行为应答或行为选择。对于人的职业行为来说，主要属于理性支配的范畴，从属于某种理性选择，在对这类行为的心理—精神分析中，可以发现其哲学意义上的“认识—实践”机理。

从良心出发作出的行为选择是纯粹的道德行为选择，它虽然也以对责任义务的觉识为前提，但这种觉识的过程表现为一种道德直觉，不同于通过分析的认识过程而作出的理性行为选择。道德直觉也是理性的，而且是更高的理性，是超越了个体理性的社会理性、群体理性或职业理性。以这种理性为基础作出行为选择，是能够直觉地与客观需要相契合的。所以，“凭良心做事”也就是凭着社会理性、群体理性或职业理性对客观需要以及自我责任义务的直觉而作出行为选择，是不同于外在约束与驱使下的行为发生的。

当然，外在约束与驱使下的行为也可以是道德行为，因为，即使是那些属于外在约束与驱使下的行为，在个人这里也存在着主动性程度有所不同的状况。只要外在约束与驱使为人的行为发生提供了可以选择的空间，人就可以在这个空间中作出道德的行为选择。从良心出发作出的道德行为选择之所以不同，就在于这种行为选择是更高的道德理性的实现，不仅实现了人的道德存在与个人责任义务的统一，也不仅实现了人的道德存在与客观需要的契合，而且也实现了个人的道德理性与社会理性、群体理性或职业理性的统一，是人的自我与客我统一的伦理境界，是真正的道德自我实现。人的道德存在，特别是人的良心，决定了人的道德行为选择，基于良心的行为必然是道德的行为。即使对于其他的社会行为来说，如果基于良心去作出评价的话，也属于道德评价的范畴。

人是社会实践的主体，而人的实践则是人的物理存在、精神存在和道德存在这三重存在的总体性实现，是人对外在世界的综合作用过程。在对实践现象的把握中，人们在尚未发现人的道德存在的情况下也能够作出牵强附会的解释。但是，随着人的道德存在的发现，以往的所有解释就都显得无法令人满意了。因为，道德存在的发现使那种基于人的物理存在而对人的社会行为的理解变得庸俗不堪，使人再也不能够容忍那种在动物的意义上反观人自己的理论了。倒不是因为这种理论使人的尊严丧尽，而是因为这种从人的物理本能和物质需要出发的理论误导了人类社会制度设计和制度安排。同样，也使那种基于人的精神存在的理论解释框架更显得具有空想的性质，让它暴露出对社会、对人、对人的行为理解上的虚假性。由于人的道德存在的发现，使对人的社会生活的理解，对人的行为选择基础的认识，都有了科学的依据。

10.2 道德行为选择的空间

谈到行为选择，就有自律与他律的问题，自律就是按照自己的道德信念行事，是人的道德存在发挥作用的过程。他律则是根据社会理性的要求作出行为选择。其实，在伦理学中，“自律”与“他律”仅仅属于“道德现象学”的解释范畴，随着人的道德存在的发现，伦理学可以告别“道德现象学”的学科形式了。因为，在人的道德存在中，人的道德能力与社会理性完美地整合在了一起，根据道德存在作出的行为选择已经超越了“自律”还是“他律”的理解阈限。

在社会治理活动中，治理者的良心能够在多大程度上发挥作用，主要取决于治理体系及治理方式的灵活性。灵活性较大的治理体系和治理方式必然会以治理者的自主性程度较高的形式表现出来。治理者的自主性程度高，他就有更多的以良心为动因的道德行为选择；反之，治理者的自主性程度较低，他的以良心为动因的道德行为选择也就很少有发生的机会。

由是观之，统治型的社会治理方式由于给予治理者较大的自主行使权力的空间，因而从理论上讲是能够促进官吏以良心为动因去作出道德行为选择的。管理型的社会治理方式由于对法律制度规则体系的强化，大大削弱了行政人员行政行为选择的自主性，因而在理论上也就无法对行政人员提出道德要求，更不用说让他以良心为基础去作出行政行为选择。所以，在现实的治理活动中，我们看到，管理型社会治理方式只要求行政人员遵纪守法，认识和体悟自己的职务和岗位上的责任义务，而且主要是行政的、法律的责任义务，然后依据法律、命令等构成的规则体系及其精神开展行政管理活动。公共管理作为管理型社会治理模式的替代形式，是对管理型社会治理方式的否定，它必然会赋予公共管理者以更大的自主性，从而使公共管理者能够更多地以良心为动因作出道德行为选择。

在社会治理者的自主性问题上，统治型社会治理方式与公共管理是非常相似的。但是，在统治型社会治理模式中，官吏的这种道德行为选择却是偶然的，而公共管理者在公共管理活动中却能够经常性地作出这种道德行为选择。之所以会存在着这些不同，在终极原因上可以归结为治理模式的性质，然后，则可以在权力结构和治理方式的运作机制等各个方面得到理解。当然，最为关键的还是权力运行中的外在强制性的消失。也就是说，公共管理由于在权力运行的问题上实现了服务定位，这就保证了公共管理者既不需要服从统治型治理模式中的那种权力意志的压迫，也不需要接受管理型社会治理模式中的那种法律精神的强制，而是让行为选择根源于伦理精神的内在自觉，是建立在对他的道德存在的自觉基础上的。正是公共管理者道德存在的外向直觉和冲动，赋予了他的行为选择以道德性质。

可见，以良心为动因作出行为选择，只有在公共管理活动中才能发挥正向的效应。公共管理在管理与自治的互动基础上生成的合作主义机制彻底瓦解了权力意志，这是统治型和管理型社会治理模式从未有过的状况。统治型社会治理模式本身就是一个权力意志作用体系，在这种治理模式中，官吏的行为如果是以良心为动因的话，要么是合乎权力意志的，要么是自我意志的体现。在更多的情况下，贯穿着的是个人主观意志。管理型的社会治理模式虽然寄托于法律制度的规则体系对权力意志的约束，但它从来也未打算消除权力意志。所以，在一切为行政人员的行政行为保留了自主性空间的地方，必然会看到权力意志的复活，而且权力意志又必然会以行政人员的主观意志的形式出现。

公共管理是这样一种社会治理模式，它保留权力，但消除了权力意志，在把权力意志从权力的作用系统中赶出去之后，用伦理精神和道德理性取而代之。所以，公共管理在以良心为动因作出道德行为选择时，并不是用个人的主观意志去支配他的行为，而是根据社会理性、群体理性或职业理性去作出行为选择。也正是在这个意义上，我们说公共管理者的良心就是社会理性、群体理性或职业理性的体现，是以他个人的道德存在而体现出的社会理性、群体理性或职业理性。

所以，人的道德行为选择发生的可能性主要取决于人所在的社会历史条件能够为他的行为提供多大的自主性空间。但是，有了这个空间，又不意味着必然会有道德的行为选择，这个空间中还需要有健康健全的理性。这样一来，道德行为选择的空间就只能被理解成，人类历史发展到特定阶段之后，社会治理体系为人的行为提供一个充分的自主性空间，而这个空间中又包含着健康和健全的理性。在这样一个空间中作出的道德行为选择，同时也是创造性的行为。

虽然道德行为选择是对客观需要的应答和对自我责任义务的承当，但是，它决不是一种适应性的行为，而是一种创造性的行为。在人的社会生活实践和职业活动中，艺术活动和道德活动是两种最为典型的创造性活动。就其对人类社会生活的影响而言，道德活动的创造性有着更为直接的现实意义。对于道德活动的这种创造性，认识论伦理学是无法在其解释框架中给出充分合理的理解的。因为，根据认识、反映的理解图式，这种创造性总是显得神秘。从人的道德存在出发，道德活动中的创造性就能够得到科学合理的理解。人与世界的关系之间的交往和互动是无疑的，从人的主体角度看，这种交往和互动就是人的开放性。然而，人的开放性在人的存在的不同层次中表现不同：人的物理存在层次上的开放性，是占有和征服；精神存在层次上的开放性是认识、把握和模仿；在人的道德存在的层次上，则是创造和改进。

人的创造行为在人的一切作用于外在世界的活动中都会出现。但是，人的所有行为，一旦涉及创造性的内容的时候，如果作出评价的话，都必然会归结到善恶的问题上。甚至可以作出这样的判断，没有创造性内容或不具创造性特征的行为，是不具善恶的行为，只要是可以作出善恶判断的行为，都必然包含着创造性的内容或特征。道德行为总是创造性的行为，道德行为就是创造性的行为，所以道德行为是可以作出善恶之评判的。

创造的才是自由的。以良心为动因的行为选择由于良心对客观需要和自我责任义务的直觉而表现出自由。这种自由与以认识必然性而获得的自由不同，认识必然性是一个从感性到理性的精神活动过程，道德直觉一步跨越了这样一个认识过程，舍弃掉了认识中的矛盾和抉择的困难，直接地在行为选择中把主体与客体整合为一，从而在这种统一中表现出道德存在是一种自由的存在。道德自由是道德能力的境界，即一种无拘无束的境界。认识必然性固然可以使人获得行为选择的能力，但是，这种能力永远受认识局限性的制约，人在何种程度上达到了正确的、充分的认识，是一个无限的过程，只要人无法企及这种无限，就会以既有的有限限制着人的自由。人的道德直观超越了有限与无限的矛盾，所以，在行为选择中所表现出的道德能力就不会因为这种矛盾而受到困扰。

10.3 道德行为选择中的自由

人的行为可以归结为三种类型：一种是被动的、受驱使的；另一种是主动的、理性自觉的；再一种是自愿的、直觉冲动的。

自愿的、直觉冲动的行为是自由的行为，却不必然是自主的行为，如果直觉冲动是感性的、与社会理性相矛盾的，虽然在形式上是自由的，但在实质上并不自由，即使在某个特定时间段中表现出了自由，却无法在持续的行为展开中无碍地进行下去。只有理性直觉的行为，即与社会理性完全契合的行为才是真正自由、自主的行为。这种行为即使暂时无法实现，但在进一步的坚持和展开中却会日益达成自由自主的境界。

近代社会，由于自由成为制度设计和制度安排的理想目标，所以关于自由的探讨也就成为理论研究长盛不衰的热点，人们对自由进行各种各样的分类，清理出思想自由、言论自由、信仰自由、旨趣自由等形式，这是出于保障自由的制度可操作性的目的而作出的分类。其实，一切自由归根到底都是行为的自由，即行为的自由选择。但是，在法制理念和法制条件下，关于自由的讨论总会把人带入极其尴尬的境地。实际上，近代以来，自由理想驱动下的一切理论探讨、制度设计和制度安排，都被管理型社会治理模式所窒息了，根本原因就在于这种治理模式失去了道德向度，从而使自由自主的行为选择无所凭藉。

总的说来，近代以来的所有思想家，当他在批判的时候，是自由的，一旦开始建设时，就不自由了。因为，当他们开始建设时，逻格斯就成了牵动他的鼻子引导他前行的绳索，他就不能不陷入制度设计和制度安排的形式合理性窠臼之中，从而朝着精确计算法治如何通过限制自由而达到自由实现的目标前行。然而，自由之于人的行为，又是无法精确计算的，所以，才会陷入历久不衰的争论之中。全部近代史在人的行为自由方面的努力，都反证了一点：自由应当不只是一种形式，而是人的行为的实质性内涵，而法制所能提供的恰恰只是形式，只有真正合乎人的本性的德制，才能够从根本上解决自由问题上的所有悖论。

法制所能提供的形式自由必然会造成理解上的复杂化。审视近代以来关于自由问题的所有理论，可以看到，都无非从三个方面来界定自由：其一，限制自由的领域，即把自由仅仅看做与政治相关的，看做与民主政体联系在一起的，是政治生活的原则；其二，界定为个人与社会的关系，是不妨碍他人自由的自由；其三，仅仅是法制理念，法律确认自由、提供自由和维护自由，个人只有遵守法律的自由，离开法律也就无所谓自由。其实，这三个方面的界定都仅仅表达了一个共同的观点，自由是有限度的，出于自由的目的必须限制自由。至于人在道德行为选择中能否拥有自由，则不在考虑之列，最起码是不在制度设计和制度安排活动中加以考虑的，如果宗教和伦理教条考虑这个问题，那是另一回事，与制度是无涉的。不在道德行为选择的意义上来理解自由，或者不把自由看做包含着道德选择的自由，就不可避免地陷入自由的悖论，以至于在制度设计和制度安排中不得不通过限制自由去谋求自由。当然，在思想家中，畅谈道德行为选择自由者并不在少数，但是，当他们把自由与道德联系起来时，就不再思考制度设计的问题了。所以，自由只能寄托于人的自觉。如果思想家们希望对人的道德自觉发挥一些影响的话，就只能选取说教的方式。

在自由的问题上，公共管理及其理论，与近代以来的思想传统完全不同。首先，它把自由看做是道德自由；其次，根据道德理念，进行制度设计和制度安排时，为自由的供给提供充分的保障。

对于公共管理而言，道德自由与政治自由是一致的。如果说工业社会中关于政治自由的思考是以私有财产和个人利益为逻辑起点的话，那么在后工业社会的历史条件下，关于自由的思考则以人类群体的和谐为逻辑起点，因而，作为后工业社会治理模式的公共管理就会赋予政治自由以道德的内涵。其实，从工业社会向后工业社会的转型，也是政治发生根本性质改变的历史，后工业社会的政治将会与道德相重合。在这里，道德的也就是政治的。近些年来，之所以许多思想家关于自由的憧憬也会像工业社会的思想家们那样陷入空想，就在于他们没有认识到后工业社会在治理结构上将要实现的根本性变革。也就是说，在农业社会的权力结构中是根本没有自由的存在空间的。在工业社会“权力—法律”的共在结构中，虽然权力与法律在法制的名义下统一了起来，但两者之间的矛盾又是无法弥合的，所以，才会造成自由问题上的悖论。在后工业社会的治理结构中，由于伦理关系的介入，权力与法律在道德的黏合作用下实现了实质性的统一，权力、法律和道德的结合本身，就构成了德制体系的整体。在这种治理结构中，法律是自由的保障，权力为自由提供支持，道德不仅是自由实现了的形式，而且是一切自由的动因。

道德行为选择的自由基于人的道德存在和道德直觉，而且只有在人的道德存在和道德直觉中才会有真正的自由，才会赋予人的行为以真正的自由。人的物理存在是很难与自由联系在一起的，人的精神存在能够为人赢得自由，但这种自由是极其有限的，在很多情况下，所给予人的只是自由的假象。在人的道德存在实现了对人的物质存在和精神存在的超越中，实际上是包含着真正自由的实现这一内涵的。对于这一点，那些基于认识论传统的伦理学永远无法理解，或者说，以往伦理学无论怎样也解不开这个谜。

道德行为选择与自由选择是同一指称的概念。一切道德行为的本质属性都是自由。如果对于人的其他行为而言，由于受着知识、认识水平所限而存在着自由与必然的矛盾，那么对于道德行为来说，在本质上是自由的。如上所述，真正的道德行为是根源于人的道德存在而作出的行为选择，它在根本上超越了自由与必然的矛盾。那些把人的非道德行为选择中自由与必然的矛盾推广应用于理解道德行为的做法，只能满足于道德现象层面的理解需要，一俟涉及道德行为的本质，就暴露出了错谬面目。也就是说，如果仅仅满足于道德行为选择这一现象，确实存在着自由与必然的矛盾，但是，即使这种矛盾，也不能归结为道德的方面，而是由于道德行为在现象层面上已经不再是纯然道德的了，是非道德的因素造成了自由与必然的矛盾。纯然的道德行为是其本质的实现，道德行为本质上的完全自由也就是道德行为选择现象中的自由的一面。至于违纪受罚、犯法遭禁等不自由的现象，恰恰根源于行为的非道德性。这些行为在根本上是在人的道德存在受到遮蔽条件下而作出的行为选择。因此，道德的就是自由的，不自由的也就是非道德的。

道德与人的行为选择自由之间是互为条件的。在个人这里，他的道德存在为他的行为选择提供了使他获得自由支持的保障。反过来，一个社会在整体上能否获得普遍的道德行为选择，又是由它所供给的自由所决定的。一个社会对人的行为控制得越严密，表明这个社会中的人就越不讲道德，当人丧失自由的时候，他也就失去了拥有道德的资格，更不用寄望于他的行为会拥有道德化的内容。道德与自由之间是这样一种辩证关系：一方面，道德的就是自由的，不道德的和非道德的就是不自由的，也可能是必然的；另一方面，道德又是自由的产儿，没有自由就没有道德。虽然在个人那里，自由并不必然意味着道德，然而对整个社会来说，自由领域的扩展与道德行为的增长是成正比例关系的，一个社会越自由，其社会成员的行为道德化的空间就越大。当一个社会希望普遍提升社会道德水平时，与其去大张旗鼓地开展道德教育运动，不如努力改善社会控制手段，去为整个社会提供更多合乎制度理性并得到制度保障的自由。

10.4 行为选择中的伦理冲突

伦理学家关注着现实社会生活中的伦理冲突，认为常常会出现道德行为选择困难的问题，因为，往往存在着合乎道德的或者违背道德的两难取舍问题。在这方面，萨特所述的案例常常被人提起。

萨特的案例是这样的，在第二次世界大战期间，一位青年来看望萨特，求他指示一个行为选择的问题。这个青年有一个兄弟被德军杀害了，他的继父当了德军的走狗，他的母亲与丈夫分居后同他住在一起，他必须照料他的母亲。但是，国家又需要他走出家庭去参加自由法国部队抗击德军。他在这二者中间作出选择，就遇到了一个道德悖论，以至于他进退两难。人们往往用此来证明伦理冲突，证明在两种可供选择的道德行为中间作出抉择必然会使人变得不道德。

其实，萨特的这个案例表面看来是一个伦理学问题，实际上则是一个工业社会历史条件下的政治学和社会学问题。因为，这种行为选择的冲突是发生在特定的历史条件下的，不是道德行为选择能够解决的问题。应当说，萨特的案例不仅发生在二战期间，在一切存在着战争的地方，都普遍存在着这种行为选择的问题。所以，人类解决这种行为的出路只有消除战争。当然，消除战争，只是解决了这一案例所反映的行为选择困难，其他形式的行为选择冲突还会存在。的确如此，在整个统治型和管理型社会治理模式存在的历史时期内，个人道德行为选择都会经常性地处于这种类似的伦理冲突之中。因为，在统治型和管理型社会治理模式赖以发生的历史条件下，社会的分裂也必然会以伦理冲突的形式表现出来。所以，人类只有通过社会改造的途径来消除这种伦理冲突。公共管理这种新型的社会治理方式，必将会在制度设计和制度安排中实现对这种冲突的实质性解决，从而扫除道德行为选择的障碍。

不过，对于萨特案例中提出的问题还是需要作出回答的，尽管这种问题是发生在历史中的而且是特定的历史条件下的问题，在一般性的现实实践中不具有普遍意义，但是，对于认识人的道德存在来说，这个问题的回答却有着理论意义。也就是说，在倾向于产生伦理冲突的历史条件下，人的道德行为选择上的困难只是属于现象层面的问题，人在两种合乎道德的行为之间作出选择，完全取决于人的道德存在的状况。在国与家之间，孰轻孰重，只有人自己的道德存在能够作出直觉的判断，如果根据认识的路径去进行反思，反而会陷入无法解决的矛盾之中。在这一点上，萨特表现出哲人的睿智，他告诉那位年轻人说："你是自由的，那就选择吧——就是说，创新吧。没有什么一般道德规则能指点你应该怎么办。"

对于萨特的意见，我们也可以作出这样的理解，你的道德存在是自由的，你需要根据你的道德存在来作出决定，我不知道你的道德存在的状况，所以，我也无法指示你如何去做。同样，人类迄今为止的道德规则都不是建立在人的道德存在的基础上的，都是关于人的道德行为现象的规则，它不能对每一个人的每一种行为选择都有指导意义。所以，你无须去寻找什么一般性道德规则为你的行为选择提供支持，你只要根据你的道德直觉去作出行为选择，就是证明你的道德存在的创新。

显然，在萨特的指示中，还包含着另一个论断，那就是，决不能因为这种选择的困难而作出另一种选择：既不侍奉母亲，也不抗击侵略者，因为，那样的话，就无法证明和实现自己的道德存在了。这样一来，我们看到，所谓自由，正是基于道德存在的自由，是道德行为选择的自由，离开了道德存在，或不作出道德行为选择，也就没有什么自由可言了。总而言之，在任何情况下，人的道德存在都是人的道德行为选择的根据，人的道德行为的价值大小和程度不同都取决于人的道德存在的状况。人的道德存在赋予他以道德行为选择的能力，而自由则是这种能力的境界，是充分实现了的能力。在以往的社会历史条件下，即在有伦理冲突的社会中是这样，在公共管理赖以发生的社会历史条件下，人的道德存在也是他的道德行为选择的终极依据。当然，由于公共管理在制度设计和制度安排中考虑到人的道德存在因素，通过制度和社会运行机制为人的道德存在的实现提供了客观保障和充分支持，从而使人的道德行为选择在实质上和表现上都能达到充分的自由实现的境界。

在解决伦理冲突的问题时，义务论必然要分析善的等级层次，用较高较大的善统驭较低较小的善，而功利主义则会提出伦理妥协的方案，指导人在一定程度上违背良心作出行为选择，即两恶相较择其轻。从方法论上看，这两种伦理方案都是分析性的，都没有从人的道德存在出发。如果从人的道德存在出发，就会直接地把人的道德存在放在历史背景、社会条件之下，就会从人的社会角色、群体归属和职业性质方面来理解人的道德存在的特殊表现和具体内容。

毫无疑问，人的社会角色、群体归属以及他所从事职业的性质，都会影响和决定着人的道德存在，这是人的道德存在的具体性的根源。但是，无论人的道德存在的状况、性质是怎样的，它与道德行为选择的关系都是直观的和直觉的。对于这种关系的理解，以往伦理学的分析视角都是无能为力的。所以，当义务论和功利主义在伦理冲突的问题面前陷入尴尬的时候，从人的道德存在和道德直觉出发，根据人的社会角色、群体归属和职业活动性质来作出判断，伦理冲突就被转化或消解了。

从职业活动的角度来思考伦理冲突的问题，可以发现，在近代社会出现以前，稳定的、具体的社会分工并不充分，特别是没有社会化的分工，所以，职业活动还不是普遍的社会活动。人们之间的伦理关系主要是存在于社会生活领域中的伦理关系，政治生活、经济生活中的伦理关系也包括于其中。在社会治理的领域中，虽然一些地区成长起了专门从事治理活动的人群，比如，在中国就有终生为官的稳定的官吏群体，甚至存在着世代为官的情况，但是，这种社会治理活动还不能视为社会化条件下的职业活动。因而，在这种治理活动中所包含的伦理关系还是社会伦理关系的比附和衍生，并不能说这是一个相对独立的领域和有相对独立的伦理关系。所以，人的道德存在具有相对于他的行为选择的统一性，他不需要在特殊的道德行为选择中要求他的道德存在用任何特殊内容来提供专门的支持。不难想象，官吏对君主的忠诚与对父母的孝顺在伦理上是一致的，当然，也会存在着“忠孝不能两全”的伦理冲突问题，在这种情况下，如上所说，需要以他的道德存在的层次、状况来作出行为选择。但是，在日常状态下，这种伦理冲突是极少的，它对具体的某个人来说可能有着重大的意义；对于社会来说，是没有什么普遍价值的问题。

一般说来，在那些突出个人价值的社会和文化背景中，往往比较重视伦理冲突的问题，会把伦理冲突的问题提出来讨论。但是不管这种伦理冲突有着何种意义，都是在社会一般的层面上来进行讨论的，是社会一般意义上的伦理冲突，如果走出社会一般而进入职业活动中，类似的冲突就不再存在。

由此看来，萨特的案例所讲的是职业选择前的伦理冲突。也就是说，那位青年向萨特提出的是这样一个问题：是选择在家孝敬母亲还是选择军人职业？这样一来，这种伦理冲突就不具有了伦理真实性，因为这实际上是一个生活与职业的冲突，而不再是孝敬母亲还是忠于国家的问题了。因为，对于那位青年来说，如果已经成为一名军人的话，他显然是提不出这个问题的，如果他自身是一个伤残的人而没有选择军人职业的希望，他也不会提出这样的问题。可见，虽然萨特的案例在社会一般的意义上貌似一个伦理冲突问题，实际上却是选择生活还是选择职业这样一个社会学问题；由于历史条件的特殊性，又决定了它是一个政治学问题。一旦一个问题成为政治学或社会学的问题，就进入了分析的视角，它所包含着的矛盾就成为社会矛盾、政治冲突或认识论悖论的范畴，而不是伦理冲突，对这种问题的解决也就是人的道德存在及其道德直觉、直观所无能为力的了。

许许多多伦理冲突的现象在职业行为选择中都是不存在的。虽然职业活动是在社会中展开的，是社会化的活动，但职业活动主要不是从属于社会一般的原则和规定的。社会的领域分离，决定了伦理关系、道德规范在不同的领域中都有着具体的、相对独立的形式和内容。同样，人的道德存在在不同的领域中也会有不同的表现。某些宗教道德有着“不杀生”的训诫，但它仅适用于其信徒，走出这个领域，就不具有规范和指导的意义。社会一般的道德把任何形式的杀人都视为恶，不管是直接的还是间接的。但是，在某些职业活动中，却会以直接或间接的杀人作为职业活动内容，对于这种职业道德来说，杀人本身并不被看做恶，反而杀人越多就越能够立功获奖，只是对以什么形式杀人才会作出善恶的评价。

总之，在职业分化比较充分的条件下，那些原先以伦理冲突的形式出现的问题，都被阻隔在职业活动的边界上了，一旦涉入到职业活动自身，就告别了这些冲突。这样一来，在公共管理活动中，如果公共管理者在其职业活动中遇到了道德行为选择的困难时，我们可以断言，那决不是公共管理职业范畴中的伦理冲突。这个时候，公共管理者需要检查和审视的是自己的职业角色，有没有作为公共管理者的职业良心？是不是一个合格的公共管理者？如果这样的话，问题就会迎刃而解。

10.5 社会对道德行为选择的制约

根据马克思的发现，人的本质是社会关系的总和。人是属于社会的，自从人出生那一日起，就不是孤立的存在物，人只有在与他人的关系中才能得以理解、认识和把握。从很早开始，人就“不是被视为一个个的人，而是始终被视为一个特定团体的成员。”[①] 人与人之间，只有处于既定的合作体系中，才能生存，才能发展。人的行为只有极少一部分是属于纯粹物理意义上的行为，是出于他的自

① ［英］梅因：《古代法》，105页，北京，商务印书馆，1959。

然生命的。人的一生中的绝大部分行为都是社会的行为，是与既定的社会条件联系在一起的。人是通过他的行为才与他人联系在一起的，社会如果能够作为一个合作体系而存在也是由他的行为造就的。一个社会在何种程度上被认定为是文明的和进步的，在很大程度上取决于它的社会成员之间合作的状况。实际上，这种合作无非是通过人的行为而建立起来的。当我们对一个社会文明和进步程度作出判断的时候，我们会说这个社会是其社会成员在自愿的基础上建立起来的合作体系，而不是由于强制性的措施造成的合作体系，其实所指的正是人的行为的性质。所谓自愿的还是强制的合作，是指一个社会中的成员在社会行为选择中普遍地表现出主动地使自己的行为从属于和满足于社会关系健全的需要，而不是一种被迫的服从，属于自觉地把他人、把社会关系内化为自己的行为方向和目标的行为体系，是有着制度化规范的、理性化的而不是非理性的、随机性选择的行为。

近代以来，人的社会生活是分领域的，在不同的领域中，人的行为会有着不同的特征，甚至会有着不同的性质。但是，总体上说，人的社会行为都会包含着社会合作的内容，只不过这些合作性的内容会存在于和体现在人的行为的不同阶段或不同层次上。或者说，在不同的领域，人的行为会显现出属于这个领域的某些方面。如果说在私人领域竞争与合作的关系表现出竞争为主合作为辅的话，竞争是需要合作的，而合作则是为了更好地竞争和为了完善竞争，那么，在公共领域中，竞争与合作的关系发生了颠倒，竞争依然存在，却是作为合作的补充因素而存在的。竞争是公共管理合作体系的活力所在，是公共管理运行机制的健全和完善所提出的要求，是公共管理的有机、高效和协调的动力源。在这里，竞争的目的是合作，从属于合作，任何时候，竞争都必须是有利于合作的。也可以这样来看公共领域与私人领域中的竞争与合作：在公共领域中，合作是直接目标，竞争是达到这个目标的手段；在私人领域中，合作是终极目标，是在社会整体意义上的合作，而竞争是更为直接的行为选择，利益主体之间，以在竞争中取得优势作为自己的直接目标，至于合作，则是作为一个客观的结果而存在的。

就职业活动而言，私人性的职业活动一半是竞争，一半是合作。出于个人利益实现的要求，知识和技能的个人所有权应当得到承认和尊重，需要通过鼓励个人知识的增长和技能的提高，需要从个人的“天天向上”中获取更多有利于职业群体的业绩。承认个人对知识和技能的所有权，根据个人的知识和技能情况进行利益分配，是提高整个社会生产力水平的一个重要途径。但是，在这同时，也包含着助长个人之间为拥有知识和技术优势地位的竞争，在专业和专家之间造成隔阂，产生不利于合作的消极因素。公共领域中的具有公共性的职业活动如果任其自然发展的话，也会染上私人性职业活动的上述特征。但是，公共性职业活动在本质上是要求以积极合作为其内容的，公职人员之间任何意义上的隔阂都会直接损害他们之间的合作，进而成为公共利益实现的障碍。所以，在人的行为与社会之间，是一个辩证统一的关系，一方面，社会是否是一个合作体系，制约着人的行为选择；同时，社会合作体系的确立，又根源于人的行为选择。

对于人的行为选择来说，首先有一个主观尺度的问题。在古希腊，普罗泰戈拉说过，"人是万物的尺度，是存在的事物存在的尺度，也是不存在的事物不存在的尺度。"这一论断如果作为自然哲学的判断，未免夸大了人的意义，但是，在社会哲学的意义上，的确如此。特别是在道德哲学中，人自身就是一切道德行为、道德实践的尺度，而且需要进一步地说，人的道德存在就是最高的尺度。总之，在人的活动的领域中，人就是尺度、就是标准。如果存在着什么分歧的话，也仅仅是在人们之间的关系中，即在我与你、个体与整体、个人与集体之间，是以谁为尺度的问题。这样一来，如果对社会生活的不同领域进行考察，就会发现，在私人领域中，以我为尺度，以个人为尺度和以个体为尺度是合理的，私人领域中的行为选择就是把这个尺度作为出发点和行为选择判断的标准。然而，在公共领域中，就完全反过来了，需要以你为尺度、以他为尺度、以集体为尺度和以整体为尺度。到了后工业社会，随着公共领域的结构性变革，公共管理以我与你的统一、个人与集体的统一、个体与整体的统一为尺度，也就是以公共管理体系的健全、以公共管理社会功能的实现为尺度。

在一般的意义上，人的行为有着质的区别，也有着量的差别，公共领域与私人领域中行为的不同就是这二重差别的典型表现。但是，就人的道德行为而言，是没有质的差别的，不同的人在道德行为上具有同质性，不具有量的规定，如果说不同的人之间在道德行为上有什么差异的话，那是体现在这些行为的具体性上的。因为，人的道德行为选择必然是在一定的环境和条件下进行的，所以，对人的道德行为也就无法确立一个量化的标准。我们很难说一个人的行为使更多的人受益就是大的善行，使较少的人受益就是小的善行。所谓"最大多数人的最大幸福"只是一个政治原则，而不是一个道德原则，道德原则只从属于质的规定性而不从属于量的规定性。中国先哲教导"穷则独善其身，达则兼善天下"。在此，"独善"与"兼善"是有着同等的道德价值的，它们之间的不同只在于"穷"和"达"的不同，即道德行为发生的条件不同，就道德行为自身而言，没有大与小的区别。

人的道德行为也就是受道德规范的行为。在人类社会的早期，由于地理因素把不同的民族分隔了开来，它们之间在道德规范和原则上的差异较大，因为，特定地域的特殊生存条件、历史根源决定了它们有着特定的道德规范和原则。一些民族杀死老弱病残的亲人或抛弃残疾婴儿，这些行为都可以从它所拥有的特定道德规范中得到理解。随着社会的发展，人类的地域边界不断地被打破，民族之间的文化交流频繁化和融合加速化，有可能在伦理价值和道德观念上把整个世界联为一体，一些特殊的地域性的道德规范和原则被遗弃，另一些道德规范和原则得到广泛的接受。这在形式上是伦理普世化的历史趋势，而在实质上则是人的道德行为个体化的进程。

在近代社会的伦理研究中，一切较为注重形式方面的理论都追求道德规范和道德原则的普遍性和普适性，作为这种伦理学思想路线的极端要求就是关于普世伦理的谵妄。其实，只要稍稍留心就不难发现，凡是那些能够冲破国家、民族边界的道德规范和原则，都是能够突出人的个体性道德行为差异的因素。人类社会越是进步，人们之间身份、地位、收入等社会差异就越是呈现弱化的趋势，作为个体的人的道德存在也就越具有广泛的社会价值，人的道德行为上的差异因而也就会更加引人注目。总之，社会发展呈现给我们的是这样一种趋势：道德规范和道德原则越来越不具有普适性，而人的道德存在则在人的道德行为选择中发挥着越来越重要的作用。所以，伦理学研究的方向也必然会越来越被调整到对人的道德存在的关注上来。

但是，人的道德存在并不是决定人的行为选择的唯一因素，人的行为更多地受到社会存在状况的制约，人能否通过自己的行为而实现自我超越，或者，人在超越自我的道路上能走多远，主要取决于人所生活于其中的社会。在权制条件下的等级社会中，人的最重要的自我超越就表现在对自己所属等级的超越，这种超越有两条道路可走，一条是在等级结构体系中从较低的等级向较高的等级攀爬；另一条道路是在今世的“忍”中获得来世的等级提升。总的说来，等级社会中的人，不会提出精神范畴的自我超越，即使人的自我超越以精神的形式出现，其内容也是现实的人身存在状况。近代社会，当联系人的等级纽带也解扣之后，人与人的分离使人陷于孤寂无着的境地，人在存在的问题上，不再是位级的高低，而是有无的问题了。人丧失的自我不是指自我的物理存在，而是精神存在和道德存在，所以，人对自我的超越也就只能被理解成精神存在和道德存在的复归。在人类每一阶段超越自我的过程中，都会以制度的形式巩固自我超越的成就，但制度设计和制度安排是被动的和滞后发展的，所以，在迄今为止的历史中，尚未出现主动的自觉的制度超越。也就是说，正是人的自我超越的行为带动了制度的发展，而不是通过创造性的制度建构去引导人们作出超越自我的行为。公共管理所开启的新的历史，颠倒了这种历史进步的逻辑，它首先致力于制度创新，通过制度层面的模式更迭，进而，为人在自己的行为选择中实现自我超越开辟了道路。

个人作出道德行为选择，而社会往往会对个人的道德行为选择作出褒奖，授予个人以荣誉。个人的道德行为选择的社会表现往往是以荣誉的形式存在的。荣誉与人的道德行为选择直接相关，是一种得到了社会承认的社会贡献。一个人在职业行为和社会活动中做出了成绩，社会承认了他做出的成绩，甚至以某种形式给予褒奖，这就是他获得荣誉的过程。道德荣誉是在道德评价过程中获得的社会认可、赞同以及自我感受到的荣耀。对于自我而言，荣誉是一种心灵依归；对于社会来说，荣誉是一种道德激励，即用以激励并期望人们作出更多的道德行为选择的措施。

在人类历史的各个阶段中，人们都有着荣誉的要求，但在不同的历史阶段中，人们获得荣誉和拥有荣誉的途径不同。在等级社会中，人的荣誉总是与人所处的等级联系在一起的，是人的身份地位的表征之一，而且，主要为那些处于较高等级和有着较高身份地位的人所拥有，等级地位较低的人，只有通过自己对社会的贡献来获得荣誉，而在他拥有荣誉的同时，一般说来，也会伴随着身份、地位的改变，除非他所在的社会毫无开放性可言。近代社会的进步也表现在人的荣誉获得途径的改变上，由于近代平等人权的政治原则普世化，使人们在荣誉的获得上也有了平等竞争的机会。这样一来，荣誉就成为对人的社会贡献的承认。

由于在荣誉的获得上出现了竞争（尽管这种竞争不是直接的，因为人不能直接夺得荣誉），人在对荣誉的拥有上就有了暂时性。一个人可能因为对社会的某项特殊贡献而拥有殊荣，但很快地，就会有另一个人拥有一项更大的殊荣。人对人的荣誉的拥有，需要不懈的努力才会成为可能。也就是说，只有在等级社会中，人的荣誉才是持久的和可以享用终生的，在人们之间的平等关系确立了起来的社会中，荣誉总是特定的荣誉，是暂时性的。然而，也正是在这一社会，由于市场中交换行为的侵入，使人可以通过金钱、媒体宣传、广告包装的途径获得荣誉。实际上，通过这些途径获得的荣誉是虚假的，一旦被识破，可能会用双倍的代价来矫正。所以，对于人来说，真正的荣誉是由于道德行为选择而带来的荣誉，如果人们所获得的荣誉不包含着道德的内容，或者不是通过有道德的行为选择而获得的，那么，这种荣誉就是一种虚假的荣誉。一个社会规定了人们应当通过什么方式和途径获得荣誉和保有荣誉，而个人除了通过道德行为选择以及有道德的行为选择努力争取荣誉之外，是不应当寻求用投机取巧的途径去获得荣誉的。

在人类历史上的每一个时期中，都有鼓励一种特殊道德行为的机制，这种特殊的道德行为被称为“奉献”，每一个社会都鼓励人的奉献。人对社会的奉献、人的自我牺牲之所以会受到高度的赞扬，是由于人的奉献和自我牺牲在社会不够健全的情况下有着极其重要的价值。因为，当社会的制度体系还非常简单和片面的时候，当社会的组织形式还不够完善的时候，当人的行为标准还比较混乱的时候，个人对社会的奉献，个人的自我牺牲能够促进他人的幸福，能够增进社会整体的利益的。正如约翰·穆勒所看到的："只有在社会组织很不完善的状况下，绝对牺牲自己的幸福才会是任何人促进别人幸福的最好方法；但是，在这个世界上，还处在那个不完善状况期间，我完全承认甘心做这种牺牲是人类的最高美德。"①

当然，立足于后工业社会来看这一问题，我们认为，自我牺牲虽然是一种最高的美德，但却不应成为积极倡导的美德，更不应成为对社会成员的要求。人类社会的发展，应当通过制度体系和组织形式的完善，通过人的行为标准的明确化来避免人的自我牺牲和无私奉献。而这项工作，恰恰是社会治理者的责任。如果说权制的和法制的社会治理在制度体系、组织形式和人的行为标准方面都由于自身的根本性缺陷而无法达到充分完善的地步，那么以德制为基础的社会治理必然是在治理体系自身的完善中去避免社会成员个人的自我牺牲和无私奉献的。因此，公共管理伦理学并不提倡人的自我牺牲和奉献行为，它所倡导的是可以普遍化的道德行为选择，是每一个人都能够做到和应当做到的道德行为选择。

10.6　行为隔离的性质

一切社会都会倡导某类行为、鼓励某类行为和限制某类行为。褒奖往往是对所倡导行为的极端鼓励，而惩罚则是对所限制行为的极端抑制。在对近代社会的考察中，我们发现，在极端的意义上，法律关系在自我维护与修复上往往建立起一种惩罚机制。具体做法就是，通过制定一些标准和指标，并根据这些标准和指标认定罪犯及其罪行，然后对其进行惩罚。法律的惩罚使罪犯畏惧，同时，对其他社会成员进行了教育，使他们看到犯罪的结果。

从惩罚的手段来看，对罪大恶极的罪犯，可能会剥夺其生命；对许许多多重罪和轻罪犯人，大都是采取把他（们）与其他社会成员隔离起来的措施。隔离本身就成了最为经常性的惩罚措施，可以把罪犯的罪行与使他与其他社会成员隔离的时间长短相对应。这样一来，惩罚的轻重是以将其隔离的时间长短来衡量的。但是，隔离何以会成为一种惩罚手段呢？同样，有些特殊职业的从业者为了完成

① ［英］穆勒：《功利主义》，17页，北京，商务印书馆，1957。

一项特殊的使命，也会有被隔离的经历，而这种经历却从来不被理解为惩罚。两种隔离之间究竟存在着哪些本质性的区别？合理的理解是，作为惩罚措施的隔离是心灵上的隔离。通过强制性的隔离，造成罪犯与家庭、社会以及他所归属的群体之间心灵上的隔离，使他意识到那些原本属于他的家庭、群体和社会不再承认他了，或者，对他的承认程度大大地下降了，他因丧失了可以归依之处而感受到惩罚。那些因为担负特殊使命而受到隔离的人则不这样，因为，他把这种隔离看做是暂时的、外在的。在实际上，他并未与他的家庭、群体和社会隔离开来，他甚至会从他自己虚构出来的亲属、朋友、同事对他的思念中感受到酷意的满足。

由此看来，真正的惩罚是使人丧失对家庭、群体和社会的归依，法律无论在形式上创造出多少种惩罚的措施，归根结底，所包含着的是对罪犯回归家庭、群体和社会可能性的暗示，罪犯被隔离的时间较短，暗示着罪行较轻，回归社会也较容易，因为，对这种较轻的罪行，能够较快地获得家庭、群体和社会的原谅。反之，罪犯被隔离的时间较长，暗示着罪行较重，社会原谅这种罪行的可能性也就会小得多，罪犯可能会更久地被作为罪犯而不被社会所接受。法律把这些暗示做成固定的形式，让人接受并引导人的行为。

但是，作为惩罚措施的隔离也有失效的时候，有的罪犯可能会成为累犯，成为监狱中的常客，有的罪犯可能会“以狱为家”。这些人往往属于在心灵上已经与社会、群体、家庭隔离开来了的那类人，他已经无所归依。所以，隔离已经对他失去了意义。由此可见，作为惩罚的隔离无非是暂时的或永久地剥夺人的社会归属。人的社会归属对于人来说为什么会如此重要？对此可以作出各种各样的解释，但是，最为根本的还是，蛰伏于一切社会关系中的伦理关系对人有着无穷的诱惑。因为，人在本质上是属于这种伦理关系的，是作为这种伦理关系的主体而存在的。在人所无法承受的一切痛苦中，剥夺了人作为伦理关系主体地位所造成的痛苦是最不可能承受的。当然，前提是人在自己的良知中还把自己看做伦理关系的主体，如果一个人自己已经不再把自己视为伦理关系的主体，就会变成所谓“丧尽天良”的人，他的行为就会表现为“丧心病狂”的特征。而这一类人也就不会再畏惧任何隔离的惩罚，至多，他只会在隔离的形式中感受到失去了作恶的自由。

总之，法律的惩罚只对那些尚有良知的人才有价值，只有有道德的人才最守法，只有向往伦理生活的人才在隔离中体会到痛苦，只有良心未泯的人才畏惧惩罚，只有渴望道德生活和希望作出道德行为选择的人，才难以忍受失去道德生活和道德行为选择机会的空寂。从这个角度看，也可以说道德才是法律的本质。如果说人类社会的发展是那些属于本质的构成因素向现象界推展的过程的话，那么法律在自身发展的更高阶段中也会把它的道德本质展示给人们。既然法律的惩罚是以人的道德良知为前提的，既然法律惩罚可资凭依的措施是把人从社会关系和伦理关系中隔离开来，那么，如果不是通过法律的手段去达到隔离罪犯的效果，而是进行更为直接的隔离，也完全可以达到惩罚的效果。

也就是说，就惩罚而言，法律的隔离不是唯一的选择，在另一种制度模式（如德制）中，可以设计出不同于法律隔离的方式。考察历史，可以发现人类在对罪犯的惩罚方式上，隔离的内容和实质也有一个从肉体到心灵的演进过程。在人类社会的早期阶段中，把罪犯与其他社会成员隔离开来的方式集中表现为肉体的放逐，可能是由于这个原因，人们把文王“画地为牢”的隔离看做仁慈的最高境界。近代社会的惩罚则表现为通过肉体的隔离而制造出心灵隔离的效果，对于重犯采用单人牢房也许就是这种含义。应当说，任何针对人的肉体的惩罚都是粗暴的和野蛮的，当惩罚转向人的心灵时，也是社会文明的标志。因为，针对人的心灵的惩罚是对人的社会生命的挞伐，而针对肉体的惩罚所带来的是人的自然生命的痛苦。

人类社会的发展史也就是人的社会生命越来越强和自然生命越来越弱的历史，人类每前进一步，人的社会生命与人的自然生命比较起来也就更加强了一层。在人类社会早期，人的自然生命之于人更加重要，所以惩罚会针对人的自然生命作出。在今天，人的社会生命远重于人的自然生命，因而针对人的自然生命作出的惩罚也就显得粗暴和野蛮。根据历史发展的这种必然趋势，就不难看出，在人类的未来，对那些有害于社会的行为的惩罚，将更多地集中在那些行为主体的社会生命方面。如果依然使用隔离措施的话，也会尽可能少地着眼于人的肉体。从工业社会向后工业社会的转型，是一个全新历史阶段的开端，在惩罚的问题上，针对人的社会生命而不是自然生命的惩罚也会迅速成为人们自觉推动的历史进程。这样一来，就需要有相应的制度模式为其提供保障。在这一点上，也提出了制度创新的要求。人的社会生命与自然生命的不同就在于，人的自然生命是无法选择的，而人的社会生命则是人的自觉选择的结果。当制度是针对人的社会生命而作出了设计和安排，实际上是更加突出了人的行为选择的意义。所以，在公共管理赖以发生的后工业社会中，应当从人的行为选择的角度出发，才能获得对这个社会的实质性把握。

10.7 基于信仰的行为

有两种道德行为，一种是世俗社会生活中的道德行为，另一种是宗教信仰作用下的道德行为。抽象地看，这两种道德行为都是善，但是，这两种道德行为发生的前提和结果都是不同的。世俗社会生活中的道德行为，在根本上基于人的道德存在，它的直接前提是人的道德信念，其目标是为了人的社会关系的和谐和社会生活的健全。事实上，人的普遍道德行为是能够带来社会整体上的和谐和健全的，而宗教信仰作用下的道德行为则不是为了现世社会生活的和谐和健全，而是为了个人来世生活的幸福。在名义上，几乎所有宗教都会提供对作为最高主宰的神的无私奉献，实际上，宗教道德行为是一种最为自私的行为，是信徒为了自己得到救赎而不得不作出的道德行为选择。虽然一些东方宗教在这方面表现得较为隐晦，比如佛教要求信徒"无所求而自得"，即不要在道德行为中注入直接的动机，然而，在实质上，佛教信徒的道德行为还是出于免堕"轮回"之苦的目的。就行为发生的直接前提来看，现世社会生活中的道德是基于信念的，而宗教道德行为是基于信仰的。因此，我们需要对信仰和信念的不同加以考察。

从词源学上看，或者从信仰发生学的角度来看，信仰与信念是有联系的，但是，随着社会的发展，信仰与信念的功能性差异日益明显，所以，对它们作出区分是必要的。在宗教产生的路径中，存在着这样一种可能，那就是宗教的教义和思想来自于世俗的观念，是将世俗社会中流行的道德主张和规范以宗教信仰的形式再现出来。一旦以宗教的形式再现的时候，就被神圣化了。如果真是如此的话，那么也可以把宗教看做是现世伦理精神和道德要求不能得到充分满足的结果。当世俗道德转化为宗教教义的时候，道德信念也同时转化为宗教信仰。这时，道德自身已经发生了质的改变，它已经不再属于道德的范畴，不再是伦理学研究的对象，而是以宗教的形式存在和属于信仰的内容。伦理学探讨善以及善成为可能的途径，宗教也讲善并提出了致善的道路，但是，伦理学设定为道德最高境界的善与宗教所倡导的善并不是一回事，致善的道路也存在着根本性的不同，至多也只是形式上的相近而已。

但是，宗教中的信仰概念在世俗的社会科学中受到了滥用。在整个近代社会中，一些富有理想的法治主义者往往带有宗教信仰的情结，他们希望在法制社会中培养起对法律的信仰，并用这种信仰来弥补法律形式化、工具化的缺陷。可是，需要指出，对于信仰的任何期求都是属于陈旧的意识形态的范畴。因为，任何信仰都是建立在塑造出某一终极信仰实体的前提下的，对法律的信仰也就是把法律置于这样的终极实体的地位上。当终极实体确立起来之后，就会沿着这一终极性实体的边缘生长起体系化的信仰客体，并在这个基础上形成一个信仰体系。这种信仰体系的结构是属于等级化的结构，是权力关系的体系，所以，任何信仰都倾向于造就等级化的权力关系。反过来，信仰也是与权力关系联系在一起的，人类社会中的信仰普遍化的时代往往也是权力关系占支配地位的时代。有了权力关系，就会生成权力作用机制，就会产生权力支配的行为。

在权力关系走向衰落的地方，信仰也必然会趋向于衰落。权力关系与信仰是互为前提的两个方面，一方面，任何形式的信仰都必然会造成社会的等级化和权力关系化；另一方面，等级化了的和权力关系化了的社会中，必然会产生出某种信仰。在这个意义上，我们说，信仰决不是一个社会中的少数人通过努力可以建立起来的，也不是少数人通过努力可以消除的，更不是某些知识体系的发展可以取代的。当一种知识体系摧毁了某些信仰的时候，往往又建立起了其他种种信仰，知识对信仰的破坏越强烈，它所再建立起的信仰也就越野蛮。一个社会在不同的信仰之间作出选择，是受社会的等级化的状况和权力关系体系的具体情况所决定的。所以说，信仰的出现是有客观基础的。如果一些人不顾及信仰的客观基础，一味任性地去研究如何确立某种信仰体系，或者，如何消除某种信仰体系，都只能属于巴比伦人建造空中花园或通天塔之类的浪漫追求。

在我们所描述出来的历史图式中，倾向于产生信仰的等级化社会是与统治型的社会治理模式联系在一起的。严格说来，无论是宗教性的或非宗教性的信仰，都应当是这一社会中的事情。当这类社会开始走向解体的时候，实际上信仰的基础已经开始有了根本性的动摇。但是，由于代之而起的管理型社会治理方式还是一个以权力关系为轴心的体系，它所赖以产生的社会中还没有实现充分的实质性平等。在这种社会条件下信仰还会存在，但它已经远不像在等级化的和统治型社会治理模式发挥作用的社会中那样重要了。即使信仰对于一些特殊的人群还是生命的依托，但对于整个社会的存在和发展，已经不具有决定性的意义了。

在此，我们也看到，统治型社会治理模式总是与信仰联系在一起的，在统治型的社会治理模式发挥作用的地方，必然有某种或某些信仰与之相伴。所以，信仰的存在也可以看做是统治型社会治理模式的特征或者基础。如果一个社会中存在着普遍的信仰危机的话，实际上是统治型的社会治理体系的危机。如果经过若干时日，信仰危机的问题得到了解决，重新确立起了信仰，那么这个社会实际上又恢复了它的统治型的社会治理；如果这个社会进入一个不再确立任何形式的信仰的时期，那么，它实际上是已经找到了统治型社会治理模式的替代形式。

在对人类已有的信仰普遍发挥作用的社会进行考察时，人们不难发现，凡是存在着信仰的社会，都会以权治的形式出现，即使在现代社会，凡是具有信仰特性的人群，也会在其中表现出权力关系的线索并会非常注重道德的作用。但是，就其对道德的重视而言，只是一种表面现象，有时可能是一种假象，信仰并不会产生德治化了的社会治理。因为，虽然信仰对道德意识的生成有着积极的意义，但信仰本身并不必然与道德相联系。信仰可以造就道德化的行为结果，但并不一定造就道德行为。有信仰的人可能会出于极其自私的目的去行善，他行善的行为表面上是道德的，而实质上却不能看做真正的道德行为。也就是说，信仰之于人，是一种外在的客观力量，是在人的精神创造实体化之后又反过来压迫人的力量，尽管信仰在表现形式上是出于本心的。如果人在这种信仰的前提下生成合乎道德规范的行为的话，那并不是道德规范的作用结果，而是信仰的结果。在本质上，并不属于道德性的。道德与信仰是不同的，道德根源于人的自觉，是一种内在的主观力量。

道德直接生成一种信念而不生成信仰。但是，由于人们往往容易把这种来自于人的内心自觉的主观信念混同于来自于外在的压迫力量的信仰，才会把道德与信仰联系在一起。对于人类社会的发展史来说，信念的复归是一个历史过程。远古的人类崇拜自然事物，崇拜外在的力量，随着人对自然征服能力的提高，人类越来越发现了自身的伟大，因而开始崇拜自我创造的东西。宗教是从对外在事物崇拜转向对人造事物的崇拜的过渡形式。宗教中的神是人创造的，但又不被承认为人的造物，却被看做为外在于人的存在物。当宗教中对神的崇拜这种过渡形式为新的崇拜所取代时，人的自我创造物开始被推上了至高无上的地位，近代社会对法制的态度就是如此。其实，人类的一切信仰和崇拜都只是现象，信仰和崇拜并不是目的，虽然在个体的人那里常常被误以为目的，而对于群体、对于社会来说，信仰和崇拜的背后蕴涵着对人的某种生存方式、生活方式的建构。至少，信仰和崇拜是有益于社会秩序的，尽管一定的社会秩序是服务于特定的生存方式、生活方式的秩序。

由于上述原因，信仰和崇拜一直在人类维护社会秩序、维护和建构某种（些）生存方式、生活方式的努力中绵延不绝。无论是远古的神圣信仰还是近代以来极力推荐的世俗信仰，历史长河流经的每一阶段，都以特定的方式延续着信仰的“番火”。人类果真离不开信仰吗？在迄今为止的历史上，会得出肯定的答案，但若深入分析，则不必然如此。就人类社会的结构和生活方式而言，越是简单，越倾向于生成权威较强、普遍性较高的信仰；当社会结构和人类生活方式变得复杂化时，信仰在人与人之间、群体之间的共同基础就会发生动摇；当社会结构和人类生活方式的复杂性达到一定的高度时，就包含着摧毁一切信仰的动力，不仅神圣的信仰难以成立，世俗的信仰也会受到无情的扬弃。复杂性的社会历史阶段是人类朝着自我的复归，人与自己生存的环境和生活方式“和合”为一，人用理性和现实的态度审视和对待自己和他人以及人赖以生存、生活的社会结构制度模式和规范体系。

信仰可以在约束和引导人的行为中带来一种秩序，但它绝不是德治秩序，尽管它与权力作用体系下的等级秩序表现出很大的不同。德治的客观基础是伦理关系，主观依据是道德，是在伦理关系基础上产生的道德行为模式，或者说是作为社会治理的道德行为模式。德治并不必然与信仰相联系，信仰并不必然产生德治，德治也并不必然要求得到信仰的支持。信仰与德治在历史上的联系，或者仅仅是表面现象，或者只是一种假象。这也说明，那些所谓的德治，实际上并不是真正的德治，只是在表现形式上有着德治的特征而已。我们看到，在欧洲中世纪，信仰就不是与德治联系在一起的。在那个时期，所拥有的那种超强力的信仰恰恰成为德治的对立物。比如，尽管绝大多数宗教教义都主张宽容，事实上这些宗教煽动起来的仇恨远远多于宽容。宽容与一切信仰和崇拜都是不相容的。真正的宽容，也就是一切信仰和崇拜的终结者。反过来说，也同样可以成立，只有在信仰和崇拜终结的地方，人与人之间、群体与群体之间的宽容才开始萌动，才作为一种普遍行为而存在。

对神的信仰是人的自身能力弱小的证明，只有当人不能够解决所遇到的问题、不能预知自己的未来、不能把握自己的命运、努力行动而无法得到预期结果时，才会有着对神的寄托。社会历史的进步，科学技术的日新月异大大提升了人的能力，人类已经可以解决绝大多数面临的问题，因而对神的信仰已经不那么重要了，一旦人可以用自己的行为不断创造人间奇迹，各种宗教杜撰出的神迹对人的诱惑力也就大大下降了。在西方国家，20 世纪的思想家们不断重复着宣布“上帝死了”，也就是说对神的信仰开始走向终结。果真如此吗？这个社会既然失去了神圣信仰对人的行为的约束，那么应当用什么来取代这种约束力量呢？有些思想家和政治家试图确立起世俗信仰来取代神圣信仰。其实，神圣信仰的终结也就是一切信仰的终结，当神圣信仰不再发挥作用时，世俗信仰也不可能填补起神圣信仰消失时留下的空缺。在这种情况下，明智的选择只能是道德，只有道德才能造就出普遍的和真正合乎人的社会生活需要的行为。

本章小结

在职业活动中以及一切重要的社会活动中，人的有着实质性意义的行为选择都是由人的道德存在的状况所决定的，人在这种有着实质性意义的行为选择上所存在的差别，是他们在道德存在方面的差别所决定的。管理型社会治理方式是通过外在于人的力量，通过限制性的措施来谋求人在职业行为和其他社会活动中的行为选择的统一性。其实，对于政治家如何为了个人的或特定的利益而背离公众意志，对于官僚制的合理性设计如何在实践过程中转化为行政官员的官僚主义等问题，都只有从他们作为人的本质的道德存在中，才能作出合乎逻辑的解释。在人的职业活动中，人的行为更多地是来自于人的职务、岗位要求。正是由于职务、岗位上的责任义务，规定着人作出什么样的行为应答或行为选择。

在社会治理活动中，治理者的良心能够在多大程度上发挥作用，主要取决于治理体系及治理方式的灵活性。灵活性较大的治理体系和治理方式必然会以治理者的自主性程度较高的形式表现出来。治理者的自主性程度高，他就有更多的以良心为动因的道德行为选择；反之，治理者的自主性程度较低，他的以良心为动因的道德行为选择也就很少有发生的机会。公共管理赋予公共管理者更大的自主性，从而使公共管理者能够更多地以良心为动因作出道德行为选择。公共管理由于在权力运行的问题上实现了服务定位，从而让公共管理者的行为选择根源于对伦理精神的内在自觉。

在以往的社会治理模式中，法治的行为模式可能会在极端的意义上表现为一种惩罚机制。对人类发展史中的各种惩罚的思考，可以发现，绝大多数惩罚性的措施都属于一种行为隔离类型。真正的惩罚是使人丧失对家庭、群体和社会的归依。但是，法律的惩罚只对那些尚有良知的人才有价值，只有有道德的人才最守法。因此，在通过制度设计和制度安排来规范人的行为的时候，就应当考虑人的道德因素。这样一来，就不会通过对人的肉体的隔离来造成人的心灵隔离的效果，而会直接地根据人的心灵、根据人的社会生命去惩恶扬善。

在人的社会行为中，基于信仰的行为是迄今为止最为重要的社会现象之一。但是，关于这种行为的实质，并没有引起人们的足够重视，以至于人们往往把宗教信仰的形式引入现世生活和行为规范中来，制造出世俗的信仰，并用以铸造盲从性的社会行为模式。但是，信仰也是与权力关系联系在一起的，权力关系倾向于产生信仰，当权力关系衰落的时候，即使有人想制造信仰，也不可能得到预期结果。信仰应当属于宗教，现世生活只需拥有信念。信仰行为表面上看来是道德的，实际上是最为自私的行为，只有在现世生活中，才会有真正的道德行为，只有道德才能造就出普遍的真正合乎人的社会生活需要的行为。

复习思考题

1. 人的物理存在、精神存在和道德存在与人的行为选择之间有着什么样的关系？

2. 基于人的道德存在的行为统一性与基于法律规范的人的行为统一性有什么不同？

3. 社会治理体系赋予治理者的自主性对于他们的道德行为的发生有什么意义？

4. 权力意志与人的道德行为选择之间有什么关系？

5. 为什么说只有道德行为才是自由的？

6. 什么是伦理冲突？在人的职业活动中是否存在着伦理冲突？

7. 人的道德行为选择受到哪些方面的制约？

8. 权制与德制对人的道德行为有什么影响？

9. 公共管理伦理学为什么不鼓励人的奉献？

10. 对人的行为进行隔离属于什么性质？道德处罚与法律惩罚应当有什么不同？

11. 基于信仰的行为与基于信念的行为有什么不同？

12. 规范人的行为模式的世俗信仰能否建立起来？

第 11 章

公共管理的服务价值

近代以来，由于市场经济的示范作用以及早期契约论的影响，在处理人与人、人与社会、个体与整体的关系问题上，谋求法律制度的解决方案一直是思想界的主流。大致从 19 世纪后期开始，在法律制度之外探讨补充性解决方案的做法引起了思想理论界的关注，所以价值问题的研究以及作为这种研究之逻辑延伸的思想流派几乎征服了 20 世纪的青年。虽然在形式上，价值问题的研究表现出了激烈的反叛精神，公开地向启蒙思想家宣战，但是，就它并不打算提出替代性的制度建设方案这一点而言，是不可能实现对启蒙传统的否定的，至多也只是提出了一些补充性思路而已。而且，这种补充性思路越是走向极端，就越会变得没有价值。从 20 世纪中后期以来的那些标榜为“后现代”的激烈解构行为来看，仅仅有否定是不够的，也是无意义的。只有在有了新的制度构想的前提下去解构传统，才会取得真正的收获。

今天，公共管理已经成为一场现实的运动，如果我们能够立足于这种新型的社会治理模式，重新审视以往的制度方案，就会在否定和扬弃的问题上作出积极的选择。所以说，对于公共管理伦理学来说，在捡起 19 世纪后半期以来的价值主题加以讨论时，是包含着公共管理制度设计的目标的。当然，这是一项艰巨的任务，可能需要若干代人孜孜不倦的探索才能解决。在这里，我们主要是在公共管理者个体的意义上讨论价值的问题，目标是探讨公共管理的价值目标以及公共管理者的价值观念对他的行为选择的影响。

重点问题

- 价值的普遍性
- 不同社会治理模式中的价值
- 伦理价值的含义
- 公共管理价值体系的构成
- 服务价值的实现途径
- 公共管理者的价值选择

11.1 集体行动中的价值

人类的一切活动都蕴涵着价值，无论是个体行为还是集体行动，而且，越是集体行动，就越会突出价值的问题。因为，在集体行动中，需要认识和分析行动的价值内容，揭示行动的价值取向，提出统一的价值目标。只有这样，才能实现对集体行动的有机整合。

人的一切行为都包含着价值因素。进一步地说，人的一切自觉的行为都有着明确的价值目标。职业行为的价值目标则是职业群体开展职业活动的基本理念，是贯穿于这个职业从业者的一切活动和行为中的基本精神和原则。如果人的行为是社会性的，那么，在人的行为的价值目标体系中，就包含着伦理价值的因素。随着人的行为主体社会性程度的提高，其行为中的伦理价值比重也会增强。当行为主体本身就是社会群体的时候，伦理价值的因素，特别是伦理价值目标，就是一个需要提出并进行研究和探讨的问题了。职业活动是一种群体活动，所以，对所有职业活动都应当有专门的伦理价值研究与之相适应。公共管理是一种职业活动，而且是一切职业活动中社会性最强的职业活动，这就决定了对公共管理中的伦理价值因素和价值目标进行专门研究有着极其重要的意义。

近代社会的管理型社会治理模式，在以公共行政的面目出现的时候，是在政治与行政二分原则下进行科学化、技术化建构的，特别是在接受了官僚制理想模型之后，是按照"形式合理性"的思维路径进行建构的。所以，这种公共行政的模式往往被看做为抽象掉实质合理性的集体行动体系，价值因素是被看做为"巫魅”而被祛除掉了。实际上，即使是这样一种形式化了的、非价值的公共行政体系也不可能真正告别价值的纠缠，它在非价值化的过程中接受的是另一种价值，它拒绝的是自由、平等、公平等政治和伦理价值，突出的是效率等科学价值。实际上，在20世纪中后期，公平问题也不再被排除在外，而是被纳入公共行政的价值体系之中，从而，公平与效率就成为公共行政价值体系中的核心价值。

可见，价值之“巫魅”是如此顽固地附着于人的行为之中，以至于我们无法相信没有价值的集体行动。近些年来，在那些标榜为“后现代”的所谓先锋艺术流派那里，我们也可以看到这种情况。在价值的问题上，他们宣示的理念也是与他们的行动相冲突着的，他们追求无内容、无价值的纯形式，而他们恰恰是用这种行动来证明自己对传统的反叛。这其中，又怎么能够说不包含着一种强烈的价值追求呢?

只要是有人活动的地方，就会有价值的问题，即使对人的活动进行抽象，作出分领域分层次的研究，也不可能在根本上回避价值的问题。管理型社会治理模式中的公共行政即使被作为一个单独的领域来加以考察，它在“工具理性”之中也依然包含着效率这一价值目标。既然如此，在对公共管理的考察中，关于价值问题的研究也是不可避免的。而且，我们已经指出，公共管理在自身的体系建构中所追求的正是形式合理性与实质合理性的统一，特别是这种治理方式包含着社会自治的内容，从而决定了这种治理决不能被看做为工具意义上的行为体系，更不能按照工具理性去进行设计和安排。公共管理与以往的治理不同，它突出强调价值的问题，在制度设计与制度安排中突出价值的因素，在公共管理的行为选择中更需要强调价值取向。

作为服务型社会治理模式的公共管理在人的行为层面上是一个合作体系。其实，一切人的群体性活动都必然是以协作和合作为前提的，协作和合作的动因可以是各种各样的，协作和合作的形式也是丰富多彩的。但是，所有的协作和合作如果不是从属于某一具体的单一目的，如果不是一次性的，都需要建立在道德的基础上。持续的协作和合作是得到了充分道德支持的协作和合作。当然，在现代法制背景下，人们把协作和合作的可操作性寄托于法律规范。但是，一旦协作和合作以现实的行动出现的时候，其中必然包含着道德的因素，不含道德因素的协作和合作是低级的和脆弱的。而且，基于法律规范的协作和合作在私人领域是可行的，进入公共领域，其适应性立即就显得难如人意。在公共领域中，公共管理者之间的协作和合作只有极其有限的内容是可以由法律规范来提供保证的。在政府与社会之间，公共管理组织与公共管理对象之间的协作和合作，如果存在着法律规定的话，也是非常原则性的。

所以，公共管理在何种程度上能够成为一个普遍的合作体系，完全取决于这个体系的道德状况。只有道德，才是理解公共管理合作体系的钥匙。当然，道德是具有历史性和相对性的，这种历史性和相对性又往往会在具体的道德主体那里表现出理解上的歧义和主张上的不同，以至于作为群体中协作和合作基础的道德又需要得到价值的统摄，以便消除道德的相对性。公共管理伦理学在一定程度上也就是一门关于公共管理价值的科学，即专门研究公共管理伦理价值的科学，它对道德的考察虽然从传统的伦理学发展中撷取范畴和概念，力图继承传统伦理学说中一切科学的思想内容，但是，它的出发点有着根本性的转移，它是从服务价值出发来把握公共管理伦理体系的结构和内容的，是依据服务价值的原则来思考公共管理者的道德规范和道德行为的，它通过这种研究为公共管理的充分合作机制的建立提供理论前提。

价值的问题受到人们的重视是从19世纪后期开始的，特别是在20世纪，几乎没有任何一种哲学建构不对价值问题发表意见。到了今天，几乎一切理解人类群体活动的科学都需对价值问题作出判断。科学发展的这一情况，是与人类群体活动内容和目标的多样性联系在一起的。这也就是说，并不是一切群体活动都突出了价值的问题。比如，在上古时期，"人民少而禽兽众，人民不胜禽兽虫蛇"（《韩非子·五蠹》）。从而，也结成集体行动，"以群的联合力量和集体行动来弥补个体自卫能力的不足"[①]。但是，这时的群体仅仅从属于生存的需要，对这种群体的考察，把许多现象归结为习惯、风俗就已经可以得到解释，如果从道德的层面来加以理解，就会显得牵强附会，更不用说去搬弄什么价值的视角了。现代社会就不同了，对现代社会的任何一个群体生活和活动的理解，如果不从价值的高度出发，就会陷入无穷无尽的纷争，特别是对公共领域的理解，祛除价值不仅在理论上会陷入纷争，而且在实践上也将会出现有害的结果。所以，对公共管理的考察，需要拥有价值的视角。公共管理是一个极其复杂的公共组织行为体系，无论是在理论上为它确立一个解释框架，还是在实践上为它指出一条行动路线，都取决于公共管理的价值确定。

11.2 社会治理体系中的价值

在哲学的意义上，价值是事物和人的一种存在形态，而对于社会治理体系而

① 《马克思恩格斯选集》，2版，第4卷，30～31页，北京，人民出版社，1995。

言，价值就是实质。

统治型社会治理模式是从属于社会等级差别的，是以统治的形式来实现等级秩序价值的社会治理方式。对于统治型社会治理模式来说，秩序就是价值。管理型社会治理模式作为统治型社会治理模式的替代模式出现在人类历史舞台上时，也把秩序的价值作为自己的一项内容，但它不是把秩序作为核心价值，而是以突出公平、效率的方式去获得秩序。这样一来，统治型社会治理方式的秩序价值在管理型社会治理方式中开始退居到次一级的层次上，公平与效率成了管理型社会治理模式中的最基本价值。同样，当服务型社会治理模式出现的时候，管理型社会治理模式中的公平与效率的价值也开始退居到第二个层级上，而服务价值则被提升到核心位置上来了。服务就是服务型社会治理模式中的核心价值。

应当说，对于一切社会治理体系而言，秩序、公平与效率、服务等，都是基本的价值，但是，这些基本价值在社会治理体系中的构成方式是不同的。在统治型社会治理模式中，秩序是核心价值，但是统治型的社会治理也会有着效率的追求。中国古代有驿站，在一定程度上就包含着效率的内涵。在统治秩序的差序结构中，社会整体上的公平是不可能存在的，但在各个层级上，还是会提出相对公平的要求。比如，父子之间不存在公平的问题，但同父的几个儿子是可以提出公平要求的。同样，出于统治秩序的终极价值要求，治理者也会有偶然的服务行为。比如，都江堰的修建，县衙对一方治安的维护，也是包含着一定程度的服务内容的。但是，决定统治型社会治理模式性质的是它的统治秩序这一核心价值，它的效率追求只是统治秩序的手段，公平和服务等等则是更次一级的工具性选择。

同样，在管理型社会治理模式中，公平与效率是它的核心价值，而公平与效率的实现也需要得到管理秩序的支持。而且，管理也包含着服务的内容，甚至在近一段时间里，人们已经习惯于称“管理就是服务”，即突出了管理的服务内涵。但是，只要是管理型的社会治理模式，它就是以公平与效率作为它的核心价值的，其他价值都是从属于公平与效率和服务于公平与效率的实现的，公平与效率的追求就是管理型社会治理模式的根本性质。也就是说，管理型社会治理模式中包含着服务的内容，但它并不因为有了服务内容而获得服务性质。服务型社会治理模式是指一种新型的社会治理模式，它把服务作为自己的核心价值，让其他一切价值都从属于和服务于这种价值。所以，对于服务型社会治理模式而言，公平与效率的问题也会存在，在制度、体制和行为中也会有公平的问题，也会有效率的追求。同时，服务型社会治理模式依然需要得到秩序的支持，没有秩序，服务又怎么可能呢？如果说管理型社会治理模式由于突出了公平、效率的价值，获得了统治型社会治理模式无法企及的那种稳定的社会治理秩序，那么服务型社会治理模式由于突出了服务价值，则会使这种秩序达到一个更高的水平。管理型社会治理模式突出了公平与效率这一核心价值，但它永远处于公平与效率的矛盾和冲突之中。当服务型社会治理模式突出服务这一核心价值，把公平与效率置于价值体系的次一层级的结构之中时，公平与效率的问题将会得到真正的解决，公平与效率的矛盾和冲突不仅不会成为阻碍公共利益实现的因素，反而会被整合成公平与效率充分实现的动力。

可见，在人类社会治理的历史发展中，价值结构呈现出日益复杂化和多样化的趋势。所以，管理型社会治理模式的核心价值是公平与效率，但是，也包含着秩序的价值，只不过秩序价值从治理体系的价值中心向边缘运动而已。同样，统治型社会治理中的秩序价值借以实现的基本途径——权力也被完整地保留在管理型治理体系之中了。应当看到，权力虽然得到了完整的保留，但权力发生的基础、运行机制等都发生了改变，相对管理型社会治理而言，权力服从于管理的目的，更多地具有工具性的性质。在服务型社会治理体系中，价值结构会表现得更为复杂，管理型社会治理模式中的核心价值和基本价值因素以及它从统治型社会治理模式中承袭而来的那些价值因素，都会经过改造而获得新生，会作为公共管理价值结构体系的构成要素而存在。也就是说，在服务型社会治理模式的价值体系构成中，包含着从以往社会治理模式中继承而来的因素，无论这些被继承而来的价值因素在服务型社会治理模式中会表现出何种程度的边缘化、工具化状况，也都是服务型社会治理模式的支持力量。

在社会治理体系中，核心价值是贯穿在体系构成的一切方面的，从制度、体制到行为模式等，都必然是基本治理价值的具体存在形态和实现途径。近代以来，治理工具系统成为整个治理体系中的一个相对独立的体系，有着相对独立的发展历程。治理工具独立发展的科学化、技术化特征使人们忘却了它的价值本源和旨归。其实，存在于科学研究中的这种“忘却”或“忽视”并不会在客观上抹杀治理体系的价值本源和旨归。相反，近代以来治理工具的充分发展恰恰证明了管理型社会治理模式有着公平与效率价值追求的特征。

既然核心价值贯穿于治理体系构成的一切方面，那么核心价值也就是体系总体上的价值。如果说一个治理体系中的边缘性价值只是它所在的那个部分的价值的话，那么核心价值则是属于整个体系的，是体系的价值。公共管理的服务价值就是体系的价值。公共管理体系是制度、公共管理组织和机构、公共管理者、公共管理活动及其公共管理的工具和行为体系等的总和。公共管理体系的所有构成部分之所以不是孤立的而是公共管理体系整体的构成要素，是由于在所有的构成要素中都贯穿着共有的服务价值。

从统治型社会治理模式到管理型社会治理模式再到公共管理的发展过程，是通过社会革命为其开辟道路的。工业革命结束了统治型的社会治理模式，从而用管理型的社会治理模式取而代之。同样，科学技术革命也为建构公共管理这种新型社会治理模式开辟了道路。既然不同的社会治理模式属于人类历史的不同阶段，那么它们之间的连续性和本质差别也都可以在总的历史进程的连续性和阶段性中获得理解。其实，不同社会治理模式之间的差别主要是治理体系的整体及其结构上的不同，至于治理体系中的要素则是治理体系更迭中连续性的纽带。比如，管理型社会治理模式中包含着统治型社会治理模式中的几乎所有因素，同时，也孕育着服务型社会治理模式的全部要素。这些要素在治理体系中的构成方式不同却造成了治理体系的不同模式，所以，不同社会治理模式之间的差别主要是由于其价值要素之间的构成方式决定的，而不是因为它们之间在有无某些价值因素的问题上有区别，一些基本的价值是存在于每一种社会治理模式之中的。

在这里，构成方式主要是指各要素之间的组合方式，一些要素在一种治理模式中属于边缘性的存在，在另一种治理模式中则转变为中心性的存在。正是这些要素在结构整体中发生了中心与边缘的位移，才导致了治理模式质的差异。其实，无论在自然界还是社会历史领域中，一切直接相关的异质系统之间的差别都主要是由于要素组合方式的不同造成的，是一些基本要素在结构整体中所发生的中心与边缘的位移造成的。社会治理中的价值体系也是这样，公共管理中的服务价值决不是一项新的科学发现，在人类早期的行为体系中就已经出现。如果对中文里“服务”一词进行词源学的考察，必然会发现它明显地带有等级差别的色彩，在农业社会的等级体系中，是奴仆对主人的服务，扩大开来，则是臣对君的服务，再扩大使用范围，则是一切直接相关的“下”对“上”的服务。在近代工业社会，服务的等级色彩渐渐褪去，并被广泛地用来装饰人们之间的交换关系，使人们之间交换关系中赤裸裸和冷冰冰的金钱关系带上温情的幻影。同时，在管理型社会治理模式之中，服务则作为意识形态的一项内容而被强化。

总的说来，无论在农业社会还是工业社会，“服务”一词在日常语言体系中都只能是一个边缘性的语汇。无论在统治型社会治理模式还是管理型社会治理模式之中，服务作为一种价值都只能是价值体系中的边缘性价值，甚至还可能并未成长为一种价值，只是作为一种边缘性的观念或理念而存在。公共管理首先把服务确立为价值体系的中心，是被作为一种最基本、最核心的价值来看待的，然后则会在服务价值的基础上去自觉建构公共管理的价值体系，并进一步按照以服务价值为核心的整个价值体系所提供的原则去进行制度设计和制度安排。所以说，公共管理与以往社会治理模式的实质性差别就在于把原先作为边缘性存在的服务放置到中心去了。

11.3 科学价值与伦理价值

在传统的学科分类体系中，科学属于事实主导的领域，科学包含价值，但价值处于边缘状态。相反，在伦理学科中，以价值为主，关于价值问题的思考处于中心地位。虽然伦理学需要通过对事实考察来开展自己的研究工作，并通过作用于事实来展开自己的实现途径，但事实对于伦理学的研究来说，只起辅助的作用。价值与事实的关系在不同学科中是不同的，对于学科研究主题来说，不同的学科有着不同的“价值”。公共管理伦理学在本质上还是属于伦理学学科体系的一个构成部分，是具体的职业伦理学。对于公共管理伦理学来说，价值问题必然是思考的中心，它需要从公共管理这一社会治理模式的性质和特征出发，需要根据公共管理的职业特点，去探讨公共管理这种新型社会治理体系中的基本价值因素，思考公共管理者的价值定位、价值取向等问题。

伦理价值是一定的社会共同体为满足伦理关系健全与和谐的要求而创造出的最高形式的道德理念。就伦理价值是客观伦理关系的理性表达形式而言，是历史的产物，只有当社会历史的发展造就了某种伦理关系系统，才会在这种伦理关系的基础上产生相应的伦理价值。伦理价值产生于伦理关系之上又服务于伦理关系，它把推动伦理关系的健康发展作为目标，为着伦理关系的和谐，为着伦理关系系统的健全。伦理价值以社会理性和时代精神的形式为现实的行为主体所分有，并成为这些行为主体的行动原则、规范和评价标准。

就伦理价值是最高形式的道德理念而言，它属于“客观精神”的范畴，但是，它又与人的道德存在有着直接的或间接的多维联系。一方面，伦理价值以伦理关系为中介而与人的道德存在联系在一起；另一方面，伦理价值又以社会理性的形式丰富着人的道德存在或转化为人的道德存在。伦理价值是一定的社会共同体的价值，又是以共同体成员为载体的，正是由于共同体成员对它的承载和对它的实践而使它成为鲜活的时代精神。

伦理关系是具体的，每一社会共同体中都有着属于自己的伦理关系，共同体的历史变迁，共同体边界的扩展，都会使伦理关系的性质、位置等发生一定程度的改变，从而在伦理价值上会有着不同的内容和形式。从社会治理体系的变迁来看，中国农业社会的最高社会治理伦理价值是“仁”，古希腊是“四达德”。近代工业社会的平等、自由既是政治价值也是伦理价值，在公共行政的领域中，这种政治价值和伦理价值又表现为“公平”的要求，并与作为科学价值的“效率”相对应。进入后工业社会，社会治理的伦理价值则统一于服务，公平与效率的对立在服务价值中消解，同时，公平与效率的统一又在服务价值中得到提升。

价值在伦理学的学理上就是善或恶，在道德实践的过程中就是目的或目标，但是，学理上的价值实体与实践过程中的目的或目标并不总是一致的。善无疑是道德实践的目的和目标，恶就不会成为目的或目标。善是道德追求所可能达到的目标，恶则往往是以一些行为的必然结果出现的，这就是实体性价值与过程中价值的不同之处。从美学、法学、政治学、社会学等每一个学科的角度来认识价值，大致都会形成这样的结果。

对于社会治理而言，价值有着具体的表现形式。统治型社会治理方式的基本价值是社会的等级秩序，等级秩序即是实体性价值也是过程性价值。管理型社会治理方式造成了价值的分化。也就是说，这种社会治理模式中包含着两种基本的价值形态，即公平与效率。公平是管理型社会治理模式的实体性价值，效率则是作为目标追求而存在的，是过程性价值。进一步，过程性价值是以工具的形式出现，实体性价值则作为实质价值而存在，工具价值与实质价值之间处于矛盾冲突和相互排斥的状态。管理型社会治理方式所造成的实体性价值与过程性价值的分立甚至矛盾对立，是一个需要历史地加以解决的问题。公共管理的基本历史任务就在于解决这一问题。从公共管理这种社会治理模式的诞生过程来看，正是由于谋求解决公平与效率之间的矛盾冲突，才成了公共管理出现的积极催生因素，才走向了公共管理的现实改革运动。事实上，在这一改革运动中，也正是时时把调和公平与效率的矛盾作为方针政策选择的出发点的。

公共管理在解决管理型社会治理模式价值形态二元分立的问题时，是在新型的社会治理模式中使公平与效率的问题边缘化。易言之，在社会治理的价值定位和目标追求上，公共管理都把服务这一新型的价值形态推向中心，让公平与效率的问题退居为边缘性的价值形态。在这种价值结构体系中，只要服务价值能够得到实现，公平与效率的问题自然而然地就得到了解决。

无论是在实体性的意义上还是在过程性的意义上，价值存在都属于总体性的存在，是以价值体系的形式存在的。对价值体系的构成及其作用机制，每一门学科从每一个角度都可以进行学理上的抽象，进而进行分析、解剖。但是，每一个价值体系中都存在着某种或某些基本价值，整个价值体系也正是在这种（些）基本价值的基础上生成或建构起来的。

一般伦理学的终极价值是善，是对道德规范及其功能的价值确认，但是，善作为伦理学的终极价值形态也是最高形式的抽象。随着社会生活领域的分化和职业活动的多样化，善有着具体的表现形式。在不同的生产、生活和活动领域中，善的具体表现是不同的。在人的社会治理活动中，统治型的社会治理把非强制性获得社会秩序的手段视为善，对于这种社会治理活动的治理对象而言，忠顺、服从也就是最大的善；管理型社会治理者能够在效率的追求中顾及公平、公正，那就是善，而被治理者接受并参与治理活动也被看做为善。公共管理的善则会表现为公共管理者的服务定位，作为这种服务定位的积极回应则是普遍的合作互动，在更高的追求中，赢得公共管理合作体系的确立和建立起稳定的合作机制。

也就是说，在人的一般伦理关系中，善是永恒的价值，而在人的不同社会生活和社会活动领域中，善必然有着具体的存在形态。在社会治理中，统治型的社会治理以仁、义、礼、智、信等分有着善的价值，管理型的社会治理则以公平与效率等表现和实现善的价值。公共管理在分有善、实践善和实现善的过程中，以公共管理的全部道德追求来证明自身就是善的治理，是充分实现了善的价值的社会治理模式。具体地说，公共管理中善的价值以服务的形式出现，服务是一种理念、一种精神、一种目标、一种原则和一种行为模式。在更为根本的意义上，服务是制度体系，在组织结构、运行程序中，都突出公共管理的服务价值特征。

11.4　公共管理的价值体系

在本原的意义上，一个社会、一个时代、一种社会治理模式中的基本价值是属于系统或体系的，个人通过认识社会系统或社会治理体系的价值可以在精神存在中生成价值观念；同样，个人通过理性直观可以为道德存在提供社会性、群体性的理性形式。严格说来，虽然人的道德存在是人的道德潜能与社会理性、群体理性或职业理性契合的产物，但道德存在属于什么样的范型，却是由价值决定的。比如，统治型社会治理方式的等级秩序价值决定了人的道德存在在上下之间以“忠孝”为轴，在平行关系中以“仁义”为线，从而编织起一种道德范型；管理型社会治理方式中公平与效率的价值则造就了以责任义务为特征的道德范型；公共管理的服务价值在公共管理者的理性直观中则被完整地纳入道德存在之中，并生长出一系列的道德规定，形成公共管理者所独具的新型道德范型。也就是说，对于公共管理者而言，服务就是他的道德存在的基本特征和形式，在服务价值的基础上生成的公共管理体系的价值都会在公共管理者的理性直观中完整地反射到他的道德存在之中，使他的道德存在具有后工业社会的历史特征和具有服务型社会治理模式的基本特征。

权力关系倾向于造就“官本位”的价值取向，法律关系倾向于造就“权利本位”的价值取向，只有伦理关系才会提出“人本位”的价值要求。人本位也就是人们常说的“以人为本”。在现今的企业经营中，人本位的价值取向可以对利润取向作出矫正，并成为法治的补充。对于社会治理来说，“人本位”的价值取向是与服务取向一致的。或者说，社会治理中的人本位价值取向必然会以服务的形式出现，会以服务型的社会治理结构、制度、程序和行为出现，以服务来确证人之根本。一个社会中，权力关系、法律关系与伦理关系之间的构成方式决定了官本位、权利本位和人本位等价值取向的强弱。在一切以权力关系为轴心的社会中，官本位的价值取向就必然处于主导地位。同样，任何一个把法律关系推向轴心地位的社会，权利本位的价值取向都会为社会所普遍接受。因此，也可以断定，当一个社会在伦理关系的轴心上进行制度设计和制度安排时，人本位的价值取向也就会迅速地生成。

如上所述，服务是公共管理的终极价值，在公共管理体系中，公共管理的制度、体制、过程等等之中都还会有着服务价值所派生出来的次生价值，从而构成以服务为核心的公共管理价值体系。在公共管理的价值体系中，以往社会治理体系中的价值因素在公共管理体系中也会得到继承和改造，会作为公共管理价值体系的构成因素。抽象地讲，服务价值并不专属于公共管理，在以往的任何一种社会治理体系中，都会包含着服务价值，只不过服务价值的具体内涵相对于不同的社会治理体系有着重大区别。但是，总的说来，在以往所有的社会治理体系中，服务价值都属于次生价值，在社会治理的价值体系中处于边缘位置。只有公共管理，才在人类社会治理历史上第一次把服务价值置于价值体系的核心，作为社会治理的终极价值，并依据这一价值创设公共管理的制度、过程和行为模式，提供在整个公共管理体系中都具有普遍意义的原则和标准。

价值是以体系的形式出现的，在每一种基本价值的基础上都会相伴而生一系列具体价值，形成价值群，形成系统，形成体系。仅仅认识到价值体系这种价值存在形态还是不够的，因为，任何一个人所拥有的价值都是一个价值体系。但是，个人的价值体系不是理解社会、时代以及任何一个社会构成系统的前提。反过来，社会、时代及其社会构成中的系统和体系总体上的价值，恰恰是理解个人价值的前提。所以，关于价值的研究，仅仅停留在对“价值体系”的认识上还很不够，更为重要的是要研究“体系的价值”。认识价值体系或研究体系的价值属于完全不同的两种学术倾向，研究“价值体系”往往把人导向无谓的学理之争和神秘主义思维；研究“体系的价值”则会导向自觉地建构社会、时代及其社会各构成系统中的价值体系的积极创造活动。公共管理伦理学正是根据后一种学术方向来探讨价值问题的，所以，它在各种社会治理模式中看到的是体系的价值，它的学术目标也相应地定位在通过对公共管理体系价值的揭示，去寻求制度设计和制度安排的可能性方案。

公共管理价值是公共管理本质的方面。其实，一切价值都是实质性的而不是形式上的规定，在社会生活的一切领域中，价值都是其本质的方面。当然，在日常生活语言中，人们更加习惯于就某物的功用使用价值的概念，即说明某物在适用领域或范围中的功用。实际上，即使是在这一层意义上使用价值的概念，也是对“功用”本质方面的肯定。所以，研究公共管理的价值问题也就是对公共管理根本性质的揭示。就公共管理伦理学专门对公共管理的价值进行研究而言，这门学科也就成为公共管理学学科体系中本质性的学科。

公共管理的服务价值是公共管理体系的基本精神和原则，它在本质上是不能还原为公共管理者的价值观念的。相反，公共管理者的价值观念却分有着公共管理体系的服务精神，服务价值作为治理体系的基本精神是可以被看做为一种“客观精神”或“历史精神”的，是人类社会治理方式发展的结果，是在社会治理体系的改造和转型中生成的，是人类进步的标志，反映的是人类长期的历史性探索的结果。所以，对于服务精神的理解需要从历史的总体性视角出发，而不能从近代以来的任何一种分析主义的或还原论的立场出发。因为，如果把服务精神归结为个体的人的价值取向和价值建构，就会把对服务型社会治理模式产生的基础导向神秘主义的理解。

发现人的道德存在对于理解公共管理活动的主观前提来说无疑是有着重大意义的突破，但公共管理所拥有的社会理性、群体理性或职业理性，也是不容忽视的维度，更何况人的道德存在本身就是人的道德能力与社会理性、群体理性或职业理性相契合的结果。社会治理中的价值就是社会理性和群体理性的核心构成部分，在管理型社会治理模式产生以来的全部历史进程中，也是社会治理这一特殊职业中的职业理性的核心要素。虽然公共管理的服务价值属于“客观精神”的范畴，而一旦为公共管理者所分有，就会在公共管理活动中表现出其主体性，特别是在公共管理者的行为选择中表现为一种价值取向。如果公共管理的服务价值在公共管理者那里与他作为人的道德存在之间实现了有机的统一，就会以公共管理者的职业人格的形式出现。

在人类社会的总体历史进程中存在着每一历史时期共有的普遍价值，而在每一历史阶段中又有着属于这一历史时期特有的价值。在历史的横断面上，人类社会拥有一些普遍的价值，而在具体的社会生活领域中又会有着特殊的价值。在对社会治理领域的考察中，也可以看到类似的情况。公共管理这种新型的社会治理模式所拥有的基本价值就是服务。对于公共管理而言，服务作为理念和信念具有价值实体的形式，是由公共管理者所承载起来的价值实体。然而，在公共管理者的行为体系中，服务又是作为原则和基本规范而存在的；作为公共管理者的行为结果，服务则是一种境界，是公共管理者必须不懈追求的境界；就公共管理者自觉地追求这种境界而言，其实，又是公共管理活动的逻辑前提。但是，公共管理者之所以能在公共管理活动中确立服务的目标和自觉地追求服务的境界，那是由公共管理体系的性质决定的，是公共管理体系的制度构成为其确立了客观基础。所以，服务首先是公共管理体系的价值，其次是公共管理活动中的价值。也就是说，公共管理活动中的服务原则是由公共管理体系决定的，但是，只有在公共管理者的公共管理活动中，服务原则才能落到实处，才是一种现实的价值。

L. J. 宾克莱提出过一个愿望："我们不应该成为过去一些原则的奴隶，而应当老老实实地去寻找最能为理性辩护的各种价值，这种价值有助于把我们生活于其中的世界建成一个更高尚的世界。因此，各种道德价值都不是任意定的，而是和人有关的。"① 公共管理中的服务价值就是出于这种愿望而得到的发现。一方面，正是人类社会治理模式的历史演进，把服务价值推展了出来；另一方面，也是人类文明生活的要求，把社会治理活动的服务定位作为创造新生活的前提提了出来。

11.5 价值确定中的整体与个体

近代以来，伦理学陷入了集体主义还是个人主义、整体主义还是个体主义的争论之中，它们实质上是同一思维框架中的两种对立观点。正如一枚硬币的两个方面。如果伦理学研究走不出这种争论赖以发生的思维框架，也就永远无法说服对方，争论将永久地进行下去，伦理学也就无法建立起统一的价值。

在现实社会生活中，集体与个人、整体与个体的区分是人类自我意识发展到一定阶段的产物，是从"物""我"二分的思维框架中推展出来的"他""我"二分，正是在这种二分的基础上，才进一步形成了集体与个人、整体与个体的对立。随着社会的发展，人与人之间在社会存在上的相关性日益增强，人与人之间

① ［美］L. J. 宾克莱：《理想的冲突——西方社会中变化着的价值观念》，18页，北京，商务印书馆，1983。

的相互内化使人的自我意识为社会的“和合”精神所取代，从而使“他”“我”之分、集体与个人的区别等都失去了理论意义。因为，“集体”与“整体”这些概念，所反映的都是人的社会存在形式，并不是对人的社会存在的本质的把握。

如果说在工业社会这种从人的社会存在的形式方面来把握人的存在是具有一定合理性的话，那么随着工业社会的结束，科学就不再能够满足于这种从形式方面对人的把握了。因此，这个时候，伦理学在价值问题的研究上如果固守集体主义的还是个人主义的价值观，也会失去历史合理性。所以，伦理学的基本任务就成了时刻准备着去捕捉具有历史意义的时代精神，并将其确立为伦理价值，在一切应用伦理学的研究中，也应根据其适应领域的具体特性去发现那些独特的基本精神。公共管理伦理学就是这样一门科学，它以公共管理体系为研究对象，根据公共管理这种社会治理模式的全部新特征去发现它的基本价值和核心价值，结果，它提出了对服务价值进行研究的必要性。当然，对于公共管理伦理学的研究来说，如果固守传统的思维方式，也是可以把服务精神纳入集体主义的解释框架中的，在公共管理伦理学的叙述过程中，在对某些具体问题的解决中，也可以向传统思维方式作出妥协。但是，公共管理伦理学没有这样做，它从公共管理在人类社会治理史上的革命性变革出发来认识其服务价值，它要求告别传统的思维框架，努力实现对“集体至上”还是“个人至上”这种传统思路的超越。

如果关于公共管理的科学不满足于从集体与个人，整体与个体二分思维出发的话，那么对公共管理的认识也就会不同于传统科学对社会治理体系的认识。由于公共管理伦理学试图超越传统的思维框架，所以，它在公共管理体系中所看到的是：公共管理者作为价值主体，既不能被简单地理解为公共管理者整体，也不能被简单地归结为公共管理者个人。公共管理者是公共管理体系中制度、体制中的整体与个人的统一体，尽管这个统一体会以整体和个人两种形式存在。作为整体，它不是个人的简单总和，而是制度系统中的个人的总和；同样，作为个人，也不是一般社会意义上的个人，更不是自然个体，而是整体的构成要素，是以个体形式存在的整体，公共管理者整体意义上的制度内容、服务精神都在个人身上有着完整的体现。

所以，集体主义还是个人主义、整体主义还是个体主义的原则在公共管理者这里都不再具有实质性的意义，公共管理者无论是在存在形态上还是在行为选择上，都试图超越集体主义、整体主义或个人主义、个体主义的原则。公共管理者所秉承的原则是一种在服务精神统摄下的创造性原则，他在具体的公共管理活动中创造性地选择最佳服务途径和方式，在一切可以根据整体主义、集体主义或个人主义、个体主义原则进行诠释的行为中都包含着指向公共利益的基本目标。

集体主义与个人主义、整体主义与个体主义的概念所代表的思维方式实际上只是一种解释框架，是近代社会把农业社会的伦理价值体系与工业社会的伦理价值体系进行比较时提出的一个解释框架。应当说，在近代之前是没有这一解释框架的。由于这一解释框架的提出，使学术研究有了依据，但也助长了学者们在学术研究中把复杂问题简单化的倾向。其实，要么整体主义，要么个体主义，这一解释框架存在着对农业社会文化体系的严重误读。学术界流行的看法是把中国文化看做整体主义文化，把西方文化看做个体主义文化，如果不加深思，这种看法似乎是可以接受的，而在实际上，情况并不是如此。在东西方文化中，所谓整体与个体只是作为价值取向的前提和结果时有所不同，而不是一种互相排斥的关系，即使在某些理论体系中把整体与个体理解成相互排斥的关系，那也不是处于主流的价值取向。

在中国文化中，德就是“外得于人，内得于己”。“内得”成“仁”，“外得”为“义”，“仁，内也，非外也；义，外也，非内也”（《孟子·告子上》）。但是，无论是“外得”还是“内得”，都是立足于个人，是个人价值，是谋求集体功用的个人价值，而不是个人与集体、整体、社会共有的价值。所以，在社会治理过程中，表现为对社会治理者个人的要求，从而走上“希圣”“希贤”之路。一种价值如果能够成为社会治理体系的价值、制度的价值，它就会是集体与个人共有价值，单纯属于集体的价值或个体的价值，一经文字表述，都容易走向教义化的方向。

从对中国传统文化的理解来看，作为中国农业社会文化体系的伦理价值是发生在具体的人与人之间、具体的人群与人群之间的关系，“忠”“孝”“节”“悌”都是具体的相对人关系，如果把忠君孝亲理解成整体主义的价值取向，是大错特错的。尽管忠君孝亲可以构成稳定的整体上的等级秩序，而独立、自由、平等又何尝不能构成稳定的整体上的社会秩序呢？君、亲等虽然能够代表整体或导向为整体确立一个核心的方向，那是需要通过制度安排才能达到的目标，君、亲等本身并不是整体，君、亲作为具体的存在，其实也是个体。个体对个体的忠、孝、节、悌，无论在何种意义上都不是属于整体主义文化的范畴，至于在制度安排中获得整体结构的稳定性，那是另一回事。同样，在西方，从哲学上的“原子”或“单子”的自由意志到政治学上的独立、自由、平等，再到经济行为中的个体的利己动机和利益追求，也并未造成社会整体上的分崩离析；相反，通过制度安排而使整体更加稳定了，更加具有了广泛的适应性和弹性。由此看来，它又怎能不是一种整体价值取向呢？

所以，整体主义还是个体主义的学理设定并不具有什么真正的理论意义和实践意义。在近代以来相当长的时间内，这一学理设定引发了无数徒劳无功的争论，并且使理论越来越失去影响现实的能力。如果有人希望按照这一学理设定去进行制度设计和制度安排的话，也必然会受到现实社会发展的嘲弄。现实的制度设计和制度安排是无须考虑整体主义还是个体主义的思维取向的，所需要的恰恰是从社会发展和历史进步的总的历史趋势中发现具体的、基本的和有着无限生命力的价值，并用这种价值去统摄每一项行为的选择。

根据这一原理，在服务型社会治理模式中，一切理论活动和人文社会科学的探索都应当以确立服务价值为旨归。只有当服务价值确立起来了，服务型社会治理模式的制度设计和制度安排才有了明确的根本性依据。当然，从近代社会的情况看，整体主义还是个体主义的学理设定发挥过重要的意识形态功能，在未来一个相当长的历史时期中，这种设定如果未经扬弃的话，也还会继续发挥着意识形态的功能。但是，需要注意的是应严防它超出意识形态的范畴而成为一般性的思维框架，特别是不应成为指导制度设计和制度安排的思维框架。因为，从道德建设的角度看，在西方国家往往存在着这样一种情况，整体主义的思路由于为道德穿上了伪善的外衣而糟蹋了道德、破坏了伦理；个体主义思路则把人导向褊狭的个人利益至上，使人理直气壮地排斥道德准则和拒绝道德规范。

11.6　价值与社会治理体系的关系

一般说来，对一种社会形态的确认需要从人的主导性生产和生活方式基础上的人际关系出发，人们之间社会关系的普遍形式属于哪种类型，由这种关系以及从属于这种关系的基本制度、规范体系和行为原则体系等因素构成的社会，也就可以在整体上被确认为属于哪种社会形态。某一社会阶段中所具有的价值、思想体系和意识形态，可以成为认识这个社会阶段整体构成的参考资料，但决不是确认社会形态的依据。但是，对社会治理模式属于哪种类型的确认则有所不同，在这里，价值是基本依据之一。

尽管一种社会治理模式的出现有着历史必然性，那只是总的历史过程中的必然性，考察具体某一个时期的社会治理模式，主观建构的成分会更多地呈现在我们面前。所以，如果一个社会治理体系总是极力突出社会等级秩序的价值，就会把自身导向统治型的社会治理模式；如果一个社会治理体系极度推崇公平与效率，就会走到用科学化、技术化的原则审视和建构自身的道路上去。由此可见，不同社会治理模式之间的差异在一定程度上取决于其价值。一个社会治理体系要解决朝着什么样的方向建构自己的问题，首先要解决的就是应确立什么样的价值的问题。进一步地说，公共管理要能够在自我完善中成为真正的服务型社会治理模式，首先需要确立的就是服务价值。只有在服务价值的前提下或基础上进行公共管理的制度设计和制度安排，才能造就出真正的服务型社会治理模式。

其实，不仅不同社会治理体系之间的差别是由于价值形态及其性质的不同造成的，而且，对于同一社会形态中的不同社会之间的差异，也需要从价值的差异中来获得理解。同属于某种社会形态的不同国家、地区和民族，在生产方式、人际关系、制度构成等各个方面大致上会基本相同或相似，但每一社会又都会以一个独立的社会实体而存在，有着自己的独特性。人们在解释这种现象时往往将其归结为文化差异。这种解释在基本方向上是对的，但是，进一步探究文化差异的根源，立即就会发现存在着价值体系上的不同，特别是价值体系结构上的不同。或者说，这种不同国家、地区、民族之间的社会差异，只能理解为价值体系结构上的不同。

因为，历史发展的必然性决定了处于同一社会形态中的社会在价值构成要素方面有着大致相同的内容，特别是作为价值体系核心的基本价值是相同的。然而，同样是这些价值要素，在价值体系中的构成方式上的差异决定了同一历史发展阶段和同一社会形态中的不同社会有着自己的特色。社会治理体系之间的差异也可以作出相同的理解。同处于某种社会治理模式的不同社会治理体系在基本价值方面是一致的。比如，一切统治型的社会治理体系都会突出等级秩序的价值，一切管理型社会治理体系都会突出公平与效率的价值，一切服务型的社会治理体系也都会突出服务的价值。但是，在不同国家、地区和民族之间，在基本价值基础上形成的价值体系会有着结构上的区别，从而使社会治理体系也会出现多样性。

在社会治理体系中，核心价值在表现形式上往往会以某种精神的形式而存在，公共管理的服务价值也可以被称为服务精神，但是，服务精神是表现形式，服务价值才是其本质性的存在。同样，对于以往的社会治理模式而言，统治型的秩序价值是以权力意志的形式出现的，并不仅仅是因为权力意志是秩序的支持力量，而是指统治秩序必然以权力意志的形式表现出来。在统治型社会治理模式中，统治秩序就意味着权力意志，没有统治秩序的地方，权力意志也就不存在了。管理型社会治理模式的公平与效率价值以法律精神和科学精神两种形式表现出来。公平表现为法律精神，效率则表现为科学精神。

就如统治型的社会治理体系贯穿着权力意志、管理型社会治理模式贯穿着法律精神和科学精神一样，公共管理的服务精神作为一种“客观精神”、“历史精神”是历史地生成的，是人类社会发展中的历史必然结果。既然农业社会必然会要求统治型的社会治理模式与之相伴随，工业社会必然要求管理型社会治理模式与之相伴随，那么当人类进入后工业社会时，公共管理所代表的服务型社会治理模式的出现也就只能被合理地理解为历史必然。同样道理，农业社会中人类生活方式的分散“经营”需要权力意志来加以整合；工业社会在生产和生活等所有领域中的规模“经营”需要法律精神的调节和科学精神的规范；后工业社会中人们交往的扩大化、社会化和多样化，更需要社会治理体系在服务精神和服务理念的统领下提供灵活的、方便的、具体的服务。因此，公共管理体系所拥有的这种服务价值及其服务精神并不是由谁提出和倡导的，而是全部人类社会发展史的结果。公共管理体系拥有了服务精神也就意味着拥有了全部人类社会历史进步的成就，公共管理者也由于拥有这种精神而使自己成为不同于以往社会治理者的新型社会治理者，使自己成为能够满足后工业社会或走向后工业社会这一伟大变革时代要求的合格的公共管理者。

11.7 服务价值的实现

公共管理中也会存在着价值冲突的问题，但最为基本的价值冲突是权力观念、法律观念与服务观念之间的各种形式的冲突。我们已经指出，权力观念盛于农业社会，近代以来，在一些经历过工业革命洗礼的国家中，法律观念的成长经历了一个较长的历史时期之后而达到了冲淡权力观念的结果，在一些未能彻底实现工业革命的国家中，权力观念与法律观念相混杂的状态始终是社会治理体系中的基本现象。即使是在那些经历过较为彻底的工业革命的国家，社会治理体系中权力观念和法律观念的冲突也每日每时地存在着，迄今为止，人类社会在整体上并没有解决权力观念与法律观念相冲突的问题。此时，公共管理这种新型的社会治理模式又登上了人类历史的舞台，因而，权力观念与法律观念的冲突必然会被带入公共管理之中，而且，权力观念和法律观念又都会分别成为与服务观念相冲突的一极。可见，权力观念、法律观念与服务观念的冲突是一种历史冲突，是纵向的历史冲突在横向的历史截面中的表现。

正如一切历史冲突都需要历史地解决一样，权力观念、法律观念与服务观念的冲突也只有在沿着正确的历史发展方向的前进中才能得到解决。公共管理的出现本身就是代表着人类社会治理模式发展方向的历史必然，公共管理中的服务精神、原则和观念也是人类社会治理价值自我否定、自我扬弃的结果。所以，表现为权力观念、法律观念和服务观念冲突中的价值冲突只有在服务观念的强化中才能得到解决。当然，服务观念的强化有多种途径，工业社会的习惯做法是把一切对观念的强化直接付诸教育。实际上，最为根本的强化是通过制度安排的方式使需要确立的价值确立下来。也就是说，公共管理需要通过制度安排使服务观念成为贯穿于整个制度体系的基本精神，实现对权力和法律的制度统合，从而造就出权力观念、法律观念从属于服务价值的客观基础。

但是，在各门学科的学术解释活动中，人们都倾向于用“多元化”这样一个词语来解释当代社会，在几乎所有的领域中，人们都对解释对象作出多元化的解释，价值问题的解释也不例外。所以，关于价值的问题，人们在现代社会的表象中发现，它与以往社会的不同在于价值的多元化，而价值的多元化又被理解成是价值冲突、文化冲突以及各种各样的社会冲突的根源。其实，所谓价值多元化的问题，仅仅是在社会表象中形成的一种幻觉。价值是无所谓多元化的，基本的、核心的价值只有一种，在一定的历史时期中，在一定的社会生活领域中，所有的价值存在形式都属于一定的价值体系，而价值体系又是建立在某一最基本、最核心的价值之上的。社会表象中的价值多元化只是价值体系外在表现的形式多样性，而不是存在意义上的“多元”。

当然，在社会变革和新旧价值体系更迭的过程中，价值的外在显现会更加色彩斑斓，一些原先的边缘性存在凸显了出来，一些原先中心性的存在边缘化了，变得扑朔迷离。这些都是价值体系结构的变动和改组过程，而不是出现了多个平行并存的价值体系。所以，不能被视为价值的多元化，其实只是价值表现形式的多样化。一旦价值体系中各要素在中心与边缘的位移中找到了自己确切的位置，价值表现形式的多样性也将随之消失。当然，价值体系结构的变动会由某种外力所引起，但是，如果这种外力不是来源于一个更进步的历史阶段的价值体系，而是来自于同一历史阶段中的另一价值体系，那么它所造成的影响仅仅是一种转瞬即逝的涟漪。即使是来自于一个更高历史阶段中的价值体系，其影响也会因受到了冲击的价值体系自身的结构应力而极小化。

价值体系结构的变动主要是由于它所从属的社会发展引起的，是历史进步的力量所推动的。这里所强调的价值体系结构的变动，决不意味着对价值体系对外部的开放性的否定，只是要求对这种开放性有一个正确的认识，不要让人以为价值体系对外部的开放性就能够解决价值体系自身的革命性变革问题。因为，在价值体系对外部的开放中所获得的一切新质因素，都需要得到价值体系自身的消化和吸收才能成为“营养”。同样，对于价值体系结构变动方面的强调，也决不意味着其要素是不变的，正如有机体一样，新的细胞在生成，旧的细胞在衰亡，但是，那些基本的价值有着较强的生命力，会历时态地存在于若干个不同的价值体系之中。所谓价值体系结构的变动，也往往是由于这些基本价值在中心与边缘之间发生了位移的结果。

总之，价值表现上的多元化无非是核心价值的开放性的外在表现，而不是价值本身的多元化。也就是说，如果核心价值具有开放性和广泛的包容性，就能够把其他社会历史时期的价值包容到自身之中来。但是，这种包容并不是把原有价值不加改变地包容到自身之中来，而是加以改造，赋予了新的内容和性质，然后纳入自身之中，成为新的价值体系的一个构成部分。之所以在表现形式上会表现出“多元化”的性状，是由于这些价值因素把核心价值中的一些未显性的因素显现出来。这种差异恰恰证明了边缘性价值因素对核心价值有着补充的意义，而不是证明它们是核心价值的异质因素。所以，价值多元化是一个现象，而不是多元冲突着的价值因素的并存，在深层中，多元价值是应当有着质的同一性的。

然而，价值因素的多样化、价值结构的复杂化必然会使价值标准、价值尺度体现出多层次的特征。这样一来，公共管理者的公共管理活动就有了价值尺度和价值标准的选择问题，尽管在公共管理的制度安排中已经解决了以服务精神、服务原则为主导的问题，如果公共管理者不能够实现服务精神、服务原则的彻底内化，在具体的公共管理活动中还会遇到价值尺度、价值标准选择的困难。所以，公共管理者虽然有了他的道德存在，但在公共管理中，这种道德存在还需要与公共管理这一具体职业的职业理性充分契合，把制度安排中的服务精神和服务原则内化为自身的基本价值取向，并以此来统驭公共管理活动中的其他价值尺度和价值标准才会保证自己在价值选择中始终持有正确的方向。

如上所述，服务作为公共管理的核心价值或主导价值是人类社会治理发展的结果，这体现了历史的必然。但是，公共管理者在拥有和获得这一价值时是需要在公共管理活动中来加以系统地实现的。虽然公共管理体系需要通过制度安排来为服务价值的实现提供保障，但与管理型社会治理模式不同的是，制度并不是直接地作用于价值实现的过程的。在公共管理中，制度安排的主导性思路是赋予公共管理者更充分的自主性，使他们具有创造性实现服务价值的能力。如果说公共管理者在职业选择的过程中已经解决了对服务价值的选择问题，那么在他的公共管理活动中，就剩下了如何创造性地实现服务价值的问题了。

换一个角度说，公共管理是一个合作体系，它的服务价值及其制度安排是充分合作的保证。但是，公共管理者的服务意识和社会共同体意识也是广泛而充分合作的重要支柱。如果说在以往的社会治理模式中治理体系的等级化、层级化和治理职能的部门化妨碍了社会治理者共同体意识的生成，那么公共管理中的层级和部门已经发生了根本性质的变化，不再是人的身份和地位的标志和规定，反而是协调和高效的结构性设置。公共管理体系的伦理定位使权力意识进一步边缘化，公共管理者在伦理平等和道德自由的制度中获得了共同体意识生成的客观基础。所以，公共管理也就能够在共同体意识中进行广泛和充分的合作。

11.8 公共管理者的价值选择

伦理学为人生设定某种至善的境界，把对至善的追求确立为人生价值实现的途径。其实，至善只是一种理想，真正的至善是不存在的，至善涵育在人的具体道德行为和道德目标中。在公共管理中，服务就是善，就是社会治理全部道德价值所在，公共管理者的一切职业活动都应当是对这一目标的追求，他只有把对服务价值的追求作为自己的行为指针，才与他的职业是相称的。但是，在价值问题的研究中持有这种客观性考察视角，丝毫也不意味着对公共管理者价值选择的轻视。谈到价值的问题，必然会引出价值主体与价值客体的问题，即必然会提出"谁的价值"、"对谁有价值"等问题。关于价值问题的探讨，无非是谋求确立统一的价值观念和相对合理的价值目标的努力。在实质上，就是考虑如何通过非制度性的、非强制的方式处理我与他、个人与社会、个人与群体等之间的关系。其中，最为基本的和主要的是利益关系。也就是说，公共管理中的服务价值虽然属于公共管理体系的，而在作为个体的人的公共管理者这里，也是属于个体的，公共管理者的价值选择对于服务价值的确立有着不可替代的意义。

虽然人的道德活动以人的道德存在为根据，但是，人的道德存在在外向作用的过程中之所以能够得到证明，首先取决于价值选择。价值虽然有着客观基础，是与社会历史联系在一起的，受社会生产和社会生活所决定，却不能被理解成自在的存在。价值在直接的现实性上是道德主体的选择，而且，这种选择是自由的选择，是在既定的历史背景、社会环境和群体活动的需要中作出的自由选择。也就是说，这种选择在社会整体或群体的意义上是被决定的，而就个人而言就是自由的。只要道德主体是根据自身的道德存在而作出价值选择，这种选择就是自由的。但是，价值选择又不是人的道德存在简单的显现，不是以复制品的形式展现出来的，道德主体价值选择的自由还反映在这种选择的创造性上，是通过自由创造的选择活动对客观社会需要作出的应答。

在人的道德存在与价值选择之间是这样一种关系：人的道德存在是道德价值选择的主观依据，社会的、群体的需要则是道德价值选择的客观依据。人的社会性以及对人的活动的社会性的判断，本身就表明人的一切活动都是在既定的社会环境中发生的。道德的活动是有益于社会的活动，甚至是为了社会的活动。在公共管理的职业活动中，公共管理者是为了公共利益的目的而开展这种职业活动的。在这里，公共利益就是公共管理者价值选择的客观依据，他服务于公共利益，为了公共利益的实现和增长。公共利益的实现，既是公共管理者的职业规定，也是他的价值追求。

公共管理者价值选择的关键是确立选择标准。公共管理属于服务型的社会治理模式，服务是这个治理体系整体上的普遍精神和一般原则，是基础性的核心价值，公共管理者在公共管理的职业活动中树立服务精神，确立服务观念，无疑是最具实质性意义的。但是，如何把服务精神和服务观念落实到具体的公共管理行为中，就需要根据公共管理者所处的具体机构和部门的性质和特点，根据岗位、职位和职务的要求和规定，去确立具体的服务内容和标准，然后，把这些内容和标准作为他的公共管理行为选择的标准和依据。

价值选择的标准也就是道德评价的标准。价值是道德评价的终极标准，一切社会存在和社会性的活动与行为，在作出道德评价时，都会有相应的标准。没有标准，无从评价，有了标准，评价才能得以进行。有些道德评价的标准是人们自觉制定和确立的，但绝大部分的道德评价标准是来源于对某种普遍精神和一般原则的直觉感应。公共管理体系中的一切实存的方面都是可以进行道德评价的，而对每一个方面的道德评价都会有着独特的标准。比如，对公共管理制度方面的道德评价与对公共管理者行为方面的道德评价会有着不同的道德标准，但所有标准都根源于公共管理的服务精神和原则。

人的价值也就是人的社会生命，人在人的社会关系和社会交往中对社会的影响、贡献以及他在这些社会关系和社会交往中所达到的社会认同程度，就是他的价值。每个人都生活在具体的社会关系和社会交往系统之中，他的价值也都属于这些具体的社会关系和社会交往系统，唯有他自己的行动才是他实现自己的价值、创造自己的价值的基本途径。在现代社会，人的社会生命更多地存在于他的职业活动之中。所以，人在职业活动中的表现成了人的价值实现的基本途径，甚至人在其他社会关系和社会交往中的价值，也主要是通过职业活动而得以实现的，至少会在职业活动中为这些价值的实现创造了有利条件。

公共管理者的价值也就是他在公共管理这一职业活动中的价值。具体地说，在公共管理活动中，公共管理者的社会生命的内容是什么？会以什么样的形式出现？这些就是公共管理者的价值。在一般的社会意义上讲，人的价值是由他个人承载着的社会生命，价值主体的个体性决定了在理论上畅言个人价值和张扬个人价值是合乎逻辑的。但是，如果把人的价值与他的职业联系起来，个人的价值就需要与职业系统的价值统一起来。职业系统的价值也就是从业者整体的价值与个人价值的统一。在工业社会，职业系统的价值与个人的价值是分离的，职业不存在与从业者个人直接相关的价值，只有公共管理才能够实现职业价值与从业者个人的价值的统一。这一点既是公共管理这一职业活动区别于以往所有社会治理活动的根本性质，也是作为社会治理者的公共管理者个人价值得以充分实现的根本出路。公共管理体系的价值与公共管理者个人价值的统一取决于公共管理者的价值选择。首先，公共管理者的社会生命是他的选择的结果。然后，当他开始了他的公共管理职业活动的时候，他在这种活动中的一切积极性、创造性也都会表现在对服务价值的选择上。通过这种选择，他获得了自己的社会生命，他实现了自我完善，也使公共管理这种社会治理方式得到了完善。

基于合作精神的社会治理必然是政治平等、利益普惠、社会可持续发展的保障因素，公共管理伦理学的研究，正是要探求合作精神及其作用机制生成的基本途径，或者说，去发现公共管理者遵循什么样的原则、以什么样的态度和选择什么样的方式开展社会治理活动，才能赢得普遍合作的社会运行机制。在社会治理者那里，统治使人最终走向孤独，成为“寡人”；管理使人变得寂寞，使他与他人之间的沟通在情感方面完全丧失，人与人之间除了例行的程序性的机械应答之外，被隔离得如此之远，人与人之间的距离达到了遥不可见、互不相识的极端。只有服务才会使人们之间密切地联系在一起，使人与人之间实现心灵的沟通和相互印证。

11.9　公共管理者的理想和态度

一般伦理学在研究伦理价值的问题时非常重视人的理想，对于普遍人生来说，理想的意义是非常重大的，正如王阳明所说：“志不立，天下无可成之事”，而且，就人本身来说，也是这样，“人无志不立”。一个人树立理想并把理想分解为现实的行为，是人生自我实现的必要途径。但是，对于工业社会的职业活动来说，人生的理想追求应更多地让位于现实的职业活动，任何职业的从业者，当他富于理想的时候，他的理想都基本上是属于个人的而不是属于职业的。就职业活动本身而言，一切职业都倾向于限制甚至扼杀理想，虽然现代社会中的人生理想目标大多需要通过职业活动来加以实现。但是，在这里，职业是被作为手段而不是被作为理想，是个人实现理想的手段。尽管人们把职业作为实现理想的手段，实际情况往往并不是如此，因为，职业更多地表现出了与理想之间的矛盾和冲突。

职业的非理想性和无理想化在工业社会表现得极为明显。当然，有一些探讨职业问题的学科也谈论理想的问题，那是这些学科的研究者把个人理想与职业活动目标相混淆的结果。比如，我想成为一个举世闻名的科学家与我从事科学研究活动是不应当混同的，做科学家的理想是属于个人的，而科学研究活动如果是一种职业活动的话，其中理想的成分越少越好，而且，职业活动本身也无所谓理想的问题。有一些社会活动是充满理想的，例如，在社会变革过程中的革命活动，往往是在理想的引导下进行的。人们有时也把革命作为一种职业看待，其实，革命活动决不是职业活动。如法国大革命时期的所谓“职业革命家”的称号只是一种比喻，并不是说这些人的革命活动已经是作为一种职业而存在了。革命活动中所充盈着的理想决不能证明任何职业都会具有理想的内容。资本家有理想，但他的理想在许多情况下与艺术家的理想相似。一旦资本家成为资本的经营者，或者那些受雇为专门经营资本的人，在经营资本的过程中必须扼杀理想。

在工业社会中，理想属于一种人生追求，这种人生追求可以扩大为群体、民族、国家和社会的追求，却与职业活动是两码事，职业活动可以作为某种理想实现的手段，但职业本身所要贯彻的是现实的精神和原则，所要达到的是现实的目标。职业活动中的价值是与理想无涉的，职业伦理学也无需去奢谈理想的问题。所以，公共管理伦理学在思考公共管理体系的价值时，是把服务精神作为现实的制度设计、制度安排和公共管理者行为选择的原则看待的，而不是把它作为一种理想。

虽然出于制度设计和制度安排的考虑，我们在公共管理体系上反对把服务价值和服务精神理想化，但是，这并不意味着我们否定公共管理者个人把服务精神和实现服务价值作为自我完善的人生追求。相反，公共管理恰恰是要求公共管理者确立合乎服务价值的人生理想目标。这也是公共管理与以往社会治理模式的不同之处。比如，管理型社会治理模式就不会要求治理者必须持有与治理原则一致的理想。一个公务员可能会有当部长的理想，那是他个人的事，他不愿意与所有公务员共享这一理想，也不可能出现所有公务员都有同样理想的情况，而且，他所归属的政府并没有要求他树立这样的理想。特别是在政府部门工作的人，根本就不会考虑要把政府整体上的核心价值和基本价值转化为自己的理想。他想当部长，而部长仅仅是一个职位，并不属于政府的核心价值，至于政府的核心价值是什么，政府工作人员是根本不加考虑的，甚至强制性地灌输给他们都是不可能的，更不用说他们会以政府的核心价值为依据去确立自己的理想了。对于公共管理来说，制度设计和制度安排上的现实性原则与公共管理者个人公共管理活动的理想性原则是一致的，而且，这两种原则是相互支持和相互补充的，对于公共管理服务价值的实现，它们都是不可缺少的。公共管理一方面在制度设计和制度安排中贯彻服务价值、体现服务价值，另一方面又要求公共管理者分有服务价值和拥有服务精神，要求他们把体系上的服务价值转化为个人的理想。

从工业社会向后工业社会的转变，在职业表现上的不同，也反映在有无职业理想上。如上所述，工业社会的职业是无视理想甚至否定理想的，但是，在后工业社会中，职业必然是包含着理想内容的。理想是分层次的，一个组织或一个社会的理想属于科学理想的范畴，因为那是基于对人类历史发展规律的科学认识而提出的，反映了历史发展的必然性。个人的生活理想是复杂多样和因人而异的。虽然理想意欲达到的目标是不同的，但就理想自身而言，是一种精神追求。职业理想属于道德理想的范畴，无论职业门类和性质会有多大的差异，只要是作为职业规定而存在的理想，必然是道德的。作为职业规定，理想与职业的组织结构和法律规定一道，共同构成了职业规定的整体。

也就是说，在后工业社会中，任何一种职业，只要它是根源于社会存在和发展的客观需要，是有存在合理性的职业，都必然要接受它自身赖以开展的组织结构的规定，需要接受习惯中生成的即自然的和成文的法律的规定，同时，还要接受这一职业所独具的理想目标的规定。组织结构的规定和法律的规定是工业社会的职业和后工业社会中的职业所共有的，而理想目标的规定则是后工业社会所独具的。对于后工业社会中的任何一种职业来说，只有同时接受这三个方面的规定，才能称得上是完整的健全的职业。

在公共管理体系中，理想作为一种职业规定，是内在于全体从业者而存在的，是注入到全体从业者心灵之中的道德信念，它在每一个从业者那里，都是属于个人的，但是，对于这一职业的全体从业者来说，它又是公共的，是一种共有的理想。所以说，职业理想是由从业者个人所承载的却又区别于个人生活理想的道德形态，是一种由个人承载的一个职业群体共有的理想。这种理想也可以用简洁的文字甚至口号宣示出来。不过，即使是宣示出来的理想，在存在于个人那里的时候，也会有所差异。不过，共同的方面是主要的，差异的方面是次要的，虽然差异的方面是次要的，却决定了一个职业群体在作出实现理想目标的行为选择时，它的每个成员都有着自己的创造性和独特性。

公共管理者的职业理想是全心全意为人民服务。因为，公共管理体系上的核心价值是服务，当服务价值转化为公共管理者的理想时，就会以全心全意为人民服务的目标追求而存在。有什么样的理想，也就会有着相应的态度。公共管理者有了全心全意为人民服务的理想，也就必然会在其公共管理实践中持相应的态度，用这种态度去从事公共管理职业，去开展公共管理活动。如果说公共管理者全心全意为人民服务的理想是关于公共管理的职业规定，那么他的态度则是一种现实表现，是理想的具体化；理想是对未来目标和现实的客观效果的追求，而态度则是这种追求的自觉的主观表现；理想是公共管理者的价值核心，而态度则是建立在理想的基础上的，是价值的外在显现。

虽然公共管理者的态度具有个体性，是属于个人的主观态度，但是，个人主观态度的集合则会构成一个特定群体的作风。一个公共管理部门或组织在公共管理中的作风具有什么样的情况，是存在于这个组织或部门的绝大多数成员的态度之中的。也就是说，一个人的态度能代表一个公共管理部门或组织的作风，如果这个部门或组织的绝大多数成员有着相近或相似的态度表现，那么，所代表的就是它的作风的状况。当然，在对个人进行评价的时候，人们也会说他具有某种作风。这种评价的根据不是指他一时一地的态度表现，而是指包含在他一贯态度中的那种因素，是他一贯态度的集合。所以说，作风无非是态度的集合。

本章小结

人类的一切活动都蕴涵着价值，无论是个体行为还是集体行动，而且，越是集体行动，就越会突出价值的问题。人的一切行为都包含着价值因素。进一步说，人的一切自觉的行为都有着明确的价值目标。职业行为的价值目标则是职业群体开展职业活动的基本理念，是贯穿于这个职业从业者的一切活动和行为中的基本精神和原则。公共管理与以往的治理不同，它突出强调价值的问题，在制度设计与安排中，突出价值的因素，在公共管理的行为选择中，更需要强调他的价值取向。公共管理是一个极其复杂的公共组织行为体系，无论是在理论上为它确立一个解释框架，还是在实践上为它指出一条行动路线，都取决于公共管理的价值确定。

公共管理伦理学在对公共管理服务价值的研究中，试图超越传统的整体与个体、集体与个人的方法论。公共管理伦理学要求在服务价值的基础上来理解公共管理体系的制度设计和制度安排，去把握公共管理者的行为模式。一个社会治理体系要解决朝着什么样的方向建构自己的问题，首先要解决确立什么样的价值的问题。进一步地说，公共管理能够在自我完善中而成为真正的服务型社会治理模式，首先需要确立的就是服务价值。只有在服务价值的前提下或基础上进行公共管理的制度设计和制度安排，才能造就出真正的服务型社会治理模式。公共管理的服务价值也可以被称为服务精神。

公共管理中也会存在着价值冲突的问题，但最为基本的价值冲突是权力观念、法律观念与服务观念之间的各种形式的冲突。公共管理的出现是代表着人类社会治理模式发展方向的历史必然，公共管理中的服务精神、原则和观念也是人类社会治理价值自我否定、自我扬弃的结果。所以，表现为权力观念、法律观念和服务观念冲突的价值冲突，只有在服务观念的强化中才能得到解决。公共管理者虽然有了他的道德存在，但在公共管理中，这种道德存在还需要与公共管理这一具体职业的职业理性充分契合，把制度安排中的服务精神和服务原则内化为自身的基本价值取向，并以此来统驭公共管理活动中的其他价值尺度和价值标准，这样才会保证自己在价值选择中始终坚持正确的方向。在公共管理中，制度安排的主导性思路是赋予公共管理者更充分的自主性，使他们具有创造性实现服务价值的能力。

公共管理中的服务价值虽然是属于公共管理体系的，而在作为个体的人的公共管理者这里，也是属于个体的，公共管理者的价值选择对于服务价值的确立有着不可替代的意义。公共利益就是公共管理者价值选择的客观依据，他服务于公共利益，为着公共利益的实现和增长。公共利益的实现，既是公共管理者的职业规定，也是他的价值追求。公共管理体系的价值与公共管理者个人价值的统一，取决于公共管理者的价值选择。公共管理一方面在制度设计和制度安排中贯彻服务价值、体现服务价值，另一方面又要求公共管理者分有服务价值和拥有服务精神，要求他们把体系上的服务价值转化为个人的理想。

复习思考题

1. 为什么要研究公共管理中的价值问题？
2. 不同社会治理体系中的核心价值有哪些不同？
3. 什么是伦理价值？伦理价值与人的道德存在之间的关系是怎样的？
4. 权力关系、法律关系和伦理关系会分别生成什么样的价值？
5. 公共管理体系中的价值结构是怎样的？
6. 公共管理伦理学为什么不接受传统伦理学的解释框架？
7. 社会治理体系与价值之间的关系是怎样的？
8. 核心价值与边缘价值之间的构成方式对社会治理体系有什么样的影响？
9. 服务价值的实现途径有哪些？

10. 公共管理者的价值选择有什么意义?
11. 人的道德存在与价值选择之间有什么样的关系?
12. 为什么说工业社会条件下的职业活动是不包含理想内容的?
13. 公共管理是如何把服务价值与职业理想统一起来的?

第12章

公共管理者的人格与教育问题

在人类社会的每一个历史时期中都有一些众口传颂的英雄人物，所有英雄人物都有着令人崇敬的高尚人格。所以，一切伦理学的研究都把造就高尚人格作为追求的目标。在某种意义上，伦理学实际上就是发现造就高尚人格之路的学问。但是，我们也发现，无论历史上的还是现实中的英雄人物，没有一个是伦理学方面的专家，有些人可能并没有多少伦理学方面的知识，甚至没有经历过专门的道德修养过程。有一些英雄人物在成了人们崇敬的典范之后，人们往往倾向于在他们身上描绘出许多光环，其中，也会杜撰出许多关于他们如何进行道德修养的事迹。其实，许多这样的东西都是后人加上去的。拥有高尚人格的英雄是他所在的社会造就出来的，而不是刻意培养出来的。这样一来，伦理学这门专门致力于发现高尚人格生成道路的学问就变得尴尬了起来。

在学习伦理学的时候，我们不能不对伦理学所规划出来的道德修养方案提出疑问，不能不对每一个社会都重复开展着的广泛的道德教育产生怀疑，它们究竟能否达到预期目标，它们果真能够有效地推动人类社会走向文明的轨道吗？实际上不能！这一点是伦理学的根本缺陷。也就是说，以往的伦理学对人的人格修养过程寄予了过多的期望，对社会所进行的道德教育寄予了过多的迷信，所以，伦理学研究和学科建设的方向也就选错了。其实，伦理学也应当像政治学、经济学、社会学等学科一样，应当有一个科学的态度，而不是服务于说教的目的。伦理学也应当成为一门制度设计的科学，应当通过对社会伦理关系和道德发生、发展规律的研究去提供制度设计的方案。

重点问题

- 人格生成的社会历史前提
- 公共管理者的独立自主人格
- 公共管理中的权威与尊严
- 人格生成的途径
- 正确认识道德教育

12.1 人格生成的社会历史前提

人格是一种社会规定，一个特定的历史时期必然会拥有属于这个历史时期的并得到广泛认同的人格。但是，在个人这里，人的人格实际上是社会在个人身上的总体性实现。人的人格一方面反映了他的道德存在的状况，另一方面又体现在他的社会行为中，是人的完整的道德特征。人的人格并不存在于人的单一个体独处的情境中，而是人的社会存在的一项重要内容。人只有在与他人的交往中，才会表现出人的人格，才会有塑造和维护自我人格的要求。

人生活在社会中，在他与他人的关系中，在一切与他人、与社会相关联着的行为中，人会以什么样的道德面目出现，都取决于他的人格。人格作为人的道德存在和道德行为的综合性整体特征是不能被分别归结为人的道德存在和道德行为的。从对人的道德存在、道德行为和人格这些方面的评价中可以看到，对人的道德存在进行评价时，我们会说人的道德存在是彰显了出来还是被遮蔽了起来；在对人的道德行为进行评价时，我们往往会作出“善”或“恶”的判断；而对人的人格进行评价时，我们则会作出高尚或卑劣等判断。对于道德存在而言，人的自我道德化是人能否自觉到自己的道德存在的问题，也是一个对道德存在加以恢复和重建的问题；对于道德行为而言，人的自我道德化是一个如何进行道德规范的问题；对于人格而言，人的自我道德化则是一个如何对人格加以改造和提升的问题。

人格是可以塑造的，人的道德修养主要目标就在于对理想人格的塑造。在人的人格塑造过程中，人的道德存在、道德行为与人格之间的联系显现了出来，存在着人的道德存在转化为人的人格的运动，也存在着人的道德行为凝聚和积淀为人的人格的运动。人格可以达到崇高的境界，崇高的人格已经不仅仅是善，而且是美，是善与美的统一。拥有崇高人格的人，自然就会生出一种伟大的威严，令人仰慕，令人敬畏，像一面镜子一样，让人从中照出自己的一切不足。

道德人格对他人具有强烈的感染作用，“只有那些接触过某种伟大道德人格的人，才能充分认识到这种感召力的性质”①。实际上，“接触过某种伟大道德人格的人”不在少数，人类社会之所以没有走向没落，在很大程度上是由于许多人接触过伟大的道德人格，也有许多人憧憬着伟大的道德人格。

社会治理者的人格是由社会治理模式的性质决定的。从历史上可以看到，对人格的崇尚是发生在统治型社会治理模式中的。因为，在这种社会治理模式中，人的等级差别和权力关系造成了普遍的人格依附。统治作为权力的作用过程，实质上就是征服。统治不仅是物质上的征服，而且是精神上的征服。统治型社会治理模式把人对人的统治确立为一种稳定的强权作用机制，在这种机制的运行中，通过权力而实现的人对人的全面征服使人失掉了反省的能力，进而失去了自我。在这种情况下，独立人格就成为极其珍贵的稀缺之物，从而令人向往和珍惜。

近代社会，从政治原则中的自由和平等那里，本来是能够生发出人的独立人格的，可是，在公共领域与私人领域的分化中出现了人格表现上的根本性不同。在私人领域，在一般性的社会生活中，人的独立人格能够得到一定程度的尊重；而在公共领域中，特别是在社会治理体系中，人的独立人格却由于人们对治理方式科学化、技术化和形式化的追求而受到忽视。这样一来，在人的人格问题上，就出现了严重悖理的现象。我们知道，在私人领域的交往中，利益关系往往是人们之间更为直接的联系，人的人格在利益实现过程中的作用并不是必需的，但是，恰恰是在私人领域中，人的人格才会得到尊重。人的人格在本质上属于人的公共生活的范畴，人的生活越是具有公共性的内容，越会突出人格的价值。所以，公共领域本来应当成为人的人格充分实现的领域，特别是在社会治理体系这一公共领域的核心地带，更应当成为人的人格充分实现的地方，而且应当通过社会治理体系中活动着的人的人格的实现去为全体社会成员的人格实现提供保障。然而，管理型社会治理模式恰恰是在社会治理体系中完全抹杀了人的人格的意义，管理型社会治理模式不仅没有为人的人格实现提供保障和开辟道路，反而在对工具理性的强化中祛除了人格存在和发展的基本条件。在管理型社会治理模式

① ［法］亨利·柏格森：《道德与宗教的两个来源》，26页，贵阳，贵州人民出版社，2000。

存在并发挥作用的历史阶段中，公共领域与私人领域的分化也会以人格分裂的形式表现出来。如果说统治型社会治理模式中的强权在造就人格依附的同时促进了人对自由的独立人格的憧憬的话，那么管理型社会治理模式在科学化、技术化和形式化的追求中，则让工具理性泯灭了人对独立人格的渴望，使人在人格追求方面变得麻木起来。

管理型社会治理模式以其制度的客观性剥夺了社会治理者的自主性，虽然社会治理者所从事的是社会治理的活动，但是在整个社会治理体系中，他既不独立也不自主，每一个治理者都只不过是治理体系这架庞大机器中的一个部件。管理型社会治理模式在整体上是理性的，从属于制度理性，治理者个人需要排除情感意志的干扰。然而，对于他来说，如果真正地排除了情感因素干扰的话，那么，他个人的理性也就变得没有必要了，他就会成为无理性的听从理性安排的被动的棋子。作为治理工具而不是治理主体的治理者如果不需要拥有感情的话，也就意味着他不需要运用理性。所以，治理体系对于治理者个人来说，就成了不得不加以接受的命运，至多是可以预测的命运，在他加入社会治理者行列的时候，就可以精确地计算出他直到退休时的结果。就是这种已知的命运领着他一步一步地前行，甚至那种不可预测的命运所带给人的期待、渴望等在他这里也被剥夺了，他每隔三年或五年的升迁促使他尽可能少地作出决定，放弃任何对责任和风险的承担。公共管理作为一种新型的社会治理模式而诞生，一个主要原因就在于否定管理型社会治理模式剥夺治理者自主性的做法，要求把所有被剥夺的自主性还给治理者。所以，公共管理者应当是拥有充分自主性的治理者。自主以独立为前提，甚至自主本身就是独立。没有自主条件下的独立人格是稀有的，仅仅偶然地与某些个人联系在一起。有了自主条件的独立人格将会是普遍的和一切人都可以拥有的，在这种条件下，拍马逢迎、阿谀奉承才是一种偶然的、稀有的低下人格。

也就是说，公共管理这种新型的社会治理模式也会把改变管理型社会治理模式对于独立人格生成和发展的不利影响作为基本任务之一。或者说，公共管理需要搬除社会治理体系中一切不利于人的独立人格生成和发展的障碍，公共管理需要在伦理制度建设中率先促进社会治理者独立人格的生成，实现社会治理体系的人格化，并以此推动全体社会成员独立人格的充分实现。我们看到，20 世纪批判家们深刻地揭示了人的人格分裂和独立人格丧失的社会障碍，但是，他们在寻找出路方面却显现出了迷惘，今天，公共管理这一新型的社会治理模式的出现，将会使 20 世纪那些批判家的幻想成为现实。只有公共管理才是普遍的独立人格生成的正确道路。公共管理不仅肯定了管理型社会治理模式为人的政治生活、私人生活和一般社会生活中的独立人格提供保障的做法，而且也要求社会治理者拥有独立人格，要求整个社会治理体系也在人格化的制度设置中实现人格化。公共管理提出的这一要求是以往社会治理所无法实现的，而公共管理则恰恰是按照这个要求去规划自己的行动方案的。

总之，近代以来，在私人领域中，由于市场经济条件下的竞争，促进了人的自主意志和独立人格的生成，但是，在公共领域中，对权力、权威的盲从和依赖一直存在。从管理型社会治理模式的发展情况看，尽管在政治理念上的自由、平等为人的独立自主人格的生成奠立了理论基础，但在现实的社会治理活动中，层级化的官僚制体系决定了社会治理者甚至比统治型社会治理模式中的治理者更加依赖权力和权威。鉴于此，公共管理这种新型社会治理模式在社会治理历史上的革命性变革是以公共管理者独立自主人格的获得为标志的。

12.2 公共管理者的独立自主人格

在伦理学所提出的德性条目中，包含着一种突出人的主体性、个体性的德性，那就是独立自主。然而，人的独立自主的德性在人的德行中则更多地表现为人的人格，即人的独立人格。或者说，在人的各种德性中，独立自主是一种直接以人的人格形式出现的德性，它既是人的德性的标志，又是人的人格的指称。在独立自主这个德目上，体现了德性与德行、人格的一致性，从理论上来把握这一特点，可以理解成人在道德上的自足圆满。

在公共管理活动中，独立自主也是公共管理者的德性。在公共管理者的德行中，他的独立自主人格一方面表现为公共管理者自己的独立人格，另一方面也表现为对公共管理体系中一切独立人格的尊重。

作为公共管理者德性的独立自主，与以往各种治理模式中的权力执掌者的那种惯常表现出来的个人专断完全不同。个人专断在自主的同时也倾向于为他人做主，倾向于用死板、僵硬、细致的规定限制甚至窒息被治理者的创造性。个人专断表现在治理活动中，往往会在一切可能的地方都把权力行使到极端的地步，表现出事无巨细和无所不及地行使权力，被治理者必须完全听命于他，他对被治理者的要求就是做他的“提线木偶”。独立自主作为一种德性，是宽容和仁爱责任义务的道德升华，它所意味着的是：公共管理者在独立思考、自主创造的同时尊重他人的独立判断和自主选择。

同样，公共管理者人格的独立自主则主要表现在他对自己在公共管理活动中思想和行为自由的意识。公共管理者在管理活动中依法开展自己的社会治理行为，让这种治理行为与公共管理体制、机制和组织行为相协调。当然，这也是岗位和职务的相对确定性所规定的。但是，公共管理者所受到的这些外在规定并不意味着他可以逃避独立思考和自主行动的责任义务，而且，他还不仅仅满足于把独立思考和自主行动作为一种责任义务来承当，他需要对自己有着更高的要求，那就是在公共管理活动中，对自己的独立判断和自主行动有着充分的自觉，把执行命令、遵纪依法与自己思想和行为上的独立自主有机地统一起来。实际上，这就是要求公共管理者把他自己的独立思考和自主行动提升为他的人格。

作为公共管理者德行的独立自主，是以对社会规范和合理性规则的遵从为前提的，因为，这些规范和规则是社会一切成员共同遵守的，所以，也必然会要求公共管理者遵守之。在某种意义上，公共管理者的独立自主正是来源于更好地遵守这些规范和规则，而不是背离了这些规范与规则的“独立自主”。背离社会共同体的规范和规则是不能视为独立自主的，反而只是一种荒诞的任性。总之，作为公共管理者德性和人格而存在的独立自主也是德行的独立自主，而不是相反。

独立自主作为公共管理者的德性是外施于人的。也就是说，这种独立自主并不是仅仅属于公共管理者个人的独立自主人格，而是一种在他自己的独立自主人格实现中充分尊重他人独立自主要求的道德品质。因为，只有当一个人成为对自己的独立自主人格有充分认识的人，才会尊重他人独立自主的权利。相反的陈述是费希特做出的，一个想做主子的人必然是真正的奴才，或者说，想做主子的人满脑子都是奴才意识。在现实中，我们也发现，那些拍马逢迎、阿谀奉承的人也必然是独断专行之徒，他最为敌视的就是他人的独立自主。一个人一旦有了拍马逢迎、阿谀奉承的恶行，他也就必然会要求别人有着同样的恶性，即要求别人同样地用拍马逢迎、阿谀奉承来对待他。

独立自主作为德性与人格的统一，是公共管理者在公共管理活动中拥有想象力和创造力的前提。因为，公共管理者一旦有了这一德性和人格，就不会墨守成规，而是会根据自己的自主判断来开展公共管理活动，从而在处理一切具体问题时，所遵循的是一些基本原则而不是具体规条，他是在那些基本原则之下充分地发挥自己的想象力并创造性地解决问题。

公共管理活动是权力关系、法律关系和伦理关系相互作用的过程。其中，权力关系在其存在的历史表现中的自我证明是：（1）自上而下的服从甚至盲从；（2）自下而上的依附……同样，法律关系在其存在的历史表现中，则鼓励人们对法律规范无条件地接受，法律就是铁的定律，个人在法律面前没有异议的权利。所以，权力关系和法律关系都倾向于剥夺人的自主的判断力，把人训练成迷信恭顺的奴仆。特别是管理型的社会治理方式，在权力关系和法律关系的共同作用下，几乎把一切人都训练成了物欲的奴隶。每当社会治理主体让渡给个人一些满足物欲的自由时，总会更多地剥夺个人的自主。结果，甚至连那些作为社会治理主体中最高主宰者的个人，也会丧失独立自主的德性和人格。由此可见，不仅对于作为一般社会成员的个人，而且对于作为社会治理者的个人，甚至是对于那些处于社会治理结构最高层的治理者，独立自主都是极其可贵的德性和人格。特别是在那些鼓励趋炎附势、盲从愚忠的领域中，人的独立自主的德性和人格就会显得更加珍贵。

独立自主作为人的德性和人格是人的一种恒定的道德品质。一个能够独立自主的人，在一切领域中的一切活动中都会表现出他的这一德性和张扬他的这一人格。一方面，他会理性地对自我的能力、素质、社会影响力作出判断；另一方面，他也会对他从事的工作、承担的任务以及他的责任和行为后果作出理性判断，然后才作出行为选择。即使他做出知难而上的决定，也是基于理性判断的决定，是正确的行为选择，而不是盲从和冒进，更不是出于炫耀和显示的心理。因此，拥有独立自主德性和人格的人，既不会在强者面前示弱，也不会在弱者面前示强；既不会畏惧困难、逃避责任，也不会狂妄任性、轻率鲁莽。

在公共管理的组织结构中，个人必然是与特定岗位和职务联系在一起的，如果公共管理者在上司与下属之间表现有别，在上司面前唯命是从而在下属面前独断专行，那么他在本质上恰恰是缺乏独立自主德性和人格的人。所以，拥有独立自主的德性和人格能够使人似“大丈夫立于天地之间”，不畏强权，敢作敢当，时时处处根据公共管理职业性质的要求和他自己解决问题、克服困难的充分自信，去承当公共管理的职业使命和回应公共管理客体的服务期望。

12.3 独立自主人格的表现

独立自主的德性会表现为自信，独立自主的人格会体现为人的自尊。反之亦然。

也就是说，一方面，人的独立自主是以自信为前提的，一个人只有有了充分的自信，才可能在行为中表现出独立自主的特征。当然，人的自信不是盲目自信，是在对自己的能力、品性以及社会影响力的理性评价的基础上生成的自信。人有了这种自信，就会在活动中表现出他的独立自主的德性。另一方面，一个有着独立自主德性的人，时时处处都会展现自己对人生对事业的自信，会勇敢地面对任何挑战，会积极地寻找一切机遇，会大胆地进行探索……

独立自主的人格也是人的自尊的实现。在某种意义上，独立自主必然会以人的理性自尊的形式表现出来。一般说来，在人的自我感觉中有着三种形态的自我：其一是自大，其二是自尊，其三是自卑。自大与自卑是人的自我感觉的两种极端形态，都是非理性的和放纵情感的结果。自尊则不同，是人的理性的自我意识，是自大与自卑的“中庸”。自大与自卑是可以转化的，一个拥有自大恶性的人，只是在一些场合表现出自大，而在另一些场合就会表现出自卑。所以，一个自大和自卑的人往往是失去自我的人，会表现出患得患失，他的自大与自卑完全取决于环境、场合和他人。自尊与自大和自卑比较起来的不同恰恰表现在使人与环境、场合和他人保持适当的距离，维持一个独立自主的理性空间。自尊使人独立于环境、场合和他人之外，进行理性的审视和判断，并在这种审视和判断中与自我加以对照，然后作出行为选择。因此，在他的行为选择中凝聚了基于独立自主的创新，使他的行为区别于一切平庸的因袭而发的行为，并能够赢得广泛的尊重。所以说，独立自主的德性是自尊的实现，而这种自尊又是赢得他人尊重的前提。

独立自主使人自强、自立。如上所述，独立自主表现在行为选择中，包含着对自我、环境、场合、他人以及所要承担的工作、任务的比照和理性判断过程。在这个比照和判断的过程中，就能够发现自己的不足和弱点所在，从而找到提高和改进的方向。缺乏独立自主德性的人是无法做到这一点的。比如，人的自大既阻碍了对自我的认识，也妨碍了对环境、他人等的正确判断，往往使人长期陶醉在一些并不准确的初始判断中，直到环境等因素发生了重大变化，并给他造成了极大压力的时候，他还不能意识到。所以，正是由于他的自大而使他戴上了狂妄和虚荣的眼罩，从而使他丧失了认识自我、环境和他人的能力。虽然自大在一些极其短暂的时候使人表现出自强，却不可能实现自立，更不能使他实现自主。失去自立能力和自主意识的自强，其实只是虚假的自强，是一时的幻影。

同样，自卑则会以另一种形式使人丧失自立和自强。自卑与自大不同，自大使人封闭，而自卑则使人开放。自卑的人有着开放的意识，愿意去比照和认识自我与环境、场合、工作、任务和他人。但是，自卑的心理定势往往妨碍了他在这种认识中形成正确的结论，反而会在比照和判断中加强自觉卑下的意识，进而堕入不思进取、浮躁懦弱的境地，生成嫉妒之心。在这种情况下，他的行为选择就会包含着放弃作为、自暴自弃、迷信盲从和嫉贤妒能等可能性。当然，自尊的人有时也会有自卑意识，但是，这种意识一旦出现，他就能够感知到并找出自卑意识产生的根源，进而去发现超越自卑的正确方向。能够意识到自卑的人并不自卑，反而恰恰是真正的自尊，因为，他能意识到自己的自卑并努力超越自卑。这就使他获得了自强、自立、自主的能力。

自大使人表现出骄傲，即骄己傲人，总是自视甚高，以“他人之师”甚至“天下之师”自居，对他人所为之事总会品头论足，对他人应为之事总会以先知先觉的口吻加以指点。比如，“你应当如何……”其实，他并不真正知道“应当如何”，他的“指示”“建议”“劝告”由于他的自大、封闭而毫无内容，只是一些极其幼稚粗浅的见解而已。然而，如果他的这些“指示”“建议”“劝告”没有受到有力反驳的话，他就会自鸣得意，再一次感受到了好为人师的乐趣。

自卑使人失去自信，既不打算改变环境、他人，也放弃了任何改变自己的努力。自卑可以督促自己去认识环境、他人等等，但这往往是浅尝辄止，因为他并不是出于丰富自我和积极进取的目的去认识，而是试图在他人身上发现一些不足的或更为卑下的方面，以求自己在比照中得到自满。然而，自卑的人往往在这种认识中发现他人更多高尚和强大的方面，以至于他无法容忍和承受他人的高尚和强大，生出无名的嫉妒之心，并开始恶意地贬低他人、诽谤他人，试图用这种对他人的贬低和诽谤去纾解自卑的压力。因而，自卑使人的心灵变得阴暗，自卑的人总是嫉妒他人、贬低他人和指责他人……

自尊的人往往会表现出适度的谦虚，他在对自我与客我的全面认识和比照评价中，准确地确定了自我与客我的同、异、差、比，知道自己的不足之处。因而，他能够自觉地以人为师，主动地向他人学习，谦逊地对待每一种意见和建议，集百家之长以充实自己。做到了这一点，他的独立自主的德性也就有了更为坚实的基础。因为，他在自尊、谦逊和自觉的学习中，不仅进一步获得了自强、自立、自主的能力，而且更加坚固了独立自主的资本。

由此可见，独立自主的人格不仅是一种境界，而且也是一种能力，它能够使人对自我、对环境、对他人作出正确的判断和认识，能够使人对自我应当和即将作出的行为选择作出理性思考，从而使人拥有自强自立地立身于社会生活和职业活动之中的能力。独立自主让人在对待自我的问题上通过思想、情感和行为的自我节制而实现自尊；在面对困难的时候表现出勇敢上进、坚忍不拔的勇气；在为人处事中做到平和友善、诚实守信。

12.4 人格尊严的确立

人的尊严来源于人对社会的贡献。在形式上，人的身份、地位、职务、职称等也可以使人获得相应的尊严。对于社会治理者而言，由于执掌权力能够拥有权威，权威在一定情况下与尊严具有相近的特征。然而，权威并不是尊严，至多只是一种威严。不过，权威是可以转化为尊严的，如果社会治理者能够根据治理体系的价值取向正确行使权力，那么在他正确行使权力的过程中，就能够获得尊严。如果他不能正确行使权力，无论他在何种程度上强化了自己的威严，也不会获得尊严。尊严只属于有益于社会和有益于他人的人。所以，公共管理者个人尊严的获得唯有忠实地贯彻公共管理体系的服务价值取向，舍此再无他求。

在统治型和管理型的社会治理模式中，治理者的一切治理行为，除了需要建立在权力或法律的基础上之外，还需要以权威为依托。在某种意义上，权力和法律转化为权威可以更加增强治理体系的合法性和治理活动的积极效应。对公共管理活动的开展，权威也是必要的，但是，在这里，权威的表现有所不同，因为公共管理在很大程度上消除了权威的强制性心理认同特征。在公共管理中，权威发生了质的改变，它是转化为公共管理者人格尊严而存在的权威。

公共管理者的尊严和权威是一个东西，他的尊严就是他的权威，如果他没有尊严，他也就不会有任何权威。也就是说，公共管理者除了自己的人格尊严之外，他不应当有获得权威的其他途径，他不能像以往的社会治理者那样，通过权力的行使来为自己创造权威。公共管理者的尊严来源于尊重和自尊。尊重和自尊本身就是相互对应和互为前提的，对他人的尊重既是自尊的表现也是自尊的实现；同样，也只有自尊的人才会尊重他人和赢得他人的尊重。尊重和被尊重、自尊与他尊的统一，就是人的一切社会关系中的理想形态。长期以来，尊重和被尊重、自尊与他尊的统一都是被作为一种道德信条而代代相传的，可是，尊重与自尊的统一并不是在任何条件下都能够得到实现的。

在统治型的社会治理模式中，权力结构的等级性决定了对尊重的要求胜于自尊，能够做到自尊的治理者往往难以融入这种治理体系中去，或者根本就不为这种治理模式所容纳。这类人能吟出诸如“采菊东篱下，悠然见南山”等千古绝唱，但总会一再地面对仕途的挫折。管理型社会治理模式在本质上是与尊重和自尊都不相干的。不过，这种治理活动主体之间也存在着一种人际关系的维度，因而也包含着尊重与自尊的问题，虽然这种尊重与自尊相对于管理型社会治理模式而言是一种边缘性的存在，但对治理活动的影响也是不可轻视的。然而，管理型社会治理模式并没有属于自己的尊重和自尊的形式，尊重和自尊的表现状况与统治型社会治理模式中的尊重和自尊基本上是一样的，只是由于它们相对于管理型社会治理模式的边缘性而不那样引人注目而已。社会治理者尊重与自尊相统一的形态只有在公共管理中才能得以出现。公共管理者相互之间的尊重和自尊，交织成了每一个公共管理者的尊严，因而，在公共管理者个人这里，以往社会治理者的那种权威不再存在，作为个人的公共管理者只拥有尊严而不拥有权威，或者说公共管理者仅仅拥有作为尊严的权威。

在以往的社会治理模式中，由于尊重与自尊的分离，受到尊重的人可以不尊重那些尊重他的人，那些尊重人的人在行为上很难把尊重与阿谀奉承区别开来。这种尊重也可能部分地被理解成尊严，而实际上则是权威作用机制的外在表现。因为，尊重者所尊重的不是人而是人所拥有的权威，被尊重者所拥有的只是权威而不是尊严，所以，既不存在对人的尊重，也不存在所谓自尊的问题。当然，在这些治理模式中，也有一些自尊的人，这些人的自尊总会以拒绝权威和藐视权威的形式出现，而且每当他拒绝权威和藐视权威的时候，立即就会被权威所挫败。所以，这些自尊的人并没有因为自尊而获得尊严，反而因为自尊而受到侮辱，因而，这是一种尊重者不自尊和自尊者不尊重的状况。我们所说的尊严只存在于尊重与自尊的统一中，以往的社会治理体系既然无法使尊重与自尊相统一，所以社会治理者也就不可能真正拥有什么尊严。尊严之于社会治理者只是一种假象和幻相。公共管理使公共管理者的尊重与自尊统一了起来，因而在人类历史上第一次使社会治理者获得了尊严。

无疑，自尊是人的人格表现形式，即人的人格特征。公共管理者的自尊来源于职业的神圣性，在一个公职活动受到普遍尊重、公共利益关乎社会健全的社会中，从事公共管理活动本身就是一件值得骄傲的事情。正是在这种特殊的职业活动中，他的人格能够得到淬化，得到提升。自尊是与自负相对应的，自尊使人正气凛然，相反，自负则倾向于产生势利小人。因为，自尊是建立在对自我社会价值的直觉的基础上的，在自尊背后所蕴涵着的是要证明和实现自我社会价值的冲动。自负则不同。自负是产生于等级社会和作为等级社会的遗物而存在的，任何时候，自负都是人对自我身份地位的不合理夸大的产物，即使轻微的自负来源于对自我能力的夸大，其中也已经包含着自认为有着超群的能力而必将拥有超群的身份地位这样一种谵妄。自尊的人也就是自主的人和负责的人，他的自尊促使他自信，遇事独立作出判断，而不是盲目行动或听命于他人。同样，他的自尊保证他敢作敢当，蔑视争功诿过的行径。

就社会治理而言，一般说来，尊严属于个人，即属于社会治理者个人，而权威则属于整个治理体系，有着制度的基础。在以往的社会治理模式中，治理者拥有权威，但这种权威并不属于他个人，是因为他拥有权力，或因他与法律之间的直接联系，才表现为拥有权威，在本质上，还是属于治理体系的权威。所以，他的全部治理活动的有效性取决于这种权威是否得到了维护，至于他个人的尊严，对于他的治理活动并不具有根本性的影响。公共管理把依据权威的社会治理转化为依据尊严的社会治理，改变了尊严总与个人相联系的状况，从而使尊严成为公共管理体系及其制度的尊严。与公共管理者个人的尊严一样，公共管理体系及其制度的尊严也是建立在尊重与自尊的基础上的。在整个公共管理过程中，通过制度化的方式以及法律途径等，使公共管理各类组织之间有着尊重与自尊的互动机制，使公共管理主体与客体之间在尊重与自尊中不断优化合作关系。

12.5 道德修养是人格获得的途径

人的人格能够反映出人的道德存在的品质。虽然人的道德存在是对社会理性、群体理性或职业理性的直观和直觉，但是，在不同的人之间，这种直观和直觉并不是等同划一的。个体的人在道德存在上是有差异的，他对社会理性、群体理性或职业理性的直观和直觉有着程度的不同，所以，个体的人在道德存在方面有着品质上的不同。道德品质就是人的道德存在的品质，是通过行为表现出来的人的道德存在的状况。既然人的道德存在有着品质上的差别，不同的人在人格表现上就会有所不同。崇高的人格就是人的道德存在最高品质的表现。

人的道德修养是人自觉地认识、恢复和重建自己的道德存在的活动。一般说来，人都具有道德存在的一面，但并不是人人都能认识到自己的道德存在并根据自己的道德存在而作出行为选择，在许多情况下，人的道德存在处于潜伏的状态，受到各种欲望、知识、经验和不良习惯所掩蔽。也就是说，由于人在后天学习和受教育过程中所接受的非道德因素阻碍了人与社会理性、群体理性或职业理性的契合，使人的道德存在未能成为其自觉的存在。为了唤醒人的道德存在，积极的做法就是自我修养。当然，在一些人那里，对自我道德存在的觉识可能会在刹那间完成，会表现为如佛教所讲的“顿悟”过程。但所谓“顿悟”是可遇不可求的，人们是不应该等待这种“顿悟”的发生的，而是应当积极地致力于自我的人生修养。

对人的道德存在的认识、恢复和重建也可以描写为对道德存在的涵养、淬化即提高人的道德品质的过程。道德修养的真实含义就是指它是一个涵养、淬化人的道德存在的过程，使人的物理存在和精神存在与道德存在一致和谐调起来，尽可能地使物理存在和精神存在都贯注了道德存在的内容，从而实现人在整体上的道德化并体现为道德人格。这也就是说，人都拥有道德存在，人的道德存在转化为现实的道德人格需要经历一个道德修养的过程。

可见，修养所欲达到的是人的道德存在的恢复和重建，而人的道德存在以人的完整的外在形式出现时表现为人的人格，即人的独立人格。人的道德存在是自为的，因而，人的理想人格是独立的，人的道德存在的自为性赋予了人的人格以独立性。历代思想家都把人的道德修养看做为造就“完人”的途径，虽然在现实中我们很难看到这种“完人”的出现，但道德修养在恢复和重建人的道德存在的过程中，在人的独立人格生成的过程中，能够使人的理性能力得到提高。对于人，“就灵魂而言，具有理性的部分是较高较优的部分。所以，人生的目的理应在这一部分中寻求”[①]。人的道德修养就是寻找人的这一“较高较优”的理性部分的过程。

中国先贤们把“慎独”作为人的道德修养的一个重要途径，其实，“慎独”是自我节制的境界，是自我节制的高级阶段。人的自我节制是不是真诚的，以“慎独”为标志。荀子认为，真诚的道德修养不仅要做到“慎独”，而且必然会表现为“慎独”，“君子至德，嘿然而喻，未施而亲，不怒而威：夫此顺命，以慎其独者也。善之为道者，不诚则不独，不独则不形”（《荀子·不苟》）。《中庸》、《大学》则把“慎独”作为“君子”的标准，认为，“道也者，不可须臾离也；可离，非道也。是故君子戒慎乎其所不睹”（《礼记·中庸》）。“小人闲居为不善，无所不至，见君子而后厌然，揜其不善而著其善。人之视己，如见其肺肝然，则何益矣？此谓诚于中，形于外，故君子必慎其独也。”（《礼记·大学》）所谓“慎独”，就是当个人独处之时，所行同于受他人监督，是自我警醒、自我监督下的行为选择。这样做，在道德境界上达到了自我无欺，诚实地对待自己。一个人只有首先做到诚实地对待自己，才会诚实地对待他人、诚实地对待事业、诚实地担当自己的责任和义务。在现实生活中，人的独处是最易放纵的时候，在这种时候，如果人能做到慎行谨言，的确是对自我意志的磨炼，是人的道德水平得到提升的有利时机。由此可见，在关于人的道德修养问题上提出“慎独”可以说抓住了关键，用这一点来要求公共管理者，有着重要的实践价值。

要做到“慎独”还需“吾日三省吾身”，儒家关于自我修养的更为具体更为基本的设定就是“吾日三省吾身”。从儒家这一修养途径的设定中我们也可以看到，对于士人阶层来说，这种修养可以是依据一些伦理教条进行的，但是，如果“吾日三省吾身”作为一种被普遍执行的修养方式的话，“省身”的依据和标准就只能是人的自我道德存在。实际上，这种修养的目标也无非是对自我道德存在的发现过程。总之，通过人的自我修养去达到某种道德人格，当人的人格生成之时，也就是人的道德存在的发现之际，人的人格也就是人的道德存在得到实现的

---

① ［古希腊］亚里士多德：《政治学》，388页。

境界，或者说，人格无非是指人所达到的境界，完整的道德人格只是人的自我在整体上道德化的表现形式。

在职业活动中，道德人格则会以职业人格的形式出现。所以，公共管理人格也就是指公共管理者在公共管理活动中所拥有的与这种职业活动相适应的具体道德人格。公共管理者的职业人格是在他的职业活动中形成的，他在职业活动中自觉的道德修养可以使他达到完善公共管理人格的目标。在对公共管理者道德存在的考察中，我们已经发现，它是公共管理者道德潜能与公共管理的职业理性即服务精神、服务原则、合作意识等的直接契合。当公共管理者自觉地接受公共管理道德规范、承当公共管理责任义务、获得公共管理德性和建构公共管理道德行为模式时，他的道德存在为他提供的是前提和保障。但是，公共管理者有着更高的道德追求，那就是塑造自我的公共管理人格，而他在公共管理活动中的道德修养过程，就是这种公共管理人格生成的有效途径。

旨在于公共管理人格塑造的道德修养是在公共管理实践中进行的。在公共管理活动中，遵循公共管理体系的服务精神，本着合作治理的态度，作出公共管理的行为选择，就会朝着一点一滴塑造公共管理人格的方向前进。“修身”之学是中国传统文化中的一大宝贵财富，在一定程度上，中国农业社会中的实践理性都是以修身为起点去建构思想体系的，儒释道无论在理论归宿上有多大的差别，但“修身”的主张却是一致的，归结为一点，就是身体力行、拳拳服膺。在“知”与“行”之间，行更重要，“知”仅仅是一种道德自觉，“行”才是通向人格完善的途径。对于公共管理者来说，整个公共管理体系已经构成了他的行为选择的框架和环境，他的道德之“知”有着切实的制度保障，所以，他不需要在专门的教育中就可以获得道德之“知”，这样一来，就更加突出了他的道德之“行”在他的公共管理人格形成中的意义。

12.6 关于人格塑造中的教育途径

道德修养是人格塑造的一条重要途径，自古以来，人们都注重人的道德修养的意义。道德修养往往被看做为人的人格形成的主观通道，与此相对应，人们也非常重视道德教育的问题，把道德教育看做为人格形成中的客观路径。实际上并非如此，对于人的人格生成来说，道德教育并不像人们所想象的那样，能够发挥预期的功能。

从人的道德存在出发，可以看到，人的人格主要不是来自于教育和学习，教育并不能达到人格塑造的目的，因为人的人格根源于人的道德存在。为什么在个体道德发生过程中可以实证地证明教育、学习的作用呢？那是因为教育、学习可以起到唤醒人的道德存在的作用，可以使人更为准确地找到与社会理性、群体理性或职业理性的契合点。仅此而已，如果不是在此意义上来认识教育、学习的功能，而是过度地夸大其作用，就极有可能在其社会运作中使这种功能走向反面，进而丧失了通过制度化途径巩固和保障人的道德存在的机会。

在伦理学的哲思中，趋向于深沉的理论往往也会更近乎于事实。黑格尔是伟大的思想家，他的深刻思想能够揭示出道德存在的实际情况，他意识到，“善是不能教的，而是包含在精神的本性之中的……一切有价值的东西，永恒的东西，自在自为地存在的东西，都包含在人本身之内，都要从人本身中发展出来”[①]。虽然黑格尔把这种不能教的道德存在看做精神范畴是错误的，但这种错误是近代认识论物质与精神二元传统的错误。不过，当黑格尔对精神实体作出“自在自为”的规定时，其实包含着冲破近代认识论传统的要求，是可以作出人的道德存在的理解的，只是黑格尔自己并未达到这一高度而已。不管黑格尔在存在论的意义上有着什么样的不足，当他指出“善是不能教的”这一点时，是非常深刻的。从黑格尔“善是不能教的”这一判断中，我们能够体会到，作为善的境界的人格，并不是通过教育获得的。

道德不是通过教育而赋予人的，因为人自身就有着道德存在。柏格森也注意到这一现象，他自问自答道：“何以使徒有其仿效者呢？何以伟大的道德领袖能吸引大众追随呢？他们什么也未要求，可他们却得到了。他们无须去激励，单是他们的存在就足够了，因为这正是那另一种道德的性质。自然的义务是一种压力或一种推力，而完满的道德则具有感召力。”[②] 柏格森不可能意识到人的道德存在，所以，他的回答只是一种模糊的推断，更倾向于将这种现象理解成“示范”，但他毕竟希望根据“自然义务”来加以解释，从而使他避免了庸俗的道德教育观。其实，从人的道德存在来看，这种现象就不难理解了，因为，人有着道德存在，所以，人向往道德生活，才会崇敬那些崇高的道德形象。以往的社会中，人们对道德形象的崇敬之所以不能转化为普遍的道德实践，之所以不能持久地发挥社会功能，那是由于社会没有为那些道德形象的存在提供充分的社会保障。如果社会能够确立起保障那些道德形象存在的制度，人的道德存在就会显露出来，人在对道德形象的崇敬中就可以使自己的道德存在成为行为的向导，社会也就会因

① ［德］黑格尔：《哲学史讲演录》，第2卷，63页，北京，商务印书馆，1959。
② ［法］亨利·柏格森：《道德与宗教的两个来源》，26页。

此而达到普遍道德化的历史阶段。

道德教育在什么样的条件下会收到一些效果呢？是在权力强制力超强的情况下。在这种情况下，社会治理体系借助于权力的强制作用，调动宣传机器和广泛的教育力量对道德教育受体进行轮番“攻击”，迫使道德教育受体承认和接受某些道德信条。这种情况所制造出来的其实并不是真实的积极效果，反而是道德之外的非道德因素发挥作用的结果。尽管道德教育受体表现为道德水平暂时的提高，而且也会有一些人站出来承认道德教育对他们是有意义的。而在实质上，他们所接受的是权力强制力施予他们的压力，与其说他们的道德水平提高了，不如说他们学会了如何顺从权力，在道德教育的背后，则是权力的作用机制塑造了他们的奴性而不是独立人格。所以，当一个社会出现了普遍的自由平等意识的时候，当市场经济唤醒了人的利益主体意识的时候，当人有了独立自主的自觉意识的时候，道德教育就不再发挥作用了。也就是说，再试图用道德教育这种途径来塑造人的奴性已经不可能了，人的现实的社会生活已经萌发出造就自我独立自主人格的冲动。

一切通过教育和学习而获得的东西都是外在于人的。反过来说，一切外在于人的东西在要求人们接受的时候，都需要通过教育的手段。无论是循循善诱的还是强制性的甚至暴力的教育，都只不过是教育的方式选择而已。由此看来，统治型和管理型的制度体系以及在制度体系基础上编织起来的各种构成因素，都是通过教育的途径灌输给人的。在这样做的时候，人究竟是变得更加文明了还是更加远离了人的道德本性？如果文明意味着对人的道德本性的否定和背弃，答案肯定是人类因教育而变得文明了；如果文明包含着人的道德本性的内容，特别是以人的道德本性为实质性内容的话，那么我们只能说人类因教育而变得不文明了。统治型社会治理模式把人变得唯唯诺诺，缺乏创造力；管理型社会治理模式把人变得忙忙碌碌，忘记本我。这都证明了作为这些社会治理模式的制度性因素是违背人的本性的。因为，在这些社会治理模式中，教育是服务于统治和管理秩序的目的的，为了谋求统治和管理的秩序，进行道德教育的时候可能恰恰是采用不道德的手段。例如，在中国历史上的整个农业社会历史阶段中，道德教育是统治型社会治理的重要补充手段，在一定程度上，中国的统治型社会治理是强权与道德教育的两手并重。所以，道德教育的功能在中国历史发展的过程中发挥得最为充分。但是，统治型社会治理中等级差序的格局决定了道德只是权力的虚假外衣，这种历史条件下的道德教育所追求的只是麻痹和腐蚀人心的效果，具有极大的欺骗性和虚伪性。

从另一个角度来看，如果道德教育能够收到所期望的效果，那么伦理学家岂不都成了道德圣人了。在现实生活中，我们往往无法证明那些精通伦理理论的人，那些熟谙道德规范的人比一般社会成员更有道德。在知识与技能的领域，我们可以断言教授者比学习者的水平高是一个普遍的现象，但是，在道德教育的过程中，我们很难说教授的人在道德水平方面一定高于学习者。那些能够讲出长篇大道理的人，可能在自己的道德生活方面乏善可陈，一些设计了公民道德教育方案的或以道德教育为职业的人，可能在道德水平方面远低于公民道德的一般水平。

其实，道德教育是可以包含在制度认同之中的，而且，只有在制度认同中，才会获得真正的教育效果。当制度排斥道德时，在道德教育方面无论投入多么大的精力，也无法收到实效。所以，道德建设不能仅仅停留在教育本身，甚至不能满足于伦理学的研究，而是要着力于伦理制度建设。当伦理学的研究服务于制度设计和制度安排，而不是服务于直接的道德教育时，道德教育已在其中了。当然，在以往的社会历史阶段中，人类文明的程度尚未达到建立伦理制度的历史阶段，只是后工业社会的萌发才给伦理制度的出现提供了历史机遇。公共管理所预示和代表的是新型社会治理模式，它根据道德原则和伦理精神进行制度设计和制度安排，也就是根据人的本性来建构人类的生活和生存方式，所以，它在本质上并没有什么必须强迫人接受的东西，并不需要刻意强化教育的手段。我们当前的工作，就在于探索伦理制度建设的可能性。解决了这个问题，专门的道德教育就显得微不足道了。

总之，道德不是在教育中获得的，道德任何时候都是对人们之间伦理关系的直观和直觉，是人的道德存在的觉醒。一个社会道德水平普遍提升的主要途径是把社会治理结构奠立在真实的伦理关系的基础上，根据现实的伦理精神去进行制度设计和制度安排。只有这样，那些唤醒人的道德存在的社会理性才能迅速地发育和成长，才能普遍地作用于每一个社会成员。

12.7　社会教化是否可能

当一个社会谋求道德建设时往往采用道德教育的手段，在这个意义上的道德教育也被称为教化，是以教化民、以教化风俗的方式。教化的准确含义其实就是社会的道德教育。教育与教化是两个常见的概念；人们在使用这两个概念的时候也很少做出区分，只是根据使用地点的不同和所指内容的不同而对使用哪一个概念做出选择。一般说来，在把特定的人或人群作为“教”的对象时，往往使用教育的概念；而使用教化时，往往是相对于社会全体成员而言的。

可以认为，自从国家与社会的关系被人们意识到之后，就有了教化的愿望。即使在今天人们似乎也认为，国家、政府对公民施以教化是一项极其重要的任务。因为，对于统治观念的持有者来说，公民素质往往是制约政治发展的一个重要因素，公民在政治上的不成熟妨碍了他们接受现代政治生活模式。这样一来，就会把着眼点放在提高公民素质方面来，即首先对公民进行教化，让他们在教化中接受现代政治观念和道德观念。对于人类社会的发展来说，通过教育手段而实现的教化是非常重要的，但是，一切教育都应当是针对具体的个人而不是针对社会成员的整体的。一切教育的目的都只是帮助具体的个体提高适应已有的生活模式的能力，而决不是教他们去如何创造一种新型的生活模式。真正属于一个社会全体公民的政治生活模式，实际上就是这个社会全体公民政治观念和道德意识的形式化了的总和。一种政治生活模式既不是来自于天启，也不是来自于圣贤的设计和安排，而是由这个社会中的全体成员共同创造的。公民是一个社会的生活模式的创造者，与其对他们进行徒劳无功的教化，倒不如给予他们创造生活的自由。当然，在历史上，我们看到有启蒙运动这样的历史性时刻，对于启蒙运动，如果理解成天才、圣贤对公民的教化，那是一种肤浅的理解。所有类似的启蒙只要是作为一种社会运动，就必然是公众自我启蒙要求的社会表现方式。在更深层的意义上，它是属于一个社会创造自己的新型生活模式的运动。如果不是如此，而是由少数人或根据少数的人意愿发起的所谓“运动”，在一段时间内也许会具有社会运动的形式，但是，它所表现出的轰轰烈烈必定是极其短暂的，它对一个社会起到的不会是启蒙的作用，不会推动历史进步，反而会把历史拖向后退。

中国古代为什么会走向穷究“四书五经”、八股取士，以至于排斥一切科学探索的道路，根本原因就在于它的教化取向。四书五经是教化庶民、教化社会的标准，历代王朝所需的是熟悉这些标准、胜任教化职责的人才。中国古代的教育属于教化取向的教育模式，结果，教化的目标并未达到，教育也彻底失败了。这种教育从来也未能为社会提供推动历史进步的有用人才，所以，教化的谵妄应当作为失败的教训而被记取。出于教化动机的社会工程无论在局部地区、少数人和个人身上有着多大的价值，也不应被看做为积极的历史性选择。其实，一切统治型社会治理方式在道德建设方面的思路都停留在教化的思维定势中，只不过在中国儒家的治世理论中这一点表现得尤为明显而已。从统治型的社会治理实践中，我们可以看到，圣贤乃天生，庶民主要是教化的对象，教育只是从属于教化的目的，即以教育造就了承担教化的人群，然后以这些人群去教化庶民。这种道德建设模式要求以学风造就士风，再以士风影响民风，以等级化的道德建设系统去完成教化社会的功能。

近代以来的思想家和学者们都过多地神化了教育的功能，虽然他们所从事的工作是制度设计，然而，却无不以思想导师的面目出现，认为自己的使命就是对整个社会进行启蒙和教育。因此，他们一旦谈论道德的问题，就必然会同时谈论教育的问题，以此来看，卢梭写作《爱弥尔》就不难理解了，康德因阅读《爱弥尔》而打乱了终生不变的生活规律也在情理之中了。固然，教育能够丰富人和增强人的能力，因为教育给人以知识。但是，如果寄望于教育发挥改造人的功能，未免过高地估计了教育。黑格尔说："为了使大公无私、奉公守法及温和敦厚成为一种习惯，就需要进行直接的伦理教育和思想教育。"[①] 如果比照历史实际来看，就会发现，黑格尔的这种看法纯属于想当然的逻辑推理。当黑格尔说"善是不可教的"时，他是一个清醒的思想家；当他提出伦理教育的时候，他已经在维护国家的立场上变得糊涂了起来。因为，历史实际总是表现出另一种情况，越是强化伦理的、道德的教育，人的道德素质越是变得低下，社会风气越是普遍下降。当然，如果出于伦理的和道德的知识传承的目的开展教育，那是可行的，也是必要的，但它仅仅是关于伦理道德知识的教授和学习。总之，我们不认为教育具有这样一种改造人的功能，它不能使全体社会成员的道德素质得到普遍的提高，不具有从根本上敦风美俗的功能。改造人和改造社会的运动，只能在制度安排中才能得以实现。

严格说来，教化永远都是无功的，任何对整个社会进行教化的企图，都是无谓的谵妄。如果说教育是针对具体的对象和具体的人，是对个体的重塑过程，那么教化则不同，它是针对社会、针对公众的。教化的对象决定了它只是一种假象，表面看来实施了对公众的教化，而实际上那只是一种暂时性的假象，如烟云一样易于消逝。对于历史，对于社会的发展，对于一种新型社会生活模式的建构，鲜有价值。所以，社会的进步和文明化不是通过教化获得的，一种新型社会生活方式的出现，是来自于公众的自行创造。当然，在社会心理的层面上，或作为感觉的日常意识中，人们往往是这样认识教化与教育的关系的，误以为教化是目的，教育是手段。其实，并非如此。之所以会存在这种错误认识，是因为人们把公众当做个体之和，把社会当做社会成员之和。实际上，公众绝不是个体之和，公众之所以成为公众，是因为在公众之中存在着公共性的因素，社会也是这样，它是社会成员的政治、经济、文化以及其他生活赖以展开的方式。也就是说，社会是作为社会成员的生活方式以及与这种方式联系在一起的制度而存在

---

① ［德］黑格尔：《法哲学原理》，312～314页。

的，而不简单的是社会成员之和。

如果把社会理解成社会成员之和的话，就必然会认为每一个社会成员的道德化就是社会的道德化。事实上，即使每一个成员都实现了道德化，道德还是以个体的形式存在的。只要道德仅仅以个体的形式存在，那么对于社会就不具有实质性的意义。一个真正稳定的、持续展开的道德化社会不仅是它的全体成员普遍地成为道德主体，也不仅是每一个人都拥有强烈的道德意识，而是它的生活方式、它的制度是按照道德原则而作出的安排，只要道德是属于个体的，就是不稳定的和难以在社会中持续展开下去的。教化在实质上就是要实现社会成员的每一个个体的道德化，这是一条不可行的道路。在倡导教化的主张中，包含着这样一个假设：一个社会中存在着道德先知和先觉者，这些先知先觉者通过教育而化社会、化风俗。其实，这是纯粹的农业社会观念，是与马克思主义精神相对立的。中国农业社会把未开化的地区称为“圣人没走到的地方”，进入工业社会，未开化的概念可能就会转化成“未开发”了，到了后工业社会，未开发的地区也完全消失了。所以，历史的发展要求人们的观念也必须彻底改变，如果农业社会文化中的英雄主义精神倾向于塑造先知先觉者，倾向于让圣人教化社会的话，那么，在今天，只有在制度设计中充分考虑作出道德的制度安排才是明智的选择，特别是能够在社会治理方式的性质上实现了根本性的转变，实现了道德化，才是最为充分的保障。当然，这是一个辩证互动的过程，制度设计即使充分考虑了普遍道德的生成并提供了客观保障的理念，甚至提出了建立新型社会治理模式的完善方案，如果没有社会成员普遍的道德化来提供支持，也不可能转化为现实的制度安排。

通过对教化与教育的区分，我们看到，公共管理伦理学的任务既不是要对公共管理的对象实施教化，也不是对公共管理者进行教育，而是要通过确立一定的原则和观念，通过道德制度的建设去塑造新型的社会治理模式，让这个治理模式及其制度去执行对公共管理者个体进行教育的职能。能够实现这个目标，也就实现了公共管理伦理学的价值，作为一门学科，它的现实意义也就体现了出来。总之，道德建设的治本之策恰恰在于制度的安排，只要有了适宜于道德生成的制度，全体社会成员在这种制度下，就会以其创造性的生活而自然而然地形成道德风气，公共管理体系也是如此。

12.8　教育的真实含义

近代以来，从教育内容来看，存在着思想政治教育、科学教育和道德教育三大基本类型。但是，就教育这个概念本身而言，可以作出广义的和狭义的理解。广义的教育是人类社会的文明延续和发展过程，在个体身上的表现就是个人心智、理解力的成长和成熟过程，也包括接受既有文化的熏染以及接受既定的生活方式。当亚里士多德断言教育的目的是“在每一代中繁育一种情操以维护政体”① 时，他实际上所指的是广义的教育。狭义的教育是为了某种具体目标和以某种特有的形式而开展的强迫一定的人学习的运动或过程。比如，为了某一意识形态目标而开展的区域性或大范围的教育运动；通过学校、培训机构等而举办的长期或短期的教育。当我们使用教育这个词语时，一般说来是在狭义上使用的，只有极少数学者或学术作品才会偶尔使用广义的教育概念。但是，正是这样一个狭义的教育概念，却包含着近代以来迷信教育的内涵。应当说，近代以来对教育的迷信一直存在，而且有着越演越烈的势头。人们往往把社会发展过程中的各种各样不尽如人意的方面归结到教育上，也把各种各样社会问题的解决寄托于教育，人们深信教育是社会进步的重要杠杆，希望教育能够带来人类进一步的文明进化。

其实，教育的功能更多地表现在知识的传承方面，许许多多社会问题都不应寄望于教育来加以解决，人类社会的发展，在某种意义上不仅不是由于教育带来的，反而恰恰是教育功能有限性的证明。因为，如果教育确实有着巨大的威力，那么农业社会的思想观念、等级秩序等等，岂不要一代代地传承下来？幸而教育并不是万能的，社会革命才会发生。

道德教育的结构性缺陷在于这种教育所确立的道德理想与现实之间的极大反差。由于道德教育的目的不在于传授知识，而是希望帮助教育对象树立起某种人生观、价值观。所以，道德教育的前提就在于提出某种道德理想，而且在道德教育的实践中，我们发现，为了激发道德教育对象的热情，往往倾向于无限提高道德理想的境界。这样一来，道德教育所依据的思想和理论就会严重地脱离现实。尽管在每一个时期每一个阶段中通过道德教育手法的改变都能够获得激情洋溢的效果，但这种与现实的反差很快就会带给教育对象一种受欺骗被愚弄的感觉。这是知识和技能教育中所没有的。知识和技能教育使教育对象感到受益，而道德教育总是让教育对象有一种上当受骗的感觉。

从理论上讲，道德教育与知识技能的教育并不必然冲突，反而会相得益彰。然而，事实上，道德教育由于理想成分过重，时常走向极端，以至于排斥知识和技能的教育。这一点，中国古代社会的教训是极其深刻的，中国社会发展由于道

① ［古希腊］亚里士多德：《政治学》，406 页。

德教育而付出的代价也是极其惨痛的。总的说来，任何一种教育，在知识和技能的传授上都有着无穷的效力，而在道德观念的树立上则收效甚微，甚至会在受众普遍的逆反心理中产生负面效果。

社会治理体系的性质取决于它的制度理性而不取决于人，当制度理性属于工具理性的范畴，社会治理体系必然是管理型的；如果制度理性属于道德理性的范畴，那么社会治理体系就会是服务型的。因而，在管理型的社会治理模式中，当治理体系贯穿着工具理性的时候，无论在道德教育方面花费多大的成本，无论社会治理者的道德素质达到什么样的高度，治理体系的性质都不会发生改变。所以，服务型社会治理体系的建立，决不寄希望于对社会治理者进行道德教育，尽管道德教育有时是必须的，却不是人类进步的可靠途径。

虽然在知识的传承、科学文化素质的提高方面教育显示出了无比的威力，但道德教育的神话在每一个时代都重复着破灭又重建的过程。在人类走向后工业社会和进入后工业社会的时候，道德教育的神话再次破灭之后将不再具有重建的需要。因为，随着真正的属于人的伦理关系的生成，随着伦理关系得到制度化的确认，社会治理体系甚至整个社会的道德化能够得到客观保证，从而使一切道德教育主张中的“学究”思维显得酸腐不堪。这个时候，伦理学的研究会进入一个空前的兴盛时期，但这种研究永远告别了服务于道德教育的需要，而是直接地出于制度设计和制度安排的动机。

中国在市场经济建设中出现了所谓“一手硬，一手软”的问题，尽管这一问题早已被发现，并作出了极大的努力去加以纠正，实际效果并不明显。在道德建设方面，始终“硬”不起来。为什么会这样呢？其实，是由于对造成这种现象的原因一直未能得到正确的认识，关于解决这一问题的方案也是无的放矢的。由此可见，通过教育来实现社会普遍的道德化是不可能的。在上面的分析中，我们已经可以看到，造成市场经济建设中道德因素式微的原因并不是市场经济本身，而是与市场经济相伴随的管理型社会治理模式。这种社会治理模式在根本上排斥了道德因素的作用，把社会治理中一切问题的解决都寄托在科学化、技术化的追求中。治理模式中的缺陷属于根本性的缺陷，对于这种缺陷，如果通过教育的手段来加以解决显然是无力的。所以，道德教育不仅无法改变道德因素式微的现状，反而只会加速伦理精神的失落。因为，强化了的教育往往导致人们对这种教育的逆反心理的生成，特别是当这种教育不能起到明显效果的时候，人们会更加怀疑这种教育，教育者的善良愿望可能会被看做为欺骗性的“心术”。所以，解决市场经济建设中的所谓“一手硬，一手软”问题的根本出路在于寻求治理方式的变革，在进行市场经济建设的过程中，不是搬用西方市场经济建设过程中的管理型社会治理模式，而是站在时代的前列，用新近生成的服务型社会治理模式来为市场经济建设开辟道路。

12.9 关键在于制度建设

伦理学研究的基本功能应当是致力于制度设计，即使是具体的伦理学分支学科也应当是这样，也应在具体的研究领域中为制度设计作出贡献，而不是停留在人的个体道德教育层面上进行探索，更不应出于教化的意旨。我们可以断言，自从圣人“西去”之后，在我们的社会中已经鲜有人有资格去教化他人、教化社会了。如果谁怀着教化他人、教化社会的目的去研究伦理学，必然会受到希望破灭的打击。事实上，我们看到伦理学家们往往受到认识论伦理学的污染，他在伦理学研究中只接受科学而不接受道德，他由于不承认道德存在的相对独立性而使自己丧失了道德存在，他是在自己失去了道德存在的情况下去教育他人和教化社会的。也就是说，由于他把伦理学研究看做科学认识活动，而不是通过这种研究来解决自己的修身问题，这样一来，他所指示的道德修养之路怎么可能达到目标呢？他的教化活动果真能使社会道德水平提高吗？显然不能。与政治学、社会学、经济学等学科相比，在进行这种认识论伦理学研究时，人们不是出于通过制度设计和制度安排的途径去改造社会的目标，而是出于教化受众的目的去制造各种理论。出于教化的目的从事学术研究活动，如果目标不正，哪怕只是一点点的不正，都会使这种研究活动犯下极大的错误。认识论伦理学教化受众的目标是一个根本性的错误目标，所以，20 世纪后期的各种资本主义理论告诉我们，在近代社会的历史上，在伦理学干预社会生活实践的过程中，由于认识论伦理学出于教化受众的需要，往往采取了不道德的手段进行诡辩，制造出一些歪理邪说去欺骗受众。

道德教育不是社会治理的手段，德治建设并不需要借助于道德教育。因为，社会治理本身是社会整合活动，它的目的是要把社会整合成一个和谐的整体，使社会成为有着合理秩序、不断进步的适宜于一切个人共生的环境。社会治理的对象是社会，社会治理活动又是在社会之中展开的。以往的社会治理仅仅把社会作为治理对象看待，治理者自以为是凌驾于社会之上的或独立于社会之外的存在物，所以，他们的全部注意力都集中在如何治理社会的问题上，而不是通过如何治理自己来治理社会。当然，在近代社会的政治和行政过程中包含着治理治理者的内容，但相对于对社会的治理来说，这种对治理者的治理处于次要的地位，从属于对社会的治理，是出于更为有效地实现对社会治理的需要的。公共管理在这一问题上也与以往社会治理方式根本不同，公共管理首先把这种治理活动看做发生在社会之中的，是内在于社会的治理，其次才把社会作为治理对象看待。虽然政府还是治理主体，却是作为治理主体的一个构成部分而存在的，它与社会中的、非政府的公共管理组织一道而根植于社会之中，是社会的一个组成部分，从而彻底告别了以往那种高高凌驾于社会之上的传统。公共管理主体内置于社会的事实决定了它必然会率先解决对自身的治理问题，它首先实现对自身的治理，然后再影响社会。所以，在服务定位的前提下，公共管理的基本内容是服务，如果说还有以往意义上的治理内容的话，在方式、方法和目标上有着很大的不同，它所提供的主要是示范性的影响。总之，关键问题是制度设计和制度安排，有了道德化的制度，一切寄托于道德教育的空想就都会变成现实。

尽管道德教育的实践证明各种努力都最终无功而返，但道德修养却是人格完善的一条重要途径，其原因就在于道德教育带有统治型和管理型社会治理方式的外在强制性因素，而道德修养却来自人的本心自觉。在走向后工业社会的过程中，公共管理所代表的新型社会治理模式处在成长和完善的过程中，公共管理者的公共管理人格也有一个自觉建立的过程。公共管理者首先需要在走向新型社会治理模式的过程中改变自我、完善自我，努力去塑造公共管理人格。人格是一种境界，是对人的最高道德要求，对于公共管理者来说，就是私心、物欲、权欲的祛除。无疑，它需要一个艰难困苦的过程，但为了公共管理人格的完善，又是必须自觉地去努力历练自我的过程，在达致目标之前，是不允许有任何松懈的。

但是，当公共管理这一新型社会治理模式登上人类历史舞台之后，以往关于个人修养方面的所有建言都会变得迂腐不堪了，公共管理伦理学也倡导个人修养，但它所倡导的个人修养是充分自由的修养，在修养方式方法上尊重创造性的自决。这种自由的修养是创造性的完善自我的途径，与以往所有修养之学所倡导的从寡欲到禁欲之途有着本质的区别。公共管理伦理学也倡导自我节制，但认为这种自我节制决不能理解成对合理欲求的摒除，反而是对合理欲求的承认，是探索人的合理欲求实现之健康途径的积极态度。

个人修养论伦理学主要是基于“独善其身”的立场，是以独善其身为前提的，同时以兼善天下为目标。但是，个人修养决不是社会治理的根本，至多，它只是德制的补充，是德制的个体性支持力量生成的途径。当道德化的制度在社会治理体系中确立起来之后，个人的道德修养也就自然获得了一些基本原则，至于个人修养的方式方法，则由个人的创造力来决定。德治条件下的社会，决不去制定统一的、整齐划一的个人修养方式方法，决不通过道德教育的途径把某种修养方式或方法强行灌输给人。所以，公共管理伦理学不属于个人修养论伦理学，它把个人修养论伦理学的思路颠倒了过来，要求伦理学的研究首先服务于制度建设，即致力于建设超越近代法制模式的道德制度。这种制度也可以称为德制，是凝结了全部法制积极成就的更高类型的制度模式。

本章小结

人的独立自主的德性在人的德行中则更多地表现为人的人格，即人的独立人格。在人的各种德性中，独立自主是一种直接以人的人格形式出现的德性，它既是人的德性的标志，又是人的人格的指称。在公共管理活动中，独立自主也是公共管理者的德性。在公共管理者的德行中，他的独立自主的人格一方面表现为公共管理者自己的独立人格，同时也表现为对公共管理体系中一切独立人格的尊重。独立自主的人格在公共管理者身上的具体体现就是自尊，或者说，独立自主的人格也是人的自尊的实现。公共管理者的尊严和权威是一个东西，他的尊严就是他的权威，如果他没有尊严，他也就不会有任何权威。公共管理者的尊严来源于尊重和自尊。尊重和自尊本身就是相互对应和互为前提的，对他人的尊重既是自尊的表现也是自尊的实现；同样，也只有自尊的人才会尊重他人和赢得他人的尊重。尊重和被尊重、自尊与他尊的统一，就是人的一切社会关系中的理想形态。

人的道德修养是人自觉地认识、恢复和重建自己的道德存在的活动。人在后天学习和受教育过程中所接受的非道德因素阻碍了人与社会理性、群体理性或职业理性的契合，使人的道德存在未能成为其自觉的存在。为了唤醒人的道德存在，积极的做法就是自我修养。道德修养的真实含义就是指，它是一个涵养、淬化人的道德存在的过程，使人的物理存在和精神存在与道德存在一致和谐调起来，尽可能地使物理存在和精神存在都贯注了道德存在的内容，从而实现人在整体上的道德化并体现为道德人格。公共管理者的职业人格是在他的职业活动中形成的，他在职业活动中自觉的道德修养可以使他达到完善公共管理人格的目标。在公共管理活动中，遵循公共管理体系的服务精神，本着合作治理的态度，去做出公共管理的行为选择，就会朝着一点一滴塑造公共管理人格的方向前进。

对于人的人格生成来说，道德教育并不像人们所想象的那样，能够发挥预期的作用。道德不是在教育中获得的，道德任何时候都是对人们之间伦理关系的直观和直觉，是人的道德存在的觉醒。一个社会道德水平普遍提升的主要途径是把社会治理结构奠立在真实的伦理关系的基础上，根据现实的伦理精神去进行制度设计和制度安排。一切教育的目的都只是帮助具体的个体提高适应已有的生活模式的能力，而决不是教他们去如何创造一种新型的生活模式。真正属于一个社会全体公民的政治生活模式，实际上就是这个社会全体公民政治观念和道德意识的形式化了的总和。一种政治生活模式既不是来自于天启，也不是来自于圣贤的设计和安排，而是由这个社会中的全体成员共同创造的。

公共管理伦理学认为，社会道德建设的根本出路是道德制度的建设，即建立起德制的制度体系。这样一来，伦理学研究的基本功能应当是致力于制度设计，即使是具体的伦理学分支学科也是这样，也应在具体的研究领域中为制度设计作出贡献，而不是停留在人的个体道德修养层面上进行探索，更不应出于教化的意旨。也就是说，公共管理伦理学不属于个人修养论伦理学，它把个人修养论伦理学的思路颠倒了过来，要求伦理学的研究首先服务于制度建设，即致力于建设超越近代法制模式的伦理化制度，这种制度也可以称为德制，是凝结了全部法制积极成就的更高类型的制度模式。

复习思考题

1. 什么是人格？社会治理方式对人的人格有什么影响？
2. 为什么说独立自主是人的德性与人格的统一？
3. 公共管理者独立自主的人格在他的公共管理活动中有什么意义？
4. 独立自主人格有什么具体表现？
5. 人的自尊、自卑和自大分别对人的行为有什么样的影响？
6. 人的尊严与权威有什么不同？公共管理者如何获得做人的尊严？
7. 如何评价人的道德修养在人格生成中的作用？
8. 如何认识道德教育的功能？
9. 什么是教化？如何评价教化的功能？
10. 教育的真实含义是什么？教育在科学知识的传承中起到什么样的作用？
11. 为什么说一个社会道德水平的普遍提高取决于制度安排？

参考书目

[法] 爱弥尔·涂尔干. 职业伦理与公民道德. 上海：上海人民出版社，2001

[美] 保罗·库尔兹编. 21世纪的人道主义. 北京：东方出版社，1998

[英] 边沁. 道德与立法原理导论. 北京：商务印书馆，2000

[俄] 别尔嘉耶夫. 论人的使命. 上海：学林出版社，1999

[英] 伯特兰·罗素. 伦理学和政治学中的人类社会. 北京：中国社会科学出版社，1992

陈春花. 经济发展与价值选择. 广州：广东高等教育出版社，1999

陈根法主编. 心灵的秩序——道德哲学理论与实践. 上海：复旦大学出版社，1998

陈振明主编. 公共管理学. 北京：中国人民大学出版社，1999

程立显. 社会公正论——当代青年的新道德观. 北京：北京大学出版社，1998

慈继伟. 正义的两面. 北京：三联书店，2001

戴茂堂，江畅. 传统价值观念与当代中国. 武汉：湖北人民出版社，2001

戴木才. 管理的伦理法则. 南昌：江西人民出版社，2001

窦炎国. 情欲与德性——功利主义道德哲学评论. 北京：高等教育出版

社，1997
樊浩．伦理精神的价值生态．北京：中国社会科学出版社，2001
［美］弗兰克·梯利．伦理学导论．桂林：广西师范大学出版社，2002
［德］弗里德里希·包尔生．伦理学体系．北京：中国社会科学出版社，1992
高兆明．管理伦理导论．上海：复旦大学出版社，1989
高兆明．制度公正论——变革时期道德失范研究．上海：上海文艺出版社，2001
［德］哈贝马斯．公共领域与社会结构的转型．上海：学林出版社，1999
［法］亨利·柏格森．道德与宗教的两个来源．贵阳：贵州人民出版社，2000
何怀宏．底线伦理．沈阳：辽宁人民出版社，1998
［英］拉斐尔．道德哲学．沈阳：辽宁教育出版社，1998
［美］理查德·A·波斯纳．道德和法律理论的疑问．北京：中国政法大学出版社，2001
［英］理查德·麦尔文·黑尔．道德语言．北京：商务印书馆，1999
［美］里奇拉克．发现自由意志与个人责任．贵阳：贵州人民出版社，1994
厉以宁．超越市场与超越政府——论道德力量在经济中的作用．北京：经济科学出版社，1999
刘凤瑞主编．简明科技伦理学．北京：航天出版社，1989
刘进才．劳动伦理学．上海：华东理工大学出版社，1994
罗国杰主编．道德建设论．长沙：湖南人民出版社，1997
罗国杰主编．马克思主义伦理学．北京：人民出版社，1982
［美］迈克尔·沃尔泽．论宽容．上海：上海人民出版社，2000
［美］迈克尔·沃尔泽．正义诸领域——为多元主义与平等一辩．南京：译林出版社，2002
［美］A．麦金太尔．德性之后．北京：中国社会科学出版社，1995
［美］A．麦金太尔．三种对立的道德探究观．北京：中国社会科学出版社，1999
牟永生．走向价值的深处——道德价值新论．香港：世界华人艺术出版社，2000
［德］莫里茨·石里克．伦理学问题．北京：华夏出版社，2001
施正康，陈达凯．衍续与嬗代——中国传统价值观漫论．上海：文汇出版

社，2000
唐凯麟，龙兴海．个体道德论．北京：中国青年出版社，1993
［美］汤姆·L·彼彻姆．哲学的伦理学．北京：中国社会科学出版社，1990
阮新邦．批判诠释与知识重建——哈贝马斯视野下的社会研究．北京：社会科学文献出版社，1999
［美］塞森斯格．价值与义务——经验主义伦理学理论的基础．北京：中国人民大学出版社，1992
［澳］斯马特，［英］威廉斯．功利主义：赞成与反对．北京：中国社会科学出版社，1992
万俊人．伦理学新论．北京：中国青年出版社，1994
万俊人．寻求普世伦理．北京：商务印书馆，2001
王海明．新伦理学．北京：商务印书馆，2001
王强．问题与思辨——哲思、价值、法理．合肥：安徽大学出版社，1998
王伟主编．行政伦理概述．北京：人民出版社，2001
王正平，周中之．现代伦理学．北京：中国社会科学出版社，2001
魏英敏．当代中国伦理学与道德．北京：昆仑出版社，2001
文清源．自私论——万恶之源的理性批判．长沙：中南工业大学出版社，1997
翁绍军．信仰与人生——现代宗教伦理面面观．武汉：湖北教育出版社，1999
肖雪慧主编．守望良知——新伦理的文化视野．沈阳：辽宁人民出版社，1998
谢晖．价值重建与规范选择——中国法制现代化沉思．济南：山东人民出版社，1998
［日］岩崎　允胤主编．人的尊严、价值及自我实现．北京：当代中国出版社，1993
姚新中．道德活动论．北京：中国人民大学出版社，1990
姚新中，焦国成．中西方人生哲学比论．北京：中国人民大学出版社，2001
袁方主编．劳动社会学．北京：中国劳动出版社，1992
叶泽雄．社会理想论．武汉：武汉大学出版社，1998
［美］约瑟夫·德马科等编．现代世界伦理学新趋向．北京：中国青年出版社，1990

张国珍编．善与恶的角逐．北京：中共中央党校出版社，1998

张华夏．现代科学与伦理世界——道德哲学的探索与反思．长沙：湖南教育出版社，1999

张琼，马尽举．道德接受论．北京：中国社会科学出版社，1995

赵汀阳．论可能生活．北京：三联书店，1994

郑晓江，詹世友．西方人生精神．南宁：广西人民出版社，1997

周昌忠．生活圈伦理学——关于人性的形而上反思．上海：上海社会科学院出版社，1997

周辅成编．西方伦理学名著选辑（上）．北京：商务印书馆，1964

周辅成编．西方伦理学名著选辑（下）．北京：商务印书馆，1987

人大版公共管理类教材

公共管理类专业教材——学科基础课教材

书名	作者
现代管理学原理(第三版)("十一五"国家级规划教材)	娄成武　魏淑艳
一般管理学原理(第四版)	张康之　周　军
管理学基础(第三版)	方振邦
政治学原理(第三版)	景跃进　张小劲
现代政治学原理(第四版)	石永义　刘玉萼　张　璋
公共管理学(第二版)	陈振明
公共管理学——一种不同于传统行政学的研究途径(第二版)	陈振明
公共管理学(第三版)(数字教材版)("十二五"国家级规划教材)	蔡立辉　王乐夫
公共管理学(精编版)	王乐夫　蔡立辉
公共管理学(第二版)	张康之　郑家昊
公共管理概论(第二版)	朱立言　谢　明
公共政策导论(第六版)(数字教材版)	谢　明
公共政策概论(第二版)	谢　明
公共政策学——政策分析的理论、方法和技术("十一五"国家级规划教材)	陈振明
公共政策学(第二版)	杨宏山
政策科学——公共政策分析导论(第二版)	陈振明
公共经济学(第三版)("十二五"国家级规划教材)	高培勇
公共经济学教程	秦立建
政府经济学(第四版)("十一五"国家级规划教材)	郭小聪
政府经济学(第四版)	潘明星　韩丽华

公共管理类专业教材——方法课教材

书名	作者
公共管理研究方法	何兰萍　张俊艳
行政学研究方法与应用案例	萧鸣政　等
管理定量分析:方法与技术(第三版)	刘兰剑

公共管理类专业教材——行政管理、公共事业管理专业教材

书名	作者
行政法学导论	姜晓萍
公共部门人力资源管理(第四版)	孙柏瑛　祁凡骅
公共部门人力资源开发与管理(第五版)("十二五"国家级规划教材)	孙柏瑛　祁凡骅
公共部门人力资源管理(第三版)	滕玉成　于　萍
公共部门人力资源管理概论(第二版)	方振邦
公共部门人力资源管理案例	周均旭
行政管理学(第五版)(数字教材版)	郭小聪
公共行政学(第五版)	彭和平

书名	作者
公共行政学(第二版)	张康之　张乾友
行政学导论(第三版)	齐明山
行政管理学导引与案例	陈季修
管理心理学(第三版)	范逢春
公共组织行为学(第三版)("十一五"国家级规划教材)	孙　萍　张　平
公共组织学(第四版)	李传军
行政组织学(第二版)	张　昕　李　泉
公共组织理论	陆明远　冯　楠
公共事业管理概论(第三版)	朱仁显
公共组织财务管理(第三版)("十一五"国家级规划教材)	王为民
国家公务员制度(第五版)(数字教材版)("十二五"国家级规划教材)	舒　放　贾自欣
国家公务员制度概论(第二版)	刘碧强　鄱永勤
公务员制度概论	李如海
公务员制度	温志强　王彦平　郝雅立
当代国家公务员制度:理论与实践	胡春艳
行政领导学(第三版)	朱立言　李国梁
领导学(第五版)	邱霈恩
领导学	孙　健
现代市政学(第五版)(数字教材版)	王佃利
市政管理学(第五版)("十一五"国家级规划教材)	杨宏山
社区管理(第四版)	汪大海　魏　娜　郇建立
社区管理原理与案例	魏　娜
电子政务教程(第三版)("十一五"国家级规划教材)	赵国俊
电子政府与电子政务(第二版)("十一五"国家级规划教材)	张锐昕
行政伦理学教程(第四版)("十二五"国家级规划教材)	张康之　李传军
公共危机管理概论(第二版)	王宏伟
公共危机管理	唐　钧
当代中国政府与政治(第二版)	景跃进　陈明明　肖　滨
当代中国政府与行政(第三版)	魏　娜　吴爱明
地方政府学概论(第二版)	方　雷
地方政府管理(第二版)	陈瑞莲　张紧跟
管理秘书实务(第三版)	赵锁龙
行政秘书学	唐　钧
公文写作与处理	赵国俊
机关管理的原理与方法(第三版)	赵国俊　陈幽泓
公共部门绩效管理(第二版)	方振邦
政府绩效管理(第二版)	方振邦　葛蕾蕾
政府绩效评估	蔡立辉
政府公共关系(第二版)("十一五"国家级规划教材)	廖为建　张　宁

书名	作者
西方行政学理论概要(第二版)("十一五"国家级规划教材)	丁 煌
公共行政学史(第二版)	何艳玲
西方公共管理名著导读	汪大海
文化管理学(第三版)("十二五"国家级规划教材)	孙 萍
文化创意产业导论	魏鹏举
卫生事业管理(第二版)("十一五"国家级规划教材)	李 鲁
现代公用事业管理	崔运武

公共管理类专业教材——劳动与社会保障专业教材

书名	作者
社会保障概论(第七版)	孙光德 董克用
社会保障学	戴卫东
劳动经济学("十一五"国家级规划教材)	董克用 刘 昕
劳动法与社会保障法	黎建飞
社会保险学(第四版)	孙树菡 朱丽敏
社会保障基金管理	李春根
社会保障国际比较	仇雨临

公共管理类专业教材——土地资源管理专业教材

书名	作者
土地经济学(第八版)("十一五"国家级规划教材)	毕宝德
土地法学(中国人民大学"十三五"规划教材)	严金明
土地资源学	张正峰 赵文武
土地资源管理学(第二版)	张正峰
国土空间规划学	张占录 张正峰
不动产估价(第二版)("十一五"国家级规划教材)	叶剑平 曲卫东
土地信息系统	曲卫东 韩 琼
地籍管理(第五版)("十一五"国家级规划教材)	谭 峻 林增杰

公共管理类专业教材——城市管理专业教材

书名	作者
城市管理学(第四版)	杨宏山
城市管理学:公共视角	陆 军 等
城市管理法	王丛虎
城市总体规划原理	郐艳丽 田 莉

公共管理类教材——应急管理专业教材

书名	作者
应急管理导论:原理与案例	李燕凌 朱正威 张海波 章文光

书名	作者
应急管理概论	王宏伟
应急管理理论与实践	唐　钧
突发事件风险管理	张小明
应急管理新论	王宏伟
新媒体时代的应急管理与危机公关	唐　钧
公共安全风险治理	唐　钧

公共管理硕士(MPA)教材——核心课教材

书名	作者
全国公共管理硕士(MPA)核心课程教学指导纲要	全国公共管理专业学位研究生教育指导委员会
社会主义建设理论与实践(第三版)	李景治　蒲国良
公共管理英语(修订版)	顾建光
学术规范和论文写作	胡宏伟
公共管理学(第三版)(全国优秀教材二等奖)	张成福　党秀云
公共管理学原理(修订版)	陈振明
公共管理导论	竺乾威　朱春奎　李瑞昌
公共政策分析	陈振明
公共政策分析导论	陈振明
公共政策分析概论(修订版)	谢　明
公共部门经济学(第三版)	高培勇　崔　军
公共经济学	唐任伍
行政法学(修订版)	皮纯协　张成福
行政法学概论(第三版)	胡锦光
非营利组织管理概论(修订版)	王　名
非营利组织管理	王　名　王　超
公共管理伦理学(修订版)	张康之
社会研究方法	陈振明
电子政务理论与方法(第五版)	金江军
公文写作概论	高永贵

公共管理硕士(MPA)教材——专业方向必修课、选修课教材

书名	作者
公务员制度教程(第六版)	舒　放　王克良
比较政府与政治(修订版)	卓　越
当代中国政府与政治(第三版)	吴爱明　朱国斌　林　震
公共部门人力资源管理及案例教程(第三版)	陈天祥
公共部门绩效评估(修订版)	卓　越
公共部门危机管理(第三版)	张小明
应急管理通论(第二版)	李雪峰
公共部门战略管理(修订版)	陈振明
MPA 学位论文写作指南	汪大海

中国人民大学出版社　管理分社

教师教学服务说明

中国人民大学出版社管理分社以出版工商管理和公共管理类精品图书为宗旨。为更好地服务一线教师，我们着力建设了一批数字化、立体化的网络教学资源。教师可以通过以下方式获得免费下载教学资源的权限：

★ 在中国人民大学出版社网站 www.crup.com.cn 进行注册，注册后进入“会员中心”，在左侧点击“我的教师认证”，填写相关信息，提交后等待审核。我们将在一个工作日内为您开通相关资源的下载权限。

★ 如您急需教学资源或需要其他帮助，请加入教师 QQ 群或在工作时间与我们联络。

中国人民大学出版社　管理分社

教师 QQ 群： 648333426(工商管理)　114970332(财会)
648117133(公共管理)
教师群仅限教师加入，入群请备注(学校+姓名)

联系电话： 010-62515735，62515987，62515782，82501048，62514760

电子邮箱： glcbfs@crup.com.cn

通讯地址： 北京市海淀区中关村大街甲 59 号文化大厦 1501 室（100872）

管理书社　　人大社财会　　公共管理与政治学悦读坊